中央广播电视大学教学用书

工厂供电

（第二版）

黄纯华　葛少云　编著

天津大学出版社

内 容 提 要

本书系统介绍了工厂企业供配系统设计和安全、经济运行的基本理论，以及工程实用的设计计算方法与运行维护的基本知识。

全书共分10章，主要内容包括：电力负荷计算，电气主接线，短路电流计算，电气设备工作原理、性能及选择方法，配电系统二次接线，主要电气设备的继电保护，节约电能与无功补偿的基本方法，电气设备防雷与接地，工厂照明。本次再版补充了与当今供配电系统的新技术和新设备有关的内容。各章末附有思考题和习题。

本书是中央广播电视大学电气工程类用专业教材，也可作为高等工科院校、成人教育学院、职工大学及函授大学的电气与计算机工程类专业的教材，同时可供工矿企业和有关单位从事工厂配电系统设计、运行与管理的工程技术人员参考。

图书在版编目(CIP)数据

工厂供电/黄纯华，葛少云编著.—天津：天津大学出版社，2001.6(2016.1重印)

中央广播电视大学教学用书

ISBN 7-5618-1439-9

Ⅰ.工… Ⅱ.①黄…②葛… Ⅲ.工厂—配电系统—电视大学—教学参考资料 Ⅳ.TM727.3

中国版本图书馆CIP数据核字(2001)第22056号

出版发行　天津大学出版社
地　　址　天津市卫津路92号天津大学内(邮编:300072)
电　　话　发行部:022-27403647
印　　刷　天津市蓟县宏图印务有限公司
经　　销　全国各地新华书店
开　　本　185mm×260mm
印　　张　17
字　　数　425千
版　　次　2001年6月第1版
印　　次　2016年1月第9次
印　　数　27 001-30 000
定　　价　20.00元

第二版前言

本书是根据中央广播电视大学(87)电校教字001号文件的要求,为电气工程类工业自动化专业编写的教材。自1988年11月第一版第一次发行以来,已9次重印,深受广大师生与社会读者欢迎。第二版是在《工厂供电》第一版基础上改编的,主要修订如下:

(1)根据过去的教学经验,在内容和体系上做了一些调整,使其更符合教学要求。各章在阐明物理概念、讲完理论部分后,即用实例说明,并附以习题和思考题,使学生能循序渐进,更牢固地掌握所学知识。

(2)针对现代供配电系统的发展状况,增加了一些新内容、新技术,并根据新型电气设备的技术参数大量增改了原书附录的内容。

(3)全书图形和文字符号及计量单位按国家标准统一修订。

(4)由于教材篇幅所限,删减了部分章节,如原书第11章和第12章全部删去,并对其余各章删减了不重要的内容。

为满足教学和工厂企业供配电系统科研、设计和运行需要,本书与第一版相同,重点介绍供配电系统的基本知识、基本理论及工程实用设计计算方法和运行维护的常识等内容。在介绍中特别注意结合我国现行供配电系统设计与运行规范的有关规定,使之更符合工程实际。通过学习可使读者系统地掌握上述知识,并初步具有实际工程设计和运行的基本技能,以及独立分析和解决有关技术问题的能力。

考虑到广播电视大学的要求和授课特点,本书在内容编排上注重加强理论教学与工程应用的有机联系,力求做到少而精、新而实用、重点突出。在叙述上尽量深入浅出,多用实例进行解释,略去一些繁琐的理论推导和证明。为便于自学,书中所需的预备知识,在用到处多先进行复习和回顾,因此本书基本上自成体系。

《工厂供电》第一版共分12章,参加编写的有:天津大学刘维仲(4、6、7章)、李渝生(11章)和黄纯华(1、2、3、5、8、12章),天津广播电视大学孙亦昌(9章)和夏国平(10章),由黄纯华对全书进行整理和统编。全书由天津大学王荣藩主审。

本书第二版共10章。参加编写的有天津大学葛少云副教授(第5、7章)和黄纯华教授(其余8章)。

在本书第二版编写过程中,得到不少单位和同行朋友的支持和帮助,并提供了大量的资料。天津大学刘美伦教授对本书编写提出很多宝贵的意见,在此,一并表示衷心感谢。

由于学识所限,书中如有不妥之处,敬请读者指正。

编者

2001年1月

目　　录

第 1 章　绪　　论

要点　本章介绍电力系统的基本概念、额定电压、工厂供电的特点及组成、工厂供配电系统设计的主要内容和设计程序。本章是以下各章学习的引导。

1-1　电力系统的基本概念

电能属二次能源,是在发电厂中将一次能源(如煤、油、水能等)经过多次能量转换生成的。电能具有很多优点,如输送方便,易于集中和分散,可简便地转换为其他形式的能量,便于控制,有利于实现生产过程自动化,提高产品质量和经济效益等。因而,电力已成为现代工农业生产、商贸和居民生活不可缺少的能源。

由于工厂(或企业)所需要的电能绝大多数是由公共电力系统供给的,所以,本节简要介绍电力系统。

一、电力系统

电力系统是由发电厂、电力网和用电设备组成的统一整体。

电力网是电力系统的一部分。它包括变电所、配电所及各种电压等级的电力线路。

与电力系统相关联的还有动力系统。动力系统是电力系统和“动力部分”的总和。所谓“动力部分”,包括火力发电厂的锅炉、汽轮机、热力网和用热设备和水力发电厂的水库、水轮机以及原子能发电厂的核反应堆、蒸发器等等。所以,电力系统是动力系统的一个组成部分。

图 1-1 示出电力系统、电力网和动力系统三者之间的关系。

电力系统的作用是由各个组成环节分别完成电能的生产、变换、输送、分配和消费等任务。现对这几个环节的基本概念说明如下。

1. 发电厂(或称发电站)

发电厂是将各种形式的能量转换为电能的特殊工厂。它的产品是电能。根据所利用一次能源的不同,发电厂分很多种类型。目前,我国接入电力系统的发电厂主要是火力发电厂、水力发电厂和原子能发电厂。现以火力发电厂为例简述生产过程。

火力发电厂利用燃料(煤、石油、天然气)的化学能生产电能。其主要设备有锅炉、汽轮机、发电机,如图 1-2 所示。燃料在炉膛内燃烧,将炉中(水冷壁、汽包)的水加热成高温高压的蒸汽,从而将燃料的化学能转换为蒸汽的热能;蒸汽经管道送入汽轮机推动其旋转,将蒸汽的热能转换成机械能;汽轮机与发电机联轴,带动发电机转子转动,发电机转子具有磁场,旋转的转子磁场切割发电机定子线圈,由于电磁感应作用,在定子线圈中产生感应电势,这样发电机将汽轮机的机械能转换成电能。这就是火力发电厂的简单的生产过程。

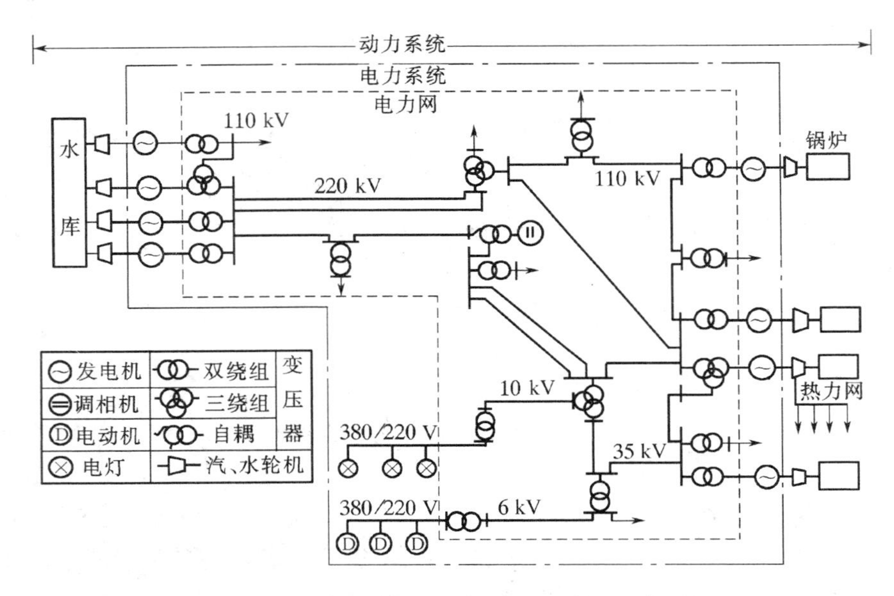

图 1-1　动力系统、电力系统和电力网示意图

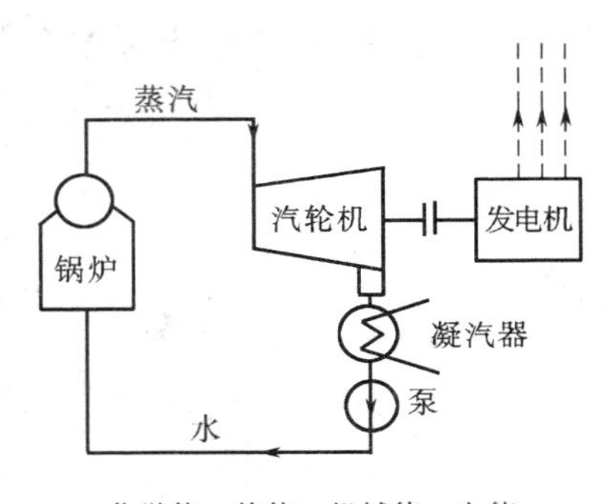

图 1-2　火电厂过程示意图

水力发电厂利用水的位能生产电能。它主要由水库、水轮机和发电机组成。水库中的水经引水管道送入水轮机推动水轮机旋转,从而将水的位能转换成机械能;同理,水轮机与发电机联轴,带动发电机转子一起转动,旋转的转子磁场切割发电机定子,在定子线圈中产生感应电势,将水轮机旋转的机械能转换成电能,即由水的位能→机械能→电能。所以水电厂生产过程的核心仍然是完成能量转换。它是借助水工建筑物(如拦水坝)来汇集水量,集中水头,从而将水流中蕴藏的位能转换成电能。

原子能发电厂利用原子核的核能(原子核结构发生裂变所释放的能量)生产电能。它与火力发电厂生产过程相似,所不同的仅是以原子反应堆和蒸发器代替锅炉,以少量核燃料(如铀 235)代替大量的煤、石油或天然气(1 kg ^{235}U 裂变所释放的能量相当于 2 500 t 优质煤的能量)。

2. 变电所(或称变电站)

变电所是接受电能、变换电压和分配电能的场所。为了实现电能的经济输送和满足用电设备对供电质量的要求,需要对发电机的端电压进行多次变换(变电)。这项任务是由变电所完成的。变电所的主要设备有电力变压器、母线和开关设备等。根据变电所任务的不同,可将变电所分为升压变电所和降压变电所两大类。升压变电所的主要任务是将低电压变换为高电压,一般建在发电厂;降压变电所的主要任务是将高电压变换到一个合理的电压等级,一般建立在靠近负荷中心的地点。根据在电力系统中的地位和作用不同,降压变电所又分枢纽(或区域)变电所、地区变电所和工业企业变电所等。

只用来接受和分配电能而不承担变换电压任务的场所，称为配电所，多建于工厂内部。

用来将交流电流转换为直流电流，或将直流电流转换为交流电流的电能变换场所，常称为变流站。

3. 电力线路(分输电线和配电线)

电力线路是输送电能的通道。因为火力发电厂多建在燃料产地(即所谓的“坑口电站”)，水力发电厂则建在水力资源丰富的地方，故大型发电厂距电能用户较远。所以需要各种不同电压等级的电力线路，作为把发电厂、变电所和电能用户联系起来的纽带，将发电厂生产的电能源源不断地输送到电能用户。

通常，电压为 220 kV 以上的电力线路称输电线，电压为 220 kV、110 kV 及以下电力线路，称为(高、中、低压)配电线路(表 1-1)。

4. 电能用户(又称电力负荷)

在电力系统中，一切消费电能的用电设备均称为电能用户。按用途用电设备可分为动力用电设备(如电动机等)、工艺用电设备(如电解、冶炼、电热处理等设备)、电热用电设备(电炉、干燥箱、空调等)、照明用电设备和试验用电设备等。它们分别将电能转换为机械能、热能和光能等不同形式的适于生产需要的能量。

二、电力系统运行的特点和要求

与其他工业生产相比，电力系统的运行具有以下明显的特点。

(1) 电能不能大量储存。电能的生产、输送、分配和消费，实际上是同时进行的。即在电力系统中，发电厂任何时刻生产的电能，必须等于同一时刻用电设备所消耗的电能与电力系统本身所消耗的电能之和。

(2) 电力系统暂态过程非常短促。发电机、变压器、电力线路和电动机等设备的投入和切除都是在一瞬间完成的。电能从一地点输送到另一地点所需的时间，仅千分之几秒甚至百万分之几秒。电力系统由一种运行状态到另一种运行状态的过渡过程也是非常短促的。

(3) 与国民经济各部门及人民日常生活有极为密切的关系。供电中断常带来严重的损失和后果。

根据这些特点，对电力系统(包括工厂供、配电系统)的设计与运行提出了严格的要求。基本要求如下。

1. 保证供电的可靠性

安全可靠是电力生产的首要任务。因为供电中断将导致生产停顿、生活混乱，甚至危及人身和设备安全，造成严重的经济和政治损失，所以电力系统的设计和运行必须满足供电可靠性的要求。

当电力系统中某一设备发生故障时，对用户供电不中断，或中断供电的几率少、影响范围小、停电时间短、造成的损失少，即称供电的可靠性高。工厂生产类别不同，对供电连续性的要求也不同。因而应根据系统和用户的要求，保证其必要的供电可靠性。

2. 保证良好的电能质量

电压和频率是标志电能质量的两个重要指标。我国规定:额定频率为 50 Hz,允许偏差 ±0.2 Hz～±0.5 Hz;各级额定电压允许偏差一般为 ±5% U_n。电压或频率超过允许偏差范围,不仅对设备的寿命和安全运行不利,还可造成产品减产或报废。所以电力系统在各种运行方式下都应满足用户对电能质量的要求。

3. 具有一定的灵活性和方便性

电力系统接线力求简单,并应能适应负荷变化的需要,灵活、简便、迅速地由一种运行状态转换到另一种运行状态,在转换过程中不易发生误操作;能保证正常维护和检修工作安全、方便地进行。

4. 应具有经济性

所谓经济性是指基建投资少、年运行费用低。在满足必要的技术要求的前提下,应力求经济。基建投资少和年运行费低应综合考虑。

5. 具有发展和扩建的可能性

为适应建设事业的发展,对电压等级、设备容量、安装场地等应留有一定的发展余地。

三、电力系统额定电压

额定电压,通常指电器设备铭牌上标出的线电压。电器设备都是按照指定的电压和频率设计制造的。这个指定的电压和频率称为电器设备的额定电压和额定频率。当电器设备在该电压和频率下运行时,能获得最佳的技术性能和经济效果。

为了成批生产和实现设备互换,各国都制定有标准系列的额定电压和额定频率。我国规定工业用标准额定频率为 50 Hz(俗称工频);国家标准规定,交流电力网和电力设备的额定电压等级较多,但考虑设备制造的标准化、系列化,电力系统额定电压等级不宜过多,具体规定如表 1-1 所示。频率能否维持不变主要取决于系统中有功功率的平衡,频率偏低,表示系统发出的有功功率不足,应设法增加发电机出力。系统电压主要取决于系统中无功功率的平衡,无功不足,则电压偏低,应增加发电机励磁。

1. 额定电压

由于三相功率 P 和线电压 U、线电流 I 之间的关系为:$P=S\cos\varphi=\sqrt{3}UI\cos\varphi$,当负载性质不变时,$\cos\varphi$ 为常数,所以在输送功率一定时,输电电压愈高,输电电流则愈小,因而可减少线路上电能损失和电压损失,同时又可减小导线截面,节约有色金属。对于某一截面线路,当输电电压愈高时,则输送功率愈大,输送距离愈远。例如,采用 120 mm^2 截面的导线,当电压为 10 kV、输送距离为 10 km 时,输送功率约为2 000 kW;当输电电压为 35 kV、输送距离为 35 km 时,输送功率可达 7 000 kW 左右。但是电压愈高,绝缘材料所需要的投资相应增加,因而对应一定输送功率和输送距离,均有一相应的技术经济上合理的输电电压。

表 1-1　我国交流电力网和电力设备的额定电压

类别		电力网和用电设备额定电压	发电机额定电压	电力变压器额定电压	
				一次绕阻	二次绕阻
低压配电网	(V)	220/127 380/220	230 400	220/127 380/220	230/133 400/230
中压配电网	(kV)	3 6 10 —	3.15 6.3 10.5 13.8，15.75，18，20	3 及 3.15 6 及 6.3 10 及 10.5 13.8，15.75，18，20	3.15 及 3.3 6.3 及 6.6 10.5 及 11 —
高压配电网	(kV)	35 63 110 220	— — — —	35 63 110 220	38.5 69 121 242
输电网	(kV)	330 500 750	— — —	330 500 750	363 550 —

从表 1-1 中数字看到，在同一电压等级下，各种设备的额定电压并不完全相等。为了使各种互相联接的电器设备都能运行在较有利的电压下，各种电器设备的额定电压之间应互相配合。

如图 1-3 所示，当经线路输送功率时，沿线路有电压损失，因而线路各点电压是不同的。距离电源愈远的点电压愈低，并且随输送功率的增大，电压损失也增大。图中电压 $U_1 > U_2 > U_3$。所谓电力线路的额定电压 U_n，实际是线路始端和末端电压的平均值，并有如下规定。

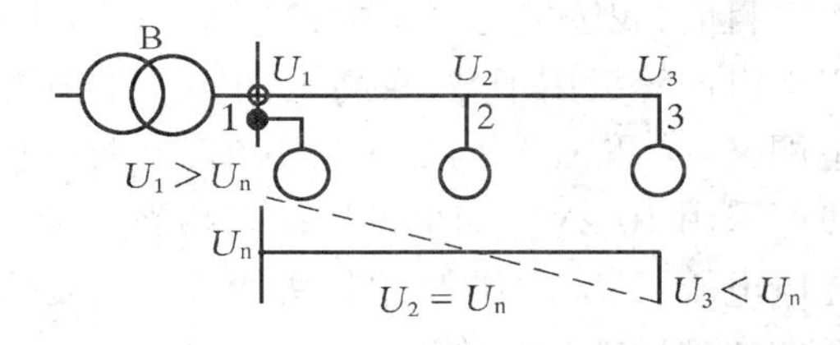

图 1-3　沿线路电压损失

(1) 电力线路的额定电压和用电设备的额定电压相等，称之为网络的额定电压，如 10 kV 网络等等。

(2) 发电机额定电压规定比电力线路额定电压高 5%。由于用电设备一般允许电压偏移为 ±5%，沿线路电压损失一般为 10%，这就要求线路始端电压应比线路额定电压高 5%，以使末端电压比用电设备额定电压不低于 5%。发电机多接于电力线路始端，因此发电机额定电压需比电力线路额定电压高 5%。

(3) 变压器额定电压的规定略为复杂。根据变压器在电力系统中输送功率的方向，规定变压器接受功率一侧的绕组为一次绕组，输出功率一侧的绕组为二次绕组。一次绕组的作用相当于用电设备，额定电压与用电设备额定电压相等。但当变压器直接与发电机联接时，它的额定电压则与发电机的额定电压相等。变压器二次绕组的作用相当于电源设备，因此它的额定电压需较用电设备额定电压高 5%；又因变压器二次绕组额定电压定为变压器空载时的电压值，当变压器通过额定负荷时，变压器绕组本身电压损失约为 5%，所以欲使在正常运行时变压器二次绕组电压比用电设备高 5%，变压器二次绕组额定电压应规定比用电设备额定电压高出 10%，如图 1-4 所示。例如，用电设备额定电压为 10 kV，则供电变压器二次绕组额定电压应为 11 kV。但当变压器直接与用电设备相接时，线路电压损失可忽略不计，此时变压器

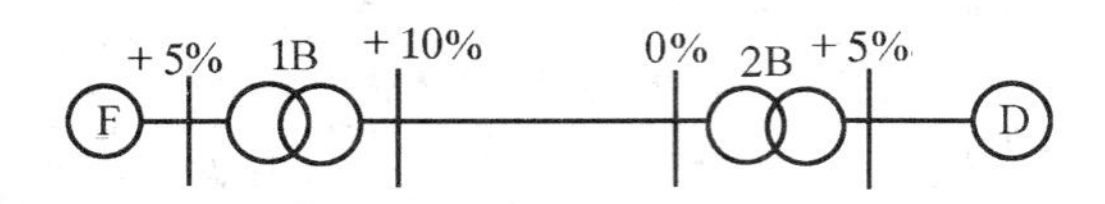

图 1-4　发电机、变压器和线路的额定电压

二次线组额定电压可规定为比用电设备额定电压高 5%，如用电设备额定电压为 10 kV，则供电变压器二次绕组额定电压可为 10.5 kV。所以在选择变压器时，要特别注意电压的选取。

例 1-1　试指出如图 1-5 所示的供电网络中，变压器 1B 二次绕组、2B 一次绕组及线路 *cd* 段的额定电压。

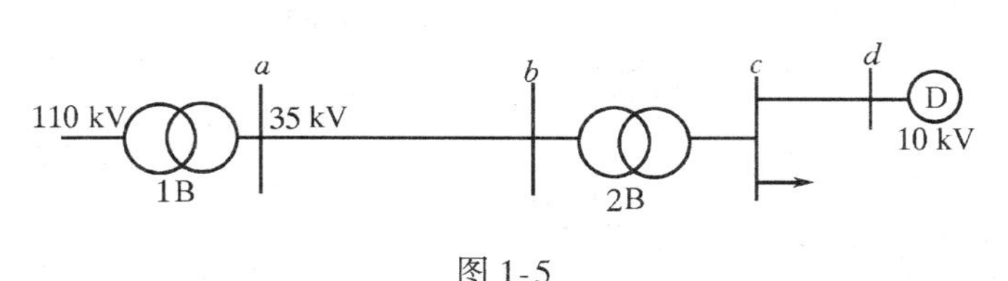

图 1-5

解：1B 二次绕组 U_{2n}应为 35 kV＋10%（35 kV）＝38.5 kV

2B 一次绕组 U_{1n}应等于线路 *ab* 段的额定电压 $U_{ab\cdot n}$即为 35 kV

线路 *cd* 段的 U_n 应等于用电设备额定电压，即为 10 kV。

2．各种电压等级的适用范围

目前，我国电力系统中，330 kV 及以上电压等级多用于大电力系统的输电线；220 kV 及以下电压等级用于城、乡高压、中压及低压配电线路，110 kV、35 kV 亦用于大型工厂的内部配电网络。一般工厂内部多采用 6 kV～10 kV 的高压配电电压，但从技术、经济综合比较来看，最好采用 10 kV。如果工厂拥有相当数量的 6 kV 用电设备，可考虑采用 6 kV 电压作为工厂配电电压。380/220 V 电压等级多作为工厂的低压配电电压。表 1-2 给出与额定电压等级相适应的输送功率和输送距离。

表 1-2　各种额定电压等级线路的输送功率和输送距离

额定电压（U_n）（kV）	输送功率（P）（kW）	输送距离（km）
0.22	50 以下	0.15 以下
0.38	100 以下	0.6 以下
3	100～1 000	1～3
6	100～1 200	4～15
10	200～2 000	6～20
35	2 000～10 000	20～50
110	10 000～50 000	50～150
220	100 000～500 000	100～300

1-2　工厂供配电系统的组成

如前所述，工业用电量占电力系统总用电量的 70%左右，是电力系统的最大电能用户。

工厂（或企业）内部接受、变换、分配和消费电能的总电路称为工厂（或企业）供配电系统。它是公共电力系统的一个重要组成部分。

由于工厂类型很多，且同一类型工厂的生产规模、自动化程度、用电设备布局等情况千变万化，所以工厂供配电系统也各不相同。从总体接线来看，工厂供配电系统可分为以下两个部分。

一、电源系统（外部系统）

电源系统也称外部供电系统，是指从外电源（公共电力系统）到工厂总降压变电所（或配电所）的供电线路，包括高压架空线路或电缆线路。对于大、中型工厂常采用 35 kV～110 kV 电压的架空线路供电，小型工厂多采用 6 kV～10 kV 电压的电缆线路供电。

二、变、配电系统（内部系统）

变、配电系统也称内部配电系统。现以图 1-6 为例，扼要说明一般大、中型工厂供配电系统的组成。

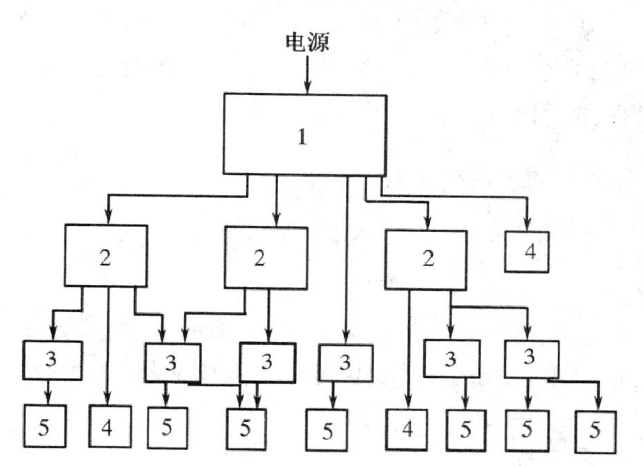

图 1-6　工厂供（配）电系统方块图

1—总降压变电所；2—中间配电所；3—车间变电所；4—高压用电设备；5—低压用电设备

（1）总降压变电所。总降压变电所是工厂电能供应的枢纽。它由降压变压器、高压（35～110 kV）配电装置和低压（6～10 kV）配电装置等主要设备组成。所谓配电装置，是由母线、开关设备、保护电器、测量电器等组成的受电和配电的整体。总降压变电所的作用是将 35～110 kV 电源电压降为 6～10 kV 电压，再由 6～10 kV 配电装置分别将电能送到配电所、车间变电所或高压用电设备。为了保证供电的可靠性，总降压变电所多设置两台降压变压器。

（2）配电所。对于大中型工厂，由于厂区大、负荷分散，常设置一个或一个以上的配电所。配电所的作用是在靠近负荷中心处集中接受 6～10 kV 电源供来的电能，并把电能重新分配，送至附近各个车间变电所或附近 6～10 kV 高压用电设备。所以它是厂内电能的中转站。

（3）车间变电所。一个生产厂房或车间，根据具体情况可设置一个或几个车间变电所。几个相邻且用电量都不大的车间，也可共用一个车间变电所。车间变电所的作用是将 6 kV～10 kV 的电源电压降至 380/220 V 电压，由 380/220 V 低压配电盘分送至各个低压用电设备。

（4）图中联接线分别为 6 kV～10 kV 高压配电线路和 380/220 V 低压配电线路。图中箭头表示功率传输方向。

应当指出，并非所有工厂都需要以上几个组成部分。如小型工厂可不设总降压变电所，仅设 6 kV～10 kV 总配电所即可。某些对国民经济很重要的工厂，还可增设自备发电厂作为备用电源等等，故应视具体情况而定。

一般来说，工厂变电所在电力系统中属终端降压变电所。

1-3　工厂供配电设计的基本知识

现代化工厂的设计是一门综合性技术，包括工艺设计、土建设计、给排水设计、暖通设计、动力及自动化设计、厂区运输及环保设计以及全厂供配电系统设计等多项任务。工厂供电设计是其中重要设计内容之一，应与多种专业设计密切配合，协同进行。

工厂供电设计，要求在满足国家有关技术经济政策和水利电力部颁发的各项规程规定的前提下，力争做到技术先进、安全可靠和经济合理。

新建工厂的供电设计一般分为扩大初步设计和施工设计两个阶段。对于用电量大的大型工厂，在建厂可行性研究报告阶段，可增加工厂供电采用方案意见书；用电量较小的工厂，也可将两阶段设计合并为一个阶段进行。

一、扩大初步设计阶段

1. 设计目的

根据本厂生产特点和供电电源情况，通过技术经济论证，确定工厂供配电最优方案，提出全厂供电设备清单，并编制投资概算，报上级审批。

2. 设计主要内容

(1) 按照工艺、公用设计所提供的资料，计算各车间及全厂的计算负荷和年用电量。

(2) 根据车间环境和计算负荷的大小，选择车间变电所的位置及变压器容量和台数。

(3) 根据工厂负荷对供电的要求和电力系统情况，与电业部门协商确定供电电源、供电电压及供电方式。

(4) 选择总降压变电所(或总配电所)的位置及主变压器的容量和台数。

(5) 选择总降压变电所(或总配电所)电气主接线和厂区高压配电方案。

(6) 计算短路电流，选择主要电器设备和载流导体截面。

(7) 选择主要设备(变压器、线路、高压电动机等)继电保护接线及供电系统自动化接线，并进行整定计算。

(8) 确定提高功率因数的补偿措施。

(9) 提出变电所和工厂建筑物的防雷措施，并进行接地装置设计计算。

(10) 提出变电所二次接线及全厂照明系统原则性方案。

(11) 列出所选设备、材料清单，并编制概算。

3. 设计成果

扩大初步设计资料应包括设计说明书、概算和必要的附图。

二、施工设计阶段

1. 设计目的

施工设计是在扩大初步设计经有关单位批准后进行的。它在扩大初步设计的基础上，完成各单项安装施工图及设备、材料明细表，并编制工程预算书和施工说明书。施工设计，是电气设备安装土建施工时所必需的技术资料。

2. 设计内容

(1) 校正扩大初步设计的基础资料和设计计算数据。
(2) 绘制各单项施工详图(包括布置、埋件、结构安装三部分)。
(3) 绘制工程所需设备、材料明细表。
(4) 编制设备订货清单(包括技术参数、规格和数量)和材料清单。
(5) 编制工程预算书。

3. 设计成果

设计成果应包括施工详图、说明书和预算书。

为了适应当前国民经济发展的新形势，更好地协调供电、用电关系，确立正常的供、用电秩序，实现安全、经济、合理地使用电力，水利电力部经国家经委批准颁布了《全国供、用电规则》，并要求供电、用电双方密切配合，共同遵守该规则中的各项规定，处理好相互间的关系(详见1983年水利电力部颁布的《全国供、用电规则》的有关部分)。

三、工厂供配电系统设计程序

在设计工厂供配电系统时，须遵照以下程序进行。

1. 负荷调查

先要有全厂总平面图，标出主要负荷所在位置，并估算全厂总负荷。因为初期不大可能得到准确的负荷资料，故有些负荷(如照明等)可参照一般资料估算。

大部分工厂负荷是随工艺设备而变的，这些负荷资料须从工艺、设备设计者那里取得。由于工艺设计常常与电力设计同时进行，因而最初的资料常有变化。因此，不断地和其他专业设计方案配合是很重要的。

2. 电力负荷计算

全厂设备额定容量之和并不等于由供电系统供给的总容量。因为多数设备通常是在小于额定容量的条件下运行，并且有些是间歇运行的，所以实际由电源取得的功率要比全厂安装的设备额定功率小，因而存在如何计算工厂总的电力负荷和各车间的电力负荷问题。这个问题将在第二章介绍。

3. 确定供电电源、电压和供电线路

应根据全厂电力负荷需要量和对供电的要求，与供电部门协商解决本厂的供电电源和供电方案，必要时应进行技术经济比较，选出最合理的方案。该内容将在第 3 章中讨论。

4. 各级变电所(配电所)主接线选择设计

主接线设计包括选择变压器容量、台数和电气接线方式。要研究各种类型的电气接线方案，并根据工厂对供电可靠性的要求，经技术经济比较选出最合理的电气主接线。详细内容在第 3 章介绍。

5. 短路电流计算

短路电流计算包括确定电气主接线的运行方式、绘制等值网络图、计算各短路计算点的短路电流。第 4 章提供了详细的短路电流计算原则和方法。

6. 导线及电器设备选择

根据各种电器设备的选择条件选择高、低压电器设备及导线。详细选择计算方法在第 5 章中讨论。

7. 工厂内部配电系统设计

配电系统设计包括高压和低压配电系统的选择计算。在第 3 章中详细介绍选择计算方法。

8. 屋内、外电器设备布置

根据变电所的规模和全厂布局，确定变压器和电器设备的布置方案。

9. 继电保护和二次接线设计

此设计是确定供配电系统中各线路、变压器等元件的继电保护接线方式，以及控制、信号和测量等二次接线，并进行设备选择和整定计算。第 6 章和第 7 章将分别介绍。

10. 防雷保护和接地装置选择计算

在第 8 章中介绍。

11. 照明系统设计

在第 10 章中介绍。

12. 汇总全厂电气设备和材料总表，并编制订货清单

13. 编制工程概(预)算

14. 绘制工程图纸和编写设计说明书

思 考 题

1. 何谓动力系统？何谓电力系统和电力网？试述电力系统的作用及组成。

2. 试以火力发电厂为例，简述电能的生产过程。

3. 何谓额定电压？在同一电压等级下各种设备的额定电压并不完全相等，为什么？

4. 为什么变压器二次绕组额定电压比电网额定电压有的高10%，有的高5%？

5. 对电力系统设计和运行的基本要求是什么？

6. 试述工厂供配电系统的特点及组成。

7. 标志供电电能质量的指标是什么？

8. 简述工厂供配电系统设计的主要内容和设计程序。

习 题

1-1 试确定图1-7所示供电系统中变压器1B一、二次绕组的额定电压和线路L_1、L_2的额定电压。

1-2 试确定图1-8所示供电系统中所有变压器的额定电压。

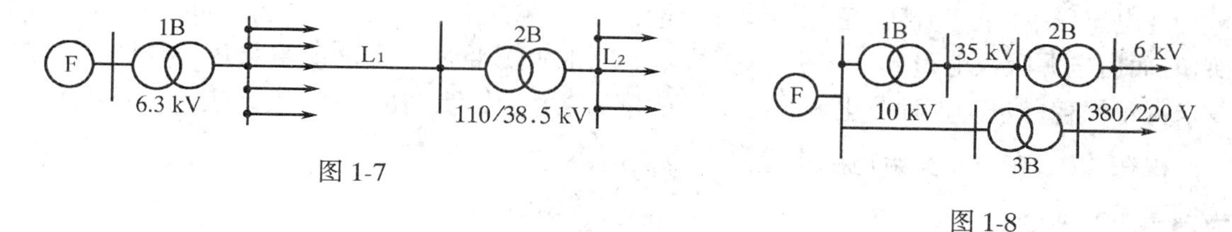

图1-7

图1-8

第2章　电力负荷计算

要点　介绍工厂企业电力负荷的几种常用计算方法，供配电系统中功率损耗、电能损耗的计算方法以及全厂计算负荷的确定。

2-1　负荷计算目的与负荷分级

一、电力负荷与电量

在电力系统中，用电设备需用的电功率称为电力负荷，简称负荷或功率。功率是表示能量变化速率的一个重要物理量。电功率又分为有功功率、无功功率和视在功率。

电阻性用电设备总是消耗能量的，电阻所消耗的功率称为有功功率，用字母 P 表示。

纯电感（或纯电容）性设备能够储存能量，但不消耗能量，它只是与电源之间进行能量的交换，时而由电源吸收能量储存在磁场（或电场）中，时而又将所储存的能量释放，电感（或电容）并未真正消耗能量。这种与电源进行交换能量的功率，称为无功功率，用 Q 表示。

视在功率，在三相交流电路中是$\sqrt{3}$乘以线电压与线电流，用 S 表示。S、P、Q 三者关系式为 $S=\sqrt{P^2+Q^2}$。

所谓电量，指用电设备所需用的电能数量。有功电量表示用电设备所消耗的电能数量，单位是有功电度（kW·h）。无功电量表示用电设备与电源所交换的电能数量，单位是无功电度（kvar·h）。

二、负荷计算的内容和目的

在进行工厂供电设计时，基本的原始资料为工艺部门提供的各种用电设备的产品铭牌数据，如额定容量、额定电压等，这是设计的依据。但是，能否简单地用设备额定容量来选择导体和各种供电设备呢？显然是不能的。因为所安装的设备并非都同时运行，而且运行着的设备实际需用的负荷也并不是每一时刻都等于设备的额定容量，而是在不超过额定容量的范围内，时大时小地变化着。所以直接用额定容量（也称安装容量）选择供电设备和供配电系统，必将导致有色金属的浪费和工程投资的增加。因而，供配电设计的第一步，需要计算全厂和各车间的实际负荷。

负荷计算主要包括：

（1）求计算负荷（也称需用负荷）。目的是为了合理地选择工厂各级电压供电网络、变压器容量和电器设备型号等。

（2）算出尖峰电流。用于计算电压波动、电压损失，选择熔断器和保护元件等。

(3) 算出平均负荷。用来计算全厂电能需要量、电能损耗和选择无功补偿装置等。

三、电力负荷的分级及其对供电的要求

根据用电设备在工艺生产中的作用,以及供电中断对人身和设备安全的影响,电力负荷通常可分为三个等级。

1. 一级负荷

中断供电将造成人身伤亡,或重大设备损坏难以修复,带来极大的政治、经济损失者,属于一级负荷。一级负荷要求有两个独立电源供电。

2. 二级负荷

中断供电将造成设备局部破坏或生产流程紊乱且需较长时间才能恢复,或大量产品报废、重要产品大量减产、造成较大经济损失者,属于二级负荷。二级负荷应由两回线供电。但当两回线路有困难时(如边远地区),允许由一回专用架空线路供电。

3. 三级负荷

不属于一级和二级的一般电力负荷即为三级负荷。三级负荷对供电无特殊要求,允许较长时间停电,可用单回线路供电。

2-2 负荷曲线与计算负荷

一、负荷曲线

负荷曲线是表示一组用电设备的用电功率随时间变化的图形。它反映了用户用电的特点和规律。该曲线绘制在直角坐标内,纵坐标表示电力负荷,横坐标表示时间。

根据纵坐标表示的负荷性质不同,可分有功负荷曲线和无功负荷曲线。根据横坐标表示的持续工作时间不同,又可分为日负荷曲线和年负荷曲线。当然如果工作需要也可绘制月负荷曲线,或某一工作班的负荷曲线等。

日负荷曲线代表用户一昼夜(0 时~24 时)实际用电负荷的变化情况如图 2-1(a)所示。

通常,为了使用方便,负荷曲线多绘制成阶梯形。如图 2-1(b)为某工厂阶梯形的日负荷曲线。

日负荷曲线可用测量的方法绘制。绘制的方法是,先将横坐标按一定时间间隔(一般为半小时)分格,再根据功率表读数,将每一时间间隔内功率的平均值,对应于横坐标相应的时间间隔绘在图上,即得阶梯形日负荷曲线。其时间间隔取的愈短,则曲线愈能反映负荷的实际变化情况。日负荷曲线与坐标所包围的面积代表全日所消费的电能数量。

年负荷曲线代表用户全年(8 760 h)内用电负荷变化规律。

年负荷曲线又分日最大负荷全年时间变化曲线(又称运行年负荷曲线)和年持续负荷曲线。前种曲线可根据全年日负荷曲线间接制成。年负荷持续曲线的绘制,需借助一年中具有代表性的夏季和冬季日负荷曲线。一般取冬季为 213 天,夏季为 152 天,全年 365 天,共 8 760

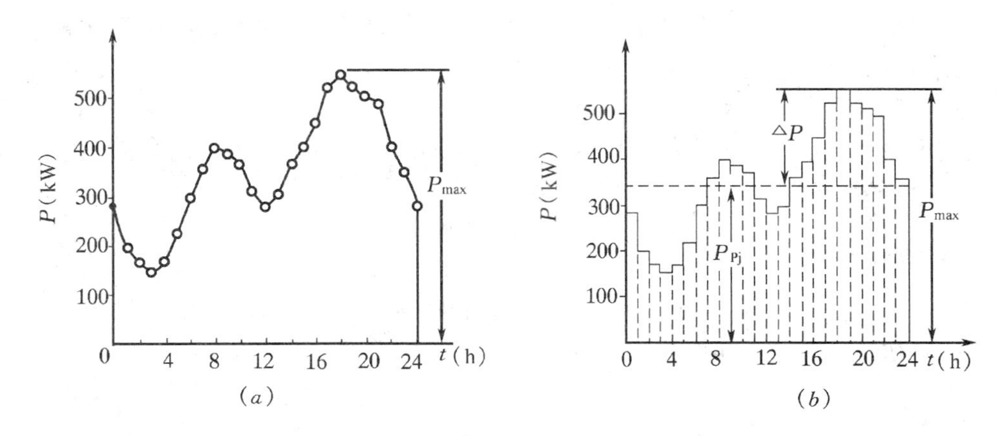

图 2-1 某厂日有功负荷曲线

(a)逐点描绘的日有功负荷曲线； (b)阶梯形的日有功负荷曲线

P—有功功率；h—小时；P_{max}—日最大有功负荷；P_{Pj}—日平均有功负荷；

ΔP—日最大有功负荷与平均有功负荷的差值

h。绘制的方法示于图 2-2，先由图 2-2(a)和(b)中功率最大值开始，依功率递减，逐一绘制在图 2-2(c)中。例如功率为 P_1(最大值)时，其工作小时数仅在冬季日负荷曲线(a)上有 t_1 小时，全年以 P_1 运行的总时数 $T_1 = t_1 \times 213$ h，在图 2-2(c)中的横坐标(时间轴)上按一定比例取 T_1 点，并过 T_1 点作垂直于横坐标的直线。该线与过功率 P_1 的水平线相交于 a_1 点，$a_1 a'_1 O T_1$ 矩形的面积即为以 P_1 运行 T_1 小时所消费的电能。同理可得 a_2、a_3、a_4、a_5、…，连接各点可得年持续负荷曲线。但功率为 P_5 时，以 P_5 在冬季日负荷曲线上运行 $t_5 + t'_5$ 小时，在夏季日负荷曲线上运行 t''_5 小时，所以全年运行总时数 $T_5 = (t_5 + t'_5) \times 213 + t''_5 \times 152$ h。图 2-2(c)中年持续负荷曲线与直角坐标所包围的面积代表用户全年消费的电能。

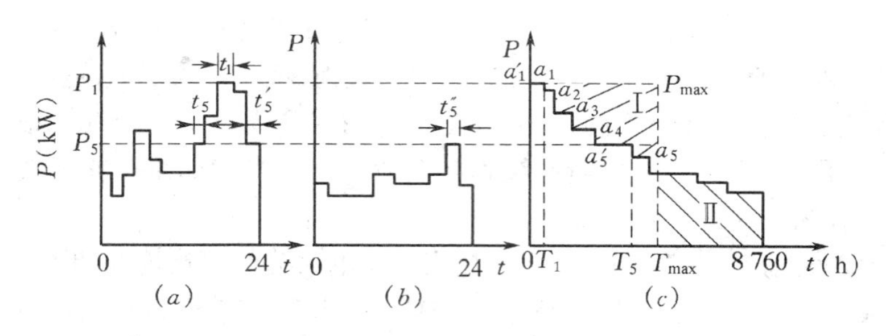

图 2-2 年持续负荷曲线

(a)冬季代表日负荷曲线； (b)夏季代表日负荷曲线； (c)年持续负荷曲线

负荷曲线可直观地反映出用户用电特点和规律。同类型的工厂(或车间)的负荷曲线形状大致相同。这对从事工厂供电设计和运行的人员来说，是很有帮助的。

二、与负荷计算有关的几个物理量

分析负荷曲线，可以得到下列各量。

1. 年最大负荷和最大负荷利用小时数

年最大负荷是指全年中最大工作班内半小时平均功率的最大值，并用符号 P_{max}、Q_{max} 和 S_{max} 分别表示年有功、无功和视在最大负荷。

所谓最大工作班，是指一年中最大负荷月份内最少出现 2～3 次的最大负荷工作班，而不是偶然出现的某一个工作班。

年最大负荷利用小时数 T_{max}，是一个假想时间。其物理意义是，如果用户以年最大负荷（如 P_{max}）持续运行 T_{max} 小时所消耗的电能恰好等于全年实际消耗的电能，那么 T_{max} 即为年最大负荷利用小时数。如图 2-2 所示，年持续负荷曲线与两轴所包围的面积等于 P_{max} 与 T_{max} 的乘积（即面积Ⅰ等于面积Ⅱ）所以 T_{max} 可表达为

$$T_{max} = W_P / P_{max} \quad (\mathrm{h}) \tag{2-1}$$

同理

$$T_{max}(\text{无功}) = W_Q / Q_{max} \quad (\mathrm{h})$$

式中 W——全年消耗的电量；

W_P——有功电量（kW·h）；

W_Q——无功电量（ kvar·h）。

T_{max} 是标志工厂负荷是否均匀的一个重要指标。这一概念在计算电能损耗和电气设备选择中均要用到。表 2-1 给出了各类工厂的最大负荷利用小时数，可供参考。

表 2-1 各种工厂的全厂 K_X、$\cos\varphi$ 及 T_{max}（供参考）

工厂类别	需用系数 K_X	$\cos\varphi$	年最大负荷利用小时数	
			有　功	无　功
汽轮机制造厂	0.38	0.88	4 960	5 240
重型机械制造厂	0.35	0.79	3 770	4 840
机床制造厂	0.2	0.65	4 345	4 750
重型机床制造厂	0.32	0.71	3 700	4 840
工具制造厂	0.34	0.65	4 140	4 960
仪器仪表制造厂	0.37	0.81	3 080	3 180
滚珠轴承制造厂	0.28	0.70	5 300	6 130
电机制造厂	0.33	0.65	2 800	—
石油机械制造厂	0.45	0.78	—	—
电线电缆制造厂	0.35	0.73	3 500	—
电气开关制造厂	0.35	0.75	4 280	6 420
阀门制造厂	0.38	—	—	—
铸管厂	0.5	0.78	—	—
橡胶厂	0.5	0.72	—	—
通用机器厂	0.4	—	—	—
化工厂	—	—	6 200	7 000
起重运输设备厂	—	—	3 300	3 880
金属加工厂	—	—	4 355	5 880
氮肥厂	—	—	7 000～8 000	—

2. 平均负荷和负荷系数

平均负荷是指电力用户在一段时间内消费功率的平均值，记作 P_{Pj}、Q_{Pj}、S_{Pj}。如图 2-1

(b)所示为平均有功负荷，其值为用户在由 0 到 t 时间内所消费的电能 W_P(kW·h)除以时间 t，即

$$P_{Pj}=W_t/t \quad (kW) \tag{2-2}$$

式中 W_t——由 0 到 t 时间内消耗的有功电能 W_P(kW·h)。

对于年平均负荷，全年小时数 t 取 8 760，W_P 是全年消费的总电能。

在最大工作班内，平均负荷与最大负荷之比称为负荷系数，并用 α、β 分别表示有功、无功负荷系数。其关系式为

$$\left.\begin{aligned}\alpha&=P_{Pj}/P_{max}\\ \beta&=Q_{Pj}/Q_{max}\end{aligned}\right\} \tag{2-3}$$

负荷系数也称负荷率，又叫负荷曲线填充系数。它是表征负荷变化规律的一个参数。其值愈大，则负荷曲线愈平坦，负荷波动愈小。根据经验数字，一般工厂负荷系数年平均值多为

$$\alpha=0.70\sim0.75$$

$$\beta=0.76\sim0.82$$

上述数据说明无功负荷曲线的变动比有功负荷曲线平坦。除了大量使用电焊设备的工厂或车间外，一般 β 值比 α 值高 10%～15%左右。相同类型的工厂或车间具有近似的负荷系数。

3. 需用系数和利用系数

在工厂供配电系统设计和运行中，常使用需用系数和利用系数，其定义为

需用系数 $$K_X=\frac{P_{max}}{P_n} \tag{2-4}$$

利用系数 $$K_L=\frac{P_{Pj}}{P_n} \tag{2-5}$$

式中 P_n——额定功率。

实践表明，同类型的工厂，需用系数 K_X(见表 2-1)、利用系数 K_L 十分相近，可以分别用典型数值表示它们。需用系数的物理意义及各类用电设备的典型数据在 2-3 节中详细介绍。

4. 尖峰负荷和低谷负荷

在一昼夜间用户出现的最大负荷，称为尖峰负荷；出现的最小负荷，称为低谷负荷。由于各行业用电特点的不同，出现尖峰负荷和低谷负荷的时间也不尽相同。

三、计算负荷定义

"计算负荷"是按发热条件选择导体和电器设备时使用的一个假想负荷。其物理意义为：按这个"计算负荷"持续运行所产生的热效应，与按实际变动负荷长期运行所产生的最大热效应相等。换句话说，当导体持续流过"计算负荷"时所产生的导体恒定温升，恰好等于导体流过实际变动负荷时所产生的平均最高温升。从发热的结果来看，二者是等效的。

通常规定取 30 分钟(min)平均最大负荷 P_{30}、Q_{30} 和 S_{30} 作为该用户的"计算负荷"，并用 P_{jS}、Q_{jS} 和 S_{jS} 分别表示其有功、无功和视在计算负荷。为什么取用"30 分钟平均最大负荷"呢？

这是考虑：对于中、小截面的导体，发热时间常数(即表示发热过程进行快慢的时间数值)T约为10 min左右，在短暂的时间内通过尖峰负荷时，导体温度来不及升高到相应值而尖峰负荷就消失了，所以尖峰负荷虽比P_{30}、Q_{30}和S_{30}大，但不是造成导体达到最高温升的主要原因。实验表明，导体达到稳定温升的时间约为$3T\sim4T$，所以对于中、小截面导体达到稳定温升的时间可近似为$3T\approx3\times10=30$ min；对于较大截面导体，发热时间常数T多大于10 min，因而在30 min时间内，一般达不到稳定温升，取30 min平均最大负荷为计算负荷偏于保守，但为选择计算的方便和一致性，如上规定还是合理的。因此，计算负荷是按发热条件选择导线和电器设备的依据，并有如下关系：

$$\left.\begin{aligned}P_{jS}&=P_{30}=P_{max}\\Q_{jS}&=Q_{30}=Q_{max}\\S_{jS}&=S_{30}=S_{max}\end{aligned}\right\}\tag{2-6}$$

式中　P_{jS}、P_{30}、P_{max}——分别为最大工作班的有功计算负荷、30 min平均最大负荷、最大负荷。

例2-1　某汽车制造厂全厂计算负荷$P_{jS}=7\ 000$ kW，$Q_{jS}=5\ 000$ kvar，求该厂全年有功及无功电能需要量是多少？

解：由表2-1查得该类型工厂年最大有功负荷利用小时数$T_{max}=4\ 960$(h)，由式(2-4)及(2-6)可得全年有功电能需要量

$$\begin{aligned}W_P&=T_{max}P_{max}=T_{max}P_{jS}\\&=4\ 960\times7\ 000=34.7\times10^6\ \text{kW}\cdot\text{h}\end{aligned}$$

同理，查表2-1得无功负荷利用小时数$T_{max}=5\ 240$(h)，全年无功电能需要量则为

$$\begin{aligned}W_Q&=T_{max}Q_{max}=T_{max}Q_{jS}\\&=5\ 240\times5\ 000=26.2\times10^6\ \text{kvar}\cdot\text{h}\end{aligned}$$

例2-2　某工厂最大工作班的负荷曲线如图2-3所示，全厂设备额定功率为$P_n=60$ kW，试求该厂有功计算负荷、负荷填充系数、需用系数和利用系数各是多少？

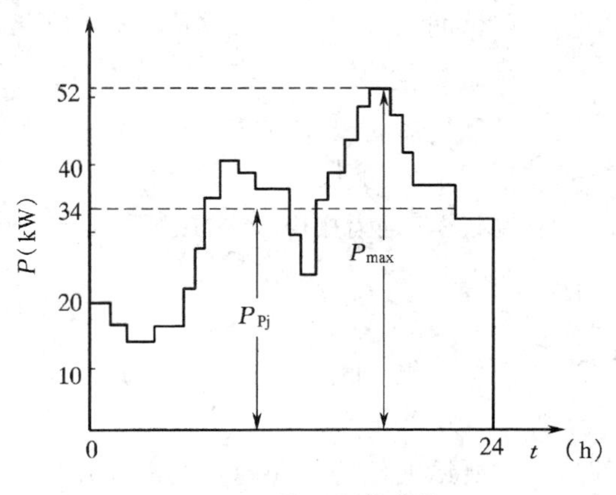

图2-3　某厂负荷曲线

解：

由图2-3所示

$$P_{max}=52\ \text{kW}$$

$$P_{Pj}=34\ \text{kW}$$

所以有功计算负荷为

$$P_{jS}=P_{30}=P_{max}=52\ \text{kW}$$

负荷填充系数为

$$\alpha=P_{Pj}/P_{max}=34/52=0.65$$

需用系数　$K_X=P_{max}/P_n=52/60=0.867$

利用系数　$K_L=P_{Pj}/P_n=34/60=0.567$

2-3 计算负荷的实用计算方法

常用的计算方法有需用系数法、二项式法、利用系数法、*ABC* 法、单位产品耗电量法和单位面积功率法等。在实际工程供配电设计中,广泛采用需用系数法。因此种方法计算简便,多用于方案估算、初步设计和全厂、大型车间变电所的施工设计。二项式法考虑了用电设备数量和大容量设备对计算负荷的影响,因而一般用于低压配电线、机械加工业的施工设计。利用系数法、*ABC* 法,虽从理论分析来看,计算结果更接近实际,但目前累积的实用数据不多,在工程设计中仍未得到普遍采用。最后的两种方法常用于方案估算。

本节主要介绍需用系数法和二项式法。

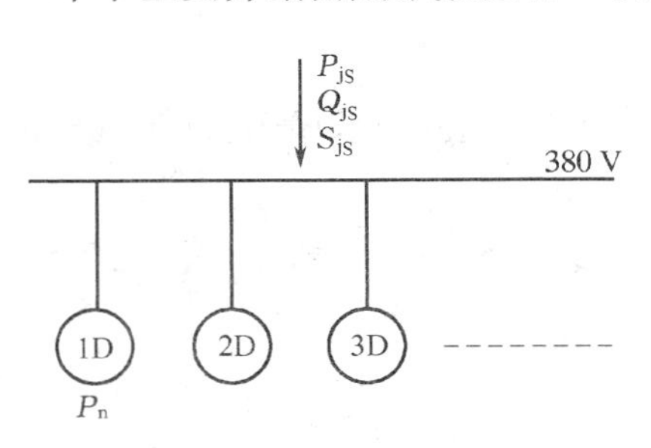

图 2-4 用电设备组供电系统示意图

图 2-4 为某用电设备组通过一条配电线路由电源供电。确定计算负荷的第一步是求设备容量。

一、设备容量的确定

进行负荷计算时,需按性质将用电设备分为不同的用电设备组(如图 2-4 所示),然后确定设备容量(或称设备功率)。

用电设备铭牌上标出的功率(或容量)称为用电设备的额定功率(或额定容量)。该功率是指用电设备(如电动机)额定的输出功率。

由于各用电设备的额定工作条件不同,有的长期工作,有的短时工作,因而在求计算负荷时,不能将额定功率直接相加,而需将不同工作制的用电设备额定功率换算为统一规定工作条件下的功率。这个功率称为用电设备的设备功率(或设备容量),并用 P_S 表示。其值分别为:

(1) 对长期工作制的用电设备,$P_S = P_n$(额定功率);

(2) 对短时但连续工作制的用电设备,$P_S = P_n$;

(3) 以反复短时工作制的用电设备,设备功率是将某一暂载率下的铭牌额定功率统一换算为标准暂载率下的功率。

所谓暂载率,是指用电设备工作时间与整个工作周期时间之比值,用 *JC* 表示,即

$$JC = \frac{t_g}{t_g + t_x} \times 100\% \tag{2-7}$$

式中 t_g——工作时间;

t_x——停歇时间。

设备铭牌上所给的额定功率时的暂载率用 JC_n 表示,称额定暂载率。

(1) 电焊机和电焊装置的设备功率,标准暂载率规定为 $JC_{100} = 100\%$,其设备功率的换算式为

$$P_S = \sqrt{\frac{JC_n}{JC_{100}}} P_n = \sqrt{JC_n} S_n \cos\varphi_n \quad (\mathrm{kW}) \tag{2-8}$$

式中 P_S——换算到 JC_{100} 时的电焊机设备功率(kW);

P_n——电焊机的铭牌额定功率(kW);

S_n——电焊机铭牌额定容量(kVA);

$\cos\varphi_n$——电焊机额定功率因数;

JC_n——与 P_n、S_n 对应的暂载率(计算中用小数);

JC_{100}——其暂载率为100%(计算中取为1.0)。

(2) 吊车电动机的设备功率:因电动机是满负荷起动,所以其设备功率是统一换算到标准暂载率 $JC_{25}=25\%$ 时的功率,即

$$P_S=\sqrt{\frac{JC}{JC_{25}}}\ P_n=2P_n\sqrt{JC_n}(\text{kW}) \tag{2-9}$$

式中 P_n——吊车电动机的额定功率(kW);

JC_n——对应于 P_n 的暂载率(用小数);

JC_{25}——其暂载率为25%,即0.25;

P_S——换算到 JC_{25} 时的吊车电动机设备容量(kW)。

例 2-3 有一电焊变压器,其铭牌上给出:额定容量 $S_n=42$ kVA,暂载率 $JC_n=60\%$,功率因数 $\cos\varphi=0.62$,试求该电焊变压器的设备功率 P_S。

解:由于电焊装置的设备功率为统一换算到暂载率为100%时功率,所以设备功率应为

$$P_S=S_n\sqrt{JC_n}\cos\varphi$$
$$=42\sqrt{0.6}\times0.62=20.2\ \text{kW}$$

例 2-4 某车间有一台10 t桥式起重机,设备铭牌上给出额定功率 $P_n=39.6$ kW,暂载率 $JC_n=40\%$,试求该起重机的设备功率。

解:该起重机的设备功率为

$$P_S=2P_n\sqrt{JC_n}=2\times39.6\sqrt{0.4}=50\ \text{kW}$$

二、按需用系数法确定计算负荷

需用系数法是将用电设备的设备功率 P_S 乘以需用系数和同时系数,直接求出计算负荷的一种简便计算方法。

在确定各用电设备的设备容量之后,分别按下述情况计算。

1. 用电设备组的计算负荷

用电设备组是由工艺性质相同、需用系数相近的一些设备合并成的一组用电设备。在一个车间中,可根据具体情况将用电设备分为若干组。再分别计算各用电设备组的计算负荷。其计算公式为

$$\left.\begin{aligned}&P_{jS}=K_XP_S(\text{kW})\\&Q_{jS}=P_{jS}\tan\varphi\ (\text{kvar})\\&S_{jS}=\sqrt{P_{jS}^2+Q_{jS}^2}\ (\text{kVA})\\&I_{jS}=S_{jS}/(\sqrt{3}U_n)\ (\text{A})\end{aligned}\right\} \tag{2-10}$$

式中 P_{jS}、Q_{jS}、S_{jS}——该用电设备组的有功、无功和视在计算负荷；

P_S——该用电设备组的设备容量总和，但不包括备用设备容量(kW)；

U_n——额定电压(kV)；

$\tan\varphi$——与运行功率因数角相对应的正切值，参见表 2-1～表 2-3；

I_{jS}——该用电设备组的计算电流(A)；

K_X——该用电设备组的需用系数，参见表 2-1～表 2-3。

需用系数的物理意义是：

$$K_X=\frac{K_f K_\Sigma}{\eta\eta_l} \tag{2-11}$$

式中 η——用电设备组平均效率(用电设备在运行时要产生功率损耗，用电设备(如电动机)输出的功率与实际输入的功率之比即用电设备的效率，$\eta<1$)；

K_Σ——同时系数(用电设备组的设备并非同时都运行。该设备组在最大负荷时工作着的用电设备容量与该组用电设备总容量之比即为同时系数，$K_\Sigma<1$，参见表 2-4。对于一台电动机而言 $K_\Sigma=1$)；

K_f——负荷系数(工作着的用电设备一般并非全在满负荷下运行。该设备组在最大负荷时，工作着的用电设备实际所需功率与工作着的用电设备总功率之比称为负荷系数，$K_f<1$)；

η_l——线路供电效率(因为电功率通过电力线路在线路上要产生功率损耗，所以末端功率小于始端功率。其线路末端功率与始端功率之比称线路供电效率，一般为 0.95～0.98)。

由上述分析可以看出，需用系数是一个综合系数，它标志着用电设备组投入运行时，从供电网络实际取用的功率与用电设备组设备功率之比。需用系数一般小于 1。

表 2-2　用电设备的 K_X、$\cos\varphi$ 及 $\tan\varphi$(供参考)

用电设备组名称	K_X	$\cos\varphi$	$\tan\varphi$
单独传动的金属加工机床：			
小批生产的金属冷加工机床	0.12～0.16	0.5	1.73
大批生产的金属冷加工机床	0.17～0.2	0.5	1.73
小批生产的金属热加工机床	0.2～0.25	0.55～0.6	1.52～1.33
大批生产的金属热加工机床	0.25～0.28	0.65	1.17
锻锤、压床、剪床及其他锻工机械	0.25	0.6	1.33
木工机械	0.2～0.3	0.5～0.6	1.73～1.33
液压机	0.3	0.6	1.33
生产用通风机	0.75～0.85	0.8～0.85	0.75～0.62
卫生用通风机	0.65～0.7	0.8	0.75
泵、活塞型压缩机、电动发电机组	0.75～0.85	0.8	0.75
球磨机、破碎机、筛选机、搅拌机等	0.75～0.85	0.8～0.85	0.75～0.62
电阻炉(带调压器或变压器)：			
非自动装料	0.6～0.7	0.95～0.98	0.33～0.2
自动装料	0.7～0.8	0.95～0.98	0.33～0.2
干燥箱、加热器等	0.4～0.7	1	0
工频感应电炉(不带无功补偿装置)	0.8	0.35	2.67
高频感应电炉(不带无功补偿装置)	0.8	0.6	1.33

续表

用电设备组名称	K_X	$\cos\varphi$	$\tan\varphi$
焊接和加热用高频加热设备	0.5～0.65	0.7	1.02
熔炼用高频加热设备	0.8～0.85	0.8～0.85	0.75～0.62
表面淬火电炉(带无功补偿装置):			
电动发电机	0.65	0.7	1.02
真空管振荡器	0.8	0.85	0.62
中频电炉(中频机组)	0.65～0.75	0.8	0.75
氢气炉(带调压器或变压器)	0.4～0.5	0.85～0.9	0.62～0.48
真空炉(带调压器或变压器)	0.55～0.65	0.85～0.9	0.62～0.48
电弧炼钢炉变压器	0.9	0.85	0.62
电弧炼钢炉的辅助设备	0.15	0.5	1.73
点焊机、缝焊机	0.35,0.2*	0.6	1.33
对焊机	0.35	0.7	1.02
自动弧焊变压器	0.5	0.5	1.73
单头手动弧焊变压器	0.35	0.35	2.67
多头手动弧焊变压器	0.4	0.35	2.67
单头直流弧焊机	0.35	0.6	1.33
多头直流弧焊机	0.7	0.75	0.88
金属、机修、装配车间、锅炉房用起重机($JC=25\%$)	0.1～0.15	0.5	1.73
铸造车间用起重机($JC=25\%$)	0.15～0.3	0.5	1.73
联锁的连续运输机械	0.65	0.75	0.88
非联锁的连续运输机械	0.5～0.6	0.75	0.88
一般工业用硅整流装置	0.5	0.7	1.02
电镀用硅整流装置	0.5	0.75	0.88
电解用硅整流装置	0.7	0.8	0.75
红外线干燥设备	0.85～0.9	1	0
电火花加工装置	0.5	0.6	1.33
超声波装置	0.7	0.7	1.02
X光设备	0.3	0.55	1.52
电子计算机主机(中频机组)	0.6～0.7	0.8	0.75
电子计算机外部设备	0.4～0.5	0.5	1.73
试验设备(电热为主)	0.2～0.4	0.8	0.75
试验设备(仪表为主)	0.15～0.2	0.7	1.02
磁粉探伤机	0.2	0.4	2.29
铁屑加工机械	0.4	0.75	0.88
排气台	0.5～0.6	0.9	0.48
陶瓷隧道窑	0.8～0.9	0.95	0.33
拉单晶炉	0.7～0.75	0.9	0.48
真空浸渍设备	0.7	0.95	0.33

* 点焊机的需要系数0.2仅用于电子行业。

例2-5 某一动力车间的配电线路给一台0.5 t的电炉供电，电炉变压器采用HSJ-500/10型。铭牌上给出 $S_n=500$ kVA，$\cos\varphi=0.92$，$\eta=0.98$。若不计配电线路功率损耗，试求电炉变压器的设备功率和配电线路的计算负荷。

解: 设备功率为

$$P_S=S_n\cos\varphi=500\times0.92=460\ \text{kW}$$

线路上的计算负荷，由所给条件可知 $K_\Sigma=1$，$\eta_l=1$，并取 $K_X\approx1$，可得

$$P_{jS}=\frac{P_S}{\eta}=\frac{460}{0.98}=470\ \text{kW}$$

$$Q_{jS}=P_{jS}\cdot\tan\varphi=470\times0.43=202\ \text{kvar}$$

$$S_{jS}=\sqrt{P_{jS}^2+Q_{jS}^2}=\sqrt{470^2+202^2}$$

$$=511.6\ \text{kVA}$$

表 2-3　照明场所的需用系数 K_X 和各类光源的 $\cos\varphi$、$\tan\varphi$(供参考)

照明场所	K_X	光源类别	$\cos\varphi$	$\tan\varphi$
生产厂房(有天然采光)	0.8～0.9	白炽灯、卤钨灯	1	0
生产厂房(无天然采光)	0.9～1	荧光灯(无补偿)	0.55	1.52
办公楼	0.7～0.8	荧光灯(有补偿)	0.9	0.48
设计室	0.9～0.95	高压水银灯	0.45～0.65	1.98～1.16
科研楼	0.8～0.9	高压钠灯	0.45	1.98
仓库	0.5～0.7	金属卤化物灯	0.4～0.61	2.29～1.29
锅炉房	0.9	氙灯	0.9	0.48
宿舍区	0.6～0.8			
医院	0.5			
食堂	0.9～0.95			
商店	0.9			
学校	0.6～0.7			
展览馆	0.7～0.8			
旅馆	0.6～0.7			

表 2-4　需用系数法的同时系数 K_Σ(供参考)

应用范围	K_Σ
一、确定车间变电所低压母线的最大负荷时采用的有功负荷同时系数	
1.冷加工车间	0.7～0.8
2.热加工车间	0.7～0.9
3.动力站	0.8～1.0
二、确定配电所母线的最大负荷时采用的有功负荷同时系数	
1.计算负荷小于 5 000 kW	0.9～1.0
2.计算负荷为 5 000 kW～10 000 kW	0.85
3.计算负荷超过 10 000 kW	0.80

注:1.无功负荷的同时系数一般采用与有功负荷的同进系数 K_Σ 相同数值;2.当由全厂各车间的设备容量直接计算全厂最大负荷时,应同时乘以表中两种同时系数。

例 2-6　某车间有一冷加工机床组,共有电压为 380 V 的电动机 39 台,其中 10 kW 的 3 台、4 kW 的 8 台、3 kW 的 18 台、1.5 kW 的 10 台,试用需用系数法求该设备组的计算负荷。

解:由于该组用电设备为连续工作制,所以其设备功率为

$$P_S=\Sigma P_n$$

$$=10\times3+4\times8+3\times18+1.5\times10=131\ \text{kW}$$

查表(2-2)可得 $K_X=0.17\sim0.2$,取 $K_X=0.2$,$\cos\varphi=0.5$,$\tan\varphi=1.73$。所以可得

$$P_{jS}=K_XP_S=0.2\times131=26.2\ \text{kW}$$

$$Q_{jS}=P_{jS}\tan\varphi=26.2\times1.73=45.3\ \text{kvar}$$

$$S_{jS}=\sqrt{P_{jS}^2+Q_{jS}^2}=\sqrt{26.2^2+45.3^2}$$
$$=52.3\ \text{kVA}$$
$$I_{jS}=S_{jS}/(\sqrt{3}U_n)=52.3/(\sqrt{3}\times0.38)=79.6\ \text{A}$$

2. 多个用电设备组的计算负荷

在配电干线上或车间变电所低压母线上，常有多个用电设备组同时工作，但是各个用电设备组的最大负荷也非同时出现，因此在求配电干线或车间变电所低压母线的计算负荷时，应再计入一个同时系数 K_Σ。具体计算如下：

$$\left.\begin{aligned}&P_{jS}=K_\Sigma\sum_{i=1}^{m}(K_{Xi}P_{Si})\ (\text{kW})\\&\qquad(i=1,2,\cdots,m)\\&Q_{jS}=K_\Sigma\sum_{i=1}^{m}(K_{Xi}\tan\varphi_i P_{Si})\ (\text{kvar})\\&S_{jS}=\sqrt{P_{jS}^2+Q_{jS}^2}\ (\text{kVA})\\&I_{jS}=S_{jS}/(\sqrt{3}U_n)\ (\text{A})\end{aligned}\right\}\tag{2-12}$$

式中 P_{jS}、Q_{jS}、S_{jS}——为配电干线或车间变电所低压母线的有功、无功、视在计算负荷；

K_Σ——同时系数，参见表 2-4；

m——该配电干线或车间变电所低压母线上所接用电设备组总数；

K_{Xi}、$\tan\varphi_i$、P_{Si}——为对应于某一用电设备组的需用系数、功率因数角正切、总设备容量；

I_{jS}——该干线或低压母线上的计算电流(A)；

U_n——该干线或低压母线的额定电压(kV)。

这些计算功率和计算电流是选择车间变电所变压器容量和导体截面等参数的依据。

如果在低压母线上装有无功补偿用的静电电容器组，则低压母线上的无功计算负荷应为

$$Q_{jS}=K_\Sigma\sum_{i=1}^{m}(K_{Xi}\tan\varphi_i P_{Si})-Q_C\qquad(i=1,2,\cdots,m)\tag{2-13}$$

其中 Q_C——低压母线上静电电容器组的容量(kvar)。

例 2-7 某机修车间 380 V 线路上接有冷加工机床电动机 25 台，共 60 kW(其中较大容量电动机有 7 kW 的 1 台、4.5 kW 的 2 台、2.8 kW 的 7 台)；通风机 2 台，共 5.6kW；电阻炉 1 台 2 kW。母线装电容器 $Q_C=10$ kvar。试确定该线路的计算负荷。

解：先求各组的计算负荷

(1) 冷加工机床组

查表，取 $K_{X1}=0.2$，$\cos\varphi_1=0.5$，$\tan\varphi_1=1.73$

$$P_{jS1}=K_{X1}\cdot P_{S1}=0.2\times60=12\ \text{kW}$$

$$Q_{jS1}=P_{jS1}\tan\varphi_1=12\times1.73=20.76\ \text{kvar}$$

(2) 通风机组

查表,取 $K_{X2}=0.8$, $\cos\varphi_2=0.8$, $\tan\varphi_2=0.75$

$$P_{jS2}=K_{Xi}P_{S2}=0.8\times5.6=4.48\ \text{kW}$$

$$Q_{jS2}=P_{jS2}\cdot\tan\varphi_2=4.48\times0.75=3.36\ \text{kvar}$$

(3) 电阻炉

查表,取 $K_{X3}=0.7$, $\cos\varphi_3=1$, $\tan\varphi_3=0$

$$P_{jS3}=K_{X3}P_{S3}=0.7\times2=1.4\ \text{kW}$$

$$Q_{jS3}=P_{jS3}\tan\varphi_3=0$$

取 $K_\Sigma=0.9$

可得总的计算负荷

$$P_{jS}=K_\Sigma\sum_{i=1}^{3}P_{jSi}=0.9(12+4.48+1.4)=16.1\ \text{kW}$$

$$Q_{jS}=K_\Sigma\sum_{i=1}^{3}Q_{jSi}-Q_c=0.9(20.76+3.36)-10=11.7\ \text{kvar}$$

$$S_{jS}=\sqrt{P_{jS}^2+Q_{jS}^2}=\sqrt{16.1^2+11.7^2}=19.9\ \text{kVA}$$

$$I_{jS}=S_{jS}/(\sqrt{3}U_n)=19.9/(\sqrt{3}\times0.38)=30.3\ \text{A}$$

将计算结果列表表示更为清晰。

三、按二项式法确定计算负荷

二项式法将用电设备组的计算负荷分为两项:第一项是用电设备组的平均最大负荷,该项为基本负荷值;第二项是考虑数台大容量用电设备对总计算负荷的影响而计入的附加功率值,故称二项式法。

同样,在已知各用电设备的预备功率之后,分别按下述情况计算。

1. 用电设备组的计算负荷

$$\left.\begin{aligned}
P_{jS}&=bP_S+cP_x\ (\text{kW})\\
Q_{jS}&=P_{jS}\tan\varphi\ (\text{kvar})\\
S_{jS}&=\sqrt{P_{jS}^2+Q_{jS}^2}\ (\text{kVA})\\
I_{jS}&=S_{jS}/(\sqrt{3}U_n)\ (\text{A})
\end{aligned}\right\}\tag{2-14}$$

式中 P_S——该用电设备组的设备功率总和(kW);

P_x——为该组中,x 台大容量用电设备的设备功率之和(kW),如 P_5 为 5 台大容量用电设备的设备功率之和;

x——为该组取用大容量用电设备的台数,对于不同工作制、不同类型的用电设备,x 取值也不同,如金属冷加工机床 $x=5$,反复短时工作制设备 $x=3$,加热炉 $x=2$,电焊设备 $x=1$ 等,详见表 2-5;

U_n——额定电压(kV);

b、c——为二项式系数,对于不同类型的设备取值不同,表 2-5 列出根据多年统计的经验数字,可供计算参考。

下面说明二项式系 b、c 的物理意义。

由日负荷曲线可以看出，最大有功负荷

$$P_{max}=P_{jS}=P_{Pj}=\Delta P$$
$$=K_{L}P_{n}+\Delta P\ (\text{kW})$$

式中 P_{Pj}——日平均负荷(kW)；

P_{n}——用电设备的额定功率，当考虑用电设备的额定工作条件不同时 P_{n} 应由设备容量 P_{S} 代替；

K_{L}——利用系数。

在式中 K_{L} 如果用 b 代替，则平均负荷 $P_{Pj}=bP_{S}$。上式中附加功率 ΔP 表示日负荷曲线的尖峰部分。长期运行统计数字表明，在运行中，若干台大容量电动机同时在某一段时间内满载运行或频繁同时起动，是出现“尖峰负荷”的主要原因。且该“尖峰负荷”的大小不仅与大容量电动机的台数有关，还与电动机所传动的机械设备的性质有关。所以计算中引入一个附加功率

表 2-5 用电设备的二项式系数、$\cos\varphi$ 及 $\tan\varphi$(供参考)

负荷种类	用电设备组名称	二项式系数			$\cos\varphi$	$\tan\varphi$
		b	c	x		
金属切削机床	小批及单件金属冷加工	0.14	0.4	5	0.5	1.73
	大批及流水生产的金属冷加工	0.14	0.5	5	0.5	1.73
	大批及流水生产的金属热加工	0.26	0.5	5	0.65	1.16
长期运转机械	通风机、泵、电动机	0.65	0.25	5	0.8	0.75
铸工车间连续运输及整砂机械	非联锁连续运输及整砂机械	0.4	0.4	5	0.75	0.88
	联锁连续运输及整砂机械	0.6	0.2	5	0.75	0.88
反复短时负荷	锅炉、装配、机修的起重机	0.06	0.2	3	0.5	1.73
	铸造车间的重起机	0.09	0.3	3	0.5	1.73
	平炉车间的起重机	0.11	0.3	3	0.5	1.73
	压延、脱模、修整间的起重机	0.18	0.3	3	0.5	1.73
电热设备	定期装料电阻炉	0.5	0.5	1	1	0
	自动连续装料电阻炉	0.7	0.3	2	1	0
	实验室小型干燥箱、加热器	0.7			1	0
	熔 炼 炉	0.9			0.87	0.56
	工频感应炉	0.8			0.35	2.67
	高频感应炉	0.8			0.6	1.33
焊接设备	单头手动弧焊变压器	0.35			0.35	2.67
	多头手动弧焊变压器	0.7～0.9			0.75	0.88
	点焊机及缝焊机	0.5			0.5	1.73
	对 焊 机	0.35			0.6	1.33
	平 焊 机	0.35			0.7	1.02
	铆钉加热器	0.35			0.7	1.02
	单头直流弧焊机	0.7			0.65	1.16
	多头直流弧焊机	0.35			0.6	1.33
		0.5～0.9			0.65	1.16
电 镀	硅整流装置	0.5	0.35	3	0.75	0.88

$\Delta P = cP_x$。P_x 表示 x 台大容量电动机容量的总和，c 为 x 台大容量电动机综合影响系数。c、x 的取值与用电设备的性质有关。所以用 $P_{jS} = bP_S + cP_x$ 计算用电设备组的计算负荷是可行的。特别是用电设备总容量小，而大容量电动机占的比重大的用户，用该法计算更接近实际。

例 2-8 试用二项式法确定例 2-6 所列机床组的计算负荷。

解：由表 2-5，查得 $b = 0.14$，$c = 0.4$，$x = 5$，$\cos\varphi = 0.5$，$\tan\varphi = 1.73$

$$P_S = 131 \text{ kW}$$

$$P_x = P_5 = 10 \times 3 + 4 \times 2 = 38 \text{ kW}$$

$$\therefore \quad P_{jS} = bP_S + cP_x = 0.14 \times 131 + 0.4 \times 38 = 33.5 \text{ kW}$$

$$Q_{jS} = P_{jS}\tan\varphi = 33.5 \times 1.73 = 58 \text{ kvar}$$

$$S_{jS} = \sqrt{P_{jS}^2 + Q_{jS}^2} = \sqrt{33.5^2 + 58^2} = 67 \text{ kVA}$$

$$I_{jS} = S_{jS}/(\sqrt{3}U_n) = 67/(\sqrt{3} \times 0.38) = 79.6 \text{ A}$$

由上二例可以看出，二者所求计算负荷并不相等，二项式法计算结果偏大。这是由于在计算中所用系数均为经验统计数字，有一定的近似性。且二项式系数的统计数字也只限于机械加工行业。所以，二项式法一般仅用于该行业的低压分支线或干线计算负荷的确定。

2. 多个用电设备组的计算负荷

不同类型 m 个用电设备组的二项式表达式为

$$\left.\begin{aligned} P_{jS} &= \sum_{i=1}^{m} b_i P_{Si} + (cP_x)_{max} (\text{kW}) \\ Q_{jS} &= \sum_{i=1}^{m} b_i \tan\varphi_i P_{Si} + (cP_x)_{max} \cdot \tan\varphi_x (\text{kvar}) \\ S_{jS} &= \sqrt{P_{jS}^2 + Q_{jS}^2} \ (\text{kVA}) \\ I_{jS} &= S_{jS}/(\sqrt{3}U_n) \ (\text{A}) \end{aligned}\right\} \tag{2-15}$$

式中 b_i、$\tan\varphi_i$、P_{Si}——对应于某一用电设备组 i 的 b 系数、功率因数角正切和设备功率；

$(cP_x)_{max}$——各用电设备组中，(cP_x)项的最大值(kW)；

$\tan\varphi_x$——与$(cP_x)_{max}$相对应的功率因数角正切值。

四、计算负荷的估算方法

工厂企业或车间的负荷可按下述方法初步估算。

1. 单位产品耗电量法

当已知企业年生产量为 m，每生产单位产品电能消耗量为 ω(表 2-6)则

$$\left.\begin{aligned} &\text{年电能需要量} \quad W = \omega m \ (\text{kW}\cdot\text{h}) \\ &\text{最大有功功率} \quad P_{max} = W/T_{max} (\text{kW}) \end{aligned}\right\} \tag{2-16}$$

式中 T_{max}——最大有功负荷年利用小时数(h)，见表 2-1。

表 2-6　单位产品的电能消耗量(ω)(供参考)

标准产品	产品单位	单位产品耗电量(kW·h)	标准产品	产品单位	单位产品耗电量(kW·h)
有色金属铸造	1 t	600～1 000	变压器	1 kVA	2.5
铸铁件	1 t	300	电动机	1 kW	14
锻铁件	1 t	30～80	量具刃具	1 t	6 300～8 500
拖拉机	1 台	5 000～8 000	工作母机	1 t	1 000
汽　车	1 辆	1 500～2 500	重型机床	1 t	1 600
轴　承	1 套	1～2.5～4	纱	1 t	40
电　表	1 只	7	橡胶制品	1 t	250～400
静电电容器	1 kva	3			

2. *车间生产面积负荷密度法*

当已知车间生产面积密度指标 ρ 时(可用已建同类车间数值),车间的平均负荷可按下式计算

$$P_{\mathrm{Pj}} = \rho S \ (\mathrm{kW}) \tag{2-17}$$

式中　ρ——生产面积负荷密度($\mathrm{kW/m^2}$);

S——车间生产面积($\mathrm{m^2}$)。

例 2-9　某汽车制造厂年产量为 2 万辆汽车,试估算该厂的最大有功功率。

解:由表 2-1 查得汽车厂 $T_{\max}=4\ 960$ h;又由表 2-6 查知每生产一辆汽车耗电量为 1 500～2 500 kW·h,取平均值 $\omega=2\ 000$ kW·h/辆,年产品 $m=2$ 万辆,所以该厂最大有功功率为

$$P_{\max} = \omega m / T_{\max}$$

$$=2\ 000\times 2\times 10^4/4\ 960=8\ 064.5\ \mathrm{kW}$$

2-4　单相负荷计算

在工厂企业中,除广泛使用三相用电设备外,还有少量的单相用电设备,如电炉、电灯等。为使三相线路导线截面和供电设备选择经济合理,单相用电设备应尽可能均衡地分配在三相线路上,避免某一相的计算负荷过大或过小。对于接有较多单相用电设备的线路,通常应将单相负荷换算为等效三相负荷,再与三相负荷相加,得出三相线路总的计算负荷。换算方法如下。

一、单相用电设备接于相电压

此时,等效三相负荷取为最大相负荷的三倍,即

$$P_{\mathrm{d}} = 3P_{\mathrm{m}} (\mathrm{kW}) \tag{2-18}$$

式中　P_{d}——等效三相设备功率(kW);

P_{m}——最大负荷相的单相设备功率之和(kW)。

二、单相用电设备仅接于线电压

先在各线间负荷中选取较大的两项进行计算。如当 $P_{\mathrm{ab}}\geqslant P_{\mathrm{bc}}\geqslant P_{\mathrm{ca}}$ 时,取 P_{ab}、P_{bc} 两项,

并依下述情况分别计算

① （当 $P_{bc}>0.15P_{ab}$时）$P_d=1.5(P_{ab}+P_{bc})$　　(2-19)

② （当 $P_{bc}\leqslant 0.15P_{ab}$时）$P_d=\sqrt{3}P_{ab}$　　(2-20)

③ （当只有 P_{ab}，$P_{bc}=P_{ac}=0$ 时）$P_d=\sqrt{3}P_{ab}$　　(2-21)

式中　P_{ab}、P_{bc}、P_{ac}——分别接于 ab、bc、ac 线间的负荷(kW)；

P_d——等效三相负荷(kW)。

三、一般情况

通常，单相用电设备既有接于相电压的又有接于线电压的，此时等效三相负荷应分两步计算。

(1) 先将接于线电压的单相负荷换算为接于相电压上的单相负荷。各相负荷计算如下：

$$\left.\begin{aligned}P_a&=P_{ab}p_{(ab)a}+P_{ca}p_{(ca)a}\\Q_a&=P_{ab}q_{(ab)a}+P_{ca}p_{(ca)a}\\P_b&=P_{ab}p_{(ab)b}+P_{bc}p_{(bc)b}\\Q_b&=P_{ab}q_{(ab)b}+P_{bc}q_{(bc)b}\\P_c&=P_{bc}p_{(bc)c}+P_{ca}p_{(ca)c}\\Q_c&=P_{bc}q_{(bc)c}+P_{ca}q_{(ca)c}\end{aligned}\right\}\qquad(2\text{-}22)$$

式中　P_{ab}、$P_{bc}P_{ca}$——接于 ab、bc、ca 线间电压的单相用电设备功率(kW)；

P_a、P_b、P_c、Q_a、Q_b、Q_c——换算为 a、b、c 相的有功负荷(kW)和无功负荷(kvar)；

$p_{(ab)a}$、$p_{(ab)b}$、$p_{(bc)b}$、$p_{(bc)c}$、$p_{(ca)c}$、$p_{(ca)a}$及 $q_{(ab)a}$、$q_{(ab)b}$、$q_{(bc)b}$、$q_{(bc)c}$、$q_{(ca)c}$、$q_{(ca)a}$——功率换算系数，可查表 2-7。

(2) 再将各相负荷相加，选出最大相负荷，取其 3 倍即为等效三相负荷。如 $P_{a\Sigma}$为最大相总负荷，则

$$P_d=3P_{a\Sigma}(\mathrm{kW})\qquad(2\text{-}23)$$

同样，等效三相无功功率也按上述原则分别求算。

表 2-7　换算系数表

换算系数	负荷功率因数								
	0.35	0.4	0.5	0.6	0.65	0.7	0.8	0.9	1.0
$p_{(ab)a}$，$p_{(bc)b}$，$p_{(ca)c}$	1.27	1.17	1.0	0.89	0.84	0.8	0.72	0.64	0.5
$p_{(ab)b}$，$p_{(bc)c}$，$p_{(ca)a}$	−0.27	−0.17	0	0.11	0.16	0.2	0.28	0.36	0.5
$q_{(ab)a}$，$q_{(bc)b}$，$q_{(ca)c}$	1.05	0.86	0.58	0.38	0.3	0.22	0.09	−0.05	−0.29
$q_{(ab)b}$，$q_{(bc)c}$，$q_{(ca)a}$	1.63	1.44	1.16	0.96	0.88	0.8	0.67	0.53	0.29

例 2-10　某线路上装有 220 V 电热干燥箱 3 台，其中 40 kW 2 台分别接在 A 相和 C 相；20 kW 一台接于 B 相。电加热器 20 kW 2 台接于 B 相。单相 380 V 对焊机($JC=100\%$)共 6 台，其中 46 kW 3 台分别接于 AB、BC、AC 相；51 kW 2 台接于 AB 和 CA 相；32 kW 1 台接于 BC 相。试求该线路的计算负荷。

解：(1) 电热干燥箱及电加热器各相计算负荷

查表 2-2 可得 $K_X=0.7$，$\cos\varphi=1$，$\tan\varphi=0$，故计算负荷为

A 相　$P_{jSa1}=K_X\cdot P_{S(a1)}=0.7\times 40=28\ \text{kW}$

B 相　$P_{jSb1}=K_X P_{S(b1)}=0.7\times(20+40)=42\ \text{kW}$

C 相　$P_{jSc1}=K_X P_{S(c1)}=0.7\times 40=28\ \text{kW}$

（2）焊机各相计算负荷

查表 2-2 可得 $K_X=0.35$，$\cos\varphi=0.7$。查表 2-7 得换算系数 $p_{(ab)a}=p_{(bc)b}=p_{(ca)c}=0.8$，$p_{(ab)b}=p_{(bc)c}=p_{(ca)a}=0.2$，$q_{(ab)a}=q_{(bc)b}=q_{(ca)c}=0.22$，$q_{(ab)b}=q_{(bc)c}=q_{(ca)a}=0.8$。故计算负荷为

A 相　$P_{jSa2}=K_X(P_{ab}p_{(ab)a}+P_{ca}p_{(ca)a})$

$=0.35(97\times 0.8+97\times 0.2)$

$=0.35\times 97=34\ \text{kW}$

$Q_{jSa2}=K_X(P_{ab}\cdot q_{(ab)a}+P_{ca}\cdot q_{(ca)a})$

$=0.35(97\times 0.22+97\times 0.8)=0.35\times 98.9=35\ \text{kvar}$

B 相　$P_{jSb2}=K_X(P_{ab}p_{(ab)b}+P_{bc}p_{(bc)b})$

$=0.35\times(97\times 0.2+78\times 0.8)=29\ \text{kW}$

$Q_{jSb2}=0.35\times(97\times 0.8+78\times 0.22)=33\ \text{kvar}$

$P_{jSc2}=K_X(P_{bc}\cdot p_{(bc)c}+P_{ca}p_{(ca)c})$

$=0.35(78\times 0.8+97\times 0.2)=29\ \text{kW}$

$Q_{jSc2}=0.35(78\times 0.8+97\times 0.22)=29\ \text{kvar}$

（3）各相总计算负荷

A 相　$P_{jSa}=P_{jSa1}+P_{jSa2}=28+34=62\ \text{kW}$

$Q_{jSa}=Q_{jSa1}+Q_{jSa2}=Q_{jSa2}=35\ \text{kvar}$

B 相　$P_{jSb}=42+29=71\ \text{kW}$　　$Q_{jSb}=Q_{jSb2}=33\ \text{kvar}$

C 相　$P_{jSc}=28+29=57\ \text{kW}$　　$Q_{jSc}=Q_{jSc2}=29\ \text{kvar}$

（4）三相等效计算负荷

由以上计算数值可知 B 相负荷最大，故

$P_{jS}=3P_{jSb}=3\times 71=213\ \text{kW}$

$Q_{jS}=3Q_{jSb}=3\times 33=99\ \text{kvar}$

$S_{jS}=\sqrt{P_{jS}^2+Q_{jS}^2}=\sqrt{213^2+99^2}=234\ \text{kVA}$

$I_{jS}=\dfrac{S_{jS}}{\sqrt{3}U_n}=\dfrac{234}{\sqrt{3}\times 0.38}=356\ \text{A}$

上述计算结果以表 2-8 所示表格形式列出，更为清晰。

表 2-8　有单相用电设备的三相网络等效负荷计算表

用电设备名称	设备功率(kW)	设备台数	接于相电压的单相设备总容量(kW)			接于线电压的单相设备总容量(kW)			换算系数			需用系数 K_X	功率因数 $\cos\varphi$	各相计算负荷					
														P_{jS}			Q_{jS}		
			A	B	C	AB	BC	CA	相序	p	q			a	b	c	a	b	c
220 V电热干燥箱及电加热器	20	1		20											14				
	40	2	40		40							0.7	1.0	28		28			
	20	2		40											28				
380 V对焊机($JC=100\%$)	46	3				46+51=97			a	0.8	0.22								
									b	0.2	0.8								
	51	2					46+32=78		b	0.8	0.22	0.35	0.7	34	29	29	35	33	20
									c	0.2	0.8								
	32	1						46+51=97	c	0.8	0.22								
									a	0.2	0.8								
总计	412	11	40	60	40	97	78	97						62	71	57	35	33	29
	$S_{jS}=\sqrt{(3P_{jSb})^2+(3Q_{jSb})^2}=234\ \text{kVA}$ $I_{jS}=S_{jS}/\sqrt{3}U_n=356\ \text{A}$																		

2-5　尖峰电流计算

尖峰电流是指单台或多台用电设备持续 1～2 s 的短时最大负荷电流。一般取用起动电流的周期分量。但在校验瞬动元件时,还应考虑起动电流的非周期分量。

计算尖峰电流的目的,是用它来计算电压波动、选择熔断器和自动开关、整定继电保护装置、校验电动机自起动条件等。

一、单台电动机支线

$$I_{jf}=KI_n(\text{A}) \tag{2-24}$$

式中　I_{jf}——尖峰电流(A);

K——起动电流倍数为起动电流与额定电流之比,一般鼠笼式电动机为 3～7,绕线电动机为 2～2.5,直流电动机为 1.5～2,电弧炉为 3 等(确切值可在产品样本中查到);

I_n——电动机的额定电流(A)。

二、接有多台电动机的配电线路

一般只考虑起动电流最大的一台电动机启动。它的起动电流与其余电动机正常运行电流之和作为该配电线路的尖峰电流,即

$$I_{jf}=(KI_n)_{max}+I'_{jS}(\text{A}) \tag{2-25}$$

式中　$(KI_n)_{max}$——起动电流为最大的一台电动机的起动电流(A);

I'_{jS}——配电线路除起动电动机之外的计算电流(A)。

对于有可能两台及两台以上电动机同时起动的场所，尖峰电流应根据实际情况分析确定。

三、电动机同时自起动

如果一组电动机需同时起动时，尖峰电流应为所有参与自起动电动机的起动电流之和，即

$$I_{jf}=\sum_{i=1}^{n}K_iI_{ni}\text{(A)} \tag{2-26}$$

式中　n——参与自起动的电动机台数；

K_i、I_{ni}——分别对应于第 i 台电动机的起动电流倍数和额定电流。

例 2-11　有一 380 V 配电支线给三台电动机供电，已知 $K_1=5$，$I_{n1}=5$ A；$K_2=4$，$I_{n2}=4$ A；$K_3=3$，$I_{n3}=10$ A，求该配电线路的尖峰电流。

解：由已给电动机参数可知，第三台电动机起动时的起动电流最大，故配电线路尖峰电流应为

$$\begin{aligned}I_{jf}&=K_3\cdot I_{n3}+(I_{n1}+I_{n2})\\&=3\times10+(5+4)=39\text{ A}\end{aligned}$$

2-6　功率损耗与电能损耗计算

当电流流过供配电线路和变压器时，引起的功率和电能损耗也要由电力系统供给。因此，在确定全厂计算负荷时，应计入这部分损耗。在传输电能过程中，供电系统线路和变压器中损耗的电量占总供电量的百分数，称线损率。为计算线损率，应掌握供电总量，同时要分别计算线路、变压器中损失的电量。

线路和变压器均具有电阻和电抗，因而功率损耗分为有功和无功损耗两部分。

一、供电线路的功率损耗

三相供电线路的有功功率损耗 ΔP、无功功率损耗 ΔQ 分别按下式计算

$$\left.\begin{aligned}\Delta P&=3I_{jS}^2R\times10^{-3}\text{(kW)}\\\Delta Q&=3I_{jS}^2X\times10^{-3}\text{(kvar)}\end{aligned}\right\} \tag{2-27}$$

式中　R——线路每相电阻(Ω)，$R=r_0l$；

X——线路每相电抗(Ω)，$X=x_0l$；

l——线路计算长度(km)；

r_0、x_0——线路单位长度的交流电阻和电抗(Ω/km)，其值可查附表 1 或附表 2。

需指出，在查 x_0 时，表格中的“线间几何均距”是三相线路各相线间距离的几何平均值，如图 2-5 所示。

$$\left.\begin{aligned}&\text{(三相三角形排列(图 }a\text{))}a_{Pj}=\sqrt[3]{a_1a_2a_3}\\&\quad\text{当 }a_1=a_2=a_3=a\text{ 时 }a_{Pj}=a\\&\text{(水平等距排列(图 }b\text{))}a_{Pj}=\sqrt[3]{2}a=1.26a\end{aligned}\right\} \tag{2-28}$$

当计算负荷用 P_{jS}、Q_{jS}、S_{jS}表达时，可将式(2-27)换算为如下形式

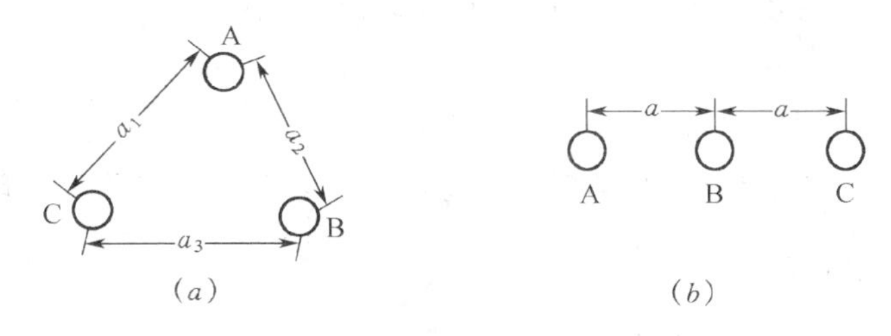

图 2-5　三相线路的排列

$$
\left.\begin{aligned}
\Delta P &= \frac{S_{jS}^2}{U_n^2} R \times 10^{-3} = \frac{P_{jS}^2 + Q_{jS}^2}{U_n^2} R \times 10^{-3} (\mathrm{kW}) \\
\Delta Q &= \frac{S_{jS}^2}{U_n^2} X \times 10^{-3} = \frac{P_{jS}^2 + Q_{jS}^2}{U_n^2} X \times 10^{-3} (\mathrm{kvar})
\end{aligned}\right\} \tag{2-29}
$$

式中　S_{jS}、P_{jS}、Q_{jS}——分别为线路视在、有功、无功计算功率(kVA、kW、kvar)；

U_n——线路额定电压(kV)。

例 2-12　有一 10 kV 送电线路，线路长度 20 km，采用 LJ-70 型铝绞线，导线几何均距为 1.25 m，输送的计算功率 $S_{jS} = 1\ 000$ kVA，试求该线路的有功和无功功率损耗。

解：查附表 1 可得 LJ-70 型铝线电阻 $r_0 = 0.46\ \Omega/\mathrm{km}$。当 $a_{Pj} = 1.25$ m 时 $x_0 = 0.358\ \Omega/\mathrm{km}$。所以

$$
\Delta P = \frac{S_{jS}^2}{U_n^2} r_0 L \times 10^{-3} = \frac{1\ 000^2}{10^2} 0.46 \times 20 \times 10^{-3} = 92\ \mathrm{kW}
$$

$$
\Delta Q = \frac{S_{jS}^2}{U_n^2} x_0 L \times 10^{-3} = \frac{1\ 000^2}{10^2} 0.358 \times 20 \times 10^{-3} = 71.6\ \mathrm{kvar}
$$

二、变压器的功率损耗

变压器损耗包括有功功率 ΔP_b 和无功功率损耗 ΔQ_b。

1. 有功功率损耗

有功功率损耗又由两部分组成。其一为空载损耗，又称铁损，它是变压器主磁通在铁心中产生的有功损耗。因为变压器主磁通只与外加电压有关，当外加电压 U 和频率 f 恒定时，铁损也为常数，与负荷大小无关。另一部分是短路损耗，又称铜损，它是变压器负荷电流在一次、二次绕组的电阻中产生的有功损耗，其值与负荷电流(或功率)平方成正比。所以双卷变压器有功功率损耗表达式为

$$
\Delta P_b = \Delta P_0 + \Delta P_{dn} \left(\frac{S_{jS}}{S_{bn}} \right)^2 (\mathrm{kW}) \tag{2-30}
$$

式中　ΔP_0——变压器空载有功功率损耗(kW)；

ΔP_{dn}——变压器在额定负荷时的短路有功功率损耗(kW)；

S_{jS}——变压器计算负荷(kVA)；

S_{bn}——变压器额定容量(kVA)。

2. 无功功率损耗

同样，无功功率损耗也由两部分组成。一部分是变压器空载时，由产生主磁通的激磁电流造成的无功损耗。另一部分是由变压器负荷电流在一、二次绕组电抗上产生的无功损耗。其表达式为

$$\Delta Q_b=\Delta Q_0+\Delta Q_{dn}\left(\frac{S_{jS}}{S_{bn}}\right)^2(\text{kvar}) \tag{2-31}$$

$$\Delta Q_0=\frac{I_0(\%)}{100}\cdot S_{bn}(\text{kvar})$$

$$\Delta Q_{dn}=\frac{U_d(\%)}{100}\cdot S_{bn}(\text{kvar})$$

式中 ΔQ_0——变压器空载无功功率损耗(kvar)；

$I_0(\%)$——变压器空载电流 I_0 占额定电流 I_n 的百分数；

ΔQ_{dn}——变压器额定短路无功损耗(kvar)；

$U_d(\%)$——变压器短路电压(阻抗电压)占额定电压的百分数。

ΔP_0、ΔP_{dn}、$I_0(\%)$、$U_d(\%)$均可由变压器产品目录或附表6、附表7查得。

在负荷估算中，变压器功率损耗也可近似计算如下：

$$\left.\begin{aligned}\Delta P_b&\approx 0.02S_{jS}\ \text{kW}\\ \Delta Q_b&\approx 0.1S_{jS}\ \text{kvar}\end{aligned}\right\} \tag{2-32}$$

例 2-13 某车间装一台 S9-1 000/10 型变压器，电压为 10/0.4 kV，计算负荷 $S_{js}=800$ kVA，试求该变压器的有功功率损耗和无功功率损耗。

解：由附表 12 可查得 S9-1 000/10 型变压器

$\Delta P_0=1.7$ kW，$\Delta P_{dn}=10.3$ kW，

$I_0(\%)=1.7$，$U_d(\%)=4.5$

∴ 变压器功率损耗为

$$\begin{aligned}\Delta P_b&=\Delta P_0+\Delta P_{dn}\left(\frac{S_{jS}}{S_{bn}}\right)^2\\&=1.7+10.3\left(\frac{800}{1\,000}\right)^2=9.94\ \text{kW}\end{aligned}$$

$$\begin{aligned}\Delta Q_b&=\frac{I_0(\%)}{100}S_{bn}+\left(\frac{U_d(\%)}{100}S_{bn}\right)\left(\frac{S_{jS}}{S_{bn}}\right)^2\\&=\frac{1.7}{100}\cdot 1\,000+\left(\frac{4.5}{100}\cdot 1\,000\right)\left(\frac{800}{1\,000}\right)^2\\&=17+45\times 0.8^2=45.8\ \text{kvar}\end{aligned}$$

三、供配电系统年电能损耗

在供配电系统中通常利用最大负荷损耗时间 τ 近似计算线路和变压器有功电能损耗。

最大损耗时间 τ 的物理意义是：当线路或变压器以最大负荷电流 I_{max} 流过 τ 小时后产生的电能损耗恰与全年流过实际变化电流时的电能损耗相等时的时间，称为最大损耗时间。τ

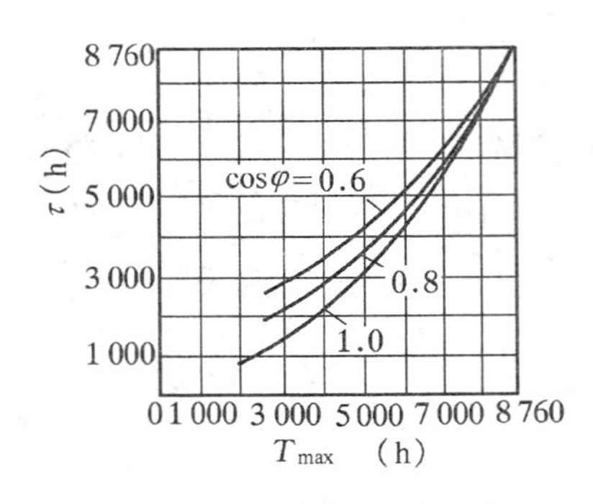

图 2-6 τ 与 $T_{\max}$ 关系曲线

与年最大利用小时数和负荷功率因数有关，见图 2-6。

(1) 线路年电能损耗 ΔW_L

$$\Delta W_l = \Delta P_l \tau \ (\mathrm{kW \cdot h}) \tag{2-33}$$

式中 ΔP_l——长为 l 的三相线路中的有功功率损耗(kW)；

τ——最大负荷损耗小时数。

(2) 变压器年电能损耗 ΔW_b

$$\Delta W_b = \Delta P_0 t + \Delta P_{dn} \left(\frac{S_{jS}}{S_{bn}} \right)^2 \tau \ (\mathrm{kW \cdot h}) \tag{2-34}$$

式中 ΔP_0——变压器空载有功功率损耗(kW)；

ΔP_{dn}——变压器在额定负荷时的短路有功功率损耗(kW)；

t——变压器全年实际运行小时数；

τ——最大负荷损耗小时数；

S_{jS}——变压器计算负荷(kVA)；

S_{bn}——变压器额定容量(kVA)。

四、线损率和年电能需要量计算

1. 线损率计算

一定时间(一个月或一年)内损失的电能与相应时间内总的供电量之比称为线损率。例如，年线损率的计算式为：

$$线损率\ \eta = \frac{全年线损电量}{全年总供电量} \times 100\%$$

$$= \frac{\Sigma \Delta W_L + \Sigma \Delta W_b}{W} \times 100\% \tag{2-35}$$

式中 η——供电系统线损率；

$\Sigma \Delta W_L$——线路全年损失电量(kW·h)；

$\Sigma \Delta W_b$——变压器全年损失电量(kW·h)；

W——工厂总的全年电能需要量(kW·h)，即供电系统全年总供电量。

2. 工厂年电能需要量计算

工厂一年内所消耗的电能称工厂年电能需要量。年电能需要量为年平均负荷与全年实际运行小时数的乘积，即

$$\left.\begin{aligned} W_P &= P_{Pj} t = \alpha P_{jS} t \ (\mathrm{kW \cdot h}) \\ W_Q &= Q_{Pj} \cdot t = \beta Q_{jS} t \ (\mathrm{kvar \cdot h}) \end{aligned}\right\} \tag{2-36}$$

式中 P_{Pj}、Q_{Pj}——年平均有功、无功负荷；

W_P、W_Q——全年有功、无功电能需要量；

α、β——有功、无功负荷系数；

t——全年实际运行小时数，一班制可取 2 300 小时，二班制可取 4 600 小时，三班制可取 6 900 小时。

全年电能需要量 $W=\sqrt{W_P^2+W_Q^2}$。 (2-37)

2-7 全厂负荷计算

全厂负荷计算是工厂供配电系统设计的重要组成部分。设计者首先应做好负荷资料的收集和整理工作，并选用相应的计算方法，使之尽量符合该厂的实际情况。

所谓负荷资料是指供配电系统设计的原始资料，包括全厂及各车间的平面布置图，各车间的生产工艺特点，用电设备容量、台数及分布情况，各用电设备属单相还是三相、直流还是交流、常用还是备用、长期工作制还是短期工作制等方面的资料。

一、全厂负荷计算步骤

图 2-7 所示为一具有两级降压变电所和中间配电所的供配电系统示意图。下边以该图为例说明通常采用的、由低压用电设备开始逐级相加计算全厂负荷的步骤。

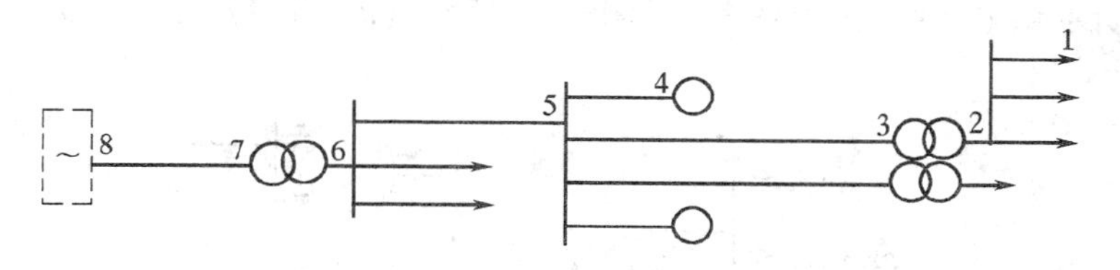

图 2-7 全厂负荷计算示意图

(1) 求用电设备组的计算负荷。

先将车间用电设备按工作制不同分为若干组，求各用电设备组的设备容量 $P_{S\Sigma1}$，再视具体情况选用需用系数法或二项式法确定各用电设备组的计算负荷，如图 2-7 中的 1 点(P_{jS1}、Q_{jS1}、S_{jS1})，以下各点负荷与此表示方法类同。

(2) 求车间变压器低压侧计算负荷。

如图 2-7 中 2 点，将低压各用电设备组的计算负荷总和乘以同时系数，即为该车间变压器低压侧计算负荷 P_{jS2}、Q_{jS2}、S_{jS2}。

用该计算负荷可选择所需车间变压器容量和低压导体截面。

(3) 求车间变压器高压侧计算负荷。

计算车间变压器的功率损耗。变压器低压侧计算负荷加该变压器有功、无功损耗，即得变压器高压侧计算负荷，如图 $P_{jS3}=P_{jS2}+\Delta P_{b1}$。

该值可用于选择车间变电所高压侧进线导线截面。

(4) 配电所进线的计算负荷。

计算配电所高压用电设备的设备容量(如 P_{S4})，再将高压用电设备的设备容量 P_{S4} 加上各配电线计算负荷总和乘以同时系数即为配电所进线侧计算负荷。

如 $P_{jS5}=(P_{S4}+\Sigma P_{jS3})K_{\Sigma5}$

式中 $K_{\Sigma5}$——为 5 点的同时系数。

该负荷用以选择配电所母线及线路的导线截面。如果进线线路较长，尚应计入线路功率损耗。

(5) 总降压变电所低压侧计算负荷。

即图中 6 点的计算负荷，为 ΣP_{jS5} 再乘以同时系数 $K_{\Sigma6}$，即得 P_{jS6}、Q_{jS6}、S_{jS6}。

该值用以选择总降压变压所主变压器的容量和台数。

(6) 主变压器功率损耗 ΔP_{b2}、ΔQ_{b2} 计算。

(7) 全厂计算负荷。

为主变压器低压侧计算负荷加上变压器功率损耗，即为 7 点的计算负荷 P_{jS7}、Q_{jS7}、S_{jS7}。

(8) 地区变电所供给全厂的总负荷。

主变压器高压侧负荷再加上高压送电线路的功率损耗 ΔP_L、ΔQ_L，为地区变电所供全厂的总负荷 P_{jS8}、Q_{jS8}、S_{jS8}。

用该值选择高压送电线路导线截面。

二、全厂负荷计算示例

如图 2-8 所示供电系统，试求各车间及全厂的计算负荷，计算结果列于表 2-8。

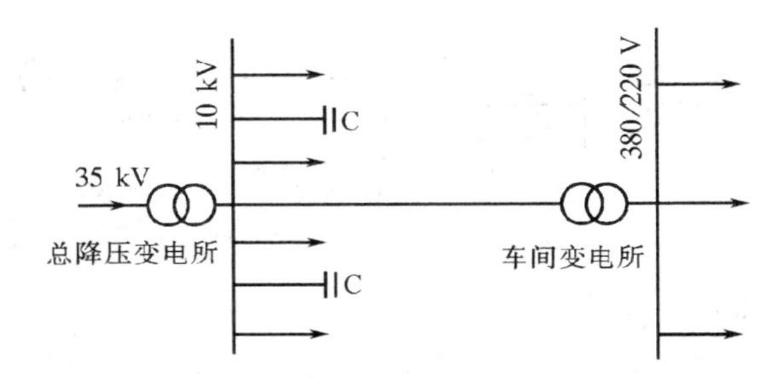

图 2-8　某供电系统电力负荷计算示意图

表 2-8　全厂用电负荷计算

设备(或车间)名称	设备功率(kW)	需要系数 K_X	功率因数 $\cos\varphi$	计算负荷		
				有功功率(kW)	无功功率(kvar)	视在功率(kVA)
1号变电所						
冷加工机床	92	0.16	0.5	14.7	25.4	
通 风 机	29	0.85	0.8	24.7	18.5	
高频加热设备	80	0.6	0.7	48	49	
点 焊 机	90	0.35	0.6	31.5	41.9	
合　计	291			118.9	134.8	
乘以同时系数 $K_{\Sigma p}=0.9$ 和 $K_{\Sigma q}=0.97$ 后合计	291			107	131	169
变压器损耗　$\Delta P_b=0.02S_{jS}$				2.1		
$\Delta Q_b=0.1S_{jS}$					13.1	
线路损耗				9.2	7.1	
2号变电所计入 $K_{\Sigma p}$ 和 $K_{\Sigma q}$ 并加入变压器线路损耗	850	0.52	0.86	439	264	512
3号变电所计入 $K_{\Sigma p}$ 和 $K_{\Sigma q}$ 并加入变压器线路损耗	1 250	0.32	0.93	398	157	428
4号变电所计入 $K_{\Sigma p}$ 和 $K_{\Sigma q}$ 并加入变压器线路损耗	560	0.57	0.83	320	210	384
合计	2 951		0.86	1 275.3	782.2	
乘以 $K_{\Sigma p}=0.9$ 和 $K_{\Sigma q}=0.95$ 后			(0.84)	1 147.8	743.1	1 367
全厂补偿低压电力电容器总功率					−350	
全厂补偿后合计			(0.95)	1 148	393	1 213
变压器损耗　$\Delta P_b=0.02S_{jS}$				23		
$\Delta Q_b=0.1S_{jS}$					39.0	
全厂合计(高压侧)	2 951	0.39	(0.94)	1 171	431	1 248

注:1.2～4号变电所负荷计算与1号变电所类似,从略;

2.功率因数栏的括号内数值为平均功率因数(计算时取 $\alpha=0.7,\beta=0.76$)。

思　考　题

1.什么叫负荷?什么叫电量?

2.电力负荷如何根据用电性质进行分级?各级负荷对供电电源有何要求?

3.何谓负荷曲线?试述最大负荷小时数和负荷系数的物理意义。

4.什么是计算负荷?确定计算负荷的意义是什么?

5.何谓暂载率?反复短时工作制的用电设备的设备容量如何确定?举例说明。

6.需用系数的物理意义是什么?简述需用系数法和二项式法的计算特点,各有何优缺点?

7.单相负荷如何换算为等效三相负荷?举例说明。

8.计算尖峰负荷的目的是什么?电动机群同时起动时,其尖峰负荷如何计算?

9.什么是线损率?怎样计算?

10.年电能损耗如何计算?

习　　题

2-1　某车间380 V电力线路供给下列设备用电,试确定其设备容量,并用需用系数法求该线路的计算负荷功率和电流。已知 $K_X=0.2$。

(1) 长期工作的设备:7.5 kW电动机1台,5 kW电动机2台,3.5 kW电动机7台,$\cos\varphi=0.6$;

(2) 反复短时工作的设备:10 t吊车一台,在暂载率为40%的条件下,其额定功率为39.6 kW,$\eta=0.8$,$\cos\varphi=0.5$。

2-2 一机修车间，设有冷加工机床52台，共200 kW；吊车1台，共5.1 kW($JC=15\%$)；通风机4台，共5 kW；电焊机3台，共10.5 kW($JC=65\%$)。车间采用380/220 V三相四线制供电。试确定车间的计算负荷。

2-3 某380 V线路，供电给35台小批生产的冷加工机床电动机，总容量为85 kW。其中较大容量的电动机有7 kW1台、4.5 kW3台、2.8 kW12台。试分别用需用系数法和二项式系数法确定计算负荷。

2-4 某380/220 V电力线路上，接有5台220 V单相加热器，其中10 kW3台，30 kW2台；又接有2台380 V点焊机，其中30 kW($JC=100\%$)一台，20 kW($JC=60\%$)一台。请合理地分配这些用电设备，并计算该线路的计算负荷。

2-5 某变电所以10 kV、LJ-70送电线路由地区变电所供电，线路长10 km，变电所装有1台S9-800/10 kV型变压器。其低压侧负荷 $P_{jS}=500$ kW，$Q_{jS}=300$ kvar，$T_{max}=6\ 000$ h。试问需由地区变电所供给多少计算负荷？年电能需要量为多少？

2-6 请按图2-9所示接线，写出图中1、2、3、4、5、6、7、8各点的计算负荷表达式。

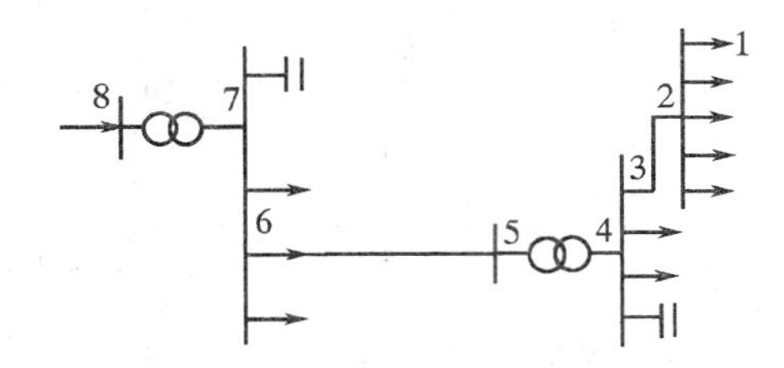

图2-9　某供配电系统接线示意图

第 3 章　工厂供配电系统一次接线

要点　本章围绕工厂内部配电系统着重讨论变电所、配电所和高、低压配电网络的各种接线方式，变压器台数、容量的选择原则和方法以及工厂配电网络的电压偏移和改善电压偏移的主要措施。

3-1　概　　述

通过 1-4 节的学习，读者已明确：工厂供配电系统由外部供电系统和内部供电系统两部分组成，内部配电系统又包括总降压变电所或总配电所，中间配电所，车间变电所，高、低压配电网络和各种用电设备等部分。它们分别完成受电、变电、配电、传输和消费电能的任务，从而电能由公共电力系统源源不断地供给用电设备，成为生产各种工业产品的主要能源和动力。

本章将进一步研究适用于工厂供配电系统的几种基本接线方式和网络中的电压偏移。

工厂供配电系统接线图通常有工厂供配电系统平面布线图和电气接线图。

供配电系统平面布线图是按一定比例绘制的，表示总降压变电所与公共外部电力系统及内部各车间之间的相对地理位置和接线的图形，包括高、低压配电网络中各回线路的路径和电源进线的走向等，如图 3-1 所示。

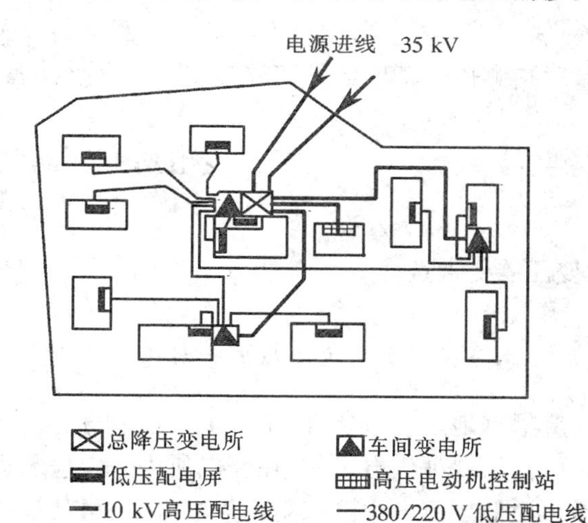

图 3-1　工厂供配电系统平面布线图

平面布线图虽表示了各组成部分的相对位置及联接线路，建立了整体概念，但难以表示各主要电气设备之间的电气联系。

工厂供配电系统电气接线图按其在变电所（配电所）的作用又分电气主接线（一次接线）图和二次接线图。

一、电气主接线

工厂供电系统电气主接线是将变压器、开关电器、互感器等电气设备按一定顺序连接而成的接受、分配和传输电能的总电路，又称一次电路或一次接线图。一次电路中的所有电气设备，称为一次元件或一次电气设备。

图 3-2 为工厂供配电系统的电气主接线图。它由总降压变电所、配电所、车间变电所等电气主接线及高压（6 kV～10 kV）、低压（380/220 V）配电网络几部分组成。

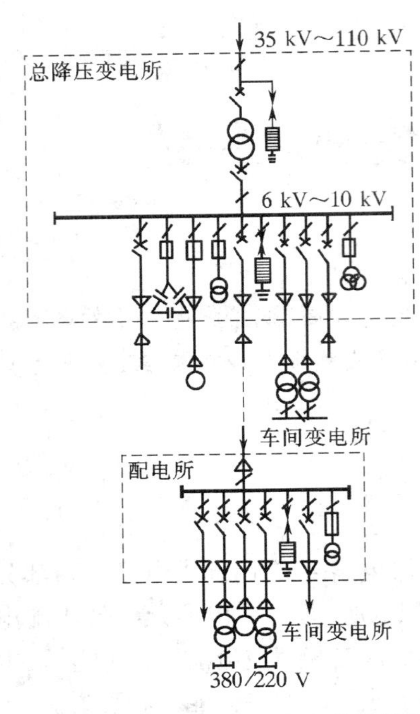

图 3-2　工厂供电系统电气主接线单线图

由于交流供电系统通常三相是对称的，故可以用一根线表示三相线路，仅在个别三相设备不对称处，部分地用三条线表示。绘成这种形式的接线图，称为电气主接线单线接线图，简称电气主接线图。

电气主接线单线图应按国家标准的图形符号和文字符号绘制。为了阅读方便，常在图上标明主要电气设备的型式和技术参数。现将各种常用电气设备的图形和文字符号列于表 3-1。

为便于电气设备安全、合理地运行和检修，在主控制室常设有符合实际运行状态的电气主接线模拟图。

电气主接线是本章研究的主要内容之一。

二、二次接线

二次接线是用来测量、控制、信号、保护和自动调节一次设备运行的电路，又称二次回路。二次回路中的所有设备(如测量仪表、保护继电器等等)称为二次设备或二次元件。

二次接线与一次接线之间是由电压互感器和电流互感器相关连的。互感器一次侧接于主电路(一次接线)，二次侧接于辅助电路(二次接线)。互感器属一次设备。

3-2　变电所变压器台数和容量的选择

一、变压器台数选择

1. 总降压变电所主变压器台数选择原则

应根据地区供电条件、工厂负荷性质、用电容量和运行方式综合考虑确定：

(1) 为保证供电可靠，在变电所中一般应装设两台主变压器，如只有一个电源进线，或变电所可由低压侧电力网取得备用电源时，可装设一台主变压器；

(2) 当工厂绝大部分负荷属于三级负荷且其少量一、二级负荷可由邻近低压电力网(如 6 kV～10 kV)取得备用电源时，可装设一台主变压器。

表 3-1　电气主接线的主要电气设备文字与图形符号表

电气设备名称	文字符号	图形符号	电气设备名称	文字符号	图形符号
电力变压器	B		母线及母线引出线	M	
断路器	DL		电流互感器（单次级）	LH	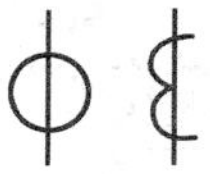
负荷开关	F		电流互感器（双次级）	LH	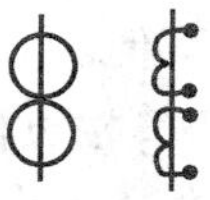
隔离开关	G		电压互感器（单相式）	YH	
熔断器	RD		电压互感器（三线圈）	YH	
跌落式熔断器	DR	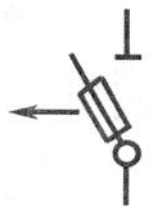	合成氧化锌避雷器	HY	
自动空气断路器（低压空气开关）	ZK		电抗器	DK	
刀开关	DK		移相电容器	C	
刀熔开关	RK		电缆及其终端头	L	

2．车间变压器台数选择原则

车间变压器的台数主要根据负荷大小、供电可靠性和电能质量要求来选择，并兼顾节约电能、降低造价、运行方便等原则。

（1）带有一、二级负荷的车间变电所。

选择原则是：① 一、二级负荷较多时，应设两台或两台以上变压器；②只有少量一、二级负荷，并能从邻近车间变电所取得低压备用电源时，可采用一台变压器。

(2) 带有三级负荷的车间变电所。

选择原则是:① 负荷较小时采用一台变压器;② 负荷较大,一台变压器不能满足要求时,采用二台及二台以上变压器;③ 对于季节性负荷或昼夜变化大的负荷,选用一台变压器在经济上不合理时,宜采用两台变压器,高峰负荷时两台并列运行,低谷负荷时切除一台。

(3)负荷不大的车间变压器的选择。

负荷不大的车间,是否设单独的车间变压器,应视负荷的大小及与邻近车间的距离而定。表 3-2 列出 380 V 线路的允许送电最大距离。

表 3-2 供电允许的最大距离 L(电压为 380 V)

负荷容量(kVA)	180	240	320	320 以上
允许最大供电距离(m)	300	230	175	应单独设车间变压器

(4) 其他。

① 如单相负荷使变压器三相负荷的不平衡率超过 25%时,宜设单相变压器。② 动力和照明一般共用一台变压器且共用变压器严重影响照明质量及灯泡寿命时,可考虑设置专用照明变压器。③ 如冲击负荷较大且严重影响电能质量时,应设专门变压器对冲击性负荷供电。

二、变压器的过负荷能力

电力变压器的额定容量,是指在设计标准规定的环境温度下(最高气温 40℃,年平均气温 20℃)和使用年限(一般 20 年)内,所能连续输出的最大视在功率(kVA)。

但在实际运行中,由于负荷在不断变化,且我国绝大多数地区的环境温度低于设计标准所规定的环境温度,因而变压器具有过负荷的潜力。在选择变压器容量时,应充分利用这种潜力。

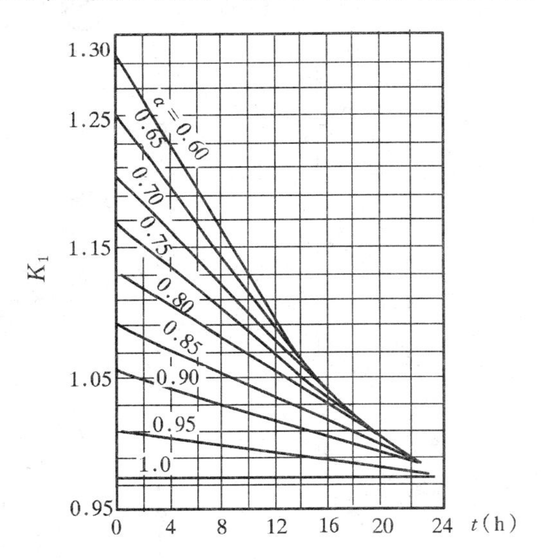

图 3-3 油浸变压器正常过负荷倍数曲线

α——日负荷曲线填充系数;

t——日最大负荷持续时间(h);

K_1——变压器允许过负荷倍数

1. 变压器正常过负荷能力

这是指正常运行时,在维持变压器规定的使用年限内考虑的变压器允许的过负荷能力。油浸变压器的过负荷倍数通常按下述方法确定。

(1) 由于昼夜负荷不均匀而允许的过负荷倍数 K_1,可根据典型日负荷曲线的填充系数(即负荷系数 α,)和日最大负荷持续时间(h),由图 3-3 曲线查得。

(2) 按"1%规则"确定,此规则规定变压器如果在夏季(6、7、8 三个月)平均日负荷曲线中的最大负荷,每低于变压器额定容量 S_{bn} 的 1%,则可在冬季(12、1、2 三个月)过负荷 1% S_{bn},但由此所增加冬季过负荷最大不能超过 15% S_{bn}。

上述两种过负荷可以同时考虑，但二者相加的总过负荷，对于户外变压器不得超过 30% S_{bn}；对户内变压器不得超过 20% S_{bn}。

2. 变压器事故过负荷

工厂供电系统发生事故时，首先应设法保证不间断供电，即在较短的时间内，让变压器多带一些负荷以作事故时供电之用，故称事故过负荷。事故过负荷的允许值如表 3-3 所示。

表 3-3 自然循环油浸变压器允许事故过负荷值及相应时间

允许时间(min)	120	80	45	20	10
过负荷(%)	30	45	60	75	100

事故过负荷时过载量很大，引起绝缘老化比正常工作条件下要快得多，但因变压器通常是在欠负荷下运行，事故发生的机会很少。所以，按表 3-3 事故过负荷不致产生严重的后果。

例 3-1 一台 1 000 kVA 的自然循环油浸变压器安装在室外。当地年平均气温 +20℃，日负荷曲线中日平均负荷为 600 kVA，求变压器日最大负荷持续时间 5 小时的过负荷倍数。当夏季日最大负荷为 700 kVA 时，试求该变压器在冬季时的过负荷能力。

解：

(1) 考虑日负荷不均匀的影响

由负荷系数 $\alpha=\frac{600}{1\,000}=0.6$，查图 3-3 曲线可得允许过负荷倍数 $K_1=1.21$

(2) 按“1%规则”

夏季欠负荷为 $(1\,000-700)/1\,000=0.3$，但因最大不允许超过 15%，所以冬季按“1%规则”允许过负荷 15%。

综合考虑以上两项过负荷为

$$21\%+15\%=36\%$$

但户外变压器最大允许过负荷为 30%，所以冬季该变压器实际工作容量

$$S=(1+0.3)1\,000=1\,300\ \text{kVA}$$

三、变压器容量选择

选择变压器容量时，应满足变压器在计算负荷通过时不致过热损坏。具体选择条件如下。

1) 只装一台主变压器时

变压器的额定容量 S_{bn} 应满足全厂(或全车间)用电设备总计算负荷 S_{jS} 的需要，即

$$S_{bn}\geqslant S_{jS} \tag{3-1}$$

2) 装两台及以上变压器时

当断开任一台变压器时，其余变压器的容量应能保证用户的Ⅰ级和Ⅱ级负荷运行，但此时应计入变压器的过负荷能力，即

$$S'_{\Sigma(n-1)bn}\geqslant S_{jS(\mathrm{I}+\mathrm{II})} \tag{3-2}$$

式中 n——变电所安装变压器台数；

$S_{\Sigma(n-1)bn}$——一台变压器断开时，其余 $(n-1)$ 台变压器的总容量(kVA)；

$S'_{\Sigma(n-1)bn}$——计入过负荷能力后，$(n-1)$ 台变压器的总容量(kVA)；

$S_{jS(Ⅰ+Ⅱ)}$——用户Ⅰ级和Ⅱ级负荷的总计算负荷(kVA)。

对于装两台变压器的变电所，任一台变压器额定容量一般可按用户计算负荷的70%选择，即

$$S_{bn} \approx 0.7 S_{jS} \tag{3-3}$$

式中 S_{bn}——一台变压器额定容量(kVA)；

S_{jS}——用户计算负荷(kVA)。

按(3-3)式选择的两台变压器同时运行时，每台变压器在最大负荷时的负荷系数 $\alpha = \frac{0.5}{0.7} \approx 0.7$，运行效率较高。当一台变压器因事故停运时，另一台变压器日负荷系数原为 $\alpha = 0.7$，若假定每天按最大负荷连续运行6小时，由图3-3曲线可得，允许过负荷倍数为1.14，即可承担负荷为

$$S = 1.14 S_{bn} = 1.14 \times 0.7 S_{jS} \approx 0.8 S_{jS}$$

一般情况下，可满足Ⅰ级和Ⅱ级负荷用电需要。

选择车间变压器的容量时，应按电动机起动或其他冲击负荷的条件进行验算。

在选择变压器容量时，尚应考虑低压电器的短路工作条件。所以单台变压器的容量不宜大于1 000 kVA。若负荷较大而集中，低压电器设备条件允许且运行合理时，也可选用大容量变压器。

3-3 变配电所电气主接线

一、电气主接线的基本形式

1. 单母线接线

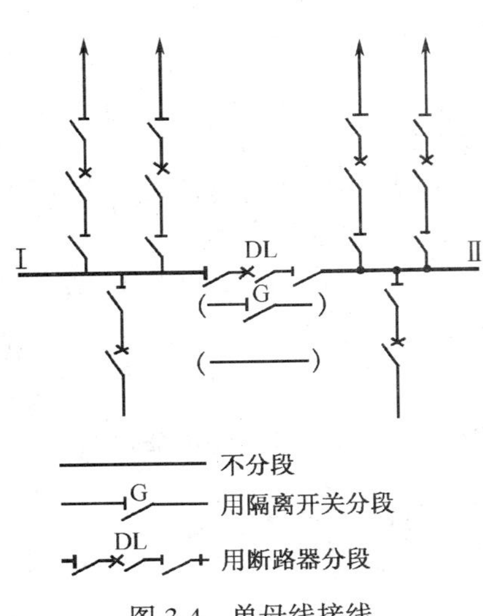

图3-4 单母线接线

单母线是比较简单的接线方式。单母线接线又分为单母线不分段接线、用隔离开关分段的单母线接线和用高压断路器分段的单母线接线三种形式，如图3-4所示。

所谓母线，就是汇集和分配电能的金属导体，又称汇流排，在原理上它仅是电路中的一个电气节点。

单母线接线的每一回进线和出线，都是经过断路器和隔离开关接到母线上。

断路器的作用是用于切、合正常负荷电流和切断短路电流。所以断路器应具有足够的灭弧能力。

隔离开关有两种。靠近母线侧的称为母线隔离开关，作为检修断路器时隔离母线电源之用；靠近线路侧的称为线路隔离开关，作为断路器检修时，隔离供电线路电源或防止用户反向送电，以及架空线路遭受雷电

过电压时用以保证维修人员安全。所以,仅在有可能出现危及人员安全的电压时,才装设线路隔离开关。

1）单母线不分段接线

单母线不分段接线的优点:接线简单清晰,使用设备少,经济性比较好。运行经验表明,误操作是造成系统故障的重要原因之一,主接线简单,操作人员发生错误操作的可能性小,因而接线简单也是评价主接线的条件之一。

单母线的缺点:可靠性和灵活性差。例如当母线或母线隔离开关发生故障或进行检修时,必须断开所有回路的电源,造成对全部用户供电中断。但当某一出线发生故障或检修出线断路器时,可只中断对该出线上用户的供电,而不影响其他用户,所以仍具有一定可靠性。

适用范围:可用于对供电连续性要求不高的三级负荷用户,或有备用电源的二级负荷用户。

2）单母线分段接线

为了克服上述缺点,可用隔离开关或断路器将单母线分段,如图 3-4 所示。当用隔离开关分段时,如需检修母线或母线隔离开关,可将分段隔离开关断开后分段进行。当母线发生故障时,经过短时倒闸操作将故障段切除,非故障段仍可继续运行,对 1/2 的用户仅短时中断供电。

若用断路器分段时,除仍具有可分段检修母线的优点外还可在母线或母线隔离开关发生故障时,同时自动断开母线分段断路器和进线断路器,以保证非故障部分连续供电。

但是,上述两种单母线分段接线存在共同缺点,即在母线检修或发生故障时,仍有 50% 左右的用户停电;出线断路器检修仍对该出线上的用户停电。

为了进一步缩小停电范围,单母线可采用多分段(如三分段)接线方式,对重要用户可由两段母线同时供电,以提高供电可靠性。

适用范围:在有两回进线电源的条件下,采用单母线分段接线较为优越。特别是备用电源自动重合闸装置的采用,更能提高单母线用断路器分段接线的供电可靠性。目前,单母线分段已广泛用于 10 kV 及以下变配电所。

2. 双母线接线

如上所述,单母线分段接线的最大的缺点是:在母线、母线隔离开关检修或发生故障时,接于该段母线上的所有线路要长时间停电。为了避免这一缺点,需设置备用母线,使之成为双母线接线,如图 3-5 所示。

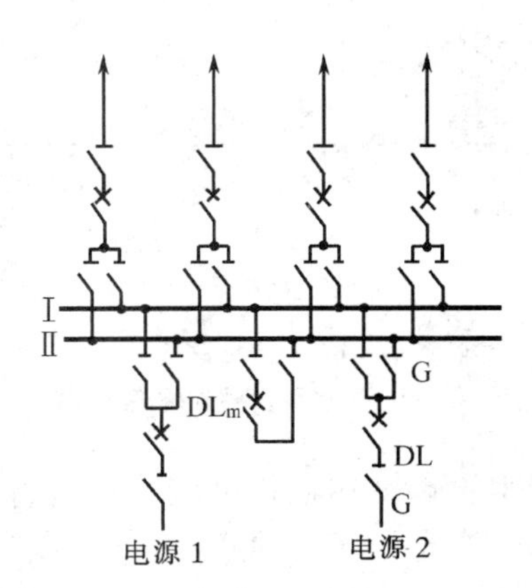

图 3-5　双母线接线

图中,Ⅰ为工作母线,正常运行时带电。Ⅱ为备用母线,正常运行时不带电,处于备用状态。该接线的任一回电源进线或用户引出线都有一台断路器和两组隔离开关分别接到两组母线上。但是在正常运行时,工作母线Ⅰ所属的隔离开关全部接通,而备用母线Ⅱ所属隔离开关全部断开。两组母线利用母线联络断路器 DL_m 及相应的隔离开关联结起来。双母线接线的主要优点是供电可靠、运行灵活、检修方便、易于扩建,在大、中型发电厂和变电所中广为采用。

在双母线接线中,两组母线均可分别作为工作母线或备用母线使用,应视具体情况而定。

有了两组母线，则具有以下特点：

（1）可轮流检修母线而不中断对用户的供电，如检修工作母线时，可将电源和出线全部切换到备用母线，不中断供电；

（2）修理任何一条母线隔离开关时，只需断开该隔离开关所属的一条线路，如先将其他电源和出线切换到备用母线，使工作母线不带电，再将所属线路的断路器断开，即可安全检修该线路工作母线侧的母线隔离开关；

（3）在工作母线发生故障时，可迅速将接于该母线的全部电源和出线切换到备用母线，与故障母线隔离，就可迅速恢复供电，而无需等到故障修复；

（4）检修任一回线路断路器时，经倒闸操作后可用母线联络断路器 DL_m 代替被检修的断路器工作，这样仅在切换过程中短时停电，而不必等到断路器修完后再恢复供电；

（5）双母线接线也可以作为单母线分段方式运行，即两组母线同时工作，互为备用，各接二分之一电源和出线，母线联络断路器接通作为分段断路器使用，这种运行方式称双母线固定接线方式。（这样双母线也具有单母线分段接线的优点，当某段母线发生故障时只有该段母线所属电源和线路暂时停电，同时又优于单母线分段接线。它可将该故障段电源和线路切换到另一段母线，迅速恢复供电。）

所谓"切换"也就是电气主接线由一种运行状态转换到另一种运行状态时，按一定顺序对隔离开关和断路器进行接通或断开的操作，俗称"倒闸操作"。

3. 桥形接线

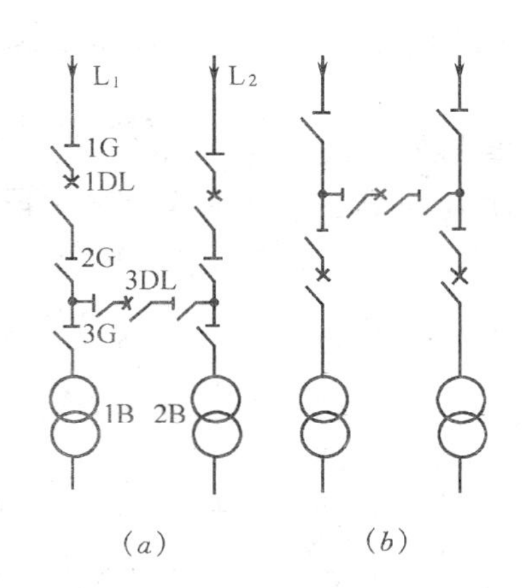

（a）　（b）

图 3-6　桥形接线

（a）内桥接线；（b）外桥接线

对于具有两回电源进线和两台变压器的降压变电所，可考虑采用桥形接线。它是由单母线分段接线演变而成的一种更简单、经济并具有相当可靠性的接线方式。

桥形接线的接线特点是：用一组横向导线（包括断路器、隔离开关）将两回线路和两台变压器横向连接起来。横向导线谓之跨"桥"，并省掉线路侧（或变压器侧）的断路器。因而四个回路只需用三个断路器，如图 3-6 所示。

根据跨接"桥"连接位置和省掉断路器的回路之不同，又分内桥接线和外桥接线。

1）内桥接线〔图 3-6（a）〕

此接线跨桥连接靠近变压器侧，省掉变压器回路的断路器，仅装隔离开关。其优点是：

（1）当检修任一回电源进线或线路断路器时，另一线路和两台变压器仍可继续供电，例如检修图 3-6（a）中的 1DL 时，可将 1DL 断开，然后拉开 G_1、G_2 即可安全检修，而变压器 1B、2B 可由 L_2 继续供电；

（2）当任一回线路故障时，仅断开该故障线路，而其他回路继续正常工作，如 L_1 发生短路故障，1DL 由继电保护动作跳闸，故障线路切除，$L_2$1B、2B 仍继续工作，不中断供电。

但当任一台变压器检修或发生故障时，则需先断开一回线路，经倒闸操作后才能恢复供电。例如检修 1B，应先断开 1DL、3DL，之后拉开 3G，再合入 1DL、3DL，方能恢复对 L_1 的正常工作。

根据上述特点,内桥接线适用于具有以下条件的变电所:① 供电线路较长,线路故障几率多;② 负荷比较平稳,主变压器不经常切换退出工作的;③ 没有穿越功率的终端降压变电所。

2）外桥接线〔图 3-6(*b*)〕

外桥接线的接线特点是:跨桥连接靠近线路侧,省掉线路回路的断路器,仅装线路隔离开关。

外桥接线的优点是:对变压器回路的操作非常方便,任一变压器检修或发生故障时还能保证三个回路正常运行。但任一线路发生故障时,则只能维持两个回路正常运行,另一回路将短时停电,经倒闸操作后才能恢复供电。

外桥接线适用于以下条件的降压变电所:① 供电线路短,线路故障几率少;② 工厂负荷变化大,变压器操作频繁;③ 有穿越功率流经的中间变电所。采用外桥接线,工厂降压变电所运行方式的变化不影响公共电力系统的功率潮流。

所谓穿越功率,是指某一功率由一条线路流入并穿越横跨桥又经另一线路流出时,称该功率为穿越功率。

4. 线路—变压器组单元接线

在工厂变电所中,当只有一回电源供电线路和一台(或两台)变压器时,可采用线路—变压器组单元接线,如图 3-7 所示。这种接线在变压器高压侧可视具体情况的不同,装设不同的开关电器。图 3-7 示出了三种情况,现分述如下:

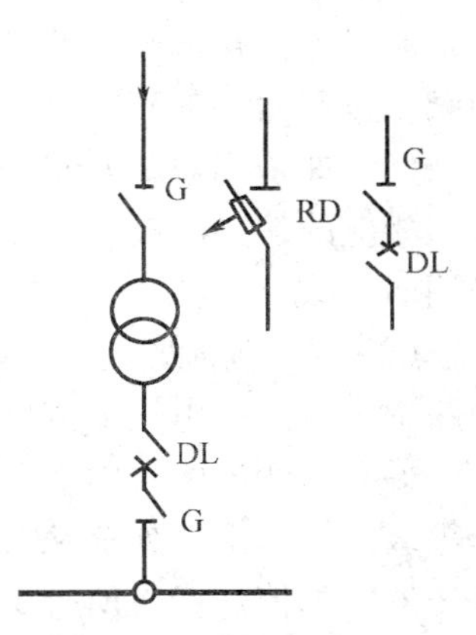

图 3-7　线路—变压器组单元接线

(1) 一般情况,可在变压器高压侧装设一台高压断路器 DL 和一台隔离开关,此时当变压器发生故障时,DL 断开切除故障,以减少故障波及的范围;

(2) 当供电线路短,变压器发生故障能使供电端的线路断路器断开时,或供电端变电所的继电保护范围可以包括该供电线路全长和主变压器时,则允许在变压器高压侧只装一台隔离开关 G;

(3) 如不符合(2) 的条件,但变电所短路电流不超过高压熔断器的遮断容量时,允许采用高压熔断器 RD 来保护主变压器,一般用跌落式熔断器。

若线路始端继电保护的灵敏度不能满足要求时,也可在变压器高压侧装设 JW_1 型高压短路器(又称短路开关或人工接地刀闸)和快分隔离开关配合使用,以代替高压断路器。当变压器发生内部短路且继电保护动作时,高压短路器自动合闸,人为造成线路接地短路,以增大短路电流,使供电线路继电保护动作将供电线路电源侧断路器断开,随后,快分隔离开关打开,切除故障变压器。在 35 kV 系统通常采用两相或三相的高压短路器,在 110 kV 系统,采用单相的高压短路器。

线路—变压器组单元接线的优点是接线简单、电气设备少、配电装置简单、节约建设投资和占地面积小。

其缺点是:当该单元中任一个设备发生故障或检修时,全部设备停止工作。但由于变压器故障几率小,高压架空线的防雷保护比较完善,所以仍具有一定的供电可靠性。

二、工厂变电所常用电气主接线

1. 基本原则

（1）变电所(配电所)电气主接线,应按照电源情况、生产要求、负荷性质、用电容量和运行方式等条件确定,并应满足运行安全可靠、简单灵活、操作方便和经济等要求。

（2）在满足上述要求时,变电所高压侧应尽量采用断路器少的或不用断路器的接线,如线路—变压器组或桥形接线等。当能满足电力网继电保护的要求时,也可采用线路分支接线。

（3）如能满足电力网安全运行和继电保护的要求,终端变电所和分支变电所的 35 kV 侧可采用熔断器。

（4）35 kV 配电装置中,当出线为两回路时,一般采用桥形接线;当出线超过两回路时,一般采用单母线分段接线。但由一个变电所单独向一级负荷供电时,不应采用单母线接线。

（5）变电所装有两台主变压器时,6 kV～10 kV 配电装置一般可采用分段单母线接线;当该变电所向一级负荷供电时,6 kV～10 kV 配电装置应采用分段单母线接线。

（6）连接在母线上的阀型避雷器和电压互感器一般合用一组隔离开关。连接在变压器上的阀型避雷器一般不装设隔离开关。

（7）如采用短路开关,线路上有分支变电所的终端变电所应装设快分隔离开关。短路开关与相应的快分隔离开关之间应装设闭锁装置。在中性点非直接接地电力网中,短路开关应采用两相式。

（8）当需限制 6 kV～10 kV 出线的短路电流时,一般采用变压器分裂运行,也可在变压器回路中装设分裂电抗器或电抗器等。

（9）当变电所有两条 35 kV 电源进线时,一般装设两台所用变压器,并宜分别接在不同电压等级的线路上。如能从变电所外引入一个可靠的备用所用低压电源时,可只装设一台所用变压器。如能从变电所外引入两个可靠的所用低压电源时,可不装设所用变压器,当变电所只有一条 35 kV 电源进线时,可只在 35 kV 电源进线上装设一台所用变压器。

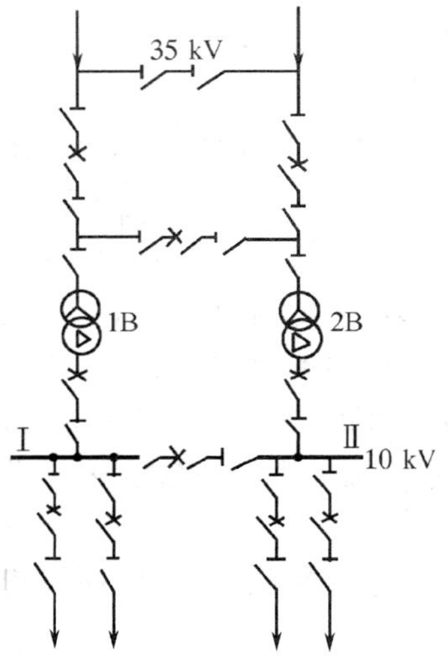

图 3-8　35 kV 变电所的电气主接线

2. 降压变电所典型接线

图 3-8 为两条 35 kV 电源进线的降压变电站电气主接线。高压配电装置采用内桥接线。为检修出线断路器时两条路仍可继续供电,增设了隔离开关组成的外跨桥。低压 10 kV 配电装置采用单母线分段,一级和二级负荷可由两段母线分别取得工作电源和备用电源。

由于箱式变电站具有体积小、施工方便等特点,所以目前被工厂降压变电所或居民小区降压变电所广为使用。

配电所和车间变电所电气主接线分带高压室的车间变电所、单母线不分段、单母线用隔离开关分段或用断路器分段等多种方案,可视具体用户情况而定。其接线可参看有关手册或供货厂家产品说明书。

三、电气主接线安全运行操作的基本知识

为切实保障工作人员在生产中的安全和健康,防止设备损坏和造成停电事故,根据多年来电力生产的实践经验,水利电力部于1977年颁布了《电业安全工作规程》(发电厂和变电所电气部分及电力线路部分),以后又进行了多次修订。这个规程适用于在运用中的发、变、送、配、农电和用户电气设备上工作的一切工作人员。因而电气工作人员和有关人员,都必须严格贯彻执行。

《规程》中所谓运用中的电气设备,系指全部带有电压或一部分带有电压及一经操作即带有电压的电气设备。

现将运行操作中基本知识介绍如下。

操作隔离开关时,应注意的问题是:由于隔离开关没有灭弧装置,所以不能切断有电流通过的电路。但是在变电所运行中,又需要经常对隔离开关进行操作,因而在操作过程中,要特别慎重,严格按规程执行。操作隔离开关前,必须先检查断路器是否确已断开,在断路器确实已断开时应注意以下几项:① 操作时应站好位置,动作果断;② 对于单极隔离开关,合闸时先合两边相,后合中间相,拉闸时顺序相反;③ 三极隔离开关在拉、合闸时,应动作迅速,拉合后应检查是否在适当位置;④ 合闸时,在合闸操作终了的一段行程中,不要用力过猛,以免发生冲击而损坏瓷件;⑤ 严禁带负荷拉、合隔离开关。

在停电时先拉负荷侧隔离开关,送电时先合电源侧隔离开关。因为在停电时,可能出现的错误操作情况有两种:一种是断路器尚未断开电源而先拉隔离开关;另一种是断路器虽然已拉开,但当操作隔离开关时,因走错了间隔而错拉了不应停电的带电设备。不论上述哪种情况,都将造成带负荷拉隔离开关的错误操作,其后果可能造成弧光短路,甚至发生人身伤亡的重大事故。

例如需停电检修某一设备,若先拉电源侧隔离开关,则弧光短路点在断路器上侧,将造成电源侧短路,使上一级断路器跳闸,扩大事故停电范围。如果先拉负荷侧隔离开关,则弧光短路点在断路器下侧,保护装置动作,断路器跳闸,其他设备可照常供电,缩小事故范围。所以停电时应先拉负荷侧隔离开关。

在送电过程中,如果断路器已错误地处在合闸位置,此时合隔离开关可能造成带负荷合隔离开关的错误操作。此时,若先合负荷侧隔离开关,后合电源侧隔离开关,一旦发生弧光短路,将造成断路器电源侧短路,同样影响系统的正常供电。假如先合电源侧隔离开关,后合负荷侧隔离开关,即便是带负荷合上,或将隔离开关合于短路故障点,可由该断路器动作切除故障,这样就可缩小事故范围。所以送电时,应先合电源侧隔离开关。

3-4 高压配电网络

工厂、企业的高压配电网络,是指厂区内由总变(配)电所到车间变电所1 kV以上的高压电力线路。通常,高压配电网络的电压采用10 kV。当经济论证确有显著优越性时,才采用6 kV。配电线路结构有架空线和电缆线,应视厂区环境条件而定。本节介绍配电网络接线的基本原则和配电方式。

一、基本原则

高压配电网接线的基本原则如下。

(1) 供电可靠,电能质量好,满足生产要求。一级负荷应有两个独立电源;二级负荷一般要有两个电源,可以手动切换,在条件困难时,允许只有一个电源。

(2) 接线简单灵活,便于维护操作。

(3) 经济。投资少,年运行费用低。

(4) 应考虑到负荷增长,预留必要的发展余地和分期建设的余地。

(5) 当有两回及以上电源进线时,若其中任一进线停电,其余进线应能承担全部一级负荷及大部二级负荷用电,但一般不考虑当一电源进线发生故障或检修停电时,另一电源进线也同时发生故障的情况。

低压配电网络(电压为 1 kV 和 380/220 V)接线的原则如下。

(1) 车间变电所的位置应尽可能接近负荷中心,以使配电线路短、电能损耗少。

(2) 低压配电接线应满足生产所必需的供电可靠性和电能质量的要求,同时应力求接线简单,操作方便安全,具有一定灵活性,并能适应车间生产的变化和设备检修等需要。

(3) 配电电压等级,一般不宜超过两级。

(4) 同一生产流水线的用电设备,尽量由同一线路供电,平行的生产流水线及互为备用的生产机组,宜由不同母线或线路供电。

(5) 单相用电设备应适当配置,力求三相负荷平衡。

(6) 应便于用电设备的检修,不同班组或工段宜分设配电箱和电源开关。

二、配电方式

配电方式分为放射式、树干式和环形三种。

1. 放射式

图 3-9 所示为单回路放射式配电网络,主要优点是:

(1) 某一线路发生故障时不影响其他用户;

(2) 切换操作方便,继电保护简单,易于实现自动化。

但单回路放射式供电可靠性较差、投资较高,一般用于配电给二、三级负荷或专用设备,且对二级负荷供电时,应有备用电源。

为了提高供电可靠性,放射式配电又可发展为双回路放射式和有公共备用干线的放射式。前者每一用户有两条配电线路供电,互为备用。用于给二级负荷配电,当两条配电线路的电源为独立电源时,可供一级负荷用电;后者如图 3-10 所示,一般用于给二级负荷配电,如备用干线由独立电源供电,且配电线路少时,可供一级负荷用电。这两种接线投资均大。

2. 树干式

图 3-11 为单回路树干式接线。这种接线的优点是投资少、有色金属消耗量低,且使变(配)电所馈电出线少、配电装置结构简单。其缺点是:供电可靠性差,当干线发生故障时,接于树干上的全部用户均将停电。因而,单树干式接线一般用于三级负荷配电,每条线路所接变压

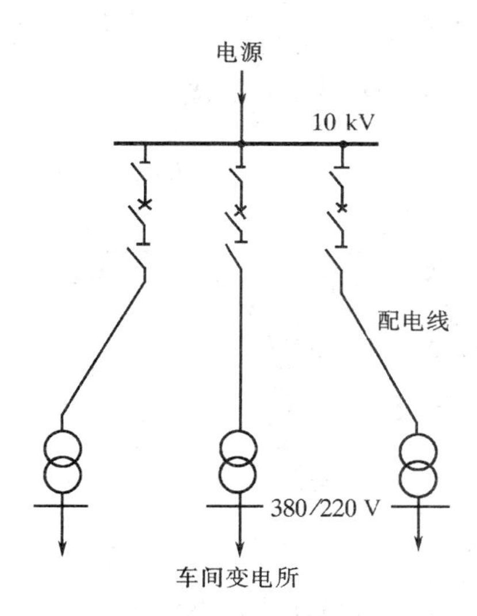

图 3-9　单回路放射式

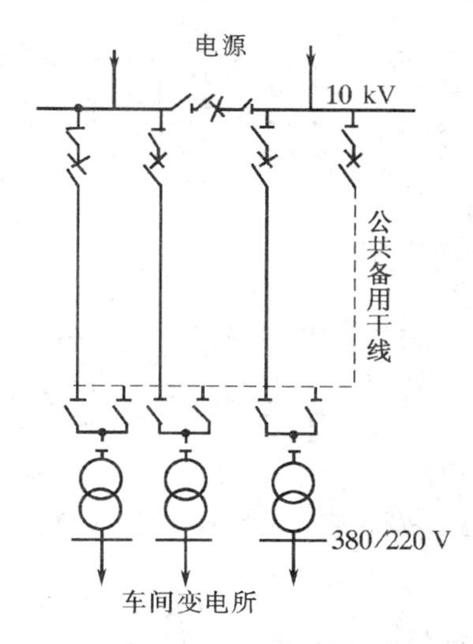

图 3-10　有公共备用干线的放射式

器宜在 5 台以内，总容量一般不超过 200 kVA。

为提高供电可靠性，树干式接线又有以下几种。

单侧供电双回路树干式（图 3-12），其供电可靠性稍低于双回路放射式，但投资较省。一般用于配电给二、三级负荷。

双侧供电单回路树干式（图 3-13(*a*)）用于二、三级负荷配电。正常运行时由一侧供电或在线路的负荷分界处断开，故障后手动切换，寻找故障时要中断供电。

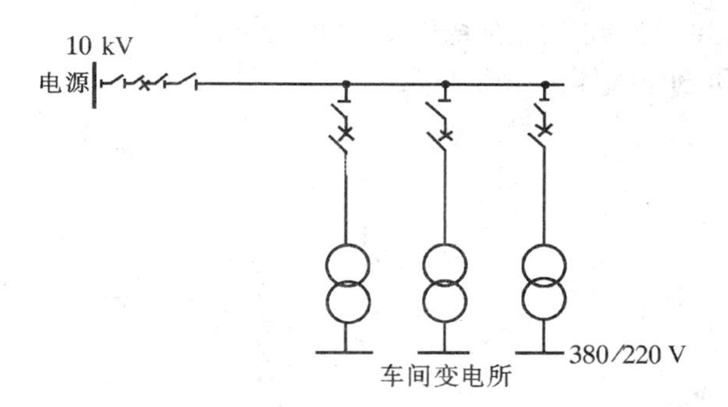

图 3-11　单回路树干式

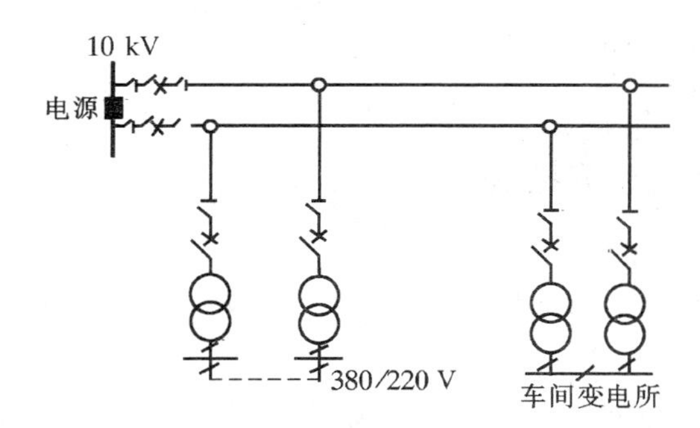

图 3-12　单侧供电双回路树干式

双侧供电双回路树干式（图 3-13(*b*)）分别由两个电源供电，与单侧供电双回路树干式相比，供电可靠性略有提高，可用于给一、二级负荷配电。

3. 环形

环形接线有闭环式和开环式两种运行方式（图 3-14）。为便于实现继电保护的选择性，一般采用开环式。这种配电方式供电可靠性较高、运行比较灵活，但切换操作频繁。一般用于二、三级负荷，由同一电源供电。

4. 环网供电单元

环网供电单元一般用于电缆配电的环网供电线路。其优点是提高了供电的可靠性。结构

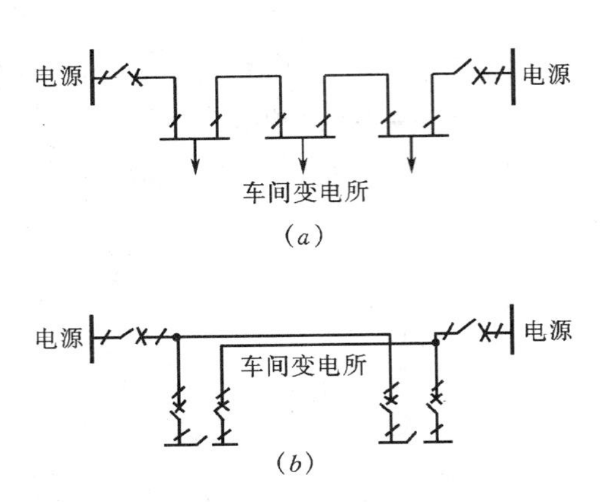

图 3-13　双侧供电树干式

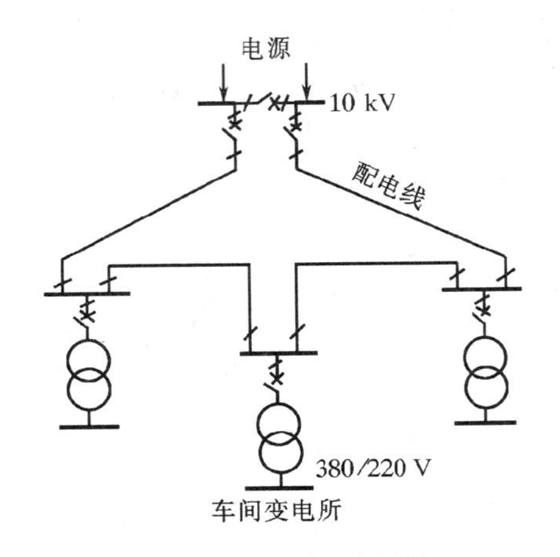

图 3-14　环形配电网络

特点是由三个单元(间隔)组成,即为进线单元、出线单元和变压器回路单元(图 3-15)。进、出线单元操作电器用负荷开关;变压器单元正常操作用负荷开关,短路保护用限流熔断器(图 3-15(*a*)),或者用隔离开关和断路器(图 3-15(*b*)),视用户情况而定。环网供电单元有空气绝缘和 SF_6 气体绝缘等型式。

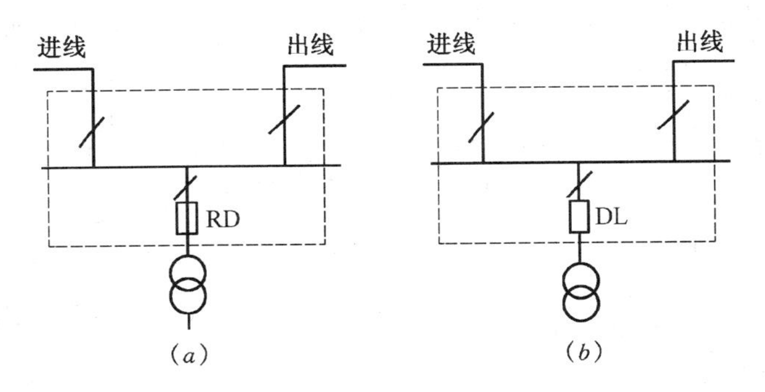

图 3-15　环网供电单元

3-5　电压偏移及改善措施

一、基本概念

1. 电压偏移

电压偏移是指一段时间内,网络中某点的实际电压 U 与网络的额定电压 U_n 的数值差 ΔU,并以超过额定电压为正,低于额定电压为负。电压偏移通常用相对值(与电压额定电压之比)或其百分数表示,即

$$\delta u=\frac{\Delta U}{U_n}=\frac{U-U_n}{U_n}=\frac{U-U_n}{U_n}\times 100\% \tag{3-4}$$

式中　δu——网络上某点的电压偏移;

·

U——该点实际电压(V 或 kV);

U_n——网络的额定电压(V 或 kV)。

2. 电压波动

电压波动是指在很短的时间内,某点电压急剧的变化,例如大型电动机起动等引起的电压变化。在电压波动过程中相继出现的电压最高值 U_{max}与电压最低值 U_{min}之差称为电压波动,通常也用相对值或百分数表示,即

$$\zeta u=\frac{U_{max}-U_{min}}{U_n}=\frac{U_{max}-U_{min}}{U_n}\times 100\% \tag{3-5}$$

式中 ζu——网络某点的电压波动;

U_{max}——该点电压最高值(V 或 kV);

U_{min}——该点电压的最低值(V 或 kV);

U_n——网络额定电压(V 或 kV)。

3. 电压波动水平

电压波动时的电压水平,通常是指最低电压的相对值或百分数,即

$$\mu=\frac{U_{min}}{U_n}100\% \tag{3-6}$$

式中 μ——网络某点的电压波动水平。

4. 引起电压偏移和波动的原因

当负荷电流通过线路或变压器时,由于线路和变压器具有阻抗,因而产生电压降落,其值为阻抗元件两端电压相量的几何差。所以,当用户负荷发生变化时,流经线路和变压器的电流随之变化,在阻抗元件上的电压降落必将随之增大或减小,从而引起网络各点的电压偏移和波动。

二、线路电压损失计算

1. 带一个集中负荷的电压损失

在三相交流线路中,三相负荷平衡时,各相的电流值相等,且各相电流、电压相位差相同。因此,可仅计算一相的电压损失,再按一般方法换算为三相线路的电压损失。

图 3-16 为有一个集中负荷的线路单线图和电压相量图。

电压降落:指线路始端电压 $\dot{U}_A$ 与末端电压 $\dot{U}_B$ 的相量差为 $\overrightarrow{ba}$,以 $\Delta\dot{U}_{AB}$表示,即

$$\Delta U_{AB}=\dot{U}_A-\dot{U}_B=\overrightarrow{ba} \tag{3-7}$$

电压损失:指电路中阻抗元件两端电压的数值差,即图中 U_A 与 U_B 的差值为 bd

$$\Delta U_x=U_A-U_B=\overline{bd} \tag{3-8}$$

在工程计算中,由于 cd 值很小,所以电压损失近似取为电压降落的横分量 $\overline{bc}$,即

$$\Delta U_x=\overline{bd}\approx\overline{bc}=\overline{be}+\overline{ec}=IR\cos\varphi+IX\sin\varphi \tag{3-9}$$

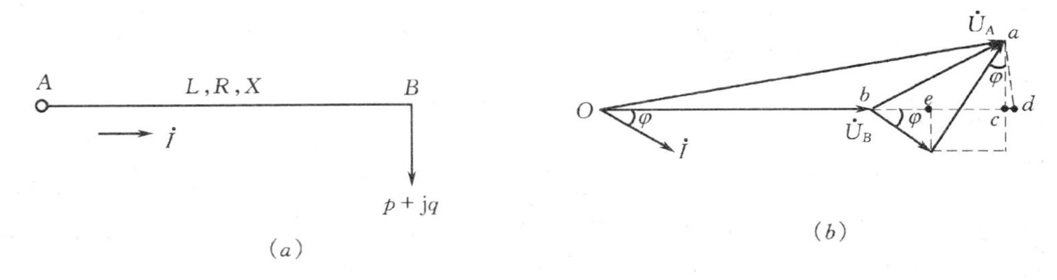

图 3-16　带一个集中负荷线路的电压损失

(a)单线图;(b)相量图

由于在实际运算时,负荷一般用功率表示,所以式(3-9)又可以改写为

$$\Delta U_x=\frac{(IR\cos\varphi+IX\sin\varphi)U_B}{U_B}=\frac{p_BR+q_BX}{U_B} \tag{3-10}$$

式中　p_B——B 点的有功功率(kW);

q_B——B 点的无功功率(kvar);

R、X——线路 AB 之间的电阻和感抗(Ω);

I——负荷电流(A);

$\cos\varphi$——B 点负荷功率因数;

U_B——B 点相电压(kV);

ΔU_x——每相的电压损失(V)。

电压损失 ΔU_x 换算为线电压损失,并用网络额定电压 U_n(线电压)代替 U_B,则上式可表达为工程中使用的一般计算形式,即

$$\Delta U=\sqrt{3}\Delta U_x=\frac{p_B}{U_n}R+\frac{q_B}{U_n}X \tag{3-11}$$

电压损失也常用相对于额定电压 U_n 的百分数表示,即

$$\delta u=\frac{\Delta U}{1\,000U_n}\times100\%=\frac{1}{10U_n^2}[p_BR+q_BX]\% \tag{3-12}$$

式中　U_n——额定电压(kV);

δu——电压损失相对值或百分数。

2. 带 n 个集中负荷的线路电压损失

以带两个集中负荷的线路为例,如图 3-17 所示,P_1、Q_1 和 P_2、Q_2 为线段 l_1 和 l_2 上通过的有功、无功功率;r_1、x_1 和 r_2、x_2 为线段 l_1 和 l_2 上的电阻、感抗;p_1、q_1 和 p_2、q_2 为支线 1 和 2 引出的有功、无功负荷;R_1、X_1 和 R_2、X_2 分别为线段 L_1 和 L_2 上的电阻、感抗。

由图可知:

$P_1=p_1+p_2$,　　$Q_1=q_1+q_2$

$P_2=p_2$,　　$Q_2=q_2$

线路上总的电压损失,为各段电压损失之和,即

$\Delta U=\Delta U_1+\Delta U_2$

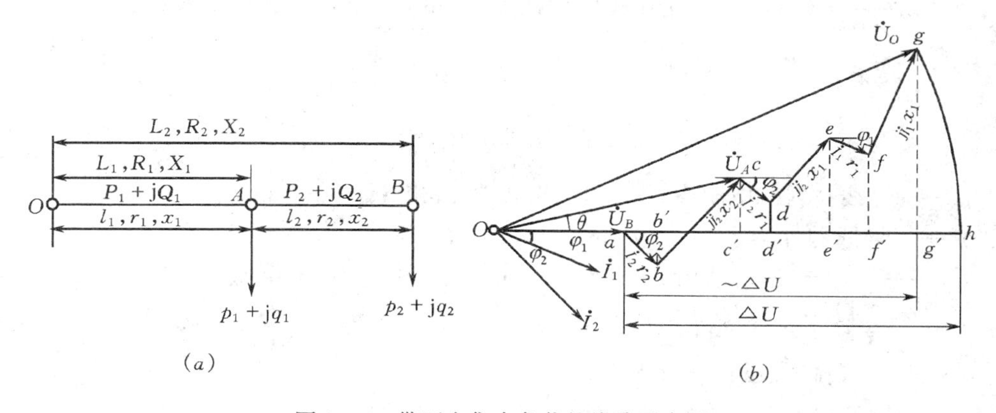

图 3-17　带两个集中负荷的线路示意图

(a)线路图;(b)相量图

$$=\frac{P_1r_1+Q_1x_1}{U_n}+\frac{P_2r_2+Q_2x_2}{U_n}$$

$$=\frac{P_1r_1+P_2r_2}{U_n}+\frac{Q_1x_1+Q_2x_2}{U_n}$$

或

$$\Delta U=\frac{(p_1+p_2)r_1+p_2r_2}{U_n}+\frac{(q_1+q_2)x_1+q_2x_2}{U_n}$$

$$=\frac{p_1r_1+p_2(r_1+r_2)}{U_n}+\frac{q_1x_1+q_2(x_1+x_2)}{U_n}$$

$$=\frac{p_1R_1+p_2R_2}{U_n}+\frac{q_1X_1+q_2X_2}{U_n}\tag{3-13}$$

同理对于带 n 个集中负荷的线路,可表达为

$$\Delta U=\sum_{i=1}^{n}\frac{P_ir_i}{U_n}+\sum_{i=1}^{n}\frac{Q_ix_i}{U_n}\tag{3-14}$$

或

$$\Delta U=\sum_{i=1}^{n}\frac{p_iR_i}{U_n}+\sum_{i=1}^{n}\frac{q_iX_i}{U_n}\tag{3-15}$$

对于全长同一截面导体的线路,又可表达为

$$\Delta U=\frac{1}{U_n}\left[r_0\sum_{i=1}^{n}P_il_i+x_0\sum_{i=1}^{n}Q_il_i\right]\tag{3-16}$$

或

$$\Delta U=\frac{1}{U_n}\left[r_0\sum_{i=1}^{n}p_iL_i+x_0\sum_{i=1}^{n}q_iL_i\right]\tag{3-17}$$

若用百分数表示上式可写为

$$\delta u=\frac{1}{10U_n^2}\left[r_0\sum_{i=1}^{n}P_il_i+x_0\sum_{i=1}^{n}Q_il_i\right]\%\tag{3-18}$$

及

$$\delta u=\frac{1}{10U_n^2}\left[r_0\sum_{i=1}^{n}p_iL_i+x_0\sum_{i=1}^{n}q_iL_i\right]\%\tag{3-19}$$

式中　r_0、x_0——导线单位长度的电阻与电抗(Ω/km)，可查附表或用下式计算

$$r_0=\frac{\rho}{s}\ (\Omega/\text{km}) \tag{3-20}$$

$$x_0=0.144\lg\frac{a_{\text{Pj}}}{r}+0.01\dot{6}\ (\Omega/\text{km}) \tag{3-21}$$

ρ——导线材料的电阻率(铜为18.8，铝为31.7)($\Omega\cdot\text{mm}^2/\text{km}$)；

r——导线的外半径(mm或cm)

a_{Pj}——三相导线间的几何平均距离，如三相间距离不等且分别为a_1、a_2、a_3时，则$a_{\text{Pj}}=\sqrt[3]{a_1a_2a_3}$(mm或cm)；

s——导线截面(mm^2)；

l_i——第i段导线长度(km)；

L_i——电源至i支线的导线总长度(km)；

p_i、q_i——第i支线的有功和无功负荷(kW、kvar)；

P_i、Q_i——通过第i段干线的有功和无功负荷(kW、kvar)；

U_{n}——网络额定电压(kV)。

例3-2　已知某配电线路(图3-18)电压为10 kV，导线每公里电阻为0.54 Ω，电抗为0.366 Ω，各支线负荷为$p_1=50$ kW，$p_2=100$ kW，$p_3=30$ kW，所有用电设备功率因数为0.8，试求AB线段电压损失。

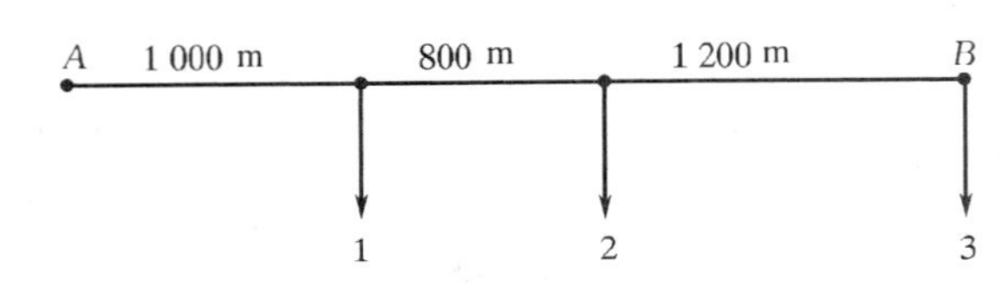

图3-18　配电线路负荷分布图

解：由式(3-19)可得

$$\begin{aligned}\delta u&=\frac{1}{10U_{\text{n}}^2}\left[r_0\sum_{i=1}^{3}p_iL_i=x_0\sum_{i=1}^{3}q_iL_i\right]\%\\&=\frac{1}{10U_{\text{n}}^2}\left[r_0+x_0\tan\varphi\right]\sum_{i=1}^{3}p_iL_i\ \%\\&=\frac{1}{10\times10^2}\left[0.54+0.366\times0.75\right]\times\left[50\times1+100\times1.8+30\times3\right]\%\\&\approx0.26\%\end{aligned}$$

全线路总的电压损失δu为$0.26\%\,U_{\text{n}}$。

3. 均匀分布负荷线路电压损失

如图3-19所示，设i_0为单位导线长度l_0上的负荷电流，则在$\text{d}l$小段上的负荷电流为$i_0\text{d}l$。该电流通过l长线路产生的电压损失为

$$\text{d}(\Delta U)=\sqrt{3}(i_0\text{d}l)r_0l$$

而整个线路上的分布负荷产生的电压损失则为

$$\begin{aligned}\Delta U&=\int_0^L\text{d}(\Delta U)=\int_0^L\sqrt{3}i_0r_0l\,\text{d}l\\&=\sqrt{3}i_0r_0\left[\frac{l^2}{2}\right]\Bigg|_0^L=\sqrt{3}i_0r_0\frac{L^2}{2}\end{aligned}$$

$$=\sqrt{3}r_0 I\frac{L}{2}=\frac{P\,r_0}{U_n}\frac{L}{2} \tag{3-22}$$

式中　r_0——单位长度导体电阻(Ω/km)；

P——沿线路均匀分布的总负荷(kW)；

L——导线长度(km)；

U_n——网络额定电压(kV)；

ΔU——电压损失(V)；

由上式看出，对于带有均匀分布负荷的线路，在计算电压损失时，可将分布负荷集中在分布线段的中点，按集中负荷计算。

同理，当负荷均匀分布于一段线路时(图 3-19(b))，电压损失值为

$$\Delta U=\sqrt{3}r_0 I\left(L_0+\frac{L}{2}\right)=\frac{P\,r_0}{U_n}\left(L_0+\frac{L}{2}\right) \tag{3-23}$$

式中　L_0——没有均布负荷的线路长度(km)。

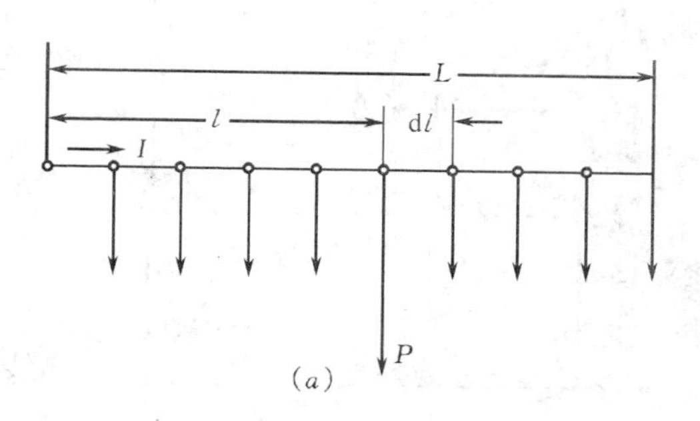

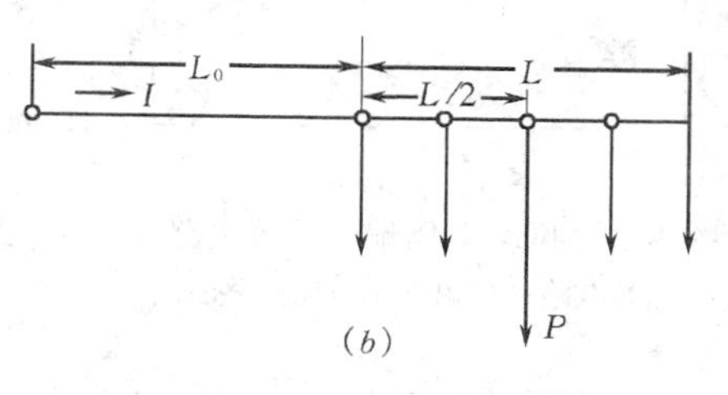

图 3-19　均匀分布负荷的线路示意图

(a)均匀分布于全线路；(b)均匀分布于一段线路

三、变压器电压损失计算

工厂变电所一般采用双绕组变压器。由线路的电压损失计算公式(3-9)，可得变压器电压损失计算表达式

$$\begin{aligned}\Delta U_b &= I R_b\cos\varphi + I X_b\sin\varphi \\ &= I\cos\varphi\frac{U_n^2(\Delta U_a\%)}{100S_{bn}}+I\sin\varphi\frac{U_n^2(\Delta U_r\%)}{100S_{bn}} \\ &= \frac{P(\Delta U_a\%)U_n}{100S_{bn}}+\frac{Q(\Delta U_r\%)U_n}{100S_{bn}}\end{aligned} \tag{3-24}$$

用百分数表示

$$\delta u_b=\frac{\Delta U_b}{U_n}\times 100\%=\frac{P\Delta U_a\%+Q\Delta U_r\%}{S_{bn}}\% \tag{3-25}$$

式中　S_{bn}——变压器额定容量(kVA)；

$\Delta U_a\%$——变压器阻抗电压的有功分量(%)，$\Delta U_a\%=\frac{100\Delta P_{dn}}{S_{bn}}$；

$\Delta U_r\%$——变压器阻抗电压的无功分量(%)，$\Delta U_r\%=\sqrt{(U_d\%)^2-(\Delta U_a\%)^2}$；

$U_d\%$——变压器阻抗电压(%)，由产品目录查得；

ΔP_{dn}——变压器短路损耗(kW)，由产品目录查得；

P——通过变压器三相负荷的有功功率(kW)；

Q——通过变压器三相负荷的无功功率(kvar)；

U_n——变压器的额定电压(kV)。

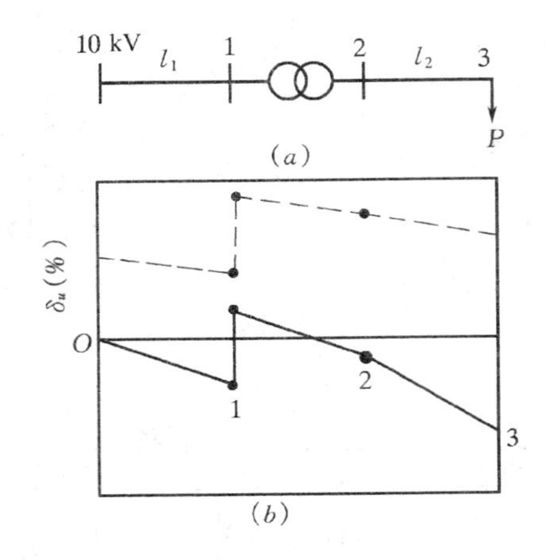

图 3-20　网络电压偏移计算电路
(a)计算电路;(b)沿线路电压偏移曲线

四、电压偏移计算

1.电压偏移计算

如图 3-20(a)所示为某工厂供电网络。

如果在某段时间内,电源母线电压偏移为 δu_0,高压线路电压损失为 δu_{l1},则线路 l_1 末端电压偏移为

$$\delta u_1 = \delta u_0 - \delta u_{l1} \tag{3-26}$$

当经变压器(或有其他调压设备)时,除需计入变压器电压损失 δu_b 外还应计入电压的提升值 e,即

$$\delta u_2 = \delta u_0 - \delta u_{l1} + e - \delta u_b \tag{3-27}$$

对于低压网络某点的电压偏移,还应计入低压网络的电压损失 δu_{l2},即

$$\delta u_3 = \delta u_0 + e - \Sigma\delta u = \delta u_0 + e - (\delta u_{l1} + \delta u_b + \delta u_{l2}) \tag{3-28}$$

式中　δu_0——电源母线的电压偏移(相对值或百分数);

$\Sigma\delta u$——网络中总的电压损失(相对值或百分数);

δu_{l1}、δu_{l2}——高压线路、低压线路中的电压损失(相对值或百分数);

δu_b——变压器中的电压损失(相对值或百分数);

e——变压器分接头(或其他调压设备)的电压提升值的百分值。

变压器的二次电压随负荷变化而变化。负荷越大,二次电压越低。变压器高压绕组有若干接头可供选择,用以改变变压器的实际变比,从而使变压器二次电压提升。常用配电变压器电压提升见表 3-4。

表 3-4　变压器分接头与电压提升的关系表

10(6) ±5%/0.4 kV 变压器分接头位置		+5%	0	−5%
10.5(6.3)±5%/0.4 kV 变压器分接头位置	+5%	0	−5%	
变压器二次空载电压(V)	360	380	400	420
电压提升值 e	−5%	0	+5%	+10%

如果工厂负荷不变,地区变电所供电母线电压也不变,则线路各点电压偏移不变。但实际运行中,工厂和地区变电所的负荷是在最大和最小值之间变动,故沿线电压偏移曲线也相应地在图 3-20(b)中虚线和实线之间变动。某点电压偏移最大值与最小值的差额,称为电压偏移范围。

由图可见,由于工厂负荷变化引起网络电压损失的变化,并引起各级线路电压偏移范围逐级加大,而形成喇叭口状。如果工厂和电源的负荷变化规律一致,则线路末端电压偏移范围就更大。这是我们所不希望的。

例 3-3　设 A 厂以 35 kV 电压由地区变电所供电,供电系统如图 3-21(a)所示。最大负荷时,35 kV(或 10 kV)供电线路电压损失为 4%,厂区内 10 kV 线路电压损失为 1%,380 V 线路电压损失为 5%,变压器 1B 变比为 35±5%/10.5 kV,电压损失为 5%,分接头在“0”位置

上,2B变比为10±5%/0.4 kV,电压损失为3%,分接头在“0”位置上。假设最小负荷为最大负荷的30%,昼夜最大负荷和最小负荷时地区变电所端供电线电压偏移分别为0和+5%,试求各线路末端电压偏移值,并给出电压偏移曲线。

解:35 kV受电的A工厂的低压380 V线路末端电压偏移可由式(3-28)计算,其值为

最大负荷时,$\delta u=[0+5+5-(4+5+1+3+5)]\%=-8\%$

最小负荷时,$\delta u'=[5+5+5-0.3(4+5+1+3+5)]\%=+9.6\%$

电压偏移范围为

$$[9.6-(-8)]\%=17.6\%$$

沿线电压偏移曲线如图3-21(b)所示,最大负荷电压偏移曲线为实线,最小负荷电压偏移曲线为虚线。

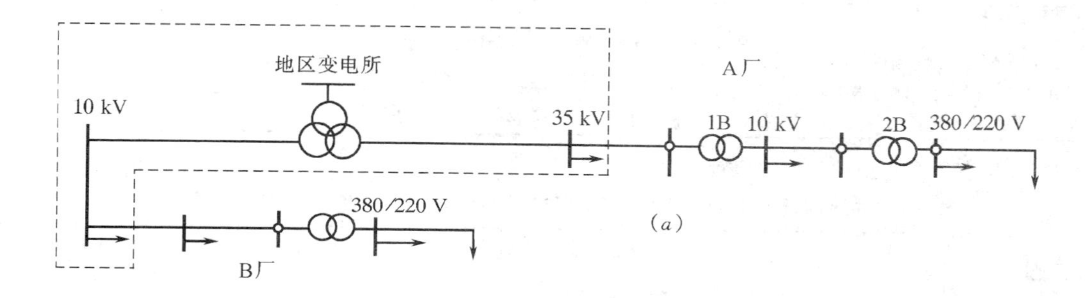

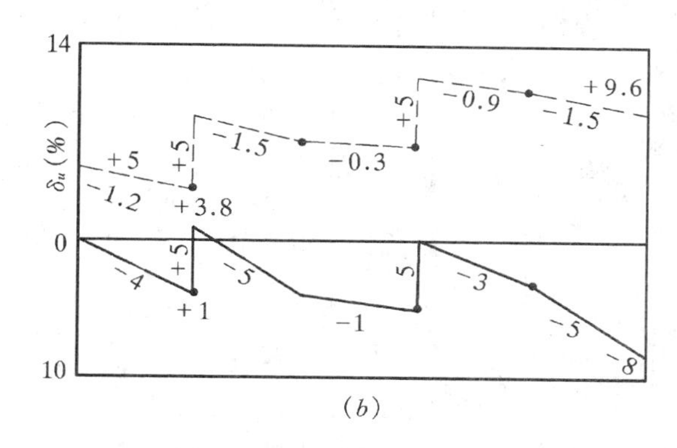

图3-21　电压偏移计算曲线

(a)计算电路;(b)沿线路电压偏移曲线(实线——最大负荷;虚线——最小负荷)

2. 电压损失允许值

表3-5给出用电设备端子电压偏移允许值。在配电设计时,应按照用电设备端子电压偏移允许值的要求和变压器高压侧电压偏移的具体情况,确定线路电压损失允许值。当缺乏资料时,线路电压损失允许值可参考表3-6。变压器高压侧为恒定额定电压时,低压侧线路允许电压损失计算值见表3-7。

表 3-5　用电设备端子电压偏移允许值

名　　称	电压偏移允许值(%)
电动机	
正常情况	+5 至 -5
特殊情况	+5 至 -10
照明灯	
视觉要求较高的场所	+5 至 -2.5
一般场所(远离变电所的场所)	+5 至 -5(-10)
事故照明、路灯等	+5 至 -10
其他用电设备无特殊规定时	+5 至 -5

表 3-6　线路电压损失允许值

名　　称	允许电压损失(%)
从配电变压器二次侧母线算起的低压线路	5
从配电变压器二次侧母线算起的供给有照明负荷的低压线路	3 至 5
从 110(35)/10(6) kV 变压器二次侧母线算起的 10(6) kV 线路	5

表 3-7　变压器高压侧为恒定额定电压时，低压侧线路允许电压损失计算值*(%)

负荷率	cosφ	SL_1 型变压器容量(kVA)						SJ_4 型变压器容量(kVA)			
		20	50 63	100 ~200	250 315	400 500	630 ~1 000	50	100 180	420 560	750 1 000
1.0	1	7	7.5	8	8	8	8.5	7	8	8	8.5
	0.95	6	6.5	7	7	7	7	6	6.5	7	7
	0.9	6	6	6.5	6.5	7	6.5	6	6	6.5	6.5
	0.8	6	6	6	6	6.5	6	5.5	6	6	6
	0.7~0.5	6	6	6	6	6	5.5	5.5	5.5	5.5	5.5
0.8	1	7.5	8	8	8.5	8.5	8	8	8	8.5	8.5
	0.95	7	7	7.5	7.5	7.5	7.5	7	7.5	7.5	7.5
	0.9	6.5	7	7	7.5	7.5	7	6.5	7	7	7.5
	0.8	6.5	6.5	7	7	7	7	6.5	6.5	6.5	7
	0.7	6.5	6.5	6.5	7	7	6.5	6.5	6.5	6.5	6.5
	0.6~0.5	6.5	6.5	6.5	6.5	6.5	6.5	6.5	6.5	6.5	6.5

* 本表按用电设备允许电压偏移为±5%、变压器空载电压比低压网络额定电压高5%(相当于变压器高压侧为恒定额定电压)进行计算，将允许总的电压损失10%，扣除变压器电压损失即得本表数据。当照明允许电压偏移为+5%～-2.5%时，应按表上数据减少2.5%。

五、改善电压偏移的主要措施

在工厂企业，负荷变动是不可避免的，伴随而来的网络各点电压的偏移也是不同程度存在的问题。负荷变动愈大、布局愈分散，网络末端电压偏移就愈严重。因而，各用户应视具体情况采用适当的改善电压的措施。常用措施有如下几种。

1. 正确选择变压器的变压比

选择分接头的目的是通过改变变压器的变压比，使最大负荷引起的电压负偏移与最小负荷引起的电压正偏移得到调整，从而保持在各自的允许范围内。例如，某车间变压器分接头在“0”位置时，A用电设备端子电压偏移为0～-10(%)，超出允许电压下限。若将分接头改接为-5%，则A用电设备电压偏移调整为+5%～-5%，即可调整在设备允许范围之内。但这种改善办法，不能缩小正负偏移之间的电压偏移范围。

2. 合理地减少网络阻抗

因为电压偏移是负荷电流流经网络阻抗产生的电压损失造成的，所以适当减小网络阻抗可降低电压损失，也将会改善电压偏移范围。减小网络阻抗的方法有尽量缩短线路长度、适当加大导线截面或用电缆线路代替架空线路等方法。

3. 改变配电系统的运行方式

根据负荷变化情况，可将联络线路切除或合入、将变压器分段或并列运行等，以改变配电网络的阻抗，调整电压偏移。例如，在负荷小时可切除一台变压器或分段运行，以增大网络阻抗；在负荷大时，则可将变压器并列运行，以减小网络阻抗。

4. 按电压和负荷变化调整无功功率

1）调整并联补偿电容器组的接入容量

在电网电压过高时，往往也是电力用户负荷较低、功率因数偏高的时候，因而适时地减少电容器组的接入容量，适当增大网络电压损失，可同时起到合理补偿无功功率和调整电压水平的作用。对于采用低压补偿电容器组的场合，调压效果就更为显著。如果采用按电压或功率因数自动调整电容器组接入容量的装置，将会更有效地调整电压水平。

在投入电容器后，线路和变压器电压损失减少值，可分别由以下二式估算。

线路电压损失减少值

$$\Delta u_l \approx \Delta Q_C \frac{X_l}{1\,000 U_{\mathrm{n}}} \times 100\% \tag{3-29}$$

变压器电压损失减少值

$$\Delta u_b \approx \Delta Q_C \frac{(U_{\mathrm{d}}\%)}{S_{bn}}\% \tag{3-30}$$

式中 ΔQ_C——补偿电容器组的投入容量(kvar)；

X_l——线路电抗(Ω)；

U_{n}——网络额定电压(kV)；

$U_{\mathrm{d}}\%$——变压器的阻抗电压(%)；

S_{bn}——变压器额定容量(kVA)。

表3-8给出投入电容器容量与电压损失的关系。

2）调整同步电动机励磁电流

在有大型同步电动机的工厂，可利用调节同步机励磁电流达到改变网络功率因数和调整电压偏移的目的。例如，适当的增大励磁电流，使其过激运行，相当于无功功率发电机，可送出无功功率；反之，减少励磁电流，使其欠励运行则同步电动机又变为无功功率的用户，消耗无功功率。

表 3-8　投入电容器后电压损失减少的数据(参考值)

供电元件	变压器容量(kVA)					每公里架空线线路电压(kV)			每公里电缆线路电压(kV)		
	315	500	630	800	1 000	0.38	6	10	0.38	6	10
投入 100 kvar 电容器后电压提高值(%)	1.27	0.8	0.71	0.56	0.45	28	1.1	0.4	5.5	0.022	0.008
电压提高 1% 需投入电容器容量(*kvar*)	79	125	140	178	222	3.6	900	2 500	18	4 500	12 500

5. 采用有载调压变压器

在采用上述措施仍不能保证电压偏移在允许范围内,或为使技术经济比较合理时,可采用带有载调压分接头开关的配电变压器或线路调压器。

思　考　题

1. 何谓变、配电所的一次接线、二次接线？对电气主接线有哪些要求？

2. 何谓变压器过负荷能力？在实际运行中短时间内为什么允许变压器的负荷大于额定容量？

3. 什么叫“1%规则”,变压器过负荷能力有何限制条件？

4. 变电所有哪几种基本接线形式？请画图说明,并比较其优缺点。

5. 何谓“倒闸操作”？在操作过程中应注意哪些问题？为什么在停电时应先拉负荷侧隔离开关？

6. 内桥接线和外桥接线有何区别？各适用在什么场合？

7. 高压配电网络有哪几种配电方式？各适用在何种工作场所？

8. 试述电压偏移、电压波动、电压降落和电压损失的定义和产生的原因。

9. 试推导带有集中负荷线路,电压损失的计算公式。

10. 试分析变压器电压损失计算公式中各量的意义及单位。

习　　题

3-1　某一降压变电所有两回 35 kV 电源进线和 6 回 10 kV 出线,拟采用两台双绕组变压器,低压采用单母线分段接线,请你分别画出当高压采用内桥接线或单母线分段接线时,降压变电所的电气接线单线图。

3-2　某变电所装有一台 S9-500 变压器,该车间的平均日负荷系数为 0.7,日最大负荷持续时间为 6 小时,夏季日最大负荷为 450 kW,请问冬季时,该变压器的过负荷能力为多少？

3-3　某 10 kV 线路接有两个用户,在距电源(O 点)10 km 的 A 点处负荷功率 $P_{jS}=100$ kW,$\cos\varphi=0.85$,在距电源 20 km 的 B 点处负荷功率为 $P_{jS}=150$ kW,$Q_{jS}=120$ kvar,试求 OB、BA 段和 OA 段线路的电压损失？(线路 $r_0=0.46\ \Omega/\text{km}$,$x_0=0.358\ \Omega/\text{km}$)

3-4　用例 3-3 所给数据,试求 B 厂 380 V 线路末端的电压偏移,并绘出端电压偏移曲线。

第 4 章　短路电流及其效应的计算

要点　本章主要介绍电力系统短路故障的基本概念及其计算方法。短路电流计算是电力系统运行设计的前提条件,应切实掌握。

4-1　短路类型及其发生的原因和危害

安全可靠地供电是电力系统正常运行的重要任务。而正常运行的破坏绝大多数是由短路故障引起的。

电力系统根据中性点接地与否分为电力系统中性点不接地系统及中性点接地系统。电力系统正常运行时,相与相之间和在中性点接地系统中相与地之间都是通过负荷连接的。所谓短路,是指相与相和相与地之间不通过负荷而发生的直接连接故障。因此短路可分为三相短路、两相短路、两相接地短路(两相短路后又与地连接)和单相接地短路(或简称单相短路)。

三相短路又称对称短路,其他三种短路又称不对称短路。在电力系统中性点接地系统中上述四种短路都有可能发生。中性点不接地系统中的单相接地短路叫做“轻短路”,此时电力系统的线电压没有变化,仍可短时间继续运行。

表 4-1 列出了上述四种短路的示意图及代表符号。

短路发生的主要原因是电力系统中电气设备载流部分绝缘损坏。引起绝缘损坏的原因有操作过电压、雷击过电压、暴风雨、绝缘材料老化、设备维护不周以及由于机械力引起的损伤等。

工作人员不遵守合理的操作规程而发生错误操作;鸟兽跨越在不同相的裸露载流导体上时均能引起短路。

电力系统发生短路故障时,系统的总阻抗减少,短路点及其附近各支路的电流较正常运行时增大;系统中各点的电压降低,离短路点越近电压降低越严重。三相短路时,短路点的电压可降到零。因此可招致下列严重危害。

(1) 元件发热。热量与电流平方成正比,所以强大的短路电流将引起电机、电器及载流导体的发热。由于短路电流很大,即使流过的时间很短也会使这些元件引起不能允许的过热,而招致损坏。

(2) 短路电流引起很大的机械应力。电流流过导体时产生的机械应力与电流的平方成正比。在短路刚发生后,电流达到最大值(即所谓冲击电流),这时机械应力最大。如果导体和它的固定支架不够坚韧,可能遭到破坏。

(3) 破坏电气设备的正常运行。短路时电压降低可使受电器的正常工作受到破坏。例如感应电动机的转矩与外加的电压平方成正比,当电压降低很多时,转矩可能不足以带动机械工作,而使电动机停转。

表 4-1 短路类型、示意图及代表符号

短路类型	示意图	代表符号
三相短路	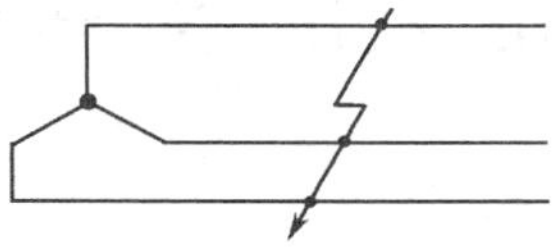	$d^{(3)}$
两相短路	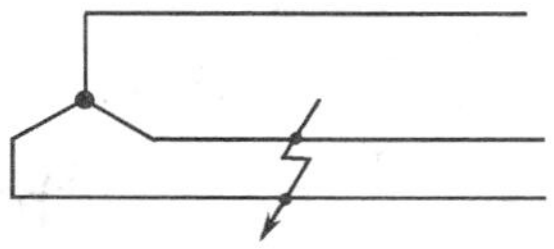	$d^{(2)}$
两相接地短路	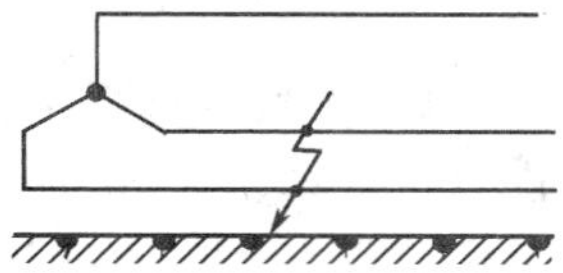	$d^{(1.1)}$
单相短路	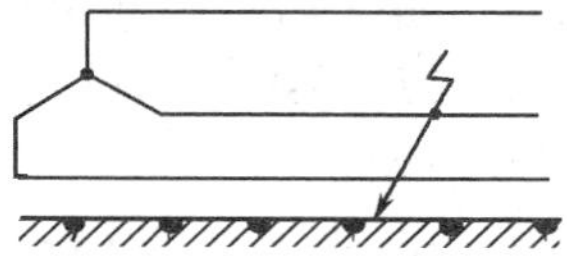	$d^{(1)}$

(4) 破坏系统稳定。严重的短路必将影响电力系统运行的稳定性。它可使并列运行的发电机组失步,造成与系统解列。

(5) 干扰通信系统。接地短路对于与高压输电线路平行架设的通信线路可产生严重的电磁干扰。

由此可见,短路的危害非常严重。为了安全可靠供电,在主接线图的确定、电气设备的选择校验、继电保护的整定计算等方面,都需计算短路电流。

4-2 三相短路过程的简化分析

电力系统三相短路是最严重的短路故障,对三相短路的分析计算又是其他短路分析计算的基础。

为了简化分析,假设短路发生在一个无限大容量电源的供电系统中。通常所说的无限大容量电源指它的端电压为恒定值并且内阻抗为零。实际上,无论电力系统容量多大,它的电源总有一个确定的容量,并且有一定的内阻抗。但当短路点离电源的电气距离足够远时,虽然短路支路中电流增大、电压降低,而这些变化并不能显著地引起电源电压的变化,因而可认为电源电压为恒定值。供电系统发生短路时,通常都是这种情况。

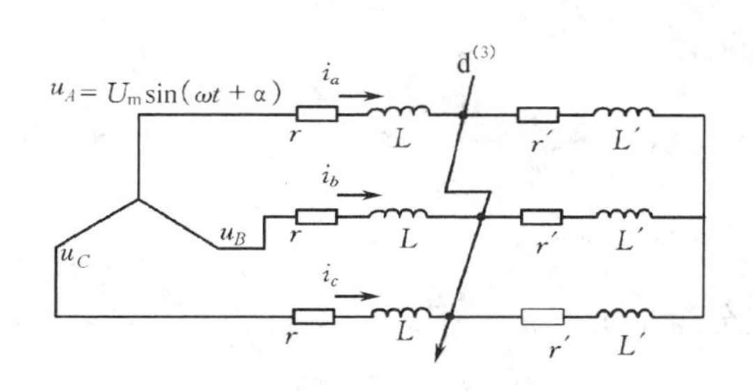

图 4-1　简单电路的三相短路

图 4-1 表示简单的三相电路,并假设在 d 点发生三相短路。此时电路被分为两个独立的回路。其中一个回路仍与电源相连接,而另一个则变为被短接的无源回路。此无源回路中的电流由原来的数值不断地衰减,一直到磁场中所储藏的能量全部变为该回路中电阻所消耗的热能为止。这个过程很短暂我们不予讨论。需要深入研究的是与电源相连接的回路的变化过程及数量关系。

由于三相短路是对称短路,可取一相进行分析,以 A 相为例。

设电源电压为

$$u=U_m\sin(\omega t+\alpha) \tag{4-1}$$

式中　u——A(或 B 或 C)相电压的瞬时值;

α——电压的初相角;

U_m——电压的幅值。

上述电路只含有电阻、电抗。当发生三相突然短路时,由于阻抗的减少,电流的变化应符合下列微分方程

$$u=ir+L\frac{di}{dt} \tag{4-2}$$

式中　i——相电流瞬时值;

r——由电源至短路点的电阻;

L——由电源至短路点的电感。

式(4-2)的解为

$$i=\frac{U_m}{Z}\sin(\omega t+\alpha-\varphi_d)+C\mathrm{e}^{-\frac{t}{T_{fi}}} \tag{4-3}$$

式中　Z——由电源至短路点的阻抗 $Z=\sqrt{r^2+(\omega L)^2}$;

φ_d——短路电流与电压之间的相位差角,$\varphi_d=\arctan\frac{\omega L}{r}$;

T_{fi}——非周期分量电流衰减时间常数;

C——常数,其值由初始条件决定。

设$\frac{U_m}{Z}=I_{zm}$,则式(4-3)可写成

$$i=I_{zm}\sin(\omega t+\alpha-\varphi_d)+C\mathrm{e}^{-\frac{t}{T_{fi}}} \tag{4-4}$$

式中　I_{zm}——周期分量电流的幅值。

当短路发生的瞬间 $t=0$ s 时,上式变为

$$i_0=I_{zm}\sin(\alpha-\varphi_d)+C \tag{4-5}$$

设短路发生前瞬间的负荷电流瞬时值 $i_{|0|}$ 为

$$i_{|0|}=I_m\sin(\alpha-\varphi) \tag{4-6}$$

根据楞次(磁链守恒)定律,短路前瞬间的电流 $i_{|0|}$ 与短路发生瞬间的电流 i_0 应相等,则

$$I_m \sin(\alpha-\varphi)=I_{zm}\sin(\alpha-\varphi_d)+C$$

则

$$C=I_m\sin(\alpha-\varphi)-I_{zm}\sin(\alpha-\varphi_d)=i_{fi} \tag{4-7}$$

式中 i_{fi}——非周期分量电流的初始值；

φ——短路前电流与电压之间的相位差角。

短路电流的全电流由周期分量电流和非周期分量电流组成。把式(4-7)代入式(4-4)，即得短路全电流瞬时值表示式

$$i=I_{zm}\sin(\omega t+\alpha-\varphi_d)+i_{fi}e^{-\frac{t}{T_{fi}}} \tag{4-8}$$

式中右边第一部分为周期分量电流瞬时值。当电源电压恒定时，幅值 I_{zm} 亦恒定，瞬时值按正弦函数呈周期性变化。右边第二部分为短路非周期分量电流，按指数函数衰减，衰减速度由衰减时间常数 T_{fi} 值决定。

上述各量之间的关系可用图 4-2 中的相量图(a)及短路电流的波形图(b)表示。图中只绘出 A 相各量之间的关系。

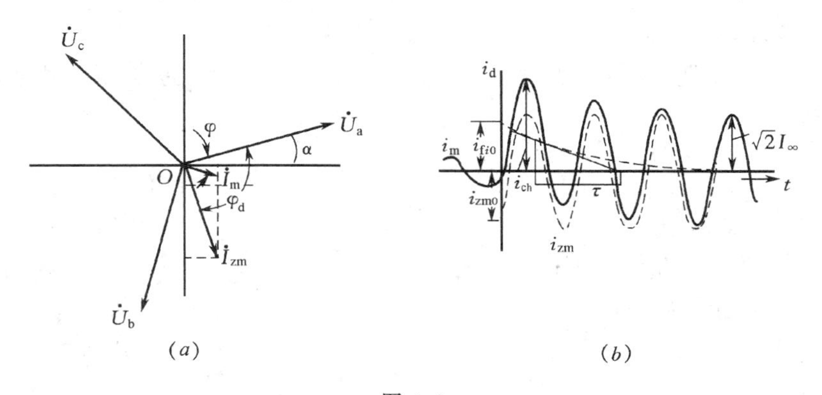

图 4-2

(a)三相短路时短路电流相量图；(b)波形图

一、短路全电流的最大瞬时值——冲击电流

电气设备所受到的最大电动力与短路全电流可能出现的最大瞬时值(即冲击电流)有关。它是校验电气设备动稳定必须计算的数据。

短路全电流最大瞬时值出现的条件，在电源电压恒定的情况下，必须使非周期分量电流的初始值为最大。其必备的两个条件是：

(1) 短路前为空载，即负荷电流为零，此时由式(4-7)可得到

$$i_{fi}=-I_{zm}\sin(\alpha-\varphi_d) \tag{4-9}$$

(2) 电力系统发生三相短路后负荷已被短接，一般情况下，电抗比电阻大得多，此时

$$\varphi_d=\arctan\frac{\omega L}{r}\approx 90^\circ$$

在这种条件，如果电压的初相角 $\alpha=0$，则由式(4-9)可得

$$i_{fi0}=-I_{zm0} \tag{4-10}$$

在上述条件下，图 4-2 的相量图及波形图变为图 4-3 之形式。

由图中可看出，短路全电流最大值在短路后半个周期即 0.01 秒时出现。令 $t=0.01$ s，并令此时的全电流称为冲击电流 i_{ch}则

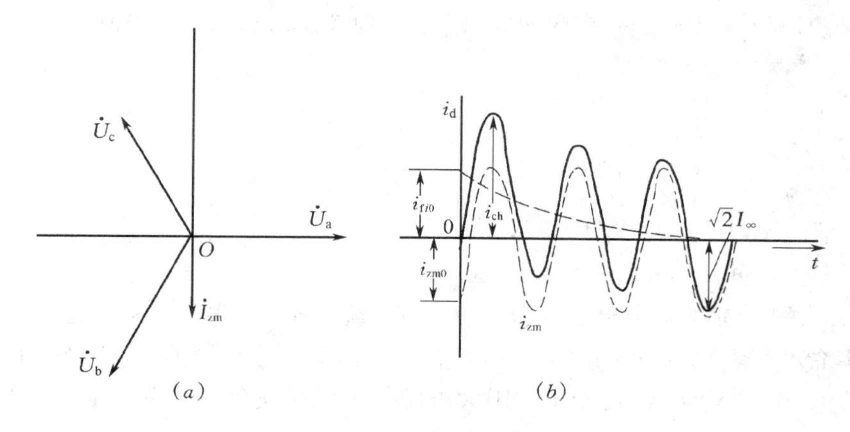

图 4-3

(a)短路全电流为最大瞬时值的相量图；(b)波形图

$$i_{ch}=I_{zm}+i_{fi}e^{-\frac{0.01}{T_{fi}}}=I_{zm}(1+e^{-\frac{0.01}{T_{fi}}}) \tag{4-11}$$

令冲击系数为 K_{ch}，则

$$K_{ch}=(1+e^{-\frac{0.01}{T_{fi}}}) \tag{4-12}$$

式中 $T_{fi}=\dfrac{L}{r}$是非周期分量电流的衰减时间常数。T_{fi}可由 0（$L=0$ 时）变化到无限大（$r=0$ 时）。此时 K_{ch}的变化范围为

$$1<K_{ch}<2$$

它表示冲击电流与短路电流周期分量幅值之比。

把 K_{ch}代入式(4-11)，可得冲击电流

$$i_{ch}=K_{ch}I_{zm}=\sqrt{2}K_{ch}I_z \tag{4-13}$$

式中　I_z——短路电流周期分量有效值。

计算短路电流首先就是计算其周期分量的有效值，然后再根据此值计算出其他值。

在一般高压电力系统中 $T_{fi}=0.05$ s，由式(4-12)可得

$$K_{ch}=1+e^{-\frac{0.01}{0.05}}=1.8$$

则冲击电流为

$$i_{ch}=\sqrt{2}\times1.8I_z=2.55I_z$$

在低压供电系统中由于电阻较大，K_{ch}一般可取 1.3。此时冲击电流为

$$i_{ch}=\sqrt{2}\times1.3I_z=1.84I_z$$

如果已知由电源到短路点的电阻和电抗值，必要时可先求出 T_{fi}值，再利用式(4-12)计算出 K_{ch}值。

二、短路全电流的有效值

如前所述,短路全电流由周期分量和非周期分量电流合成。任一时间短路全电流的有效值 I_t 是指以该时间 t 为中心的一个周期内两个分量电流瞬时值的均方根值,即

$$I_t=\sqrt{\frac{1}{T}\int_{t-T/2}^{t+T/2} i_t^2 \mathrm{d}t}=\sqrt{\frac{1}{T}\int_{t-T/2}^{t+T/2}(i_{zt}+i_{ft})^2\mathrm{d}t} \tag{4-14}$$

式中 I_t——任一时间 t 短路全电流有效值;

i_t——任一时间 t 短路全电流瞬时值;

i_{zt}和i_{ft}——分别为周期分量和非周期分量电流在任一时间 t 的瞬时值。

为使计算简化,假设短路电流的两个分量在计算所取的一个周期内是恒定的。即假定周期分量电流的幅值 I_{zm}为常数(对于由无限大电源供电的系统就是如此);假定非周期分量的数值在所取周期内恒定不变,等于它在该周期中点的瞬时值,即

$$I_{ft}=i_{ft}$$

则短路全电流的有效值可写为

$$I_t=\sqrt{I_{zt}^2+I_{ft}^2}$$

式中 I_{zt}——时间 t 时周期分量电流有效值。

在校验电气设备时,例如校验断路器的切断容量等,需要计算短路全电流的有效值。而短路全电流的最大有效值亦出现在短路后的 0.01 s。即冲击电流的有效值为短路全电流的最大有效值,用 I_{ch}表示。

由式(4-11)及式(4-12)知

$$i_{ft}=I_{zm}e^{-\frac{0.01}{T_{fi}}}=\sqrt{2}I_z(K_{ch}-1) \tag{4-15}$$

则短路全电流的最大有效值为

$$I_{ch}=\sqrt{I_z^2+[\sqrt{2}I_z(K_{ch}-1)]^2}=I_z\sqrt{1+2(K_{ch}-1)^2} \tag{4-16}$$

因为 $1<K_{ch}<2$,则有 $1<(I_{ch}/I_z)<\sqrt{3}$。

当 $K_{ch}=1.8$ 时,$I_{ch}=1.52I_z$;当 $K_{ch}=1.3$ 时,$I_{ch}=1.09I_z$。

在短路计算中,有时还需要计算任一瞬间短路电流数值。由无限大电源供电的系统,电压幅值不变,因此任何时间周期分量电流的幅值和有效值是不变的,即周期分量电流的初始值($t=0$ s)和稳态值($t=\infty$ s)相等。任何时间的非周期分量电流可参照式(4-15)求出。

4-3 标幺值和电气元件阻抗标幺值的计算

电力系统通常具有多个电压等级。用有名值计算短路电流时,必须将有关参数折合到同一电压级才能进行计算,比较麻烦。同时,电力系统中各元件的电抗表示方法不统一,基值也不一样。为此,在短路电流实用计算中采用标幺值可减轻计算量并便于比较分析。

一、标幺值的定义

$$某量的标幺值=\frac{该量的实际值}{该量的基准值}$$

用符号 A_* 表示某量 A 的标幺值，则

$$A_*=\frac{A}{A_j} \tag{4-17}$$

式中 A——有名值；

A_j——任意选定的基准值，与 A 同单位。

有名值为 360 V 及 400 V 的电压值，若选定电压基准值 $U_j=400$ V 时，则标幺值 U_* 分别为 0.9 及 1.0。

二、基准值的选择

应用标幺值计算时，首先需要选定基准值，然后将网络中各电气元件的同一类参数，都换算成所选定的基准值为基准的标幺值。那么，如何选择基准值呢？

在短路计算中经常用到的四个物理量是容量 S(或 P)、电压 U、电流 I 及电抗 X(或阻抗 Z、电阻 R)。在三相交流系统中，他们之间有下列关系

$$S=\sqrt{3}UI$$

$$U=\sqrt{3}IX$$

基准值之间也必须符合上述关系。所以当任意选定两个量的基准值之后，其余的两个量也就确定了。在计算中通常先选定基准容量 S_j 和基准电压 U_j，则基准电流 I_j 和基准电抗 X_j 分别为

$$I_j=\frac{S_j}{\sqrt{3}U_j} \tag{4-18}$$

$$X_j=\frac{U_j}{\sqrt{3}I_j}=\frac{U_j^2}{S_j} \tag{4-19}$$

当基准值按上述方法选定后，短路计算中经常遇到的四个物理量的标幺值，可按下列各式求出：

$$S_{*j}=\frac{S}{S_j} \tag{4-20}$$

$$U_{*j}=\frac{U}{U_j} \tag{4-21}$$

$$I_{*j}=\frac{I}{I_j}=I\frac{\sqrt{3}U_j}{S_j} \tag{4-22}$$

$$X_{*j}=\frac{X}{X_j}=X\frac{\sqrt{3}I_j}{U_j}=X\frac{S_j}{U_j^2} \tag{4-23}$$

式中 S_{*j}、U_{*j}、I_{*j}、X_{*j}——分别代表该量在选定基准值条件下的标幺值。有时为了简化，下角标中的 j 可不标出。

为了计算方便，基准容量 S_j 可选择某一元件(例如发电机或变压器)的额定容量或某个整

数(例如 100 MVA 或 1 000 MVA)作为基准容量。基准电压常选择网络中某电压级的平均电压作为基准电压,又叫计算电压。表 4-2 列出了电力系统各电压级的平均电压。

表 4-2　电力系统的平均电压

额定电压(kV)	220	110	35	10	6	3	0.38	0.22
平均电压(kV)	230	115	37	10.5	6.3	3.15	0.4	0.23

三、电气元件电抗标幺值的计算

根据标幺值定义:$A_* = A/A_j$。此式中 A 的单位用有名值表示。在短路计算中首先需要计算出各电气元件的电抗标幺值。而实际电力系统中各电气元件的电抗表示法并不统一,如何将它们换算成用统一的基准值表示的标幺值呢?下面分别叙述。

假定容量和电压的基准值已选定为 S_j 和 U_j,则对不同的电气元件计算如下。

1）发电机

厂家给出的参数是额定容量 S_n、额定电压 U_n 和以 S_n、U_n 为基准值的电抗标幺值 X_{*n}。现讨论如何把此标幺值的电抗 X_{*n}换算成以 S_j、U_j 为基准值的标幺值。

厂家也是根据标幺值定义求出电抗标幺值的,即

$$X_{*n} = X_{F*n} = X_F \frac{S_n}{U_n^2}$$

其有名值为

$$X_F = X_{F*n} \frac{U_n^2}{S_n}$$

换算成以 S_j 和 U_j 为基准值的标幺值为

$$X_{F*} = \frac{X_F}{X_j} = X_{F*n} \frac{U_n^2}{S_n} \frac{S_j}{U_j^2} \tag{4-24}$$

2）变压器

给出的参数是 S_n、U_n 和短路电压百分数 $U_d\%$。忽略变压器的电阻,认为 $U_d\% \approx X\%$。则变压器的电抗有名值为

$$X_B = \frac{U_d\%}{100} \frac{U_n^2}{S_n}$$

换算成以 S_j、U_j 为基准值的标幺值为

$$X_{B*} = \frac{U_d\%}{100} \frac{U_n^2}{S_n} \frac{S_j}{U_j^2} \tag{4-25}$$

3）电抗器

给出的参数是额定电压 U_n、线电流 I_n 和百分电抗 $X_k\%$。其百分电抗是按下式求出的:

$$X_k\% = X_k \frac{I_n}{U_\phi} 100 = X_k \frac{\sqrt{3} I_n}{U_n} 100$$

式中　U_ϕ——电抗器所在电网的相电压。

因此有名值为

$$X_k = \frac{X_k\%}{100} \frac{U_n}{\sqrt{3} I_n}$$

以 S_j、U_j 为基准值的标幺值为

$$X_{k*}=\frac{X_k}{X_j}=\frac{X_k\%}{100}\frac{U_n}{\sqrt{3}I_n}\frac{S_j}{U_j^2}$$

$$=\frac{X_k\%}{100}\frac{U_n}{\sqrt{3}I_n}\frac{\sqrt{3}U_jI_j}{U_j^2}$$

$$=\frac{X_k\%}{100}\frac{U_n}{I_n}\frac{I_j}{U_j} \tag{4-26}$$

在前面讨论基准值选择时，常选择平均电压作为基准电压，而各电压级的平均电压与额定电压又近似相等，所以上述三个公式(4-24)、式(4-25)、式(4-26)在实用计算中又可进一步简化。对于发电机、变压器、电抗器分别可用下列三式求其标幺值：

$$X_{F*}=X_{*n}\frac{S_j}{S_n} \tag{4-27}$$

$$X_{B*}=\frac{U_d\%}{100}\frac{S_j}{S_n} \tag{4-28}$$

$$X_{k*}=\frac{X_k\%}{100}\frac{I_j}{I_n} \tag{4-29}$$

表 4-3　常用设备电抗换算公式[①]

设备名称	厂家所给参数	有名值(Ω)	标幺值(以 S_j、U_j 为基值)
发电机	X_{F*n}(标幺值)	$X_F=\frac{U_n^2}{S_n}X_{F\cdot n}$	$X_{F*}=\frac{X_F}{X_j}\approx X_{F\cdot n}\times\frac{S_j}{S_n}$
变压器	$X_B(\%)=U_d(\%)$	$X_B=\frac{U_d(\%)}{100}\frac{U_n^2}{S_n}$	$X_{B*}=\frac{X_B}{X_j}\approx\frac{U_d(\%)}{100}\frac{S_j}{S_n}$
电抗器	$X_k(\%)$	$X_k=\frac{X_k(\%)}{100}\frac{U_n}{\sqrt{3}I_n}$	$X_{k*}=\frac{X_k}{X_j}\approx\frac{X_k(\%)}{100}\frac{I_nU_n}{I_jU_j}$
线路	X_0(Ω/km) l(km)	$X_l=X_0l$	$X_{l*}=\frac{X_l}{X_j}=X_0l\frac{S_j}{U_j^2}$
系统电抗	已知系统短路容量 S		$X_{c*}=\frac{S_j}{S}$
	与系统连接的断路器开断容量 S_{kd}		$X_{c*}=\frac{S_j}{S_{kd}}$
从基值 S_{b1} 换算到基值 S_{b2}	X_{j1*}		$X_{j2}=X_{j1*}\frac{S_{j2}}{S_{j1}}$

①表内各代号有名值的单位有 $X(\Omega)$、$U(kV)$、$I(kA)$、$S(MVA)$、$l(km)$；

4）架空线和电缆

给出的参数是每公里电抗有名值(Ω/km)。对于长度为 l 公里的输电线路，电抗有名值为

$$X_l=X_0l$$

标幺值为

$$X_{l*}=\frac{X_l}{X_j}=X_0l\frac{S_j}{U_j^2} \tag{4-30}$$

常用设备电抗换算公式列于表 4-3。

四、不同电压等级电抗标幺值的关系

在实际电力系统中，电压等级是不同的，它们之间通过变压器联接。计算短路电流时，需

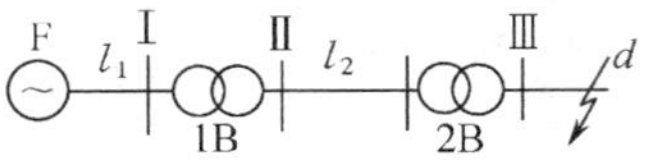

图 4-4　不同电压级的电力网络

要求出短路点与电源之间的总电抗。为此，应该把不同电压等级的电抗归算到短路点所在的电压级，化成该电压级的标幺值。但是用标幺值进行计算时有一个重要的特点：即在取各电压级的平均电压作为该级的基准电压的条件下，求出的电抗标幺值在不同的电压级是相等的。现用图 4-4 所示的具有三个电压级的网络证明之。

假设电源为无限大容量系统。选定基准容量为 S_j。取各电压级的平均电压 U_{pj} 作为各级的基准电压。则Ⅰ段的基准电压为 U_{pj1}；Ⅱ段为 U_{pj2}；Ⅲ段为 U_{pj3}。已知Ⅰ段内的线路 l_1 的电抗有名值 $X_1 = X_0 l_1$。

电抗 X_1 在第Ⅰ段的标幺值为

$$X_{1*} = X_1 \frac{S_j}{U_{pj1}^2} \tag{4-31}$$

设在第Ⅲ段 d 点发生短路，应该求出 X_1 在第Ⅲ段的标幺值。X_1 折合到第Ⅲ段的有名值为

$$X_{1-3} = X_1 K_1^2 K_2^2 = X_1 \left(\frac{U_{pj2}}{U_{pj1}}\right)^2 \left(\frac{U_{pj3}}{U_{pj2}}\right)^2 = X_1 \left(\frac{U_{pj3}}{U_{pj1}}\right)^2$$

X_1 折到第Ⅲ段的标幺值为

$$X_{(1-3)*} = \frac{X_{1-3}}{X_{j3}} = X_1 \left(\frac{U_{pj3}}{U_{pj1}}\right)^2 \left(\frac{S_j}{U_{pj3}^2}\right) = X_1 \frac{S_j}{U_{pj1}^2} \tag{4-32}$$

比较式(4-31)和式(4-32)，可知 X_1 在第Ⅰ段的标幺值 X_{1*} 与折合到第Ⅲ段的标幺值 $X_{(1-3)*}$ 相等。因此，在采用标幺值进行计算时，无论在哪个电压级发生短路，只要用电抗所在电压级的平均电压作为基准电压求出标幺值就不必再折算了。上述的相等关系对电压、电流等也同样适用。即任何一个以标幺值表示的量，经变压器变换后数值不变。但应该指出，标幺值相等并不表示实际的有名值也相等。

例 4-1　系统接线如图 4-5(a)所示。求在 d 点发生三相短路时各元件的电抗标幺值。

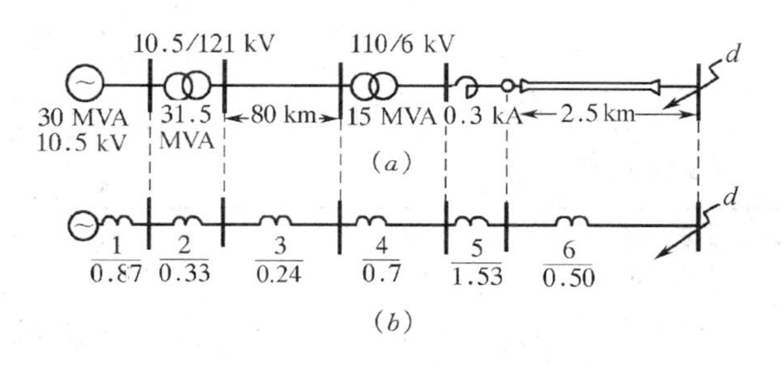

图 4-5

(a)系统接线图；(b)等值电抗图

已知发电机的 $X''_d = 0.26$，两台变压器的短路电压百分数相等 $U_d\% = 10.5$，输电线路的 $X_0 = 0.4\ \Omega/\text{km}$，电抗器的 $X_k\% = 5\%$，电缆线路 $X_0 = 0.08\ \Omega/\text{km}$。

解：选基准值：令 $S_j = 100$ MVA。各段的基准电压 U_j 取其平均电压 U_{Pj}，即令 $U_j = U_{Pj}$。则 $U_{j1} = 10.5$ kV，$U_{j2} = 115$ kV，$U_{j3} = 6.3$ kV。

计算各元件的电抗标幺值：

由式(4-27)得发电机的电抗标幺值

$$X_{1*} = 0.26 \times \frac{100}{30} = 0.87$$

由式(4-28)得变压器 1 的电抗标幺值

$$X_{2*}=\frac{10.5}{100}\times\frac{100}{31.5}=0.33$$

由式(4-30)得输电线的电抗标幺值

$$X_{3*}=0.4\times80\times\frac{100}{115^2}=0.24$$

由式(4-28)得变压器 2 的电抗标幺值

$$X_{4*}=\frac{10.5}{100}\times\frac{100}{15}=0.7$$

已知线电流 $I_n=0.3$ kA,基准电流 I_j 可求出:$I_{j3}=S_j/\sqrt{3}U_{j3}=100/\sqrt{3}\times6.3=9.2$ kA。利用式(4-29)得电抗器的电抗标幺值

$$X_{5*}=\frac{5}{100}\times\frac{9.2}{0.3}=1.53$$

由式(4-30)得电缆的电抗标幺值

$$X_{6*}=0.08\times2.5\frac{100}{6.3^2}=0.50$$

总的电抗标幺值为

$$X_{\Sigma*}=0.87+0.33+0.24+0.7+1.53+0.5$$
$$=4.17$$

在计算时把电抗依次编号并列成如图 4-5(b)之等值网络图,以便于对照分析计算结果是否正确,尤其是在元件较多的复杂系统更应该如此。

例 4-2 求例 4-1 中输电线的电抗由所在的 115 kV 电压级折算到 6.3 kV 电压级的标幺值。

解:仍取与例 4-1 相同的基准值,令 $S_j=100$ MVA;U_j 分别等于 115 kV 及 6.3 kV。由上题已知输电线电抗的有名值 $X=0.4\times80=32$ Ω。把此有名值折算到 6.3 kV 电压级,则

$$X=32\times\frac{6.3^2}{115^2}(\Omega)$$

其在 6.3 kV 电压级的标幺值为

$$X_*=\frac{X}{X_j}=32\times\frac{6.3^2}{115^2}\times\frac{100}{6.3^2}=0.24$$

与例 4-1 对比,知在各级使用平均电压时,此输电线电抗的标幺值在 115 kV 电压级与 6.3 kV 电压级是相等的。

4-4 无限大容量系统三相短路电流计算

一、概述

如前述,无限大容量系统是指电源电压恒定且内阻抗为零的系统。供电系统的电源一般都是从电力系统引入的,在其低压侧短路时,因为系统外阻抗很大,它由各级输、供电线路阻抗和各级变压器阻抗组成,电源阻抗相对很小,可忽略,故可以近似认为电源的高压侧电压恒定,

即满足无限大容量系统的条件。有了这一假设，在计算短路电流周期分量时便可简化，即在整个短路过程中将它的有效值和幅值视为不变。可用下式表示

$$I'' = I_0 = I_{0.2} = I_\infty = I_z$$

式中 I''——次暂态电流，即 0 s 时的周期分量电流。

下标 0、0.2、∞等表示短路后不同的时间。I_∞表示稳态电流，此电流是电路中非周期分量电流衰减完毕后的电流。

在高压系统，一般情况下 $r < x/3$，故可忽略电阻；在低压系统中，如果 $r > x/3$ 则需考虑并计算电阻，并进而求出阻抗值。关于电阻及阻抗的标幺值求法与电抗完全相同。

二、利用标幺值进行计算

根据标幺值定义，无限大容量电力系统三相短路周期分量电流的标幺值按下式计算

$$I_{z*}^{(3)} = \frac{I_z^{(3)}}{I_j} \tag{4-33}$$

式中 $I_{z*}^{(3)}$——三相短路电流周期分量的标幺值，上角标(3) 表示三相短路，有时也写成 $I_{d*}^{(3)}$ 或忽略上角标写成 I_{z*} 或 I_{d*}；

$I_z^{(3)}$——三相短路电流周期分量有效值的有名值，单位为 kA 或 A。

又

$$I_z^{(3)} = \frac{U_{Pj}}{\sqrt{3}X_\Sigma}$$

$$I_j = \frac{S_j}{\sqrt{3}U_{Pj}}$$

和由前知

$$X_\Sigma = X_{\Sigma*} X_j = X_{\Sigma*} \frac{U_{Pj}^2}{S_j}$$

式中 U_{Pj}——短路点所在电压级的平均电压；

X_Σ、$X_{\Sigma*}$——由电源至短路点总电抗的有名值及标幺值。

把上述的关系式代入式(4-33)，经运算得

$$I_{z*} = \frac{1}{X_{\Sigma*}} \tag{4-34}$$

由此公式得出一个重要的结论：在用标幺值计算时，短路电流周期分量有效值的标幺值，等于由电源到短路点总电抗标幺值的倒数。

利用式(4-34)求出 I_{z*} 后再乘以短路点那一级的基准电流 I_j，就得出有名值 I_z。

例 4-3 如例 4-1 之系统，求在 d 点发生三相短路时，d 点的短路电流周期分量有效值的有名值（以后简称短路电流）。

解：在例 4-1 中已求出总的电抗标幺值为 $X_{\Sigma*} = 4.17$，则短路电流的标幺值为

$$I_{z*} = \frac{1}{4.17} = 0.24$$

基准电流

$$I_j=\frac{100}{\sqrt{3}\times 6.3}=9.17\ \text{kA}$$

则有名值

$$I_z=0.24\times 9.175=2.2\ \text{kA}$$

本例中如若求其他电压级的短路电流，如发电机出口处10.5 kV级的短路电流，只需用已求出的电流标幺值 I_{z*} 乘以该电压级的基准电流 I_j 即可，即

$$I_z=0.24\times\frac{100}{\sqrt{3}\times 10.5}=1.32\ \text{kA}$$

应该指出，求电源到短路点的总电抗时，必须是电源与短路点直接相连的电抗，中间不经过公共电抗。前面的例题属于这种情况。当网络比较复杂时，就需要进行网络化简，求出电源至短路点直接相连的电抗。如图4-6(a)之接线，需化简为图4-6(b)之形式。关于网络化简的方法，常用的有串、并联及星-三角变换等。再复杂一些的网络化简方法，可参看有关设计手册。

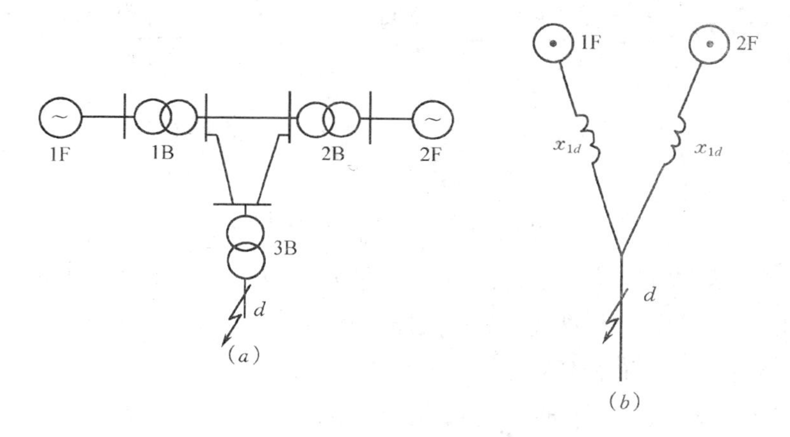

图4-6

(a)系统接线图；(b)等值电抗图

三、利用短路容量计算短路电流

在供电系统短路计算时，电力部门通常给出由电源至某电压级的短路容量或以断路器的开断容量作为短路容量。此时应利用给出的短路容量算出等值电抗，然后再计算其他元件的电抗值，按前述的方法求出短路电流。

所谓短路容量可用下式给出定义，即

$$S_d=\sqrt{3}U_{Pj}I_d \tag{4-35}$$

式中 S_d——短路容量(MVA)；

U_{Pj}——短路点所在电压级平均电压(kV)；

I_d——短路电流(kA)。

又

$$S_d=\sqrt{3}U_{Pj}I_d=\sqrt{3}U_{Pj}\frac{I_j}{X_{\Sigma*}}=\frac{S_j}{X_{\Sigma*}}$$

$$S_d=\sqrt{3}U_{Pj}I_d=\sqrt{3}U_{Pj}\frac{U_{Pj}}{\sqrt{3}X_\Sigma}=\frac{U_{Pj}^2}{X_\Sigma}$$

由 S_d 得出电源至给出短路容量点的电抗标幺值和有名值分别为

$$X_{\Sigma *}=\frac{S_j}{S_d}=\frac{1}{S_{d*}} \tag{4-36}$$

$$X_\Sigma=\frac{U_{Pj}^2}{S_d} \tag{4-37}$$

例 4-4 设如图 4-7 之供电系统,试求 d_1、d_2 及 d_3 点之三相短路电流。

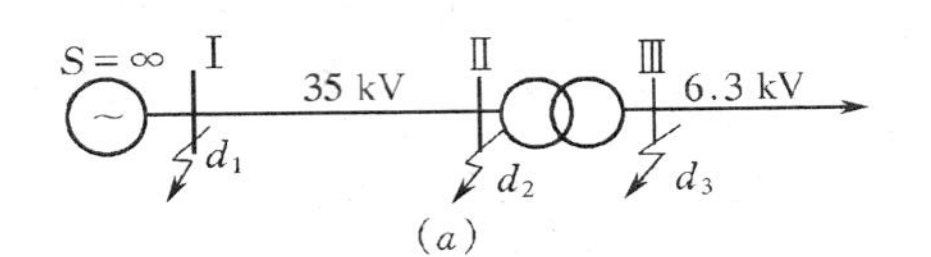

(a)

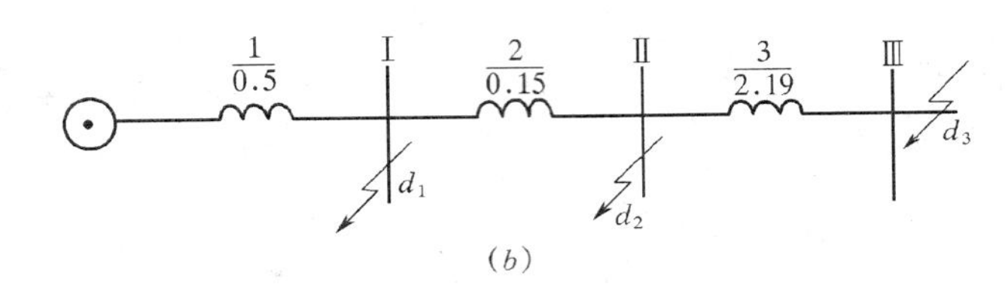

(b)

图 4-7

(a)供电系统图;(b)等值电抗图

已知条件:$U_{Pj1}=37$ kV,$U_{Pj2}=6.3$ kV。线路 $l=5$ km,$X_0=0.4$ Ω/km。变压器额定容量 $S_n=3\ 200$ kVA,$U_d\%=7$。母线Ⅰ处的短路容量 $S_d=200$ MVA。

解:设基准容量 $S_j=100$ MVA。

(1) 电源出口短路,d_1 的电抗标幺值,由式(4-36)得

$$X_{1*}=\frac{S_j}{S_d}=\frac{100}{200}=0.5$$

则 d_1 点短路电流的标幺值

$$I_{d*}=\frac{1}{0.5}=2$$

短路电流的有名值

$$I_d=I_{d*}\ I_j=2\times\frac{100}{\sqrt{3}\times37}=3.12\ \text{kA}$$

(2) d_2 点的短路电流

线路电抗标幺值

$$X_{2*}=0.4\times5\times\frac{100}{37^2}=0.15$$

电源至 d_2 点的总电抗标幺值

$$X_{(1+2)*}=0.5+0.15=0.65$$

d_2 点短路电流的标幺值及有名值分别为

$$I_{d*}=\frac{1}{0.65}=1.54$$

$$I_{d}=1.54\times\frac{100}{\sqrt{3}\times 37}=2.4\ \text{kA}$$

（3）d_3 点的短路电流

变压器的电抗标幺值

$$X_{3*}=\frac{7}{100}\times\frac{100}{3.2}=2.19$$

电源至 d_3 点的总电抗标幺值

$$X_{\Sigma x}=0.5+0.15+2.19=2.84$$

则 d_3 点短路电流的标幺值及有名值分别为

$$I_{d*}=\frac{1}{2.84}=0.35$$

$$I_{d}=0.35\times\frac{100}{\sqrt{3}\times 6.3}=3.21\ \text{kA}$$

四、异步电动机对短路电流的影响

在工厂供电系统中大量的负荷是异步电动机。正常运行时，电动机的反电势低于网络电压。当端部突然发生三相短路时，根据磁链守恒原理，在短路初瞬间转子的磁链应保持不变，定子绕组将产生不能突变的次暂态电势 E''_{D}。当其数值高于短路点电压时，将对短路点供出周期分量短路电流，与此同时也感生非周期分量电流。但此时由于电动机已失去电源，定子和转子电流都将很快地衰减，转速也将很快地下降，至终止运转。

因此，在同时满足下列三个条件的情况下，应当计算异步电动机供出的短路电流：① 电动机距短路点很近时(一般不超过 5 m)；② 异步电动机较大(高压电动机容量在 800 kW 或低压电动机容量在 20 kW 及其以上时)；③ 计算短路后 $t\leqslant 0.01$ s 的短路电流时，也就是在计算冲击电流时。

电动机供出的短路电流周期分量按下式计算

$$I_{dD}=\frac{E''_{D*}}{X''_{D*}}I_{nD}$$

$$X''_{D*}=\frac{1}{I_{qD*}}$$

式中　E''_{D*}——电动机次暂态电势标幺值，一般取 $E''_{D*}=0.9$；

I_{nD}——电动机额定电流，kA 或 A；

X''_{D*}——电动机次暂态电抗标幺值。

I_{qD*} 为电动机起动电流对额定电流的标幺值，一般取 $I_{qD*}=5$。此时，$X''_{D*}=0.2$，代入上式

$$I_{dD}=4.5I_{nD}$$

电动机供出的冲击电流有名值为

$$i_{chD}=\sqrt{2}K_{chD}4.5I_{nd} \tag{4-38}$$

式中　K_{chD}——冲击系数。

对于 6 kV～10 kV 电动机 $K_{chD}=1.4～1.6$；对 380 V 电动机 $K_{chD}=1$。

4-5　两相短路电流的计算

无限大容量系统中三相短路电流一般比两相短路电流大，所以在校验电气设备的动稳定和热稳定时只需计算三相短路电流。但对于设有保护相间短路的继电保护装置，需校验短路故障时保护动作的灵敏性，故应计算被保护线路末端的两相短路电流。下面给出两相短路电流的实用计算方法。

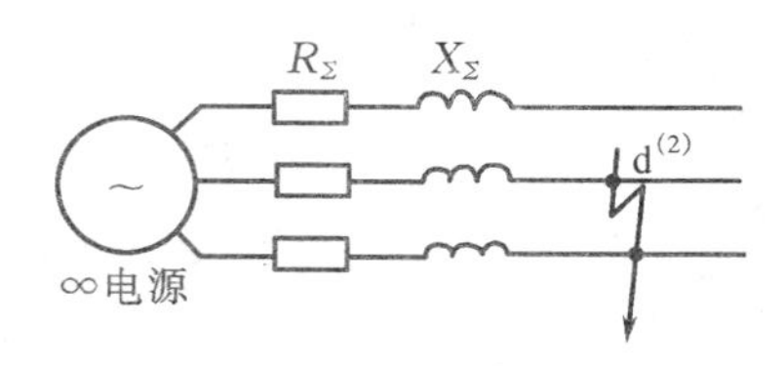

图 4-8　两相短路

图 4-8 之无限大容量系统发生两相短路时，短路电流可由下式求出

$$I_{d}^{(2)}=\frac{U_{Pj}}{2Z_{\Sigma}}=\frac{U_{Pj}}{2\sqrt{R_{\Sigma}^{2}+X_{\Sigma}^{2}}} \tag{4-39}$$

式中　$I_{d}^{(2)}$——两相短路电流(kA)；

U_{Pj}——短路点电压级的平均电压(kV)；

Z_{Σ}——电源到短路点的总阻抗(Ω)。

只计及电抗时

$$I_{d}^{(2)}=\frac{U_{Pj}}{2X_{\Sigma}} \tag{4-40}$$

比较两相短路电流与三相短路电流的计算式，得

$$\frac{I_{d}^{(2)}}{I_{d}^{(3)}}=\frac{\dfrac{U_{Pj}}{2X_{\Sigma}}}{\dfrac{U_{Pj}}{\sqrt{3}X_{\Sigma}}}=\frac{\sqrt{3}}{2}$$

即

$$I_{d}^{(2)}=\frac{\sqrt{3}}{2}I_{d}^{(3)}=0.866I_{d}^{(3)} \tag{4-41}$$

由上述方法求出的两相短路电流是周期分量。当考虑短路电流的非周期分量，求冲击电流时，仍可用式(4-13)

$$i_{ch}^{(2)}=\sqrt{2}K_{ch}I_{d}^{(2)}$$

4-6　短路电流计算示例

图 4-9 为一由无限大容量电源供电系统。该系统在最大运行方式时，两台变压器并联运行(DL 合上)；最小运行方式时，两台变压器分裂运行(DL 断开)。分别求在这两种运行方式下，d_1 点及 d_2 点发生三相短路时之短路电流(周期分量)及冲击电流(d_2 点连接两台电动机)。

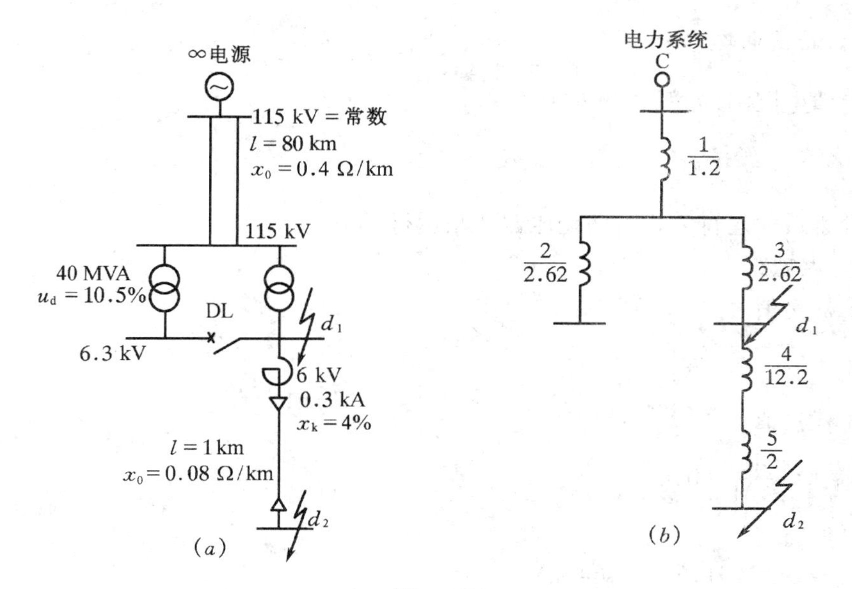

图 4-9

(a)系统接线图;(b)等值电路图

解:

1. 选定基准值

选定基准容量 $S_j = 1\,000$ MVA;基准电压 $U_{j1} = 115$ kV, $U_{j2} = 6.3$ kV;短路点的基准电流为

$$I_j = \frac{1000}{\sqrt{3} \times 6.3} = 91.6 \text{ kA}$$

2. 求各元件电抗标幺值

115 kV 架空线路

$$X_{1*} = 0.4 \times 80 \times \frac{1\,000}{115^2} \times \frac{1}{2} = 1.2(\text{并联})$$

变压器

$$X_{2*} = X_{3*} = \frac{10.5}{100} \times \frac{1\,000}{40} = 2.62$$

电抗器

$$X_{4*} = \frac{4}{100} \times \frac{91.6}{0.3} = 12.2$$

6.3 kV 电缆线路

$$X_{5*} = 0.08 \times 1 \times \frac{100}{6.3^2} = 2$$

3．画出等值电路

列出等值电路图，如图 4-9(b)所示。

4．求各点短路电流

1)当处于最大运行方式时两变压器并联运行

(1) d_1 点短路：

总电抗标幺值

$$X_{\Sigma 1*}=1.2+\frac{2.62}{2}=2.51$$

则电流标幺值

$$I_{d1*}=\frac{1}{2.51}=0.4$$

电流有名值

$$I_{d1}=0.4\times 91.6=36.64\ \text{kA}$$

冲击电流由无限大容量系统供出数值为

$$i_{chd1}=2.55\times 36.64=93.43\ \text{kA}$$

有效值

$$I_{chd1}=1.52\times 36.64=55.69\ \text{kA}$$

(2) d_2 点短路：

总电抗标幺值

$$X_{\Sigma 2*}=1.2+\frac{2.62}{2}+12.2+2=16.7$$

则电流标幺值

$$I_{d2*}=\frac{1}{16.71}=0.06$$

电流有名值

$$I_{d2}=0.06\times 91.6=5.5\ \text{kA}$$

冲击电流由两部分组成。第一部分由无限大系统供出

$$i_{chd2}=2.55\times 5.5=14.03\ \text{kA}$$

$$I_{chd2}=1.52\times 5.5=8.36\ \text{kA}$$

第二部分由与 d_2 点直接相连的电动机供给，已知电动机参数 $E''_{D*}=0.9, X''_{D*}=0.2, I_{nD}=0.124\ \text{kA}$，共 2 台。由(4-39)式，得

$$i_{chD}=2\times\sqrt{2}K_{ch}4.5I_{nD}$$

取 $K_{ch}=1.5$，代入上式

$$i_{chD}=2\times\sqrt{2}\times 1.5\times 4.5\times 0.124=2.37\ \text{kA}$$

又根据式(4-16)及式(4-38)，得

$$I_{chD}=2\times\frac{0.9}{0.2}\times 0.124\times\sqrt{1+2(1.5-1)^2}=1.37\ \text{kA}$$

d_2 点总的冲击电流及其有效值为

$$i_{ch}=14.03+2.37=16.4\ \text{kA}$$

$$I_{ch}=8.36+1.37=9.73\ \text{kA}$$

2)当处于最小运行方式时两变压器分裂运行

(1) d_1 点短路:

总电抗标幺值

$$X_{\Sigma1*}=1.2+2.62=3.82$$

$$I_{d1*}=\frac{1}{3.82}=0.262$$

$$I_{d1}=0.262\times91.6=24\ \text{kA}$$

$$i_{chd1}=2.55\times24=61.2\ \text{kA}$$

$$I_{chd1}=1.52\times24=36.5\ \text{kA}$$

(2) d_2 点短路:

$$X_{\Sigma2*}=1.2+2.62+12.2+2=18.02$$

$$I_{d2*}=\frac{1}{18.02}=0.055$$

$$I_{d2}=0.055\times91.6=5.04\ \text{kA}$$

$$i_{chd2}=2.55\times5.04=12.85\ \text{kA}$$

$$I_{chd2}=1.52\times5.04=7.66\ \text{kA}$$

两种运行方式对电动机供出的短路电流无影响,所以此时总的冲击电流及其有效值为

$$i_{ch}=12.85+2.37=15.22\ \text{kA}$$

$$I_{ch}=7.66+1.37=9.03\ \text{kA}$$

如欲求两相短路电流,在计算出三相短路电流之后,也可直接利用式(4-41)求出。

4-7 1 kV 以下低压电网中短路电流的计算

在 1 kV 以下低压电力网中,计算短路电流有以下特点:

(1) 供电电源可以当做是无限大容量系统处理;

(2) 电阻值较大,感抗值较小,在计算中可将电抗近似为零,仅当 $x>r/3$ 时才需计及 x 的影响;

(3) 低压配电系统电气元件的电阻值多用有名值单位毫欧(mΩ)给出,且在一个电压级内,所以用有名值直接计算比较方便;

(4) 由于电阻值较大,非周期分量电流衰减快,所以冲击系数不大($K_{ch}=1\sim1.3$),如果已求出 r_Σ 及 x_Σ,可先计算出 T_{fi},再根据式(4-12)算出 K_{ch},为简化计算,可利用图(4-10)查出冲击系数值;

(5) 应计及一些设备的电阻:

① 变压器。

变压器电阻的计算公式为

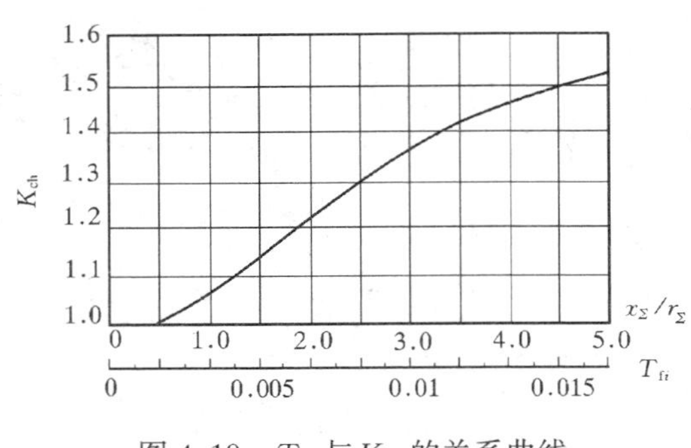

图 4-10 T_{fi} 与 K_{ch} 的关系曲线

$$r_b = \frac{\Delta P_{dn} U_{2n}^2}{S_{bn}} \ (\text{m}\Omega) \tag{4-42}$$

式中 ΔP_{dn}——变压器额定负荷下的短路损耗(kW)；

S_{bn}——变压器额定容量(kVA)；

U_{2n}——变压器二次侧额定电压(V)。

变压器阻抗的计算公式为

$$Z_b = \frac{U_d\% U_{2n}^2}{S_{bn}} \ (\text{m}\Omega) \tag{4-43}$$

式中 $U_d\%$——为变压器短路电压百分数。

变压器电抗的计算公式为

$$X_b = \sqrt{z_b^2 - r_b^2} \ (\text{m}\Omega) \tag{4-44}$$

② 刀闸及自动开关触头的接触电阻，可按表 4-4 计入。

表 4-4 触头的接触电阻(mΩ)

额定电流(A)	50	70	100	140	200	400	600	1 000	2 000	3 000
自动空气开关	1.3	1.0	0.75	0.65	0.6	0.4	0.25	—	—	—
刀开关	—	—	0.5	—	0.4	0.2	0.15	0.08	—	—
隔离开关	—	—	—	—	—	0.2	0.15	0.08	0.03	0.02

③ 自动空气开关中过电流线圈的电阻及电抗如表 4-5。

表 4-5 自动空气开关过电流线圈阻抗(mΩ)

线圈的额定电流(A)	50	70	100	140	200	400	600
电阻(65℃时)	5.5	2.35	1.30	0.74	0.36	0.15	0.12
电抗	2.7	1.3	0.86	0.55	0.28	0.10	0.094

④ 电流互感器一次线圈的电阻及电抗如表 4-6。

表 4-6 电流互感器一次线圈电阻及电抗(mΩ)

型号	阻抗＼变流比	5/5	7.5/5	10/5	15/5	20/5	30/5	40/5	50/5	75/5	100/5	150/5	200/5	300/5	400/5	500/5	600/5	750/5
LQG-0.5	电阻	600	266	150	66.7	37.5	16.6	9.4	6	2.66	1.5	0.67	0.58	0.17	0.13	—	0.04	0.04
	电抗	4 300	2 130	1 200	532	300	133	75	48	21.3	12	5.32	3	1.33	1.03	—	0.3	0.3
D-49Y	电阻	480	213	120	53.2	30	13.3	7.5	4.8	2.13	1.2	0.53	0.3	0.13	0.08	—	0.03	0.03
	电抗	3 200	1 420	800	355	200	88.8	50	32	14.2	8	3.55	2	0.89	0.73	—	0.22	0.2
LQC-1	电阻	—	300	170	75	42	20	11	7	3	1.7	0.75	0.42	0.2	0.11	0.05	—	—
	电抗	—	480	270	120	67	30	17	11	4.8	2.7	1.2	0.67	0.3	0.17	0.07	—	—
LQC-3	电阻	—	130	75	33	19	8.2	4.8	3	1.3	0.75	0.33	0.19	0.08	0.05	0.02	—	—
	电抗	—	120	70	30	17	8	4.2	2.8	1.2	0.7	0.3	0.17	0.08	0.04	0.02	—	—

⑤ 长度在 10 m～15 m 以上的母线及电缆需计及电阻值。

(6) 对三相对称阻抗相同的低压配电系统，三相短路电流可根据下式计算

$$I_z^{(3)} = \frac{U_{Pj}}{\sqrt{3}\sqrt{(r_\Sigma^2 + x_\Sigma^2)}} \tag{4-45}$$

式中　U_{Pj}——短路点电压级平均电压(V)；

r_Σ、x_Σ——由电源到短路点的总电阻及总电抗(mΩ)；

$I_z^{(3)}$——三相短路电流周期分量有效值(kA)。

例 4-5　如图 4-11 之工厂车间配电所，由一台变压器给四台电动机供电。求电动机出口 d 点发生三相短路时的 $I_z^{(3)}$ 及 i_{ch}。

已知变压器容量 $S_{bn}=560\ \text{kVA}$，$\Delta P_{dn}=9.4\ \text{kW}$，$U_d\%=5.5$。变压器至 400 V 母线距离 $l_1=6\ \text{m}$，选用 TMY50×5 mm^2 导线，$a_1=250\ \text{mm}$。400 V 母线长 $l_2=3\ \text{m}$，中心间隔 0.5 m，$a_2=200\ \text{mm}$，选用 TMY40×4 mm^2。由 400 V 母线至电动机的引出线长 $l_3=1.7\ \text{m}$，$a_3=120\ \text{mm}$，选用 TMY30×3 mm^2 导线。

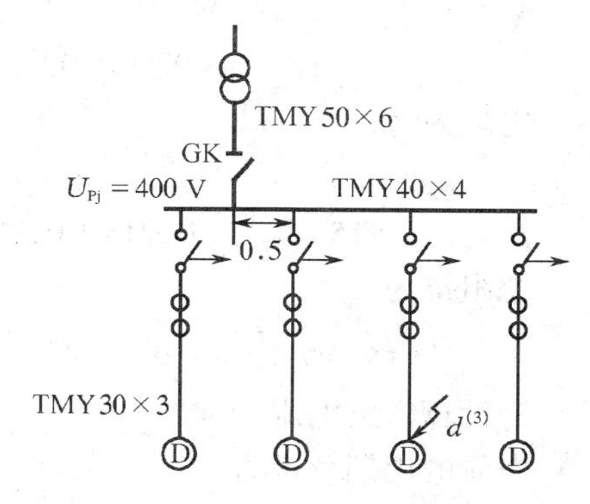

图 4-11　车间配电所

解：用有名值单位计算。

1)求各元件的阻抗

(1) 供电电源为无限大容量系统，内阻抗为零；

(2) 变压器阻抗利用式(4-42)、式(4-43)、式(4-44)求得

$$r_b=\frac{9.4\times400^2}{560^2}=4.8\ \text{m}\Omega$$

$$Z_b=\frac{0.055\times400^2}{560}=15.7\ \text{m}\Omega$$

$$X_b=\sqrt{15.7^2-4.8^2}=15\ \text{m}\Omega$$

(3) 母线阻抗查表得：

TMY50×5 mm^2　$r_0=0.067\ \text{m}\Omega/\text{m}$，$x_0=0.2\ \text{m}\Omega/\text{m}$

TMY40×4 mm^2　$r_0=0.125\ \text{m}\Omega/\text{m}$，$x_0=0.214\ \text{m}\Omega/\text{m}$

TMY30×3 mm^2　$r_0=0.223\ \text{m}\Omega/\text{m}$，$x_0=0.170\ \text{m}\Omega/\text{m}$

各段母线阻抗为

$$r_{m1}=0.067\times6=0.402\ \text{m}\Omega$$

$$x_{m1}=0.2\times6=1.2\ \text{m}\Omega$$

$$r_{m2}=0.125\times0.5\times2=0.125\ \text{m}\Omega$$

$$x_{m2}=0.214\times0.5\times2=0.214\ \text{m}\Omega$$

$$r_{m3}=0.223\times1.7=0.38\ \text{m}\Omega$$

$$x_{m3}=0.17\times1.7=0.289\ \text{m}\Omega$$

(4) 由表 4-2 查得隔离开关 GK 的接触电阻值，当 $I_n=1\,000\ \text{A}$ 时，有

$$r_{Gk}=0.08\ \text{m}\Omega$$

(5) 自动空气开关，当 $I_n=200\ \text{A}$ 时，有

接触电阻 $r_{kk}=0.6\ \text{m}\Omega$；

过电流线圈电阻 $r_{zk}=0.36\ \text{m}\Omega$；

过电流线圈电抗 $x_{zk}=0.28\ \text{m}\Omega$。

(6) 低压系统，通常只在一相或两相装设电流互感器，在计算三相短路电流时可忽略其阻抗。

综上计算由电源到短路点的总阻抗：

电阻为

$$r_\Sigma = r_b + r_{m1} + r_{Gk} + r_{m2} + r_{m3} + r_{kk} + r_{zk}$$
$$=4.8+0.402+0.08+0.125+0.38+0.6+0.36=6.747\ \text{m}\Omega$$

电抗为

$$x_\Sigma = x_b + x_{m1} + x_{m2} + x_{m3} + z_{zk}$$
$$=15+1.2+0.214+0.289+0.28=16.983\ \text{m}\Omega$$

总阻抗为

$$Z_\Sigma=\sqrt{r_\Sigma^2+x_\Sigma^2}=\sqrt{6.747^2+16.983^2}=18.27\ \text{m}\Omega$$

2)计算短路电流

电流的周期分量为

$$I_z^{(3)}=\frac{U}{\sqrt{3}Z_\Sigma}=\frac{400}{\sqrt{3}\times 18.27}=12.66\ \text{kA}$$

由于 $x_\Sigma/r_\Sigma=2.52$ 查图 4-1 得 $K_{ch}=1.3$，则

$$i_{ch}^{(3)}=\sqrt{2}\times 1.3\times 12.66=23.27\ \text{kA}$$

计及三台电动机供出的冲击电流，根据式(4-38)，得

$$i_{chD}=3\times\sqrt{2}K_{ch}\times 4.5I_{nD}$$

取，$K_{ch}=1$，得

$$i_{chD}=3\times\sqrt{2}\times 4.5\times\frac{80}{\sqrt{3}\times 0.38\times 0.91\times 0.89}=2.86\ \text{kA}$$

总的冲击电流

$$i_{ch}=i_{ch}^{(3)}+i_{chD}$$
$$=23.27+2.86=26.13\ \text{kA}$$

4-8 短路电流的效应

短路电流产生的效应有热效应和电动力效应两种。电力系统中的电器设备和载流导体应能承受住这两种效应的作用，并依此两种效应校验设备的热、动稳定性。

1. 短路电流的热效应

1) 导体的发热过程

长期发热：导体在未通过电流前，导体的温度与周围介质的温度相等。正常运行时，导体流过负荷电流，要产生一定的电能损耗，并转换为热能。这些热能，一方面使导体温度升高；另一方面由于导体温度高于周围介质的温度而散失到周围介质中去。当导体内产生的热量与导体向周围介质中散失的热量相等时，导体就维持在一定的温度值上。这种由正常负荷电流引

起的发热，称为长期发热。国家规定了各种电器及载流导体长期工作发热的最高允许温度。譬如在周围空气温度为25℃时，铜和铝的裸母线最高允许温度为70℃。

短时发热：短路时，大的短路电流将使导体温度迅速升高。由于短路时继电保护装置要很快动作，切除短路，所以短路电流通过导体的时间很短，通常不会超过几秒钟。这种发热称为短时发热。因此在短路过程中，可不考虑导体向周围介质散热，即认为导体处在与周围介质绝热的状态中，短路电流在导体中产生的热量全部用来使导体的温度升高。同时由于温度上升很快，导体的电阻和比热不是常数，而是温度的函数。

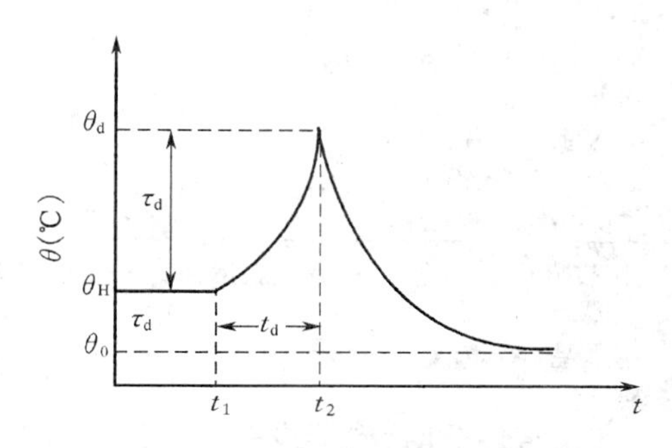

图 4-12　短路时导体温度的变化

图 4-12 表示短路电流通过导体时，导体温度的变化情况。导体在短路前通过负荷电流时的温度为 θ_H。t_1 时发生短路，短路电流使导体温度迅速升高。在 t_2 时保护装置动作，切除短路，这时导体温度已达到 θ_d。图中 t_d 为短路电流作用时间，$t_d = t_2 - t_1$，τ_d 为短路引起的导体温升，$\tau_d = \theta_d - \theta_H$。短路被切除以后，导体内无电流，不再产生热量，而只向周围介质散热，最后导体冷却到周围介质的温度 θ_0。

2）短路时发热的计算

计算短路时载流导体发热的目的，是为了确定电器设备及载流导体通过短路电流时的最高温度 θ_d，看其是否超过国家规定的短路时最高允许温度 θ_{dmax}（表 4-7）。当 $\theta_d \leqslant \theta_{dmax}$ 时，称该导体在短路时是稳定的，称满足热稳定要求；否则需要增大导体截面或采取措施限制短路电流，以保证满足热稳定条件 $\theta_d \leqslant \theta_{dmax}$。

3）短路热稳定的校验

载流导体和电器承受短路电流热效应而不致损坏的能力，称为热稳定性。用发热温度校验时，必须满足的条件是

$$\theta_d \leqslant \theta_{dmax} \tag{4-46}$$

为了简化计算，对于载流导体，在工程上常用在满足短路时发热的最高允许温度下所需的导体最小截面 S_{min} 来校验载流导体的热稳定性。当所选导体截面大于或等于 S_{min} 时，是热稳定的；反之，就不稳定。校验的简化公式如下：

导体截面 $$S > S_{min} = \frac{I_\infty}{C}\sqrt{t_j} \tag{4-47}$$

电器设备应满足 $$I_t^2 t \geqslant I_\infty^2 t_j \tag{4-48}$$

式中　S——导体截面（mm^2）；

S_{min}——允许的最小截面（mm^2）；

C——热稳定系数，见表 4-6；

t_j——发热假想时间（s）；

I_t、t——产品制造厂家提供的 t 秒内热稳定电流（kA，s）；

I_∞——流经电器所在电路的稳态短路电流（kA）。

表 4-7　导体正常和短路时的最高允许温度和 C 值

导体种类和材料	θ_{ux}(℃)	θ_{dmax}(℃)	C
铜母线及导线	70	310	175
铝母线及导线	70	210	92
钢母线(不与电器直接连接)		410	70
钢母线(与电器直接连接)		310	63
10 kV 纸绝缘铜芯电缆	60	250	162
6 kV 纸绝缘铜芯电缆	65	250	
3 kV 以下纸绝缘铜芯电缆	80	250	
10 kV 纸绝缘铝芯电缆	60	200	88
6 kV 纸绝缘铝芯电缆	65	200	
3 kV 以上纸绝缘铝芯电缆	80	200	
橡皮绝缘电缆及导线		200	

注:表中 θ_{ux}——正常最高允许温度;θ_{dmax}——短路最高允许温度;C——热稳定系数。

2. 短路电流的电动力

在正常运行时,电器设备和导体通过的负荷电流不大,因此相邻载流导体间的互相作用力也不大。在通过短路电流,特别是通过短路冲击电流时,相邻载流导体间会产生很大的电动力,可能使电器设备和导体遭到破坏。为了使电气元件可靠工作,它们必须能承受短路时电动力的作用,亦称电动稳定性。

1)硬母线的校验条件

对于三相水平布置的导体,短路时最大作用力为

$$F_{max}=0.172\ 5i_{ch}\frac{l}{a}\times10^{-6}(\mathrm{N}) \tag{4-49}$$

式中　l——导体长度(m);

a——三相导体相间距离(m);

i_{ch}——三相短路时的冲击电流(A)。

作用于母线的最大应力为

$$\sigma_{max}=0.172\ 5i_{ch}^{2}\frac{l}{aW}\times10^{-6}(\mathrm{Pa})$$

式中　l——母线支持绝缘子之间的距离(即绝缘子之间的导体长度)(m);

W——母线截面系数(m^3),是指母线对于垂直于力作用方向的轴而言的抗弯矩,在工程实际中对应于不同形状和不同布置形式的母线截面系数计算公式,可查相关手册得知。

所以硬母线校验动稳定的条件为

$$\sigma_{max}\leqslant\sigma_{ux}$$

式中　σ_{ux}——母线材料允许应力(Pa),对于硬铝材料母线,其值为 69×10^6(Pa),硬铜材料母线,其值为 137×10^6(Pa)。

对于重要电路(如发电机、主变压器等)所用硬导体应按应力计算校验动态稳定,一般电路不需要校验。

2）电器设备的校验条件

$$\left.\begin{aligned} i_{max} &\geqslant i_{ch} \\ I_{max} &\geqslant I_{ch} \end{aligned}\right\} \tag{4-50}$$

式中　i_{max}、I_{max}——由制造厂家提供的电器设备能承受的最大允许电流峰值和有效值(kA)。

思 考 题

1.何谓短路？试述短路的种类及危害。

2.电力系统中性点接地与不接地系统发生单相接地短路时有何区别？

3.短路电流的周期分量与非周期分量各有什么特点？

4.何谓冲击电流？如何计算？

4.何谓标幺值？如何求发电机、变压器、线路及电抗器的电抗标幺值？

5.无限大容量系统有何特点？短路时其周期分量电流和非周期分量电流如何变化？

6.在什么条件下需要考虑异步电动机供出的短路电流？如何计算？

7.何谓短路容量？如已知短路容量,如何求出电抗的标幺值及有名值？

8.1 kV 以下电网中计算短路电流有何特点？

9.导体的正常工作发热与短路时的发热有何异同？

10.何谓短路热稳定？如何校验导体的允许最小截面 S_{min}？

11.何谓短路动稳定？如何校验电器及母线的动稳定？

习　题

4-1　已知变压器型号为 S9-6 300(kVA)，$U_n = 35$ kV，$U_d\% = 7.5$。35 kV 架空线路长为 100 km，$x_0 = 0.4$ Ω/km，10 kV 电抗器的百分电抗 $X_k\% = 3$，额定电流 $I_n = 150$ A。试求在基准容量 $S_j = 100$ MVA、基准电压 $U_j = 10.5$ kV 条件下，上述三元件的电抗标幺值。

4-2　如图 4-6(a)之系统接线图。设 1F、2F 为无限大容量电源。1B、2B 及 3B 三台变压器的型号均为 SC8-1 000(kVA)，$U_d\% = 6$，$U_n = 3.5$ kV。三条 3.5 kV 架空线路长度相等 $l = 70$ km，$x_0 = 0.4$ Ω/km。试求在 3B 变压器出口 10 kV 侧 d 点发生三相短路时的短路电流及冲击电流。

第 5 章　电气设备及其选择

要点　介绍有关电弧的基本概念,变电所中主要电气设备的工作原理,电气设备选择的原则和方法,以及电气设备运行维护的基本知识。

本章介绍的电气设备,是工厂、企业降压变电所中所用的一次电气设备,包括断路器、隔离开关、负荷开关等开关电器、电压互感器和电流互感器、熔断器、电力电缆和裸导体等主要设备。

5-1　电弧的基本知识

开关电器是变电所中的重要电器设备。在运行中,任一电路的投入和切除都要使用开关电器。而在开关投入,特别是切除有电流通过的电路时,只要电源电压大于 10 V～20 V,电流大于 80 mA～100 mA,在开关电器的动、静触头分离瞬间,触头间就会出现电弧。因电弧的存在,使电流可继续通过电弧流动,不仅达不到切断电路的目的,而且可能造成严重故障。因而研究电弧的产生与熄灭过程,无论对制造和运行部门都是非常重要的。

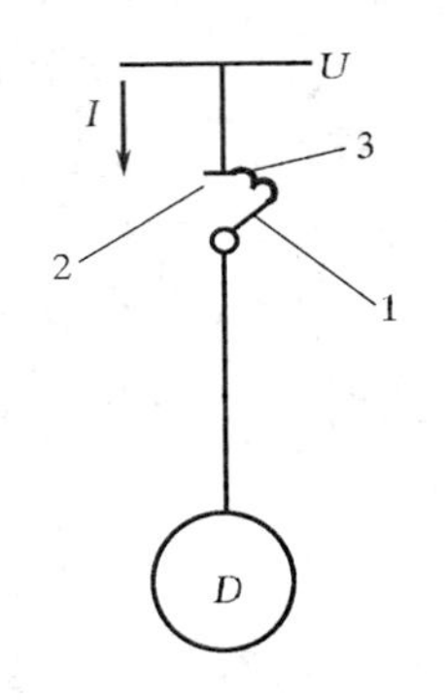

图 5-1　用刀闸切断电路
1—动触头;2—静触头;
3—电弧

一、电弧的形成

1. 什么是电弧

当用刀闸开关切除一台运行着的电动机时,在开关的动触头和静触头之间会产生火花(图 5-1),这个火花就是电弧。此时电流通过电弧继续流动,一直到动触头拉开足够长距离时,火花熄灭,电流才被真正切断。

电弧具有很高的温度,高温区域可达 5 000 ℃以上,对电器设备有很大的危害。研究电弧的目的是为迅速地熄灭电弧,以保证电器设备运行安全。

2. 电弧产生的物理过程

在拉开刀闸时,动、静触头之间有空气存在。空气原是绝缘体(介质),那么为什么在切断有电流通过的电路时会形成导电的弧道呢？这是由于此时的空气已呈等离子体态,任何等离子体态的物质都是以等离子状态存在的,因此,此时的空气和导体一样,具有导电性能。

在切断电路时介质(如空气)由绝缘状态转变为导电状态,可分为以下四个过程。

1）强电场发射

开关触头是金属导体。它的原子的外层电子与原子核之间仅有较弱的联结。在触头刚刚分离瞬间，距离很近，在外电压的作用下，触头间具有很高的电场强度 E。当 E 大于一定值时，金属触头表面的电子被从阴极拉出，成为自由电子。自由电子在电场力的作用下向阳极加速运动。这种现象称强电场发射。随着触头距离的增大，电场强度减小，强电场发射产生自由电子的作用减弱。

2）热电发射

触头即将分开的瞬间，由于触头间压力和接触面积减小，接触电阻 R 增大，从而电能损耗 I^2Rt 增大，在阴极表面出现炽热点。触头是由金属材料做成的，触头内的自由电子随着温度的升高能量增加，运动加快，有的电子就会跑出金属表面。在电场力的作用下，自由电子奔向阳极。这种现象称热电发射。

3）碰撞游离

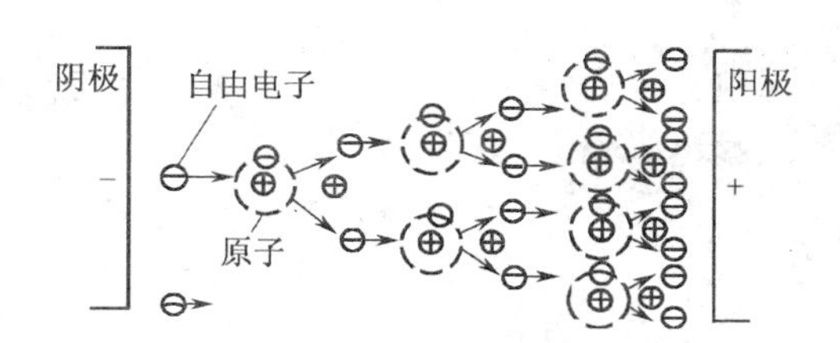

图 5-2　气体游离过程示意图

向阳极运动的自由电子，在强电场的作用下具有很高的速度和巨大的动能。在运动过程中，当它碰撞到中性介质原子(或分子)时，如果自由电子的动能大于中性原子的游离能(即自由电子释放的能量)，则中性原子的外围电子被撞出，分离成为自由电子和正离子，如图 5-2 所示。新的自由电子和原有的自由电子在强电场的作用下继续运动，又能碰撞出新的自由电子，如此连锁反应，使两触头间自由电子和正离子浓度逐渐增大的现象称为碰撞游离。

当触头间的自由电子、正离子达到一定浓度时，中性介质被击穿变成了导电体。在外加电压作用下，大量的电子连续流向阳极，形成电流，开始了弧光放电。这是电弧产生的最初阶段。随触头距离增大，E 减小，强电场发射与碰撞游离作用减弱。

4）热游离

电弧具有很高温度。在高温作用下，介质分子产生迅速的不规则运动，并有很大动能。它们相互碰撞时，同样可游离出自由电子和正离子，这种靠高温产生游离的方式，称为热游离。

热游离是维持电弧燃烧的主要原因。此时仅要较小的电场强度就能够维持有一定数量的电子在电场力作用下运动。

电弧的产生和维持烧烧的过程，是电路将电能转变为热能的过程。它是在极短的时间发生的物理现象。

二、电弧的熄灭条件

如上所述，电弧本身的高温是热游离存在的必要条件。温度愈高，热游离愈厉害，电弧燃烧亦愈炽热。如果采取措施，使触头间温度降低，则将减慢或停止游离的发生，从而熄灭电弧，在断路器中，广泛采用冷却电弧的方法，获得良好效果。

1. 去游离

触头间自由电子和正离子不断消失的现象称为去游离。在电弧产生的过程中，它与介质原子不断游离的现象同时存在。

2. 去游离方式

1）复合

复合是指带正电的离子与自由电子重新结合为中性原子的过程。它与离子间的距离和运动速度有关。正负离子间距离愈小，复合愈快；离子运动速度愈慢，复合愈快。因而增快复合的办法是：增加气体压力，缩小离子间距离和加强冷却减小离子运动速度。

2）扩散

扩散指弧柱中的自由电子和正离子不断向周围介质逸出的过程。增大弧柱与周围介质的温度差和浓度差，可增强扩散作用。

3. 熄灭电弧的条件

电弧能否熄灭，取决于在触头间介质的游离速度与去游离速度二者的强弱，并可用下述关系表示电弧发展的三种状态。

因而使触头间隙介质游离的速度小于去游离速度，是熄灭电弧的必要条件。

三、交流电弧的基本特性

1. 伏安特性

对于交流电路，电流每周两次过零。当电弧电流过零时，电弧自然熄灭，电流反向时电弧重燃。如图 5-3 所示，图(a)为电弧电流 i_h和电弧电压 u_h 与时间的变化曲线，由图(a)可得图(b)u_h-i_h 变化曲线，即交流电弧的伏安特性曲线。

我国工业用电采用频率 $f=50$ Hz，电流每一周期仅为 0.02 s，变化速度很快。由于弧隙介质的热惯性作用，所以交流电弧伏安特性曲线中燃弧电压（图(b)中 A 点）高于熄弧电压（图(b)中 B 点）。

当电弧电流过零电弧自然熄灭时，电源停止向该电弧输入电能，即 $i_h^2 r_h=0$，使弧隙介质因高温而产生的热游离迅速减弱，故为电弧熄灭创造了有利条件。此时，设法加强去游离，使弧隙的介质强度（承受外加电压作用而不致使被击穿的电压值）$u_j(t)$的恢复速度，永远大于加在弧隙上电压 $u(t)$恢复速度弧隙就不再被击穿，电弧不能重燃并最终熄灭。

由上可知交流电弧的熄灭条件是：电流自然过零后，弧隙介质强度的恢复速度大于弧隙电压的恢复速度，即 $u_j(t)>u(t)$。

2. 近阴极效应

电弧的另一重要特性是在阴极附近很小的区域内有较大的介质强度。

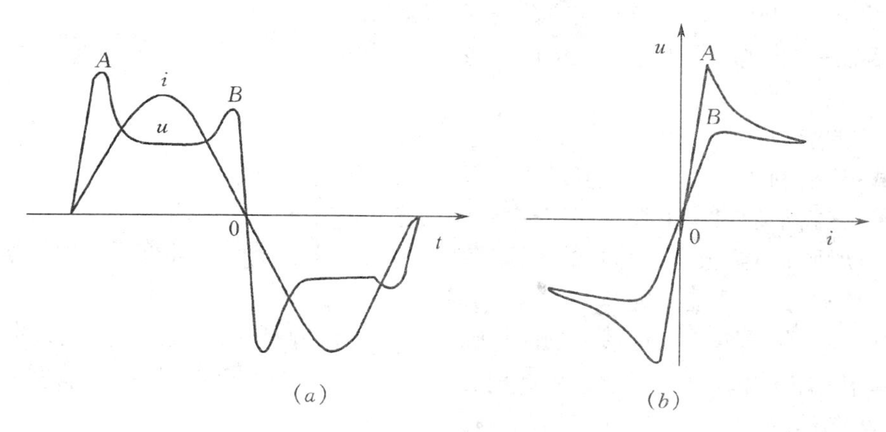

图 5-3 交流电弧伏安特性

(a)弧电压和弧电流波形;(b)伏安特性

对于直流电弧,由于在阴极附近(10^{-4}cm 厚度内)积聚了大量的正离子,电位急剧跃变。电位大小仅与触头和介质材料有关,而与弧长无关。例如触头为铜,介质为空气,电位降约为 8 V~9 V;触头为碳,介质为氦,其电位降约为 20 V。当触头两端的外加电压小于此电压值时则电弧熄灭。

对于交流电弧,在电流过零的瞬间,阴极附近在 0.1 μs~1 μs 的时间内,立即出现大约 150 V~250 V 的介质强度。当触头两端外加交流电压小于 150 V 时,则电弧亦将熄灭。

在低压交、直流开关电器中,广泛利用近阴极效应将长弧切割成多个串联的短弧,获得了有效的灭弧效果。

四、熄灭电弧的基本方法

在开关电器中,除在触头间隙采用不同灭弧介质外(如空气、油、六氟化硫、真空等介质),在现代开关电器中广泛采用的基本灭弧方法,可归纳为下列几种。

1. 吹弧

1)吹弧的作用

利用气流或油流吹动电弧,使电弧拉长和冷却。拉长电弧,使弧长增大,从而弧电阻 R_h 增大;吹入冷却的气流或油流,使电弧冷却,从而加强去游离,增大弧隙的介质强度。

2)吹弧的方式

纵吹:纵吹就是气流或油流吹动的方向与触头运动方向平行,或者说与电弧轴线方向平行,如图 5-4(a)所示。这样可使电弧冷却变细最后熄灭。

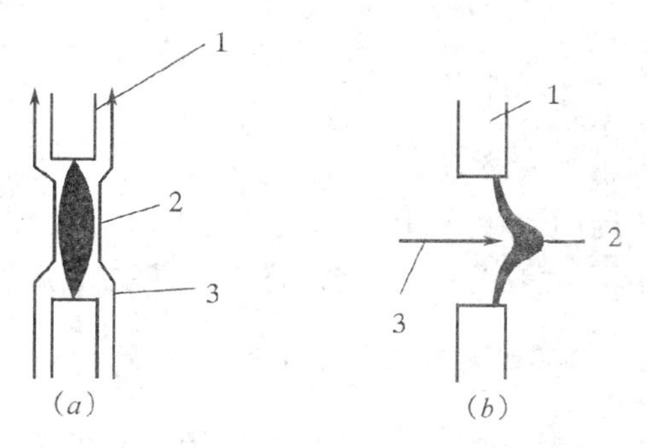

图 5-4 吹弧方式

(a)纵吹;(b)横吹

1—触头;2—电弧;3—吹弧方向

横吹:横吹是气流或油流吹动方向与触头运动方向垂直,如图 5-4(b)。这样可使电弧拉长,表面积增大加强冷却,熄弧效果好。

纵、横混合吹：吹动的方式兼有纵吹和横吹，熄弧效果比单方向吹弧更好。

在断路器中，根据所用灭弧介质特性的不同，可制成各种不同形式的灭弧室，形成有效的吹弧方式。

3）吹弧的能源

自能式灭弧：利用电弧本身的能量产生气体吹弧的称自能式灭弧。例如油断路器，利用电弧本身的能量，将油加热产生大量气体，在封闭的灭弧室中造成高温高压气流，并从喷弧口强烈地吹弧。吹弧方向按预先设计好的灭弧室结构形成纵吹和横吹。其灭弧能力与电弧电流有关。电弧电流愈大，灭弧能力愈强，故称自能式。

外能式灭弧：利用外来其他形式的能量强迫吹弧称做外能式灭弧。例如空气断路器、SF_6断路器都是利用机械能将气体压缩，并利用高压力的压缩气体吹弧。吹弧的能力与电弧电流无关，故该类断路器开断电路的性能稳定。

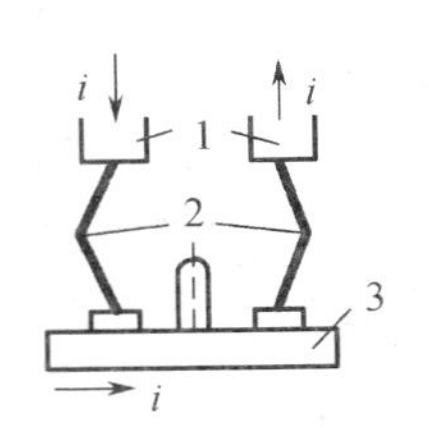

图 5-5　双断口断路器示意图

1—静触头；2—电弧；3—动触头

2. 采用多断口

1）高压断路器

在高压断路器中，常制成每相有两个或更多个串联断口。如图 5-5 所示，可将电弧分割成多个小电弧段。其作用是：在相等的触头行程下，多断口比单断口的电弧拉长的速度快，从而弧隙电阻迅速增加，增大了介质强度的恢复速度；同时加在每个断口的电压减小，使弧隙的电压恢复速度降低，因而灭弧性能良好。

2）低压开关电器

在低压开关电器中，广泛采用金属栅片将长弧分割成许多短弧，利用近阴极效应灭弧。例如图 5-6 所示。当动、静触头 3 间发生的电弧 2 进入与电弧垂直放置的金属栅片 1 内时，长的电弧即被分割成许多串联短弧。在电弧电流过零，电弧熄灭时，每两栅片间均立即出现 150～250 V 的介质强度。设有 n 个栅片，则灭弧栅片总的介质强度为 $n(150\sim250)$V。若作用于触头间的电压小于该值时，不能维持电弧燃烧，电弧必然熄灭。也就是说，当所有栅片间的介质强度总和大于动、静触头间外加电压时，电弧就不再重燃。电弧是怎么进入栅片的呢？通常利用磁吹效应。灭弧栅片用导磁的金属制成(一般是一个有缺口的镀铜铁片)见图 5-6(b)，电弧周围存在磁力线，磁力线力图走磁阻最小的路经。因而电弧在本身磁力线(如图中虚线)作用下，由位置 A 移向位置 B，并穿过金属栅片，从而长弧分割为短弧。

3. 利用有机固体介质的狭缝灭弧

在低压开关中也广泛采用狭缝灭弧装置。如图 5-7 所示，灭弧栅片由陶土或有机固体材料等制成。当触头间产生电弧后，在磁吹线圈产生的磁场作用下，对电弧产生电动力，将电弧拉长进入灭弧栅片的狭缝中，电弧与栅片紧密接触，有机固体介质在高温作用下分解而产生气体，使电弧强烈冷却，最终熄弧。

应当指出，该型电器靠外加磁场产生的磁吹力使电弧在磁场中受力向灭弧栅移动。产生磁场的方法可分磁场线圈与电路串联或并联，或用永久磁铁等多种方式。此处就不详细讨论了。

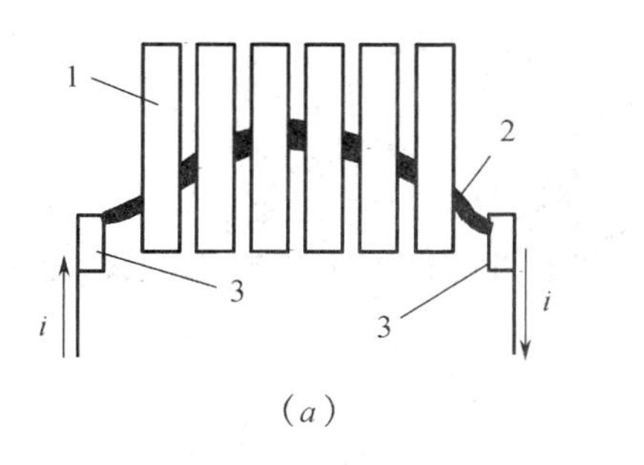

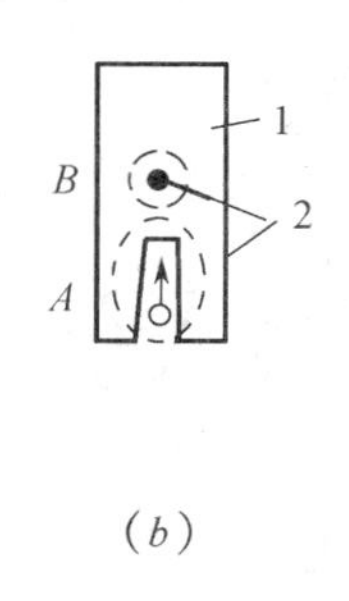

图 5-6　利用栅片分割成短弧灭弧原理

(a)金属灭弧栅片；(b)栅片结构

1—金属栅片；2—电弧；3—触头

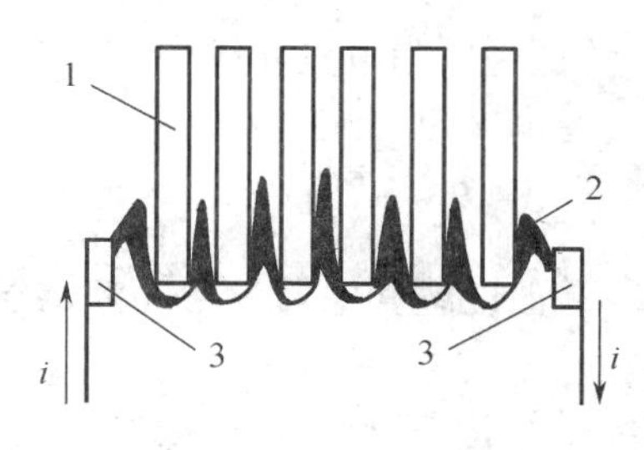

图 5-7　狭缝灭弧原理

1—绝缘栅片；2—电弧；

3—触头

5-2　导体和电器设备选择的一般规定

导体和电器设备的选择是变电所设计的主要内容之一。在选择时，应根据实际工程特点，按照有关设计规范（如 1984 年颁发的《工业与民用供电系统设计规范》，《工业与民用 35 kV 高压配电装置设计规范》等）的规定，在保证供配电安全可靠的前提下，力争做到技术上先进、经济上合理。

表 5-1　导体和电器的选择与校验项目

项目 电器	正常工作条件				短路条件		环境条件		其他
	额定电压（kV）	额定电流（A）	开断容量（kVA）	准确等级二次负荷	动稳定	热稳定	温度	海拔高度	
断路器	√	√	√		○	○	○	○	用于切断长线时应校验过电压
负荷开关	√	√	√		○	○	○	○	
隔离开关	√	√			○	○	○	○	
熔断器	√	√	√						选择保护熔断特性
电流互感器	√	√		○	○	○	○	○	
电压互感器	√			○			○	○	
支持绝缘子	√				○		○		
穿墙套管	√	√			○	○	○		电晕及允许
导　线					○	○			电压校验
电　缆	√	√			○	○	○		允许电压校验

注：1. 表中"√"代表选择项目，"○"代表校验、校核项目。

2. 封闭电器的选择与校验项目与断路器的相同。

在供配电系统中尽管各种电器设备的作用不一样，但选择的条件有诸多是相同的，如表 5-1 列出了导体和电器选择与校验的项目。从表 5-1 看出，为保证设备可靠的运行，各种设备均应按正常工作条件下的额定电压和额定电流选择，并按短路条件校验动稳定和热稳定。对于某些电器设备特殊的选择条件将在以下各节分别介绍。本节扼要介绍电器设备选择的一般条件。

一、按正常工作电压和电流选择

1. 电压

一般电缆和电器设备的额定电压 U_n 应不低于设备安装地点电网的工作电压(或额定电压)U_g

$$U_n \geqslant U_g \tag{5-1}$$

2. 电流

导体和电器的额定电流是指在额定环境温度下长期允许通过的电流,以 I_n 表示。该电流应不小于设备安装回路的最大持续工作电流 $I_{g \cdot max}$,即

$$I_n > I_{g \cdot max} \tag{5-2}$$

各种电器设备可能的最大持续工作电流一般按表5-2取值。如变压器在电压降低5%时,出力保持不变,则通过电流将增加5%,即 $I_{g \cdot max}=1.05\ I_n$。

表5-2 各回路持续工作电流

回路名称	计算公式
发电机或同步调相机回路	$I_{g \cdot max}=1.05I_n=\dfrac{1.05P_n}{\sqrt{3}U_n\cos\varphi_n}$
三相变压器回路	$I_{g \cdot max}=1.05I_n=\dfrac{1.05S_n}{\sqrt{3}U_n}$
母线分段断路器或母联断路器回路	$I_{g \cdot max}$一般为该母线上最大一台发电机或一组变压器的持续工作电流
主　母　线	按潮流分布情况计算
馈　电　回　路	$I_{g \cdot max}=\dfrac{P}{\sqrt{3}U_n\cos\varphi}$ 其中,P 应包括线路损耗及故障时转移过来的负荷
电动机回路	$I_{g \cdot max}=\dfrac{P_n}{\sqrt{3}U_n\eta_n\cos\varphi_n}$

注:1. P_n、U_n、I_n 等均指设备本身的额定植。

2. 各标量的单位为 I(A)、U(kV)、P(kW)、S(kVA)。

当导体和电器安装地点的环境温度 θ 不同于额定环境温度 θ_0 时,长期允许电流 I_{ux}(或 I_n)应按正常发热条件修正。如对裸导体

$$I_{ux\theta}=I_{ux}\sqrt{\frac{\theta_{ux}-\theta}{\theta_{ux}-\theta_0}}=K_\theta I_{ux} \tag{5-3}$$

式中　K_θ———修正系数;

θ_0——导体额定环境温度,一般为25 ℃,电器设备为40 ℃;

$I_{ux\theta}$——环境温度为 θ 时的允许电流;

θ_{ux}——导体或电器设备正常发热允许的最高温度(表4-7)。

我国目前生产的电器设备的额定环境温度 $\theta_0=40$ ℃。当电器使用的环境温度 θ 高于40 ℃时(但不高于60 ℃),环境温度每增高1 ℃,建义减少允许电流1.8% I_n;当使用的环境温度低于40 ℃时,每降低1 ℃,建议允许电流增加0.5% I_n,但最大过负何不得超过20% I_n。

我国主要城市的平均温度见表 5-3。

表 5-3 全国主要城市气象资料数据

地名	海拔高度(m)	累年最热月(七月)温度(℃)		极端最高温度(℃)	极端最低温度(℃)	雷暴日数(日/年)	最热月地面下0.8 m处土壤温度(℃)
		平均	平均最高				
北　京	30.5	26.0	31.1	40.6	−27.4	36.7	25.0
天　津	5.2	26.4	30.6	39.7	−22.9	26.8	24.5
上　海	5.5	27.9	31.9	38.9	−9.4	32.2	27.2
石家庄	82.3	26.7	32.2	42.7	−26.5	27.9	27.3
太　原	779.3	23.7	29.9	39.4	−25.5	37.1	24.7
呼和浩特	1 063.0	21.8	28.0	37.3	−32.8	39.5	20.1
沈　阳	43.3	24.6	29.3	38.3	−30.6	31.5	21.7
长　春	215.7	22.9	27.9	38.0	−36.5	35.8	19.3
哈尔滨	146.6	22.7	27.7	36.4	−38.1	28.9	18.4
合　肥	32.3	28.5	32.6	41.0	−20.6	30.4	
福　州	92.0	28.7	34.0	39.3	−1.2	63.2	
南　昌	49.9	29.7	32.5	40.6	−9.3	58.4	29.9
南　京	12.5	28.2	33.9	40.7	−14.0	34.4	27.7
杭　州	8.0	28.7	28.5	39.6	−9.6	43.2	27.7
贵　阳	1 071.2	23.8	23.9	37.5	−7.8	48.9	24.1
昆　明	1 892.5	19.9	29.9	31.5	−5.4	62.8	22.9
成　都	507.4	25.8	32.7	37.3	−5.9	36.9	26.7
重　庆	260.6	27.8	33.5	40.2	−1.8	58.0	28.2
南　宁	72.2	28.3	32.0	40.4	−2.1	88.6	
广　州	7.3	28.3	34.1	38.7	0.0	87.6	30.4
长　沙	81.3	29.4	33.8	40.6	−11.3	48.7	29.1
汉　口	23.3	28.1	33.2	39.4	−17.3	36.7	
郑　州	111.4	27.5	32.3	43.0	−17.9	21.0	26.3
济　南	57.8	27.6	32.5	42.5	−19.7	25.0	28.7
西　安	396.8	27.7	29.0	41.7	−20.6	15.4	
兰　州	1 518.3	22.4	24.5	39.1	−21.7	25.1	21.5
西　宁	2 296.3	17.2	24.5	33.5	−26.6	39.1	17.4
银　川	1 113.1	23.5	29.4	39.3	−30.6	23.2	21.5
乌鲁木齐	654.0	25.7	32.3	40.9	−32.0	9.4	22.1
拉　萨	3 659.4	15.5(六月)	21.8	29.4	−16.5	75.4	
台　北	9.0	28.4		37.0	−2.0		

二、按短路条件校验

1. 热稳定

短路电流通过时,导体和电器各部件温度不应超过短时发热最高允许温度值,即应满足

$$I_{\infty}^2 t_j \leqslant I_t^2 t \tag{5-4}$$

式中 I_{∞}——设备安装地点稳态三相短路电流(kA);

t_j——短路电流假想时间(又称发热等值时间)(s);

I_t—t 秒内允许通过的短路电流值或称 t 秒热稳定电流(kA);

t——厂家给出的热稳定计算时间,一般为 1 s、4 s、5 s 等。

2. 动稳定

动稳定(电动力稳定)是指导体和电器承受短路电流机械效应的能力。满足动稳定的条件是

$$i_{ch} \leqslant i_{dw} \tag{5-5}$$

式中 i_{ch}——设备安装地点短路电流冲击值(kA);

i_{dw}——设备允许通过的电流峰值(kA)。

对于下列情况可不校验动稳定或热稳定:

(1) 用熔断器保护的电器的热稳定由熔断时间保证,故不校验热稳定;

(2) 电压互感器及其所在回路的裸导体和电器可不校验动稳定、热稳定;

(3) 电缆的动稳定由厂家保证,可不必校验。

三、按环境条件校验

导体和电器均按额定的环境条件设计,当使用的环境条件与之不同时应予以修正。对于环境温度 θ 不同于额定环境温度 θ_0 时的修正方法前已介绍。

一般电器按海拔高度低于 1 000 m 设计,如安装地点的海拔高度高于 1 000 m 时,应选用适用于该海拔高度的电器,其外绝缘的冲击和工频试验电压应符合高压电力设备绝缘试验电压的有关规定。

5-3 高压开关电器

高压开关电器包括高压断路器、隔离开关、负荷开关、熔断器及高压开关柜等。根据工厂供电需要,本节仅介绍 35 kV 及以下设备。

一、高压断路器

1. 用途

高压断路器的主要作用是:在正常运行时用它接通或切断负荷电流;在发生短路故障或严重过负荷时,借助继电保护装置用它自动、迅速地切断故障电流,以防止扩大事故范围。

断路器工作性能好坏直接关系到工厂供配电系统的安全运行。为此要求断路器具有相当完善的灭弧装置和足够强的灭弧能力。

2. 类型和工作原理

高压断路器种类繁多,但主要结构是相近的,包括导电回路、灭弧室、外壳、绝缘支体、操作和传动机构等部分。

断路器根据所采用的灭弧介质及作用原理,大体可分下列几种。

1) 油断路器

油断路器是用绝缘油作为灭弧介质。

按断路器油量和油的作用又分多油断路器和少油断路器。多油断路器油量多。油有三个

作用，一是作为灭弧介质；二是在断路器跳闸时作为动、静触头间的绝缘介质；三是作为带电导体对地（外壳）的绝缘介质。少油断路器油量少（一般只有几公斤），油只作为灭弧介质和动、静触头间的绝缘介质用。少油断路器对地绝缘靠空气、套管及其他绝缘材料完成。

多油断路器的体积大、用油量多、断流容量小，运行维护比较困难，现在已很少选用。少油断路器因油量少，体积相应减小，所耗钢材等也少，所以目前我国主要生产少油断路器。

2）空气断路器

采用压缩空气作为灭弧介质的断路器叫压缩空气断路器，简称空气断路器。断路器中的压缩空气起三个作用：一是强烈地吹弧，使电弧冷却而熄灭；二是作为动、静触头间的绝缘介质；三是作为分、合闸操作时的动力。该型断路器动作快、断流容量大，但因制造较复杂，因而一般用于 220 kV 及以上的电力系统。

3）六氟化硫断路器

六氟化硫断路器采用具有良好灭弧和绝缘性能的气体 SF_6 作为灭弧介质。SF_6 气体在电弧作用下分解为低氟化合物，大量吸收电弧能量，使电弧迅速冷却而熄灭。这种断路器动作快，性能好，体积小，维护少。随着技术的成熟及生产成本的下降，在 220 kV 以上系统中应用越来越广泛。在全封闭的组合电器中，也多采用该型断路器。

4）真空断路器

真空断路器利用稀薄空气（真空度为 10^{-4} mm 汞柱以下）的高绝缘强度熄灭电弧。因为在稀薄空气中，中性原子很少，较难产生电弧且不能稳定燃烧。其优点是动作快、体积小、寿命长，适于防火、防爆及有频繁操作任务的场所。

3. 高压断路器的主要技术数据

1）额定电压 U_n

额定电压是保证正常长期工作时断路器所耐受的电压值。铭牌上所标的电压系指线电压的额定值。

2）额定电流 I_n

额定电流是断路器可以长期通过的最大电流。在长期通过额定电流时，断路器各部分温升不会超过国家标准。我国目前采用的额定电流等级有 200、400、600、1 000、1 500、2 000、3 000、4 000、5 000、6 000、8 000、10 000 A。

3）额定开断电流 I_{nk}

是指断路器在额定电压下能正常开断的最大电流。它表示断路器切断电路的能力。

4）额定断流容量 S_{nk}

额定断流容量也是用来表示断路器的开断能力的。额定断流容量等于额定电压与额定开断电流的乘积，在三相电路中有如下关系式

$$S_{nk}=\sqrt{3}U_nI_{nk}$$

额定断流容量的大小决定于断路器灭弧装置的结构和尺寸。因此，对于一般断路器，当使用电压低于额定电压时，因额定开断电流不变，所以断流容量相应降低。即

$$S_k=S_{nk}\frac{U}{U_m}$$

式中　S_k——电压为 U 时的断流容量。

5)额定关合电流

在断路器合闸之前，若线路上已存在短路故障，则在断路器合闸过程中，动、静触头之间还未接触时即有巨大的短路电流通过(称为预击穿)，此时更容易发生触头熔焊和因电动力损坏。而且，断路器在关合短路电流时，不可避免地在接通后又自动跳闸，此时还要求能够切断短路电流。因此，额定关合电流是断路器的重要参数之一。为了保证断路器在关合短路时的安全，断路器的额定关合电流不应小于短路电流最大冲击值。

6) 热稳定电流 I_t

I_t 表示断路器能承受短路电流热效应的能力，通常以电流有效值表示。

如第四章所介绍，在短路时电流很大，在短时间内所产生的大量热量(其值与通过电流平方成正比)来不及向外散发，全部用来加热断路器，使其温度迅速上升，严重时会使断路器触头焊住，损坏断路器。因此，断路器铭牌规定了一定时间(如 1、4、5、10 s)的热稳定电流。例如 I_4 即表示短路电流通过 4 s 的热稳定电流。其物理意义是：当热稳定电流 I_t 通过断路器时，在规定的时间 t 秒内，断路器各部分温度不超过国家规定的短时允许发热温度，保证断路器不被损坏。

7) 动稳定电流 i_{dw}

i_{dw} 表示断路器能承受短路电流电动力作用的能力。通常用短路电流峰值表示。其物理意义是：当断路器在闭合状态时所能承受的最大电流峰值，且在此电流下不会因电动力的作用发生任何机械损坏。该最大电流峰值称为动稳定电流 i_{dw}，也称为极限通过电流。

4. 油断路器在运行中注意事项

目前工厂变电所大量采用油断路器。现将在巡视和检查油断路时应注意的事项简介如下。

(1) 应消除渗油、漏油现象，保持油位指示器应清洁完好。油面高度应严格控制在规定的范围内，不能过高或过低。如油面过低，当发生故障自动跳闸时，不能灭弧，这样会使断路器爆炸而引起严重的设备及人身事故。如油面过高，则油断路器上面空间减小，当切断故障电流时，电弧的高温使油分解产生的大量气体，由于缓冲空间有限，也有使断路器爆炸的危险。

(2) 油断路器内油温应该正常，没有过热现象。正常情况下，触头的最高温度一般是 75 °C，因此断路器上层的油温也不应超过 75 °C。油温过热通常是因接触不良或过负荷的缘故，应及时解决。

(3) 多油断路器的套管和少油断路器的支持绝缘子、拉杆绝缘子等应清洁，没有裂纹、缺损，没有闪络痕迹和电晕现象等不良情况。

(4) 对油断路器附件应经常检查其良好性。如排气孔不应被塞住，不应发生喷油或冒油现象；合闸分闸位置指示应正确；接地线不应松动、断落等等。

二、高压隔离开关

1. 用途

隔离开关没有灭弧装置，因而不能接通和切断负荷电流。其主要用途是：

（1）隔离高压电源。用隔离开关把检修的电器设备与带电部分可靠地断开，使其有一个明显的断开点，确保检修、试验工作人员的安全。例如图 5-8(*a*)所示，若要检修断路器 DL，可先将 DL 断开，然后断开 1G 和 2G，这样 DL 两侧有明显的断开点，就可安全检修了。

（2）倒闸操作。在双母线接线的配电装置中，可利用隔离开关将设备或供电线从一组母线切换到另一组母线，如图 5-8(*b*)。

（3）接通或断开较小电流。如激磁电流不超过 2 A 的空载变压器、电容电流不超过 5 A 的空载线路及电压互感器和避雷器等回路。

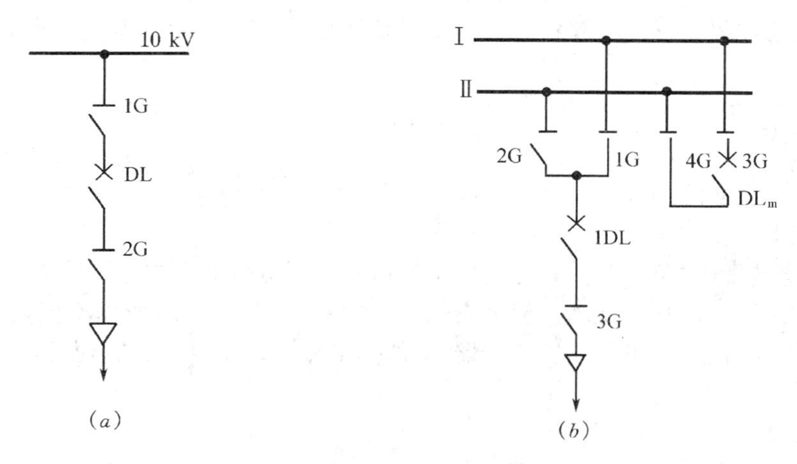

图 5-8　隔离开关在电路中的作用

(*a*)隔离电源；(*b*)倒闸操作

2. 类型及工作原理

隔离开关类型很多，按装设地点可分为户内式和户外式，按绝缘支柱数目可分为单柱式、双柱式和三柱式等等。但其结构原理大致相同，均由动触头、静触头、支柱绝缘子和传动机构等组成。

例如，GN8-10 型户内隔离开关的动触头是导电刀闸，由两片刀做成。隔离开关的拉、合操作是由操动机构带动操作杆与转动轴，转动升降绝缘子和动触头，使动触头的两片刀闸夹紧静触头，电路便可接通。为保证动、静触头接触良好，在接触处装有弹簧。

对于户外式隔离开关，因经常受到风、雨灰尘等影响，工作条件较差，因而对其要求高，一般应具有一定的破冰能力和较高的机械强度。常用的类型有 GW4-35 双柱式隔离开关等。

3. 隔离开关在运行中应注意的事项

（1）处于合闸位置的隔离开关，触头处接触应紧密良好，并无发热观象。

（2）处于分闸位置的隔离开关，静触头与刀片间的距离应尽量远一些。如果太小，可能发生闪络，使得检修中的装置带电造成事故。其安全距离如表 5-4 所列数值。

（3）隔离开关的绝缘子(瓷瓶和操作连杆)表面，应保持没有尘垢、外来物、裂纹、缺损或闪络痕迹。

表 5-4　静触头与刀片间的安全距离

额定电压(kV)	配电装置最小安全距离		单断情况下进行交流耐压试验的最小安全距离(cm)
	户内(cm)	户外(cm)	
6	10	20	10
10	12.5	20	15
35	29	40	46

(4) 在拉、合隔离开关时,必须先断开相应线路的断路器。为了防止隔离开关带负荷拉、合闸的误操作,应在隔离开关与其相应的断路器间加装联锁装置,并定期检查联锁装置是否完好,以防止失灵。

三、高压负荷开关

1. 用途

在高压配电装置中,负荷开关是专门用于接通和断开负荷电流的电器设备;在装有脱扣器时,在过负荷情况下也能自动跳闸。但因它仅具有简单的灭弧装置,所以不能切断短路电流。在大多数情况下,负荷开关可与高压熔断器(一般为 RN 1 型)串联,借助熔断器切除短路电流。

2. 类型

高压负荷开关分户内式(FN-10 型、FN-10R 型)和户外式(FW-10 型、FW-35 型)两大类。其型号中文字符号的含义是:F——负荷开关;N——户内;W——户外;R——带有高压熔断器。

在户内型中常用的是 FN2-10、FN2-10R 和 FN3-6、FN3-10 型压气式高压负荷开关,用于开断和闭合负荷及过负荷电流,亦可用作开断和闭合长距离空载线路、空载变压器及电容器组之开关。带有熔断器的型式可切断短路电流。在户外型中常用的是 FW5-10 型高压产气式负荷开关,可用于断开与闭合额定电流、电容电流及环流。

3. 高压负荷开关的运行

高压负荷开关在运行时应注意以下事项:

(1) 多次操作后,负荷开关灭弧腔将逐渐损伤,使灭弧能力降低,甚至不能灭弧,造成接地或相间短路事故,因此必须定期停电检查灭弧腔的完好情况;

(2) 完全分闸时,刀闸的张开角度应大于 58 度,以起到隔离开关的作用;

(3) 合闸时,负荷开关主触头的接触应良好,接触点没有发热现象;

(4) 负荷开关的绝缘子和操作连杆表面应没有积尘、外伤、裂纹、缺损或闪络痕迹;

(5) 负荷开关必须垂直安装,分闸加速弹簧不可拆除。

四、高压熔断器

1. 用途

熔断器是常用的一种简单的保护电器。它由熔体、支持金属体的触头和保护外壳三个部分组成，串接在电路之中。当电路发生过负荷或短路故障时，故障电流超过熔体的额定电流，熔体被迅速加热熔断，从而切断电流，防止故障扩大。

高压熔断器广泛用于高压配电装置中，常用于保护线路、变压器及电压互感器等设备。与负荷开关合用时，既可以切断和接通负荷电流，又可切断故障电流。

2. 类型及工作原理

在 6 kV～35 kV 高压熔断器中，户内广泛采用 RN2、RN3 型管式熔断器；户外则广泛采用 RW3、RW5 等跌落式熔断器。

1）高压户内熔断器

RN2 型用来保护电压互感器，RN3 型用来保护电力线路或变压器等户内电器设备。二者基本结构相同，都是充有石英砂填料的密闭管式熔断器。

户内熔断器的灭弧过程如下。当短路电流或过负荷电流通过熔体时，熔体被加热，由于锡熔点低故先熔化，并包围铜丝，铜锡互相渗透形成熔点较低的铜锡合金，使铜丝能在较低的温度下熔断，这就是所谓的“冶金效应”。当熔体由几根并联的金属丝组成时，熔体熔断，电弧发生在几个平行的小直径的沟中，各沟中产生的金属蒸气喷向四周，渗入石英砂，同时电弧与石英砂紧密接触，加强了去游离，电弧迅速熄灭。在熔体熔断后，装在熔体管一端的指示器向外脱出，表示熔体已熔断。

RN2、RN3 型熔断器灭弧能力很强，能在短路电流未达冲击值之前就完全熄灭电弧，所以这种熔断器具有限流作用。

2）高压户外熔断器

常用的户外 RW3-10 型跌落式熔断器由固定的支持部件和活动的熔管及熔体组成。

熔管外壁由环氧玻璃钢构成；内壁衬红钢纸或桑皮纸用以消弧，称消弧管。在正常运行时，RW 熔管串联在线路上。

当线路发生故障时，故障电流使熔体熔断并产生电弧，电弧的高温使消弧管壁分解产生大量气体，管内压力增高，高压气体将从管端喷出形成强烈的纵向吹弧，电弧迅速熄灭。同时在熔体熔断后，熔体对压板的拉力消失，压板转动，动触头从抵舌上滑脱(释放)，熔管靠自身重力绕轴跌落，造成明显的可见断开间隙。

这种跌落式熔断器采用了“逐级排气”结构。熔管上端在正常时是封闭的，可防止雨水浸入。在分断小故障电流时，由于上端封闭形成单端排气，使管内仍保持足够大压力，以利熄灭小故障电流产生的电弧。在分断大的故障电流时，由于产生气压大，使上端冲开而形成两端排气，压力迅速减小，以防止过大气压造成熔管爆裂，从而有效地解决了自产气电器开断大、小电流的矛盾。但它灭弧速度不高，因此没有“限流”作用。

该型熔断器适用于没有导电尘埃、没有腐蚀性气体及无易燃易爆和震动剧烈的户外场所。在电压为 35 kV 及以下户外架空电力线路，常用于保护线路和变压器；在 6 kV～10 kV 配电变压器上使用尤为广泛。

五、高压开关柜

1．用途

高压开关柜属于成套式配电装置。它是由制造厂按一定接线方式将同一回路的开关电器、母线、测量仪表、保护电器和辅助设备等都装配在封闭的金属柜中并成套供应用户。

这种设备结构紧凑，使用方便。在工厂广泛用于控制和保护变压器、高压线路和高压电动机等。

2．类型

我国目前生产的 3 kV～35 kV 高压开关柜都采用空气和瓷（或塑料）绝缘子作绝缘材料，并选用普通常用电器组成。工厂变电所中常用的高压成套配电装置有手车式和固定式开关柜。

GFC 系列为封闭手车式高压开关柜。这种系列的开关柜为单母线结构，一般由下述几个部分组成。

1）手车室

柜前正中部为手车室。断路器及操动机构均装在小车上，因此这种开关柜称为手车式开关柜。正常时，手车推至工作位置。柜外门上有观察窗，可以观察内部情况。检修时，换上备用小车，将小车拉出柜外便能检修。在开关柜和手车上均装有识别装置，保证只有同型小车才能互换。断路器通过隔离插头与母线及出线相通。当断路器放在试验位置时，一次隔离插头断开，而二次回路仍接通，以便调试断路器。断路器与手车锁紧操动机构有机械联锁装置，可防止带负荷推拉小车。手车与柜相连的二次线采用插头连接。

2）仪表继电器室

测量仪表、信号继电器、指示灯和控制开关装在小室的门板上。小室内装继电器、端子排和小熔断器等。

3）主母线室

主母线室位于开关柜的后部或后上部，室内装有母线隔离静触头。母线为封闭式结构，不易积灰，亦不易短路，因此可靠性高。

4）电流互感器室

电流互感器室位于柜后部下方，室内装有电流互感器、出线侧隔离静触头、引出电缆（或硬母线）和零序电流互感器等。

5）小母线室

小母线室位于仪表继电器室的上方，室内装有小母线和接线座。

GG 系列为固定式高压开关柜，它比 GFC 的封闭性较差，且在现场安装工作量较大，检修不很方便，但制造工艺简单、消耗钢材少、价格便宜。因此，GG 型开关柜仍广泛用在变电所的 3 kV～10 kV 配电装置中。

六、重合器和分段器

重合器是一种自动化程度很高的电器设备，可以自动监测通过重合器主回路的电流。当监测后确认为故障电流时，经过一定延时，它可按反时限保护自动断开故障电流，并根据要求多次自动重合，恢复送电。如果是瞬时性故障，重合器重合后线路恢复正常供电；如果是永久性故障，重合器将完成预先整定的重合闸次数，确认线路故障为永久性故障后自动闭锁，不再向故障线路送电，待故障排除后，重新将重合器合闸闭锁解除，恢复正常状态。

重合器是近几年出现的一种新型智能化开关电器，它在开断能力上与普通断路器相似，但比普通断路器有多次重合闸的功能。它在保护与控制方面比普通断路器智能化程度高很多，能自身完成故障监测、判断电流性质、执行合闸功能，并能恢复事故状态、记忆动作次数、完成合闸闭锁等。该设备不需附加操作装置，适合于户外各种安装方式，可显著提高配电线路的供电可靠性。

分段器也是近几年才出现的一种重要的开关电器。它广泛应用于配电线路的分支线路或区段线路上，用来隔离永久性故障。

分段器不能开断短路电流，必须与后备保护开关重合器（或断路器）配合使用。当故障电流出现并且消失（保护开关切除故障）后，分段器才完成一次故障计数，达到规定的计数次数后，在无电流的情况下，自动分段隔离故障，由保护开关重合无故障线路，恢复正常供电。

重合器和分段器是实现配电自动化的重要开关电器，随着我国配电自动化水平的不断提高，重合器和分段器的应用将越来越广泛。

七、高压开关电器的选择

高压电器的选择和校验可按表5-5所列各项条件进行。现仅介绍选择的特殊条件。

1. 高压断路器

1）断路器型式选择

选择断路器型式应综合考虑安装地点环境条件、使用的技术条件和安装调试与维护方便等诸因素。由于少油断路器结构简单、维护工作量少、价格便宜，故广泛应用于工厂企业变配电所，仅在有特殊需要的场所才考虑选用六氟化硫全封闭组合电器等其他型式。

表5-5　高压电器选择与校验条件

设备名称＼选择条件	额定电压	额定电流	开断电流	动稳定	热稳定
高压断路器	$U_n \geqslant U_g$	$I_n \geqslant I_{g \cdot max}$	$I_{nk} \geqslant I_d$	$I_{dw} \geqslant I_{ch}$	$I_t^2 t \geqslant I_\infty^2 t_j$
隔离开关			—		
负荷开关			$I_{nk} \geqslant I_d$		
高压熔断器			$I_{nk} \geqslant I_{ch}$	—	—

2）按开断电流选择

按开断电流选择时应满足以下条件：

$$I_{nk} \geqslant I_z \tag{5-6}$$

式中　I_{nk}——断路器的额定开断电流（kA）；

I_z——断路器实际开断瞬间短路电流的周期分量有效值（kA）。

对于工厂企业变电所，供电电源可视为无穷大容量系统，所以短路电流 $I'' = I_\infty = I_z$。

2. 高压熔断器

选择熔断器额定电流，包括选择熔断器熔管的额定电流和熔体的额定电流。

1）熔管额定电流

为了保证熔断器壳不致因过热损坏，要求熔断器熔管的额定电流 I_{f1n}不小于熔体的额定电流 I_{f2n}，即

$$I_{f1n} \geqslant I_{f2n} \tag{5-7}$$

2）熔体的额定电流

熔体的额定电流应满足下列条件：

$$I_{f2n} = KI_{g \cdot max} \tag{5-8}$$

式中 $I_{g \cdot max}$——熔断器所在电路最大工作电流；

K——可靠系数，为防止熔体误动作而考虑留有一定裕度；（对于变压器回路，不计电动机自起动时 $K=1.1\sim1.3$，计入自起动时 $K=1.5\sim2.0$；对于电力电容器回路，一台电容器 $K=1.5\sim2.0$，一组电容器 $K=1.3\sim1.8$。）

3）熔断器开断电流校验

$$I_{nk} \geqslant I_{ch}(\text{或 } I_z) \tag{5-9}$$

对于没有限流作用的熔断器，选择时用冲击电流的有效值 I_{ch}进行校验；对于有限流作用的熔断器，在电流过最大值之前已截断，故可不计非周期分量影响，而取 I_z进行校验。

例 5-1 如图 5-9 所示为某变电所电气主接线图，试选择 1[#] 出线上的户内断路器和隔离开关。已知该线路的最大工作电流为 60 A；d 点发生三相短路故障时，短路电流 $I''=I_{\infty}=8.5$ kA；继电保护动作时间为 1 s，SN1-10/200 型少油断路器全开断时间为 0.2 s。

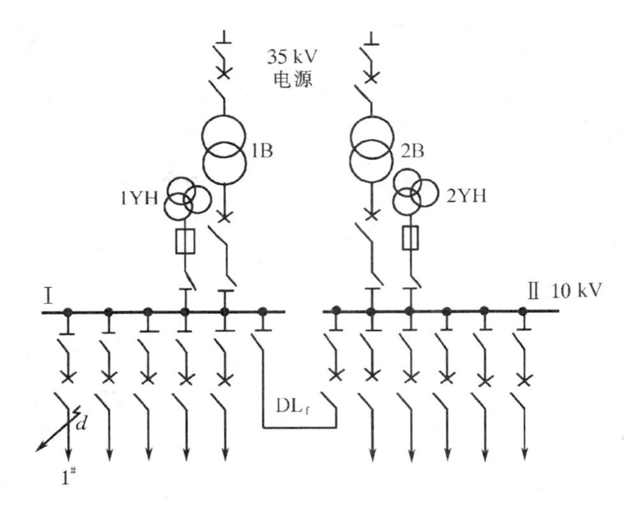

图 5-9 某变电所电气接线图

解：已知 $I''=I_d=8.5$ kA，故短路电流冲击值为

$$i_{ch}=2.55 \quad I''=21.7 \text{ kA}$$

短路热稳定计算时间为

$$t_j=t+0.05=1+0.2+0.05=1.25 \text{ s}$$

由给定的电压和电流初选下列设备并将计算数据与所选设备额定参数对照列于表 5-6。

表 5-6　断路器和隔离开关选择结果表

安装地点计算数据		所选设备技术数据		
		项　目	SN1-10/200	GN 8-10/400
U	10 kV	U_n	10 kV	10 kV
$I_{g\cdot max}$	60 A	I_n	200 A	400 A
I_d	8.5 kA	I_{nk}	11.6 kA	—
I_{ch}	21.7 kA	I_{dw}	52 kA	52 kA
$I_\infty^2 t_j$	$8.5^2\times1.25=90.3\ kA^2\cdot s$	$I_t^2 t$	$I_t^2 t=30^2\times1=900\ kA^2\cdot s$	$I_2^2 t=14^2\times5=980\ kA^2\cdot s$

5-4　互感器

互感器是一次电路与二次电路间的联络元件,用以分别向测量仪表和继电器的电流线圈与电压线圈供电。

根据用途不同,互感器分为两大类:一类为电流互感器也叫仪用变流器,它是将大电流变成小电流(5 A)的设备;另一类是电压互感器也叫仪用变压器,它是将高电压变成低电压(100 V)的设备。从结构原理上看,互感器与变压器相似,都是特殊的变压器。

互感器的作用主要有:

(1) 隔离高压电路,互感器原边和副边没有电的联系只有磁的联系,因而使测量仪表和保护电器与高压电路隔开,以保证二次设备和工作人员的安全。

(2) 将一次回路的高电压和大电流变为二次回路标准的低电压和小电流,从而扩大仪表和继电器使用范围,例如一只 5 A 量程的电流表,通过电流互感器就可测量任意大的电流,同样,一只 100 V 量程的电压表,通过电压互感器则可测量任意高的电压。

(3) 使测量仪表和继电器小型化、标准化,并可简化结构、降低成本,有利于大规模生产。

一、电流互感器

1. 结构原理

图 5-10 是电磁式电流互感器的原理接线图。在闭合的铁心上绕有两个匝数不等的线圈,二次线圈与测量仪表串联形成闭路。当一次线圈有电流 I_1 通过时,由于电磁感应在二次线圈中得到相应比例的二次电流 I_2,因而要测量大电流 I_1,便可由测量仪表测量的 I_2 值而得知。

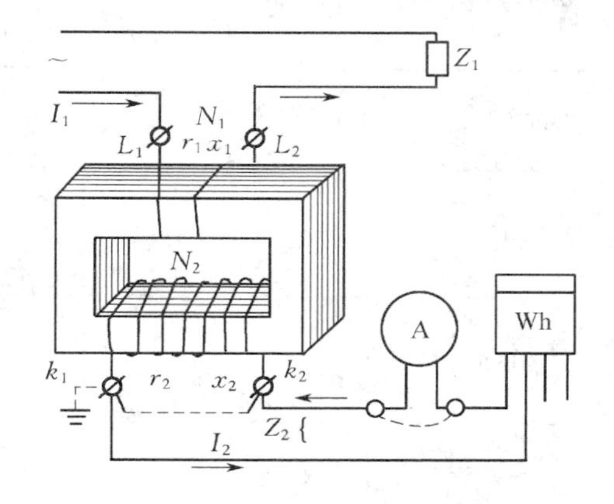

图 5-10　电流互感器原理接线图

L_1,L_2——原边接线柱;

k_1,k_2——副边接线柱

电流互感器的工作特点如下:

(1) 一次线圈串接在电路中,它的匝数很少,阻抗很小,因而将电流互感器串接在被测电路后,对一次电流 I_1 的影响很小,可以忽略,I_1 的大小完全取决被测电路负荷多少,与 I_2 无关;

(2) 二次线圈匝数很多,阻抗大,而串接在二次侧的仪表和继电器电流线圈阻抗很小,所以正常情况下,电流互感器近于短路状态运行。

电流互感器二次线圈匝数与一次线圈匝数之比称为电流互感器的匝数比(K_n)。一、二次额定电流之比称为额定互感比,也称变流比(K_i)。二者近似相等,有如下关系

$$K_i = \frac{I_{1n}}{I_{2n}} \approx K_n = \frac{N_2}{N_1} \tag{5-10}$$

式中 I_{1n}、I_{2n}—— 一次、二次电流额定值;

N_1、N_2—— 一次、二次线圈匝数。

2. 电流互感器的误差、准确等级及额定容量

1) 误差

电流互感器和变压器一样,在铁心和线圈中存在着损耗,因而二次回路测得的电流 $K_i I_2$ 与一次电流 I_1 在数值上和相位上都有差值。这个误差可用电流误差和角误差表示。

电流误差:由二次回路测得的一次电流近似值($K_i I_2$)与一次电流实际值(I_1)之差对一次电流实际值的百分比,即

$$\Delta I = \frac{K_i I_2 - I_1}{I_1} \times 100(\%) \tag{5-11}$$

角误差:二次电流向量旋转 180°后与一次电流向量之间的夹角(δ_i),并规定 $-\dot{I}_2$ 超前 $\dot{I}_1$ 时,角误差 δ_i 为正角误差。

2) 准确等级

电流互感器的准确度系指二次负荷在规定范围内对一次电流测量所产生的最大误差。根据测量时产生误差的大小,电流互感器划分为 0.2、0.5、1、3、10 和保护级等几个准确度等级,各准确等级的误差限值如表 5-7 和表 5-8 所示。

表 5-7 电流互感器准确等级和误差限值

准确等级	一次电流为额定电流的百分数(%)	误差限值		二次负荷变化范围
		电流误差(±%)	相位差(±分)	
0.2	10	0.5	20	$(0.25\sim1)S_{2n}$
	20	0.35	15	
	100~120	0.2	10	
0.5	10	1	60	
	20	0.75	45	
	100~120	0.5	30	
1	10	2	120	
	20	1.5	90	
	100~120	1	60	
3	50~120	3	不规定	$(0.5\sim1)S_{2n}$
10	50~120	10		

表 5-8　稳态保护电流互感器的准确等级

准确等级	电流误差(±%)	相位差(±分)	复合误差(%)
	在额定一次电流下		在额定准确限值一次电流下
5P	1.0	60	5.0
10P	3.0	—	10.0

3）额定容量

电流互感器的额定容量是指在某一准确度等级下二次负荷电流 $I_2=I_{2n}$和二次阻抗为额定阻抗 Z_{2n}下运行时二次线圈输出的容量,即

$$S_{2n}=I_{2n}^2Z_{2n}(\mathrm{VA}) \tag{5-12}$$

因为

$$I_{2n}=5\ \mathrm{A}\quad（已标准化）$$

所以

$$S_{2n}=25Z_{2n} \tag{5-13}$$

因而电流互感器每相的额定容量通常又用二次额定阻抗 Z_{2n}表示。

因为误差与二次负荷大小有关,所以同一台电流互感器的准确等级不同时,额定容量也不同。例如,LA-10 型穿墙式电流互感器在准确等级为 0.5 级时,$Z_{2n}=0.4\ \Omega$;3 级时,$Z_{2n}=0.6\ \Omega$。这是与普通变压器不同的。在选用电流互感器时应特别注意,必须使二次负荷小于或等于该准确等级下的额定容量。

3. 常用电流互感器的类型

电流互感器类型很多。按一次线圈匝数分为单匝和多匝;按一次线圈绝缘分为干式、浇注式和油浸式;按安装方式分穿墙式、支持式和套管式;按安装地点分户内式和户外式等。但所有电流互感器均为单相,以便使用。

4. 电流互感器的极性

电流互感器一次和二次绕组的绕线方向用极性表示。通常,互感器均以减极性原则标示,即当一次线圈电流 I_1由极性端子流入时,则二次线圈电流 I_2由同名端子流出。极性的标示符号全国尚未统一,有的用相同字母(如 A、a 等)标示,有的用相同脚注(如 L_1、L_2;K_1、K_2)标示;也有在同极性端子标以星号“*”或“+”号等。

5. 电流互感器运行中注意事项

(1) 联接电流互感器时,一定要注意极性,否则二次侧所接仪表和继电器中流过的电流就不是预想的电流,可能影响正确测量,乃至引起事故。

(2) 电流互感器的二次线圈及其外壳均应接地,接地线不应松动、断开或发热。其目的是防止电流互感器一次、二次线圈绝缘击穿时,高电压传到二次侧,损坏设备或危及人身安全。

(3) 电流互感器二次回路不准开路。因为在正常运行时,电流互感器二次负荷很小,近于短路工作状态。由于二次回路的去磁作用,铁心励磁磁势很小,即 $\dot{I}_1N_1+\dot{I}_2N_2=\dot{I}_0N_1$ 很小。当二次回路开路时,$\dot{I}_2=0$,而 $\dot{I}_1$ 不变,故 $\dot{I}_1N_1=\dot{I}_0N_1$,将使励磁磁势急剧增大,不但使铁心

损耗增加过热，且二次线圈两端将产生危险的过电压，危及人身和设备安全。

(4) 电流互感器套管应清洁，没有碎裂、闪络痕迹。电流互感器内部没有放电和其他噪声。

6. 电流互感器的选择

电流互感器选择的技术条件，除应根据安装地点(屋内、屋外)和安装方式(穿墙、支持或装入式)选择相应类型及根据一次回路电压和电流选择电流互感器额定电压和额定电流外，尚应进行以下选择和校验。

1) 准确等级的选择

电流互感器的准确等级应根据二次回路所接测量仪表和保护电器对准确等级的要求而定。为保证测量的准确度，电流互感器的准确等级应不低于所供测量仪表等要求的准确等级。例如实验室用精密测量仪表要求 0.2 准确度；用于计费用的电度表一般要求为 0.5～1 级准确度，电流互感器的准确等级亦应选为 0.5 级；一般测量仪表或估算用电度表要求 1～3 级准确度，相应的电流互感器应为 1～3 级，依此类推。当同一回路所供测量仪表要求不同准确等级时，应按准确等级最高的仪表确定电流互感器的准确等级。

2) 额定容量选择

为保证电流互感器的准确等级，互感器二次回路所接负荷 S_2 应不大于该准确等级下规定的额定容量 S_{2n}，即

$$S_{2n} \geqslant S_2 = I_{2n}^2 Z_2 \tag{5-14}$$

或

$$Z_{2n} \geqslant Z_2 \tag{5-15}$$

若忽略电抗，电流互感器二次负荷可近似认为是由测量仪表和继电器电流线圈电阻 $\sum_{i=1}^{n} r_i$、连接导线电阻 r_1 和接触电阻 r_0 几部分的代数和组成，即

$$Z_2 = \sum_{i=1}^{n} r_i + r_0 + r_1 \tag{5-16}$$

测量仪表或继电器电流线圈电阻 Σr_i 可由产品样本查得，接触电阻一般近似取 0.1 Ω，而连接导线电阻 r_1 则与多种因素有关，如与连接导线的截面 A、电流互感器安装地点至所接测量仪表的距离 l、电流互感器二次回路接线方式等均有直接关系。

在实际工程中，常常是 l、Σr_i 和二次回路接线方式已定，只能通过确定连接导线截面 A，使其满足式(5-14)的选择条件。为此，可将式(5-16)代入式(5-14)经整理可得

$$r_1 \leqslant \frac{S_{2n} - I_{2n}^2(\Sigma r_i + r_0)}{I_{2n}^2} \tag{5-17}$$

因

$$A = \frac{\rho L_j}{r_1}$$

所以

$$A \geqslant \frac{I_{2n}^2 \rho L_j}{S_{2n} - I_{2n}^2(\Sigma r_i + r_0)} = \frac{\rho L_j}{Z_{2n} - (\Sigma r_i + r_0)} \tag{5-18}$$

式中 ρ——连接导线电阻率($\Omega\cdot mm^2/m$),(铜为 $\rho=0.0188\ \Omega\cdot mm^2/m$,铝为 $\rho=0.0317\ \Omega\cdot mm^2/m$;)

A——连接导线截面(mm^2);

L_j——连接导线计算长度(m)。

L_j与 l 和电流互感器二次回路接线方式有关。图 5-11 为电流互感器常用接线方式。各种接线方式适用场所和计算长度的表达式分述如下。

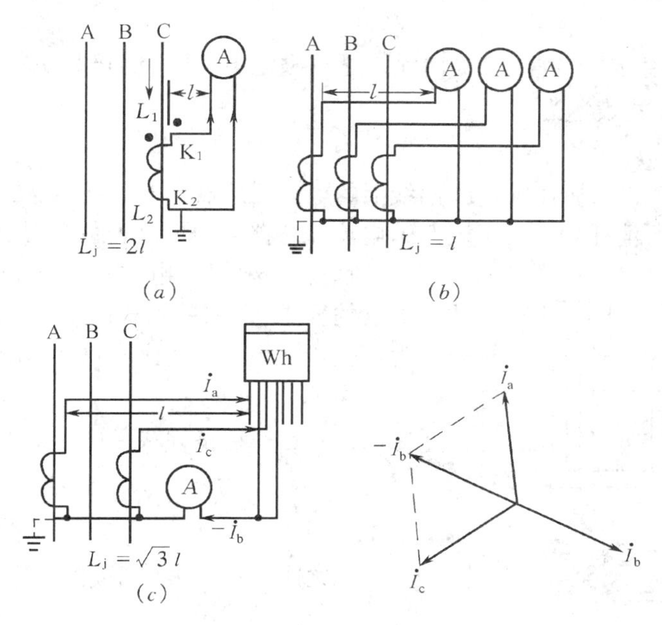

图 5-11 电流互感器常用接线

(a)一相接线;(b)星形接线;(c)V 形(不完全星形)接线

(1) 图(a)为一相式接线,用于三相负荷平衡的电路,仅需测电路任一相电流。导线的计算长度为

$$L_j=2l \tag{5-19}$$

(2) 图(b)为三相星形接线,用于三相负荷平衡或不平衡电路及三相四线制电路,可分别测三相电流,公共线(中性线)流过电流很小,所以导线计算长度可近似取

$$L_j=l \tag{5-20}$$

(3) 图(c)为不完全星形接线(也称两相 V 形接线),用于三相负荷平衡或不平衡电路,此时通过公共导线的电流为其他两相电流的相量和,即为

$$\dot{I}_b=-(\dot{I}_a+\dot{I}_c) \tag{5-21}$$

连接导线计算长度为

$$L_j=\sqrt{3}l \tag{5-22}$$

为满足导线机械强度要求,由式(5-18)所选连接导线截面 A,对于铜导线不应小于 1.5 mm^2,铝导线不小于 2.5 mm^2。

3）动稳定校验

电流互感器动稳定校验应满足下式：

$$i_{ch} \leqslant K_{dw}\sqrt{2}I_{1n} \tag{5-23}$$

式中　K_{dw}——电流互感器动稳定倍数，即电流互感器允许通过电流峰值 i_{dw} 与一次额定电流最大值$\sqrt{2}I_{1n}$之比，$K_{dw}=\dfrac{i_{dw}}{\sqrt{2}I_{1n}}$。

4）热稳定校验

电流互感器热稳定能力常以 1 s 内允许通过额定电流 I_{1n}的倍数 K_t 表示，K_t 称 1 秒钟热稳定倍数，其校验公式表达为

$$I_{\infty}^2 t_j \leqslant (K_t I_{1n})^2 \tag{5-24}$$

例 5-2　选择例 5-1 中 10 kV 1# 出线上的电流互感器。电流互感器二次回路接线如图 5-12 所示，测量表计所消耗功率列于表 5-9，电流互感器至测量仪表距离为 30 m。

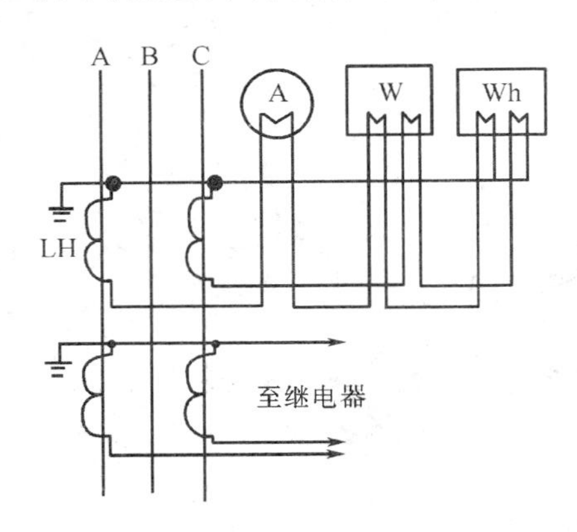

图 5-12　电流互感器二次回路接线

解：(1) 根据馈电线的电压和工作电流以及安装地点的要求，选用屋内式的 LFC-10 型电流互感器(即为复匝瓷绝缘型)，变比取 60/5，在 0.5 准确等级下 $S_{2n}=15$ VA。

(2) 选择连接导线截面。电流互感器二次额定阻抗 $Z_{2n}=\dfrac{S_{2n}}{I_{2n}^2}=\dfrac{15}{5^2}=0.6\ \Omega$

二次回路最大相负荷电阻为 $\Sigma r_i=\dfrac{S_{2\max}}{I_{2n}^2}=\dfrac{5}{25}=0.2\ \Omega$

由于电流互感器二次回路为不完全星形接线，计算长度 $L_j=\sqrt{3}l=\sqrt{3}\times 30$ m，取接触电阻 $r_0=0.1\ \Omega$，故截面 $A \geqslant \dfrac{\rho L_j}{Z_{2n}-\Sigma r_i - r_0}=\dfrac{0.0188\times\sqrt{3}\times 30}{0.6-0.2-0.1}=3.3\ \text{mm}^2$，选标准截面4 mm²的铜导线。

(3) 进行热稳定校验，查表 $K_t=80$，则

$$I_{\infty}^2 t_j = 90.3 < (0.06\times 80)^2\times 1 = 1\,024\ \text{kA}^2\cdot\text{s}$$

(4) 进行动稳定校验，$K_{dw}=250$

$$i_{ch}=21.7(\text{kA}) < \sqrt{2}I_{1n}K_{dw}=\sqrt{2}\times 0.06\times 250\ \text{kA}$$

因此，所选电流互感器满足要求。

表 5-9　电流互感器负荷表

仪表线圈名称	副边负荷(VA)	
	A 相	C 相
电流表(1T1-A 型)	3	0
功率表(1D1-W 型)	1.5	1.5
电度表(DS1 型)	0.5	0.5
总　计	5.0	2.0

二、电压互感器

1. 结构原理

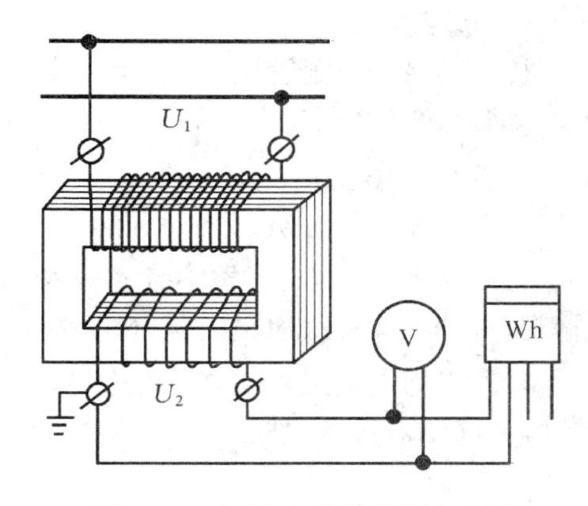

图 5-13 电压互感器原理接线图

由图 5-13 电磁式电压互感器接线可见，电压互感器一次线圈是并联接在高压电路，二次线圈与仪表和继电器电压线圈相关联，工作原理与变压器、电流互感器相似。

电压互感器的工作特点如下：

(1) 一次线圈并接在电路中，且匝数很多、阻抗很大，因而它的接入对被测电路没有影响；

(2) 二次线圈匝数很少、阻抗很小，二次侧并接的仪表和继电器的电压线圈具有很大阻抗，在正常运行时，电压互感器接近于空载运行。

电压互感器的匝比为一次线圈匝数 N_1 与二次线圈匝数 N_2 之比，即

$$K_N = \frac{N_1}{N_2} \tag{5-25}$$

电压互感器额定互感比为一次线圈额定电压与二次线圈额定电压之比，即

$$K_u = \frac{U_{1n}}{U_{2n}} \tag{5-26}$$

2. 电压互感器的误差、准确等级及额定容量

1) 误差

电压误差：由二次侧测量的电压近似值 $K_u U_2$，与实际电路电压 U_1 的差值，对实际电压 U_1 的百分比来表示。即

$$\Delta U = \frac{K_u U_2 - U_1}{U_1} \times 100(\%) \tag{5-27}$$

角误差：二次电压 $\dot{U}_2$ 旋转 180°后与一次电压 $\dot{U}_1$ 之间的夹角(δ_u)称为电压互感器角误差，当 $-\dot{U}_2$ 超前于 $\dot{U}_1$ 时，δ_u 为正角误差。

2) 准确等级

电压互感器的准确等级，为在规定的一次电压和二次负荷变化范围内，负荷功率等于额定值时误差的最大限值。与电流互感器相同，电压互感器准确等级也分五级，在不同准确等级下的误差限值如表 5-10 所示。

表 5-10 电压互感器的准确等级和误差限值

准确等级	误差限值		一次电压变化范围	二次负荷变化范围
	电压误差(±%)	相角差(±分)		
0.2	0.2	10	$(0.8\sim1.2)U_{1n}$	$(0.25\sim1)S_{2n}$ $\cos\varphi_n=0.8$
0.5	0.5	20		
1	1.0	40		
3	3.0	不规定		
3P	3.0	120		
6P	6.0	240		

3）额定容量

电压互感器额定容量 S_{2n} 系指保证在某一准确等级下电压互感器的最大工作容量。

因为误差随负荷的大小而变，所以同一台电压互感器在不同准确等级使用时，其 S_{2n} 也不同。例如 JDJ-10 型电压互感器：

准确等级为 0.5 级时，$S_{2n}=50$ VA；

准确等级为 1 级时，$S_{2n}=100$ VA；

准确等级为 3 级时，$S_{2n}=300$ VA。

电压互感器的最大工作容量(极限容量)，是按长期允许发热条件决定的容量。只有当仪表、指示灯等对误差没有严格要求时，才允许使用至极限容量。

3. 常用电压互感器的类型

常用电压互感器按相数分单相、三相三心柱和三相五心柱式；按线圈数分双线圈和三线圈；按绝缘方式分干式、油浸式和充气式；按安装地点分户内和户外等多种型式。

现简要介绍几种在工厂变电所中常用的电压互感器。

1）JDJ 型单相油浸双绕组电压互感器

这种电压互感器中 JDJ-6、JDJ-10 为户内式；而 JDJ-35 为户外式。它们的结构简单，常用来测量线电压。

2）JSJW 型三相三线圈五柱式油浸电压互感器

这种电压互感器用于中性点不接地或经消弧线圈接地的系统中(测量相对地电压)。该类型电压互感器与普通电压互感器相比增加两个边柱铁心，构成五柱式，边柱可作为零序磁通的通路。例如，当系统 A 相发生单相接地短路时，电压互感器 A 相线圈被短接，B、C 相对地电压将升高$\sqrt{3}$倍。根据对称分量法可知，在三相中将有零序电压和零序电流产生。零序电流在铁心中所产生零序磁通通过两边柱铁心形成闭路。由于磁路磁阻很小，故零序电流值也小、发热少，不会危害电压互感器的安全运行。

该型电压互感器有两个二次线圈，一个接成星形，供测量和继电保护用；另一二次线圈也称辅助线圈接成开口三角形，用来监视线路的绝缘情况。对于小电流接地系统，辅助线圈每相电压为 100/3 V，正常时开口三角形两端电压为 0。当一相接地时，开口三角形两端电压为 100 V。

3）JDZ 型电压互感器

JDZ 型电压互感器为单相双线圈环氧树脂浇注绝缘的户内用电压互感器。它的优点是体积小、重量轻、节约铜和钢，且能防潮、防盐雾、防霉，可用 JDZ 型来代替 JDJ 型。

4）JDZJ 型电压互感器

JDZJ 型电压互感器为单相三线圈环氧树脂浇注绝缘的户内用电压互感器，可供中性点不直接接地系统测量电压、电能及用于单相接地保护中。其构造与 JDZ 型相似，不同之处是 JDZJ 型有辅助次级线圈。使用时初级线圈的一端接高压，另一端接地，但初级线圈两端均为全绝缘结构。一般 3 台 JDZJ 型电压互感器可代替一台 JSJW 型电压互感器，但不能作单相运行。

4. 电压互感器接线

图 5-14 为在工厂变电所中常用的几种接线图。(*a*)是用一台(单相)电压互感器，可测线

电压,并供电压表、三相电度表及保护电器用电。(*b*)为两台单相电压互感器接成V形,称不完全星形接线。可测线电压,并供电压表、电度表及保护电器用电。(*c*)图是一台三相五柱电压互感器,可测线电压、相电压,在中性点不接地系统(小电流接地系统)中除供电压表、电度表等用电外,还可用来监视供配电系统对地绝缘的情况。

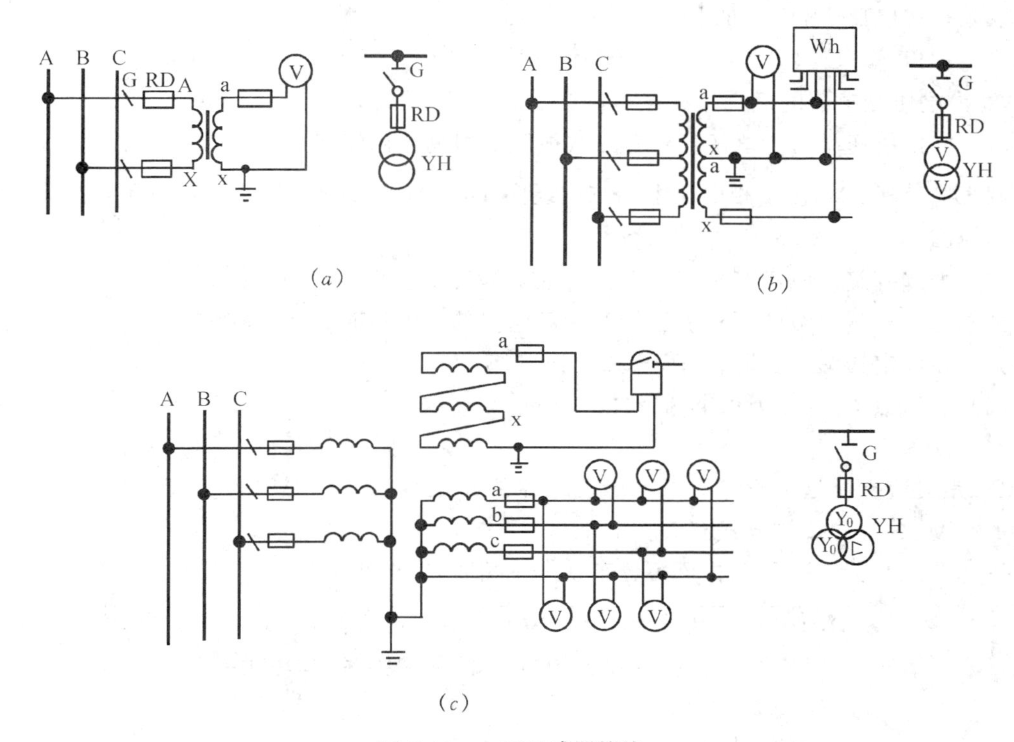

图 5-14 电压互感器接线

(*a*)一台电压互感器接线;(*b*)不完全星形接线;(*c*)一台三相五柱电压互感器接线

由图(*c*)还可看出:电压互感器一次和二次线圈均接地,其目的是防止一、二次线圈绝缘被击穿后,危及工作人员和设备的安全。一般35 kV及以下系统,电压互感器一、二次线圈均装有熔断器。其一次侧熔断器是为防止电压互感器故障时波及高压电网的,当互感器过负荷时二次侧熔断器起保护作用。

同样,电压互感器在接线时应注意极性。

5. 电压互感器运行中应注意事项

(1) 电压互感器正常运行时二次侧不能短路,熔断器应完好。这是因为二次电流很小,近于开路,所以二次线圈导体截面较小,当流过短路电流时将会烧毁设备。

(2) 电压互感器二次线圈的一端及外壳应接地,以防止一次侧高电压串入二次侧时危及人身和仪表等设备的安全。接地线不应有松动、断开或发热现象。

(3) 电压互感器在接线时,应注意一、二次线圈接线端子上的极性。以保证测量的正确性。

(4) 电压互感器套管应清洁,没有碎裂或闪络痕迹;油位指示应正常,没有渗漏油现象;内部无异常声响。如有不正常现象,应退出运行,进行检修。

6. 电压互感器的选择

选择电压互感器的技术条件如下。

(1) 一次电压 U_1应满足下列条件:

$$1.1U_n > U_1 > 0.9U_n \tag{5-28}$$

U_n为电压互感器的额定一次线电压。

(2) 二次电压 U_{2n}。电压互感器二次电压应根据使用情况选择。对于接在线电压上的二次线圈 $U_{2n}=100$ V;接于相电压上的二次线圈 $U_{2n}=100/\sqrt{3}$ V;用于中性点不接地系统的二次辅助线圈 $U_{2n}=100/3$ V。

(3) 准确等级。电压互感器应在何种准确等级下工作,决定于接入二次回路的测量仪表和保护电器对准确等级的要求。当接有计算电费的电度表时,准确等级应为 0.5 级;仅接有一般测量仪表和电压继电器时,准确等级为 1~3 级。

(4) 二次负荷 S_2应满足下列条件:

$$S_2 \leqslant S_{2n}, \tag{5-29}$$

S_{2n}是对应于所选准确等级下电压互感器的额定容量。S_2是二次负荷,它与接入的测量仪表的类型、数量和接线方式有关。

当电压互感器二次侧三相负荷分布基本平衡时,二次侧负荷 S_2可按下式计算

$$S_2 = \sqrt{(\Sigma S\cos\varphi)^2 + (\Sigma S\sin\varphi)^2} = \sqrt{(\Sigma P)^2 + (\Sigma Q)^2} \tag{5-30}$$

式中 S、P、Q——二次回路各仪表和保护电器的视在功率、有功功率和无功功率(VA、W、VAR);

$\cos\varphi$——各仪表和保护电器的功率因数。

当电压互感器二次侧三相负荷分布不平衡时,为了满足准确度的要求,通常以负荷最大的一相与互感器额定容量进行比较。

在计算电压互感器一相负荷时,应按照电压互感器与二次负荷的接线方式分别计算。表 5-11 给出常用接线方式每相负荷的计算公式。

由于电压互感器与电路并联且一次阻抗很大,因而不需按短路条件校验热稳定和动稳定。

例 5-3 选择图 5-9 中 10kV 母线电压互感器(YH)。已知电压互感器和测量仪表接线和负荷分配如图 5-15 和表 5-11。

表 5-11 电压互感器各相负荷的分配

仪表名称	仪表中的电压线圈	仪表数目	每个仪表所需功率		仪表的 $\cos\varphi$	仪表的 $\sin\varphi$	AB 相		BC 相	
			每个线圈	总计			P_{AB}	Q_{AB}	P_{BC}	Q_{BC}
有功功率表	2	2	0.75	1.5	1		1.5	0	1.5	0
无功功率表	2	1	0.75	1.5	1		0.75	0	0.75	0
有功电度表	2	1	1.5	3.0	0.38	0.925	0.57	1.39	0.57	1.39
频率表	1	1	2	2	1		0	0	2	0
电压表	1	1	5	5	1		5	0	0	0
总 计							7.82	1.39	4.82	1.39

解:由于 10 kV 为中性点不接地系统,电压互感器除供测量仪表用电外,还用来作交流电

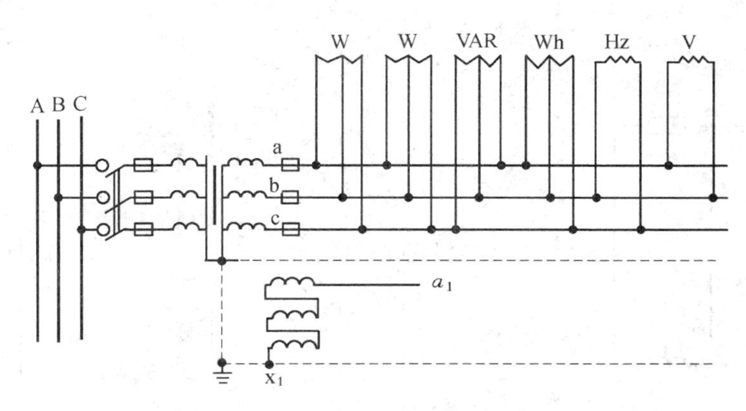

图 5-15　电压互感器与测量仪表连接图

网绝缘监视之用,故拟选 JSJW-l0 型三相五柱式电压互感器。其电压比为 $10/0.1/\frac{0.1}{3}$ kV。

在二次回路中接有计费用电度表,故电压互感器准确等级选用 0.5 级。在该准确等级下 JSJW-10 的三相额定容量为 120 VA。

由表 5-11 可求得不完全星形接线的负荷为

$$S_{AB}=\sqrt{P_{AB}^2+Q_{AB}^2}=\sqrt{7.82^2+1.39^2}=7.94(\text{VA})$$

$$S_{BC}=\sqrt{P_{BC}^2+Q_{BC}^2}=\sqrt{4.82^2+1.39^2}=5.02(\text{VA})$$

$$\cos\varphi_{AB}=\frac{P_{AB}}{S_{AB}}=\frac{7.82}{7.94}=0.98,\varphi_{AB}=9°58'$$

$$\cos\varphi_{BC}=\frac{P_{BC}}{S_{BC}}=\frac{4.82}{5.02}=0.96,\varphi_{BC}=16°13'$$

A 相负荷

$$P_A=\frac{1}{\sqrt{3}}S_{AB}\cos(\varphi_{AB}-30°)=\frac{7.94}{\sqrt{3}}\cos(9°58'-30°)=4.3(\text{W})$$

$$Q_A=\frac{1}{\sqrt{3}}S_{AB}\sin(\varphi_{AB}-30°)=\frac{7.94}{\sqrt{3}}\sin(9°58'-30°)=-1.57(\text{VAR})$$

B 相负荷

$$P_B=\frac{1}{\sqrt{3}}[S_{AB}\cos(\varphi_{AB}+30°)+S_{BC}\cos(\varphi_{BC}-30°)]$$

$$=\frac{1}{\sqrt{3}}[7.94\cos(9°58'+30°)+5.02\cos(16°13'-30°)]=6.33(\text{W})$$

$$Q_B=\frac{1}{\sqrt{3}}[S_{AB}\sin(\varphi_{AB}+30°)+S_{BC}\sin(\varphi_{BC}-30°)]$$

$$=\frac{1}{\sqrt{3}}[7.94\sin(9°58'+30°)+5.02\sin(16°13'-30°)]=2.25(\text{VAR})$$

从以上计算可知,B 相负荷较大,因此

$$S_B=\sqrt{P_B^2+Q_B^2}=\sqrt{6.33^2+2.25^2}=6.71\ (\text{VA})$$

准确度为 0.5 级的 JSJW-10 型电压互感器,各相额定容量为 120/3 = 40 VA,因此该电压

表 5-12　电压互感器二次绕组每相负荷计算公式

负荷接线方式		星形接线		不完全星形接线		
A相	有功	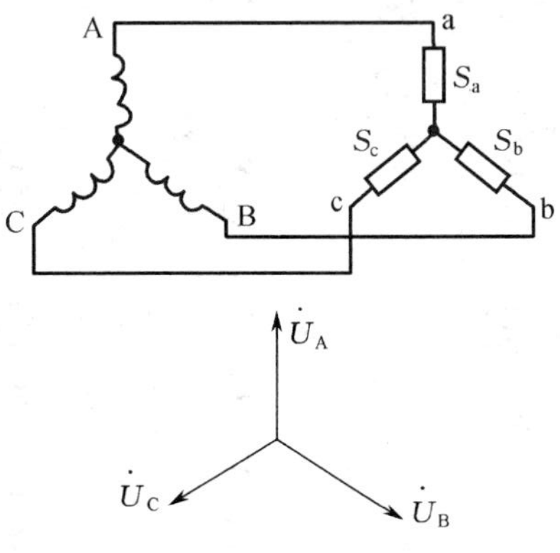 $P_A = S_a\cos\varphi_a$	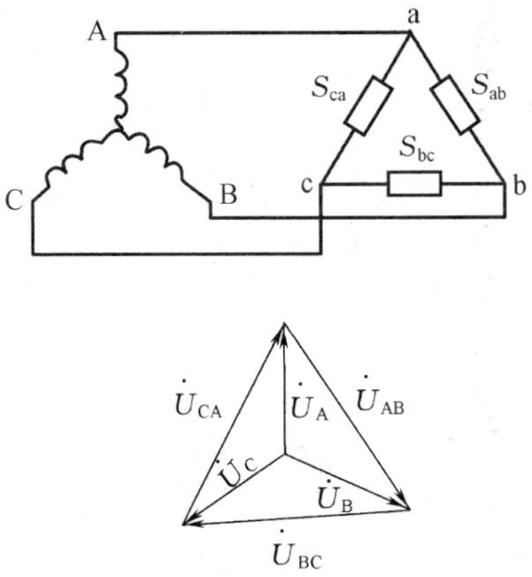 $P_A = \frac{1}{\sqrt{3}}[S_{ab}\cos(\varphi_{ab}-30°) + S_{ca}\cos(\varphi_{ca}+30°)]$	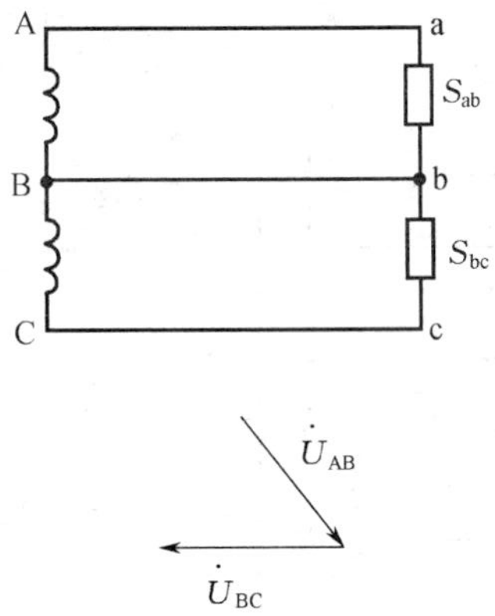 AB	有功	$P_{AB} = S_{ab}\cos\varphi_{ab}$
	无功	$Q_A = S_a\sin\varphi$	$Q_A = \frac{1}{\sqrt{3}}[S_{ab}\sin(\varphi_{ab}-30°) + S_{ca}\sin(\varphi_{ca}+30°)]$		无功	$Q_{AB} = S_{ab}\sin\varphi_{ab}$
B相	有功	$P_B = S_b\cos\varphi_b$	$P_B = \frac{1}{\sqrt{3}}[S_{bc}\cos(\varphi_{bc}-30°) + S_{ab}\cos(\varphi_{ab}+30°)]$	BC	有功	$P_{BC} = S_{bc}\cos\varphi_{bc}$
	无功	$Q_B = S_b\sin\varphi_b$	$Q_B = \frac{1}{\sqrt{3}}[S_{bc}\sin(\varphi_{bc}-30°) + S_{ab}\sin(\varphi_{ab}+30°)]$		无功	$Q_{BC} = S_{bc}\sin\varphi_{bc}$
C相	有功	$P_C = S_c\cos\varphi_c$	$P_C = \frac{1}{\sqrt{3}}[S_{ca}\cos(\varphi_{ca}-30°) + S_{bc}\cos(\varphi_{bc}+30°)]$			
	无功	$Q_C = S_c\cos\varphi_c$	$Q_C = \frac{1}{\sqrt{3}}[S_{ca}\sin(\varphi_{ca}-30°) + S_{bc}\sin(\varphi_{bc}+30°)]$			

注：S——表计的负荷(VA)；φ——相角差；P_A、P_B、P_C——电压互感器每相的有功负荷(W)；

Q_A、Q_B、Q_C——电压互感器每相无功负荷(VAR)；电压互感器的全负荷 $S_A=\sqrt{P_A^2+Q_A^2}$，$S_B=\sqrt{P_B^2+Q_B^2}$，$S_C=\sqrt{P_C^2+Q_C^2}$(VA)；

P_{AB}、P_{BC}——电压互感器每相的有功负荷(W)；

Q_{AB}、Q_{BC}——电压互感器每相的无功负荷(VAR)；电压互感器的全负荷 $S_{AB}=\sqrt{P_{AB}^2+Q_{AB}^2}$；$S_{BC}=\sqrt{P_{BC}^2+Q_{BC}^2}$(VA)

互感器的容量能满足所接测量仪表准确等级的要求。

由于电压互感器与电网并联，所以当系统发生短路时，互感器本身并不遭受短路电流的作用，因此，不需校验动稳定与热稳定。

5-5　母线、架空导线和电缆

一、用途及选型

硬母线、架空导线和电力电缆都是用来输送和分配电能的导体。

1．硬母线

在工厂变电所中，硬母线常用来汇集和分配电流，故又称汇流排，简称母线。

母线材料通常为铜、铝和钢。铜的电阻率低、机械强度大、抗腐蚀性强，是很好的母线材料，但因价格贵，仅用在空气中含腐蚀性气体(如沿海或化工厂等)的屋外配电装置中。铝的电阻率略高于铜，但它轻、价格便宜，所以广泛用于工厂企业的变电所。钢的电阻率大，在交流电路中使用它将产生涡流和磁滞损耗，电压损失大，但机械强度大且最便宜，故适用于工作电流不大于 200 A～300 A 的电路中。在接地装置中的接地母线普遍采用钢母线。

母线截面形状应力求使集肤效应系数小、散热好、机械强度高和安装简便。对于容量不大的工厂变电所多采用矩形截面母线；母线的排列方式应考虑散热条件好，且短路电流通过时具有一定的热、动稳定性。常用的排列方式有水平布置和垂直布置两种。

硬母线表面着色涂漆可以增加热辐射能力，有利于散热和防腐。为了便于识别各相母线，统一规定按下列颜色分别标志母线：

交流母线　A 相——黄色，B 相——绿色，C 相——红色

中性线　接地的中性线——紫色，不接地的中性线——蓝色

直流母线　正极——红色，负极——蓝色

2．架空导线

架空导线是构成工厂供配电网络的主要元件，在屋外配电装置中也常采用架空导线作母线，又称软母线。

架空导线一般都是裸导线，按结构分为单股线和多股绞线。绞线又有铜绞线、铝绞线和钢心铝绞线之分。在工厂中最常用的是铝绞线，在机械强度要求较高的地方和 35 kV 及以上架空线路多采用钢芯铝绞线。其横截面结构如图 5-16 所示。导线的芯是钢线，以增强导线的机械强度，外围用铝线，故导电性能较好。由于交流电流通过导体时有趋表效应，所以交流电流实际上只从铝线通过，从而克服了钢线导电性差的缺点。钢心铝绞线型号中所表示的截面积(如 LGJ-70)仅是铝线部分的截面积。

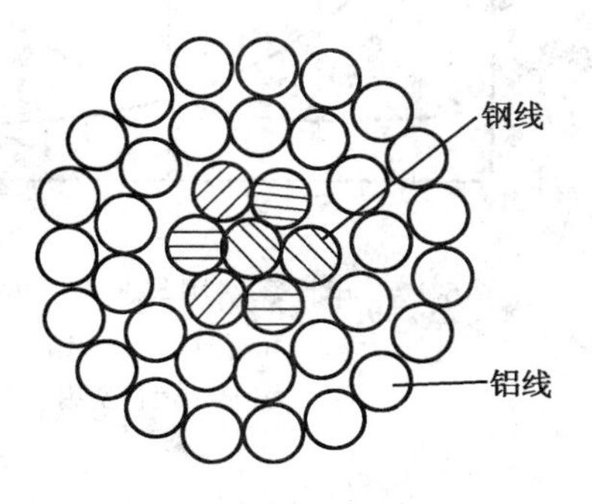

图 5-16　钢芯铝绞线截面示意图

3. 电力电缆

电力电缆广泛用于工厂配电网络。其结构主要由导体、绝缘层和保护层三部分组成。导体一般由多股铜线或铝线绞合而成，以便于弯曲。线芯采用扇形，从而可减小电缆的外径。绝缘层用于将导体线芯之间及线芯与大地之间良好地绝缘。保护层是用来保护绝缘层，使其密封并具有一定的机械强度，以承受电缆在运输和敷设时所受的机械力，也可防止潮气侵入。

电缆的主要优点是供电可靠性较高，不受雷击、风害等外力破坏；可埋于地下或电缆沟内，使环境整齐美观；线路电抗小，可提高电网功率因数。缺点是投资大，约为同级电压架空线路投资的10倍，且电缆线路一旦发生事故难于查寻和检修。

在工厂变电所中，一般采用三相铝芯电缆，直埋地下。在敷设高差较大地点，应采用不滴流电缆或塑料电缆。

二、母线、导线和电缆截面的选择

除配电装置的汇流母线及较短的导体仅按长期发热允许电流选择外，其余导体应按经济电流密度选择，并按长期发热允许电流校验。

1. 按导体长期发热允许电流选择

导体所在电路的最大持续工作电流 $I_{g\cdot max}$ 应不大于导体长期发热的允许电流 I_{ux}，即

$$I_{g\cdot max} \leqslant K_\theta I_{ux} \tag{5-31}$$

式中 I_{ux}——相应于导体额定环境温度条件下导体的长期允许电流；

K_θ——温度修正系数；

$I_{g\cdot max}$——通过导体的最大持续工作电流。

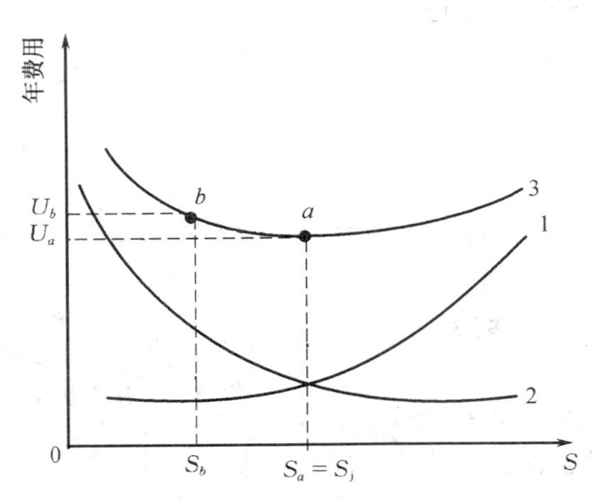

图5-17 年计算费用与截面 S 的关系曲线
1—年维护和折旧费；2—电能损耗费；
3—全年运行费用

2. 按经济电流密度选择

导体截面的大小直接影响线路的投资和年计算费用。年计算费用包括电流通过导体产生的电能损耗费和导体管理维修费及年折旧费(常以占投资的百分数给出)。导体截面越大，电能损耗费越小，而维修和折旧费越高。当导体截面为某一值时，可使年计算费用最低，如图5-17所示。S_j为对应年计算费用最低的截面，称经济截面。与最低年计算费用对应的电流密度称为经济电流密度 J。它与导体类型和最大负荷年利用小时数有关。表5-13为我国规定的经济电流密度。

导体的经济截面可由下式决定

$$S_j = \frac{I_{g\cdot max}}{J} (mm^2) \tag{5-32}$$

式中　S_j——导体的经济截面(mm^2)。

表 5-13　我国规定的导线和电缆经济电流密度 J(A/mm^2)

线路类别	导线材料	年最大负荷利用小时(h)		
		3 000 以下	3 000～5 000	5 000 以上
架空线路 硬母线	铜	3.00	2.25	1.75
	铝	1.65	1.15	0.90
电缆线路	铜	2.50	2.25	2.00
	铝	1.92	1.73	1.54

在选择导体的标准截面 S 时,一般应尽量接近经济截面 S_j,且为节约投资和有色金属消耗量,导体标准截面可适当选择小于经济截面。

3．按机械强度选择导体截面

对于架空导线,截面 S 尚应不小于某一最小截面,以保证导体具有足够的机械强度。

各种材料架空导线最小截面列于表 5-14。

表 5-14　架空线的最小截面

架空线路电压等级	钢芯铝线	铝及铝合金(mm^2)	铜
35 kV	25	35	
6 kV～10 kV	25	35(居民区) 25(非居民区)	16 mm^2
1 kV 以下	16	16	ϕ3.2mm

4．按允许电压损失选择导体截面

对于架空导线和电缆,因一般线路较长且电压损失较大,故应按允许电压损失 ΔU_{ux} 进行校验,即

$$\Delta U_{ux} \geqslant \Delta U \tag{5-33}$$

式中　ΔU_{ux}——允许电压损失(表 3-6),一般为 ±5%;

ΔU——所选导体全长的电压损失,计算公式见第 3 章。

5．热稳定校验

按上述条件选择的导体截面 S 还应按热稳定进行校验,即

$$S \geqslant S_{min} = \frac{I_{\infty}}{C}\sqrt{t_j k_f} \tag{5-34}$$

式中　S_{min}——按短时发热条件满足热稳定要求所决定的导体最小截面(mm^2);

C——热稳定系数,可查表 4-7;

I_{∞}——稳态短路电流有效值(A);

t_j——假想时间(s);

k_f——集肤效应系数,对于电缆和小截面导体一般近似取 1。

6．动稳定校验

硬母线通常都安装在支持绝缘子上。当冲击电流通过母线时,电动力将使母线产生弯曲

应力，因而硬母线尚应进行应力校验，即应满足动稳定条件

$$\sigma_{ux} \geqslant \sigma_{max} \tag{5-35}$$

式中 σ_{ux}——母线允许应力(Pa)；

σ_{max}——短路时作用在母线上的最大应力(Pa)。

从理论上看，上述各项选择和校验条件均应满足，并以其中最大的截面作为应选取的导体截面。但根据运行实际情况，对用于不同条件下的导体，选择条件各有侧重。如对于 1 kV 以下的低压线路，一般不按经济电流密度选择导体截面；对于 6 kV～10 kV 线路，因电力线路不长，如按经济电流密度选择截面，往往偏大，所以仅作参考数据；对于 35 kV 及以上线路，应按经济电流密度选择导线截面。又如，对一般工厂外部电源线路较长时，可按允许电压损失条件来选择截面，并按发热和机械强度的条件校验；对工厂内部 6 kV～10 kV 线路，因线路不长，一般按发热条件选择，然后按其他条件校验；对于 380 V 低压线路，虽然线路不长，但电流较大，在按发热条件选择的同时，还应按允许电压损失条件进行校验。

例 5-4 选择图 5-9 中变压器 1B 低压侧的母线。已知参数如下：1B 为 S9-5000 kVA，变比 35 kV/10.5 kV；三相母线采用水平布置，导体平放，母线相间距离 0.7 m；绝缘子跨距 1.5 m；10.5 kV 母线短路电流 $I'' = I_{\infty} = 8.5$ kA，变压器继电保护动作时间为 1.5 s，断路器全开断时间为 0.2 s，周围环境温度 30 ℃。

解：

(1) 按长期发热允许电流选择母线截面。由图 5-9 所示接线和表 5-2 可知，变压器回路最大持续工作电流为

$$I_{g \cdot max} = 1.05 I_n = \frac{1.05 \times 5\,000}{\sqrt{3} \times 10.5} = 28.9(\mathrm{A})$$

查附表 9 选用一条 $40 \times 5\ \mathrm{mm}^2$ 矩形铝母线，其长期允许电流为 515 A，且 $K_f \approx 1$。考虑周围环境温度 $\theta = 30°$，大于标准环境温度，应按式(5-3)进行修正，即

$$I_{ux \cdot \theta} = \sqrt{\frac{\theta_{ux} - \theta}{\theta_{ux} - \theta_0}}\, I_{ux} = \sqrt{\frac{70 - 30}{70 - 25}} \times 515 = 486(\mathrm{A}) > I_{g \cdot max} = 289(\mathrm{A})$$

(2) 热稳定校验。

$$t_j = 1.5 + 0.2 + 0.05 = 1.75(\mathrm{s})$$

由式(5-34)和表 4-6 可得最小允许截面为

$$S_{min} = \frac{I_{\infty}}{C}\sqrt{t_j K_f} = \frac{8500}{92} = \sqrt{1.75} = 122(\mathrm{mm}^2) < 40 \times 4 = 160(\mathrm{mm}^2)$$

故满足热稳定要求。

(3) 进行动稳定校验。对于容量 5 000 kVA 的配电变压器，因短路电流不大，低压侧母线一般不需进行动稳定校验，故从略。

5-6 高压绝缘子及穿墙套管

一、用途及类型

高压绝缘子和穿墙套管是母线结构的重要组成部分。它用来支持和固定母线，使带电导

体间及导体与地之间有足够的距离和绝缘强度。所以要求绝缘子和穿墙套管应具有一定的电气绝缘强度和机械强度。

高压绝缘子分支持绝缘子、线路绝缘子和套管绝缘子。高压绝缘子和穿墙套管又分户内型和户外型。

二、选择条件

支持绝缘子和穿墙套管选择和校验条件见表 5-15。

表 5-15 支持绝缘子和穿墙套管的选择和校验条件

选择条件 类别	额定电压	额定电流	热稳定	动稳定
支持绝缘子	$U_n \geqslant U_g$	—	—	$0.6F_{ux} \geqslant F_{jS}$
穿墙套管	$U_n \geqslant U_g$	$I_n \geqslant I_{g \cdot max}$	$I_t^2 t \geqslant I_\infty^2 t_j$	$0.6F_{ux} \geqslant F_{jS}$

注：F_{ux}——拉弯允许作用力；F_{jS}——计算作用力；0.6——安全系数；其他各量同前。

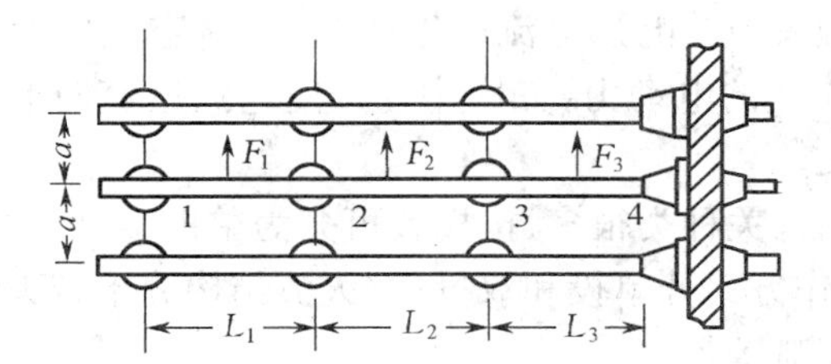

图 5-18 缘缘子和穿墙套管受的电动力

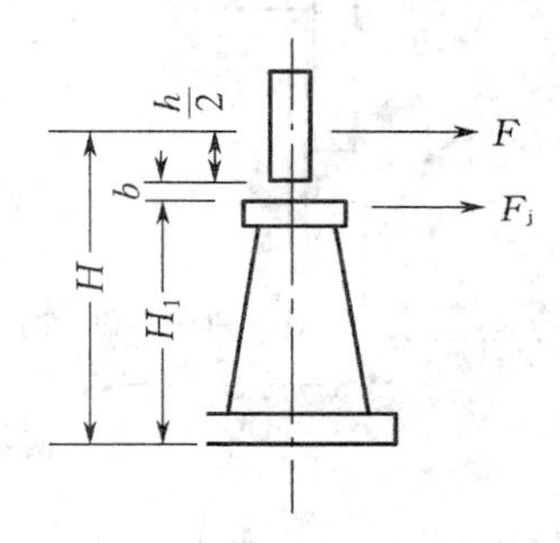

图 5-19 绝缘子受力图
b—母线下部至绝缘子帽的距离，一般母线竖放为 18mm，平放取 12mm；h—母线的高度(mm)

绝缘子和套管的机械应力计算如下。

布置在同一平面的三相母线(图 5-18)：发生短路时，支持绝缘子所受的力为与该绝缘子相邻两母线段上电动力的平均值。例如，绝缘子 2 所受作用力为

$$F_{max} = \frac{F_1 + F_2}{2} = 8.62 \times \frac{L_1 + L_2}{a} i_{ch}^2 \times 10^{-8} \text{(N)} \quad (5\text{-}36)$$

式中 L_1、L_2——与绝缘子相邻的跨距(或穿墙套管本身长度及至最近一个支持绝缘子的距离)(m)；

a——相间距离(m)；

i_{ch}——冲击电流(kA)。

由于母线电动力是作用在母线截面中心线上，而支持绝缘子的抗弯破坏强度是按作用在绝缘子帽上给出的(图 5-19)，二者力臂不等。为便于比较必须求出短路时作用在绝缘子帽上的计算作用力 F_j，即

$$F_j = \frac{H}{H_1} F_{max} = KF_{max} \text{(N)} \quad (5\text{-}37)$$

式中 H_1——绝缘子高度(mm)；

H——从绝缘子底部至母线水平中心线的高度，$H = H_1 + b + \frac{h}{2}$ (mm)。 (5-38)

当母线为 1~2 条且平放时，K 近似取 1。

5-7 低压开关电器

低压开关电器用来接通或断开 1 000 V 以下的交流和直流电路。通常使用的有低压熔断器、刀闸开关、自动空气开关、接触器和低压配电屏等。

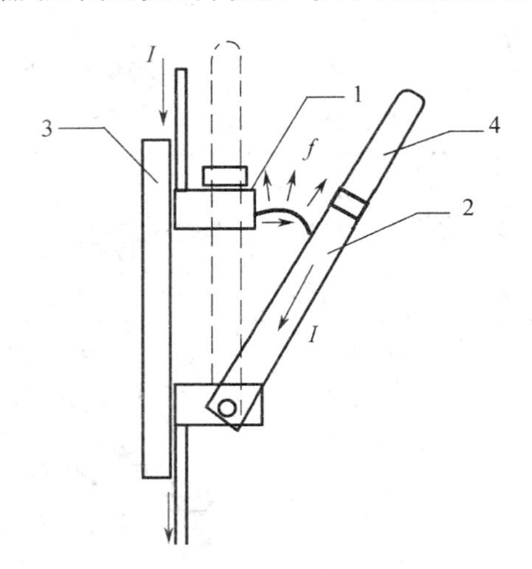

图 5-20　刀闸开关动作原理

1—静触头；2—动触头；
3—底座；4—手柄

一、刀闸开关

刀闸开关(也称刀开关)是一种最简单的低压开关,它只能用于手动接通或断开低压电路较小的正常工作电流。

刀闸开关的基本结构如图 5-20 所示。它是利用拉长电弧的原理使电弧在空气中熄灭。电弧拉长有两种原因:一是随触头距离的不断增大而被拉长;二是由于通过触头中的电弧电流产生的磁场,对空气中的电弧产生向上的电动力(如图中 f),使电弧迅速向上移动而拉长。

刀闸开关种类很多,按极数可分为单极、双极和三极;按操作方式分单投和双投;按灭弧结构分不带灭弧罩和带灭弧罩等等。

为简化配电装置结构,又出现了将刀开关与熔断器组合的熔断器式刀开关,简称刀熔开关,如图 5-21 所示。

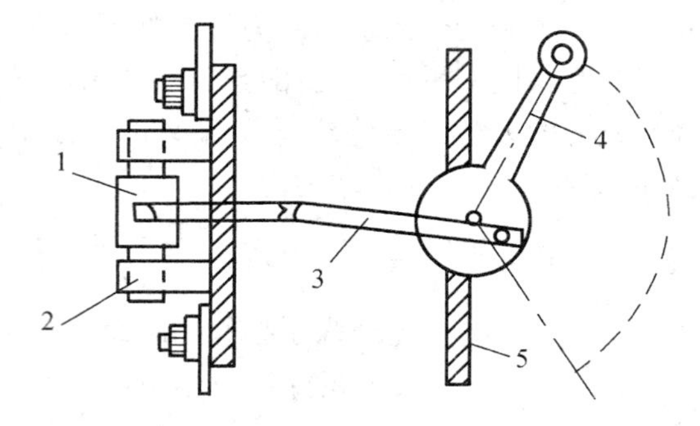

图 5-21　刀熔开关结构示意图

1—RTO 型熔断器的熔管;2—弹性触座;
3—连杆;4—操作手柄;5—配电屏板

二、低压熔断器

低压熔断器是串接在低压线路中的保护电器。当线路过负荷或有短路故障时,利用熔片通过电流时产生的热量使熔片本身熔断,从而切断故障线路。

在工厂供电系统中常用的低压熔断器,有瓷插式(RC)、螺塞式(RLS)、密闭管式(RM)和填料管式(RT)等。其中 RTO 系列低压有填料封闭管式熔断器广泛用于供电线路或断流能力要求较高的场合中,如电厂用电、变电所的主回路及靠近变压器出线端的供电线路中。

三、低压空气开关

低压空气开关是低压开关中性能最完善的开关。它既可切断负荷电流,又可切断短路电流,广泛用作低压配电变电所的总开关、大负荷电力线路和大功率电动机的控制开关等。但因灭弧结构限制,不适合于频繁操作的电路。

按电源种类该型开关可分为交流和直流空气开关两种；按结构和性能特点可分为万能式（框架式）、塑料外壳（塑壳）式等类型。

空气开关的工作原理和接线如图 5-22 所示。自动开关的主触头1是靠锁键2和搭钩3维持在闭合状态的。过流脱扣器（瞬时脱扣）线圈和热脱扣器（延时脱扣）的电阻串接在电路中。当电路发生故障时，较大的电流使衔铁一端吸住，另一端克服弹簧的拉力向上转动，顶撞搭钩3，释放锁键2，触头即自动断开，电路切断。

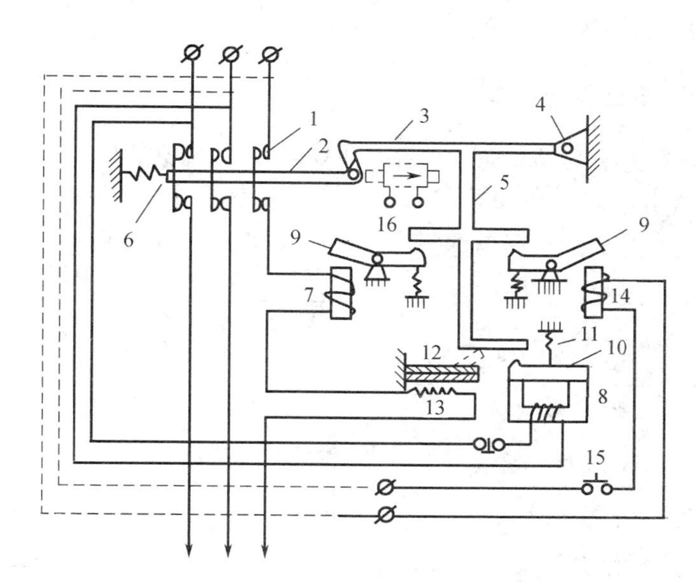

图 5-22　自动空气开关动作原理示意图

1—触头；2—锁键；3—搭钩（代表自由脱扣机构）；4—转轴；5—杠杆；6、11—弹簧；7—过流脱扣器；8—欠压脱扣器；9、10—衔铁；12—热脱扣器双金属片；13—加热电阻丝；14—分励脱扣器（远距离切除）；15—按钮；16—合闸电磁铁

空气开关还装有失压保护。当电网电压降低至 50%～60% 额定电压时，为了不致因电压过低而烧坏电动机，或为了恢复电网电压必须切除不重要用户时，失压保护立即动作。欠压脱扣器线圈并联在线电压上。当电压正常时，吸住衔铁，而当电压降低到 50%～60% U_n时，由于吸力小于弹簧拉力，衔铁撞击锁扣，触头断开。

四、接触器

接触器是用来远距离接通或开断负荷电流并适用于频繁起动及控制电动机的低压开关。按控制电源不同，可将接触器分交流接触器和直流接触器。

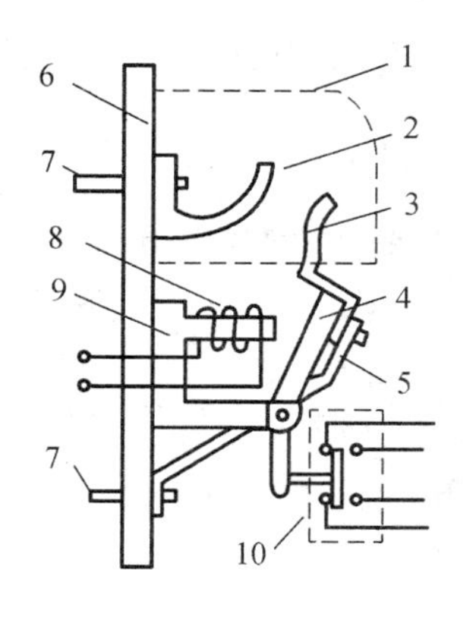

图 5-23　接触器工作原理及结构示意图

1—灭弧罩；2—静触头；3—动触头；4—衔铁；5—连接导线；6—底座；7—接线端子；8—电磁铁线圈；9—铁心；10—辅助触点

接触器的基本结构及工作原理如图 5-23 所示。动触头靠电磁铁线圈通电时产生的电磁力动作。当电磁铁线圈失电后，由于激磁消失，衔铁在本身重量作用下（或返回弹簧的作用下），向下跌落，将触点分离。接触器的灭弧室是由陶土材料制成的，根据狭缝熄弧的原理使电弧熄灭。

为了自动控制的需要，接触器除主触头外，还有为实现自动控制而接在控制回路中的辅助触点。

五、低压配电屏

低压成套配电装置有固定式低压配电屏和低压成套开关柜（也称为抽屉式开关柜）两种。

BFC 系列是一种广泛使用的抽屉式开关柜。它的特点是密封性好、可靠性高，且主要设备均装在抽屉或手车上。回路故障时，可立即换上备用抽屉或手车，迅速恢复供电，既提高了供电可靠性,又便于对故障设备进行检修。

六、低压设备的选择

选择低压设备与选择高压设备一样,也要满足安全可靠、运行维护方便和投资经济合理等要求,不仅要满足正常工作的要求,也要满足在短路条件下工作的要求。

低压设备及母线、绝缘子的选择校验项目如表 5-16 所列。

表 5-16 选择低压设备及母线、绝缘子时应校验的项目

电气设备名称	电 压(kV)	电 流(A)	断流能力	短路电流校验	
				动稳定	热稳定
低压熔断器	✓	✓	✓	—	—
低压刀开关	✓	✓	✓	○	○
低压自动开关	✓	✓	✓	—	—
母 线	—	✓	—	○	○
支柱绝缘子	✓	—	—	○	—
套管绝缘子	✓	✓	—	○	—

注:① 表中✓表示必须校验项目;○表示 35 kV 及以下的工厂供电系统可不校验;－表示不校验。

② 表中的母线和支柱绝缘子、套管绝缘子校验项目,不仅适用于低压,也是适用于高压。

思 考 题

1. 什么是电弧?试述电弧产生和熄灭的物理过程及熄灭条件。
2. 何谓电弧的伏安特性?交流电弧伏安特性有哪些特点?熄灭电弧的基本方法有哪几种?
3. 试列表说明各种电器按工作条件选择和按短路条件校验的项目及其计算公式。
4. 断路器和隔离开关的主要区别是什么?各有什么用途?在它们之间为什么要装联锁机构?
5. 高压断路器有哪些主要技术数据?其含义是什么?
6. 在选择断路器时,为什么要进行热稳定校验?分别说明断路器的实际开断时间、短路切除时间和短路电流发热等效时间的计算方法。
7. 简述互感器的用途和工作原理。
8. 什么是互感器的准确度等级?它与互感器容量有什么关系?
9. 何谓减极性?电流互感器副边为什么不能开路?电压互感器副边能否短路?

习 题

5-1 如图 5-24 所示供电系统图。电源为无穷大容量系统,变压器 B 为 S9-6300/35,$U_d(\%)=7.5$。已知:d_1点短路电流 $I_{1d}=5$ kA,保护动作时间 $t_b=2$ s,断路器全分闸时间 0.2 s。d_2点短路电流 $I_{2d}=3.66$ kA,保护动作时间 $t_b=1.5$ s,断路器全分闸时间 0.2 s。试选择下列电器:

(1) 35 kV 侧断路器现选用 DW_8-35/400 A 型,隔离开关选用 GW_5-35G/600 A,确定是否满足要求?

(2) 选择 10.5 kV 的断路器(DL)和隔离开关(G)。

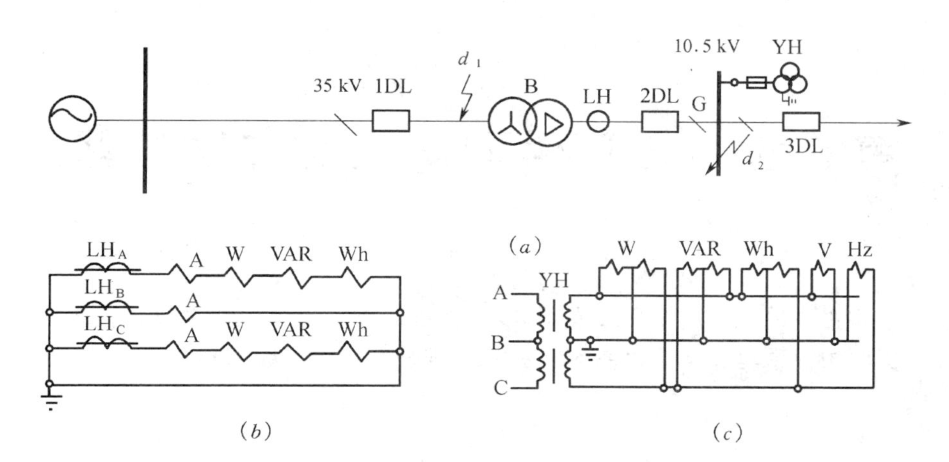

图 5-24 电器设备选择接线图

(a)供电系统电气接线;(b)电流互感器二次侧接线;(c)电压互感器二次侧接线

(3) 10 kV 电流互感器 LH 选用 LQJ-10-0.5/3-400 型,其副边额定电阻为 0.4 Ω,动稳倍数为 160,1 秒钟热稳定倍数为 75,二次侧负荷如图 5-24(b)所示,试求二次导线最大允许长度,并确定此型电流互感器是否满足要求?

(4) 选择 10 kV 电压互感器 YH,其二次负荷如图 5-24(c)所示。

(5) 选择变压器 10 kV 侧母线截面,三相水平排列,相间距离 0.7 m,绝缘子跨距 1.8 m。

5-2 试按习题 3-3 的数据,选择 10 kV 配电线路(铝绞线)截面,已知线路允许电压损失为 5%,线间几何均距为 1 m,全线截面相同。

第 6 章　工厂供配电系统二次接线

要点　本章主要讲述二次接线的原理图、安装图及常用的各种二次回路。通过学习应掌握二次接线图的构图原理及读图的基本方法。这部分内容在实际工作中经常遇到，应引起足够重视。

6-1　工厂供配电系统二次接线原理图

工厂供配电系统的变压器、断路器、隔离开关、母线、架空线路及电缆线路等电气设备相互连接构成的电路称为一次接线或主接线，是工厂供配电的主体。为了做到安全经济运行和操作管理方便，还需要装设一系列的辅助电气设备，如控制及信号器具、继电保护装置、自动装置、监察测量仪表等。这些设备通常经由电流互感器、电压互感器与主接线连接，并由所用电低压电源供电。表明它们互相连接关系的电路称为二次接线。二次接线中应用的电气设备称为二次设备。用二次设备的图形符号和文字符号，表明二次设备互相连接关系的电气接线图称为二次接线图或二次回路图。

二次接线图可分为原理接线图和安装线图。

凡表示二次设备动作原理的二次接线图统称为原理接线图。根据元件在图中表示的方法不同，分为归总式原理接线图和展开式原理接线图。

1. 归总式原理接线图(简称原理图)

通常是将二次接线和一次接线中的有关部分画在一起。在图中二次设备各元件用整体的图形符号绘出。其相互联系的电流回路、电压回路、直流回路综合绘在一张图中。其特点是容易了解各元件间的相互关系和作用，便于形成明晰的整体概念，有利于掌握动作原理。它的缺点是，如果元件较多时，接线互相交叉显得零乱，元件端子及连线均无标号，使用不便。

表 6-1 为归总式原理图中常用的图形。

现以图 6-1 所示的 6 kV～10 kV 线路的定时限过电流保护原理接线图为例，说明这种接线图的基本特点及动作原理。

图中二次设备及与之有关的一次设备均画在同一张图上。一次设备为 6 kV～10 kV 线路、隔离开关、断路器、电流互感器。二次设备包括由接于 A、C 两相上的两只电流继电器 3、4 及时间继电器 5 和信号继电器 6 组成的定时限过电流保护装置和断路器辅助触点 7、跳闸线圈 8 等。

当被保护的线路发生短路故障时，有较大的短路电流流过电流互感器的一次侧，其二次侧的电流也相应地增大。当此二次侧电流超过电流继电器的动作值时，与该电流互感器二次侧相连接的电流继电器动作，使触点闭合。触点闭合后，接通了接于时间继电器线圈一端的直流操作正电源，而时间继电器线圈的另一端直接与直流操作负电源连接。这样一来，时间继电器动作，经过一定的时限后，其延时闭合触点闭合。正电源经过此触点和信号继电器6的线圈、断路器的辅助触点7和跳闸线圈8接至负电源。信号继电器6的线圈和跳闸线圈8中有电流流过，两者同时动作，使断路器跳闸，并由信号继电器6的触点与信号回路连接并发出跳闸信号。断路器跳闸后辅助触点7断开，切断跳闸线圈中的电流，又恢复不带电状态。

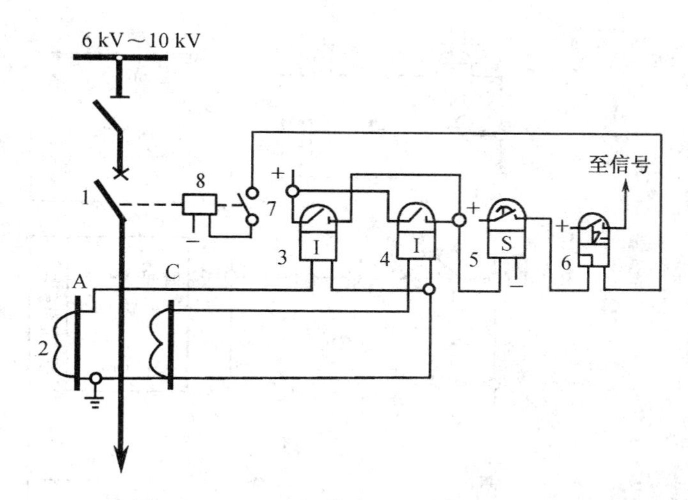

图6-1　6～10 kV线路过电流保护原理图

1—断路器；2—电流互感器；3、4—电流继电器；5—时间继电器；6—信号继电器；7—断路器的辅助触点；8—跳闸线圈

表6-1　归总式原理图中常用的图形

序号	元　　件	图　形	序号	元　　件	图　形
1	电流继电器		8	按钮	
2	电压继电器		9	连接片	
3	中间继电器		10	切换片	
4	信号继电器		11	指示灯	
5	瓦斯继电器		12	熔断器	
6	警　铃		13	电流互感器	
7	电　喇　叭		14	电压互感器线圈	

2．展开式原理接线图(简称展开图)

展开图是根据二次接线的每个独立电源绘制的，将每套装置的交流电流回路、交流电压回路和直流回路分开表示。图6-2为图6-1的6 kV～10 kV线路过电流保护的展开图。

在展开图中，继电器的线圈和触点分开，分别隶属于不同的回路，用规定的图形和文字符号注明。表6-2为展开式原理图中常用的图形。表6-3为二次接线图中的文字符号。

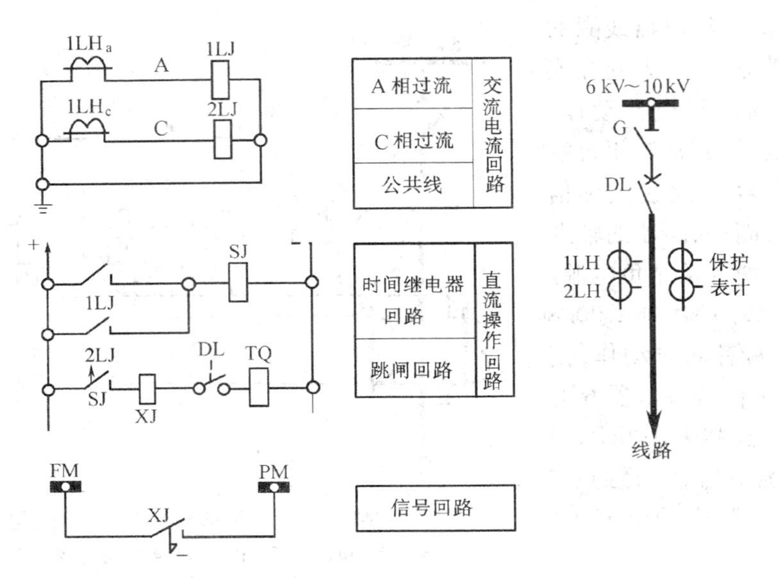

图 6-2　6 kV～10 kV 线路保护回路图

G—隔离开关；DL—断路器；1LH、2LH—电流互感器；1LJ、2LJ—电流继电器；SJ—时间继电器；XJ—信号继电器；TQ—跳闸线圈；FM、PM—掉牌未复归小母线

表 6-2　展开式原理图中常用的图形

序号	元　　件	图　　形	序号	元　　件	图　　形
1	瞬时闭合的常开触点		9	带消弧线圈的接触器的触点	
2	瞬时断开的常闭触点		10	断路器辅助开关的常开触点	
3	延时闭合、瞬时断开的常开触点		11	断路器辅助开关的常闭触点	
4	瞬时闭合、延时断开的常开触点		12	一般继电器线圈及合闸接触器线圈	
5	延时断开、瞬时闭合的常闭触点		13	电压线圈	U
6	瞬时断开，延时闭合的常闭触点		14	电流线圈	I
7	接触器的常开触点		15	带时限的电磁器线圈：(1)缓吸线圈；(2) 缓放线圈	1　2
8	接触器的常闭触点		16	双自保持中间继电器线圈	

注：规定元件不带电(或断路器未合闸)时的状态为“常”态，故“常开触点”系指元件无电(或断路器未合闸)时触点处于断开的状态，而“常闭触点”则指在此情况下触点处于闭合的状态。

交流展开图按 a、b、c 相序；直流展开图按元件的动作顺序由上往下排列，构成展开图的行。每一行中各元件的线圈和触点按实际电流流过的顺序由左向右排列。在每个展开回路的右侧通常有文字说明，以便于阅读。

图 6-2 右侧为示意图，表示主接线情况及保护装置所连接的电流互感器在一次系统中的位置。左侧为保护回路展开图，它由交流电流回路、直流操作回路和信号回路三个回路组成。交流电流回路由 A、C 两相电流互感器 $1LH_a$、$1LH_c$ 供电，二次绕组分别接入电流继电器 1LJ、2LJ 的线圈，然后用一根公共线引回，构成不完全星形接线。直流操作回路中，两侧的竖线表示正、负电源，它们是从所用直流电源小母线上引来的。现简述动作顺序：假设线路 A 相产生过电流，则在交流电路回路中经过 $1LH_a$ 的二次线圈起动电流继电器 1LJ 的线圈。与此同时在直流操作回路中 1LJ 的触点闭合，使时间继电器 SJ 线圈带电，经一定时限后，SJ 的常开触点延时闭合，使信号继电器 XJ 带电，并通过断路器 DL 的辅助触点接通跳闸线圈 TQ(在断路器跳闸前处于合闸状态时，辅助接点 DL 是闭合的)，跳闸线圈动作使断路器跳闸。在信号继电器 XJ 的线圈带电起动的同时，接于信号回路 XJ 的触点闭合，接通小母线 FM 和 PM。FM 接信号正电源，PM 经光字牌的信号灯接负电源，光字牌小灯闪出亮光，给出正面标有“掉牌未复归”的灯光信号。

表 6-3　展开式原理图中常用图形的符号的含义

序号	元　件　名　称	文字符号	序号	元　件　名　称	文字符号
1	电流继电器	LJ	28	停止按钮	TA
2	电压继电器	YJ	29	指挥信号按钮	ZXA
3	时间继电器	SJ	30	事故信号按钮	GXA
4	中间继电器	ZJ	31	解除信号按钮	JXA
5	信号继电器	XJ	32	中央解除按钮	ZKA
6	温度继电器	WJ	33	连接片	LP
7	瓦斯继电器	WSJ	34	切换片	QP
8	继电保护出口继电器	BCJ	35	位置指示器	WS
9	自动重合闸继电器	ZCH	36	熔断器	RD
10	合闸位置继电器	HWJ	37	断路器	DL
11	跳闸位置继电器	TWJ	38	隔离开关	G
12	闭锁继电器	BSJ	39	电流互感器	LH
13	监视继电器	JJ	40	电压互感器	YH
14	信号脉冲继电器	XMJ	41	直流控制回路电源小母线	+KM
15	合闸线圈	HQ			-KM
16	合闸接触器	HC	42	直流信号回路电源小母线	+XM
17	跳闸线圈	TQ			-XM
18	控制开关	KK	43	直流合闸电源小母线	+HM
19	转换开关	ZK			-HM
20	一般信号灯	XD	44	预报信号小母线	YBM
21	红　　灯	HD	45	指挥信号小母线	XYM
22	绿　　灯	LD	46	事故音响信号小母线	SYM
23	光字牌	GP	47	辅助小母线	FM
24	蜂鸣器	FM	48	“掉牌未复归”光字牌小母线	PM
25	警　　铃	JL	49	交流电压小母线	YM
26	试验按钮	YA			
27	起动按钮	QA			

6-2　断路器的控制回路

按控制地点可将断路器的分闸、合闸控制分为集中控制和就地控制。

集中控制是把电压级较高、较重要的断路器集中在主控制室或控制屏上进行控制。被控制的断路器与主控制室之间的距离一般都在几十米以上，所以又称为距离控制。

就地控制是把一些不太重要设备的断路器在安装地点的配电装置上就地进行控制。

断路器的控制回路接线因操动机构不同而不尽相同，但基本原理是相似的。现以带有电磁式操动机构的断路器为例介绍原理框图和接线图。

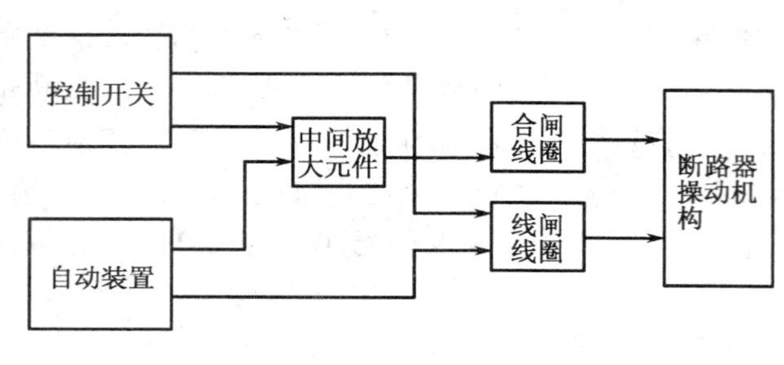

图 6-3　控制回路框图

一、动作原理框图

图 6-3 为断路器控制回路的原理框图。现将各部分的作用分述如下。

1. 控制开关

目前多采用带有转动手柄的 LW_2 系列控制开关。当断路器需要合闸或断开时，由值班人员转动控制开关的手柄来进行。

2. 自动装置

当断路器需要自动投入运行时，可将自动投入装置的继电器触点接入合闸控制回路。把继电保护装置的出口继电器触点接入跳闸控制回路，设备故障时可自动跳闸。

3. 中间放大元件

附有电磁式操动机构的断路器，其合闸电流很大(几十安或几百安)，但控制元件和控制回路所能允许通过的电流只有几安，所以在合闸控制回路中需接入中间放大元件。在另一回路中通过其触点的闭合去起动合闸线圈进行合闸操作。

4. 操动机构

断路器的操动机构种类很多，有电磁式、弹簧式、液压式、气压式等。应用最广泛的电磁式操动机构带有跳、合闸线圈及常开常闭触点。由操动机构完成跳、合闸操作。

二、断路器控制回路展开接线图

图 6-4 是控制回路的展开接线图。现根据图 6-4 分述断路器的合、跳闸操作过程。

1. 合闸过程

1）合闸前的状态

合闸操作前断路器为跳闸状态，控制开关手柄处于“跳闸后”位置，触点 KK_{10-11}、KK_{14-15}

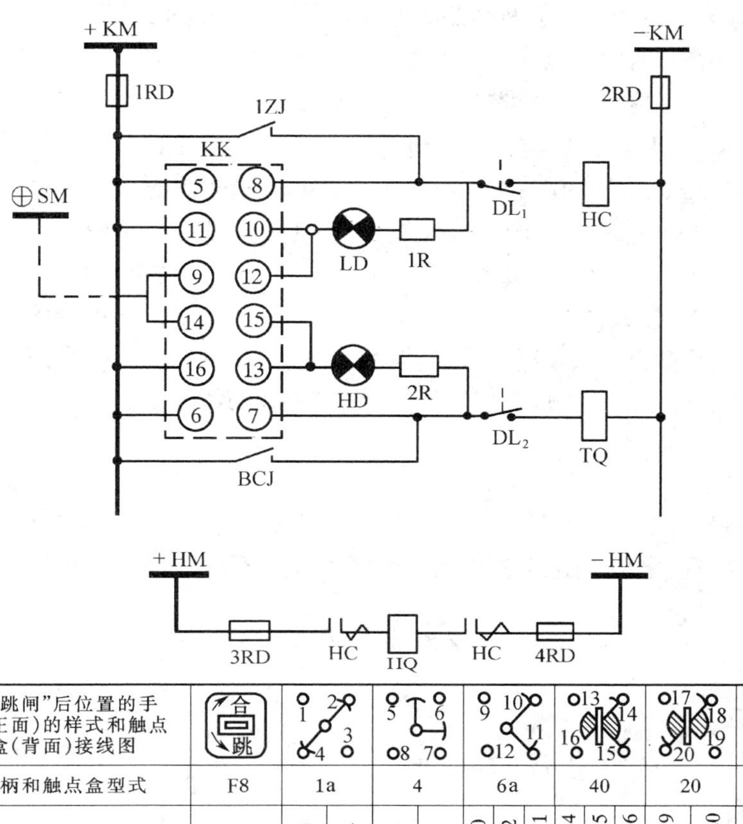

有“跳闸”后位置的手柄(正面)的样式和触点盒(背面)接线图																
手柄和触点盒型式	F8	1a		4		6a			40			20		20		
位置 \ 触点号	—	1—3	2—4	5—8	6—7	9—10	9—12	10—11	13—14	14—15	13—16	17—19	18—20	21—23	21—22	22—24
跳 闸 后		—	×	—	—	—	—	×	—	×	—	—	×	—	—	×
预备合闸		×	—	—	—	×	—	—	×	—	—	—	—	—	×	—
合 闸		—	—	×	—	—	×	—	—	—	×	×	—	×	—	—
合 闸 后		×	—	—	—	×	—	—	—	—	×	×	—	×	—	—
预备跳闸		—	×	—	—	—	—	×	×	—	—	—	—	—	×	—
跳 闸		—	—	—	×	—	—	×	—	×	—	—	×	—	—	×

×表示触点接通　　　　—表示触点断开

图 6-4　断路器控制回路展开接线图

HQ—合闸线圈；　TQ—分闸线圈；　1～4RD—熔断器；　DL—辅助触头；　HC—直流接触器；
LD—分闸信号灯；　HD—合闸信号灯；　KK—控制开关；　KM—控制小母线；　HM—合闸母线

均闭合。断路器的辅助触点 DL_1 为常闭触点，处于闭合状态。此时绿灯回路经 + KM→KK_{11-10}→绿灯 LD→1R→DL_1→HC→ - KM 而成通路。此通路的电流值能使绿灯发亮，但由于限流电阻 1R 的限流作用，HC 不能起动。绿灯发亮表示合闸回路完好及断路器处于跳闸状态，起到了监视回路完好与表示断路器位置状态的作用。

2）手动合闸

将控制开关手柄由“跳闸后”的水平位置，顺时针方向旋转 90°，到“预备合闸”的垂直位置,此时 KK_{9-10}、KK_{13-14}均闭合。但断路器的位置状态没变,DL_1 仍闭合,绿灯回路经 KK_{9-10}仍为通路,继续发亮(在重要的变电站内把 KK_9、KK_{14}两触点接到闪光母线⊕SM 上,可发出闪光,如图中虚线所示)。随后将手柄再按顺时针方向转 45°至"合闸"位置,此时 KK_{5-8}、KK_{9-12}、KK_{13-16}均闭合。KK_{5-8}闭合,则较前为大的电流通过 +KM→KK_{5-8}→DL_1→HC→ -KM 回路,使 HC 起动。HC 起动后在合闸线圈 HQ 回路中,HC 的两对接点闭合,电流经 +HM→HC→HQ→HC→ -HM 构成通路,使合闸线圈动作,经操动机构进行合闸操作。合闸完成后,断路器辅助接点 DL_1 断开,DL_2 闭合。由于 KK_{13-16}已闭合,红灯 HD 经 +KM→KK_{13-16}→HD→2R→DL_2→TQ→ -KM 构成回路,红灯发亮。与此同时绿灯熄灭。接着操作人员将手柄放开,在弹簧力作用下,手柄自动按反时针方向转动 45°成垂直方向,此时为"合闸后"位置,表示合闸操作完毕。此时 KK_{13-16}仍闭合,红灯保持发亮状态,表示断路器已合闸,并说明跳闸回路完好。

3) 自动合闸

当自动投入装置动作使继电器触点 1ZJ 闭合时,可自动使断路器合闸。但此时控制开关手柄仍在"跳闸后"位置,出现了断路器的状态与手柄位置"不对应"情况,操作人员应将手柄转到"合闸后"位置,红灯发亮。

2. 跳闸过程

1) 跳闸前的状态

跳闸前断路器处于合闸状态,DL_2 闭合,手柄在"合闸后"位置。

2) 手动跳闸

将手柄按反时针方向旋转 90°呈水平方向的"预备跳闸"位置,KK_{10-11}、KK_{13-14}均闭合。由于 DL_2 仍闭合,红灯通过 KK_{13-14}形成回路,继续保持发亮。再将手柄按反时针方向旋转 45°到"跳闸"位置,KK_{6-7}、KK_{10-11}、KK_{14-15}均闭合。电流通过 +KM→KK_{6-7}→DL_2→TQ→ -KM 回路,使跳闸线圈 TQ 起动,通过操动机构使断路器直接跳闸。与此同时 DL_2 断开,红灯熄灭;DL_1 闭合及 KK_{10-11}闭合,绿灯回路接通,绿灯发亮。随之将手柄放开,手柄自动转到"跳闸后"位置 KK_{10-11}仍闭合,绿灯继续保持发亮,说明断路器已跳闸且合闸回路完好。

3)自动跳闸

当设备出现故障时,继电保护装置动作,继电保护出口继电器触点 BCJ 闭合,接通跳闸回路,TQ 起动使断路器跳闸。此时亦出现"不对应",需将手柄转到"跳闸后"位置,绿灯发亮。

6-3　中央信号回路

在控制回路中表示断路器位置状态的灯光信号称为位置信号。当变电站的设备较多时,为了能及时方便地发现事故和异常情况,可集中设立信号装置,这种装置称为中央信号装置。由于它承担的任务不同,可分为中央事故信号装置及中央预告信号装置。

1. 中央事故信号

断路器事故跳闸时,能及时发出音响信号(用蜂鸣器)并用光字牌灯显示出事故的性质,此种信号称为中央事故信号。图 6-5 为中央事故信号装置回路的展开图。图中 1ZK 转换开关只有投入和试验两个位置。图中左半部分 1KK、2KK、…等分别为控制回路中控制开关的触点，DL_3 为被控断路器的常闭触点，XJ 为信号继电器的触点。

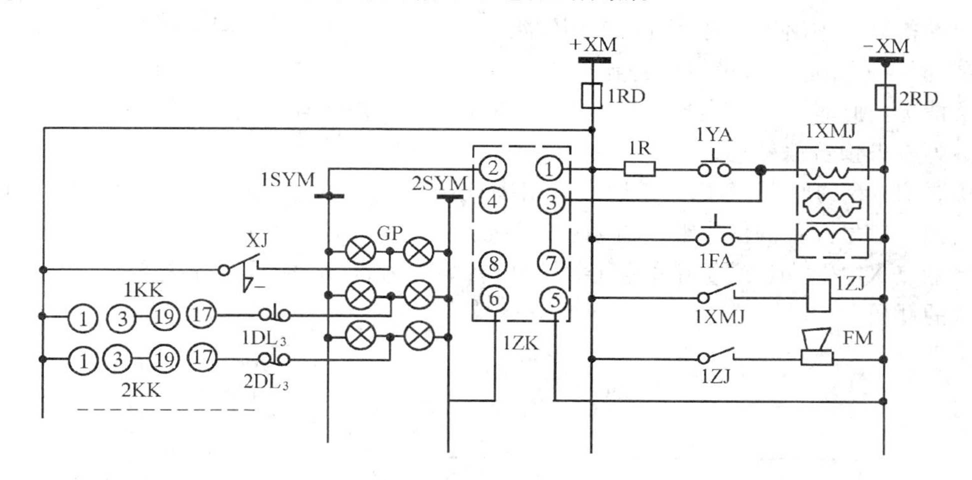

图 6-5　中央事故信号装置展开图

1ZK—转换开关；　GP—光字牌；　1XMJ—冲击继电器；　1R—电阻；　1YA—试验按钮；　1FA—复归按钮；　1ZJ—中间继电器；　FM—蜂鸣器；　KK—断路器控制开关；　DL_3—断路器辅助触点；　XJ—信号继电器触点

断路器在合闸状态时，控制开关在"合闸后"位置，KK_{1-3}、KK_{19-17}均闭合。当断路器事故跳闸时 DL_3 闭合，手柄位置未变，上述两对触点仍闭合，转换开关置于"投入"位置，ZK_{2-3}、ZK_{6-7}均闭合。电流经 + XM→KK_{1-3}→KK_{19-17}→DL_3→光字牌指示灯 GP→1SYM→ZK_{2-3}及ZK_{6-7}→1XMJ→ − XM 构成通路。加到冲击继电器 1XMJ 上的电流为一直流脉冲电流（原始状态为开路，电流为零）。此时，有如下动作：①电流冲击 1XMJ 起动，触点 1XMJ 闭合；②1ZJ 带电起动；③触点 1ZJ 闭合；④蜂鸣器 FM 带电，发出音响信号。与此同时，指示灯发出亮光，在指示灯前的光字牌上显示出是何种保护动作，以便判断事故的性质。

1FA 为复归按钮。按下 1FA，1XMJ 的另一线圈直接从 + XM 获得电流，使冲击继电器复归，触点 1XMJ 断开，导致 FM 失电，发声停止，但指示灯仍发亮。待操作人员将控制开关 KK 转到"跳闸后"位置，KK_{1-3}，KK_{19-17}断开时，指示灯才熄灭。

由于每一起动回路均串有光字牌指示灯（相当于一个电阻），这样当第一个回路接通后，第二个回路事故跳闸又接通了，相当于又并联一个电阻，从而使总电阻减小，使通过冲击继电器的脉冲电流变大，1XMJ 又重新起动。重复上述动作，蜂鸣器再次发出音响信号，所以此种接线方式称为手动复归重复动作的中央信号装置。

1YA 为试验按钮。按下 1YA，脉冲电流从 + XM 径 1R 加到脉冲继电器上，使蜂鸣器发声，从而可以检查信号回路是否完好。

把转换开关 1ZK 转到"试验"位置，触点 ZK_{1-2}、ZK_{5-6}均闭合。电流经 + XM→ZK_{1-2}→1SYM→GP→ZK_{5-6}→ − XM，相当于把两指示灯串联于电路中，指示灯发暗光。如有一只灯泡损坏，则两灯光全熄灭。当 ZK 在投入位置时，两灯泡并联于电路中，指示灯发亮光，如有一只灯泡损坏，另一只灯泡仍能发亮。因此通过 ZK 的转换可查知指示灯是否完好。

当信号继电器触点 XJ 闭合时,与事故跳闸的过程一样,指示灯发亮光,蜂鸣器发声。

2. 中央预告信号

当设备运行中出现异常情况(如变压器过负荷、直流回路熔断器熔断等)时,并不需要断路器跳闸,但需通知运行人员尽快将异常运行情况消除。例如,可通过改变运行方式或检修以恢复正常情况。此时需要发出另一种音响信号(用警铃),并伴有灯光显示出异常情况性质,此种信号称为中央预告信号。

仿照图 6-5 的原理,可以容易地设计出中央预告信号装置,如图 6-6。图中左半部分把需要发出预告信号设备的信号继电器触点 XJ 接入 + XM 与 GP 之间,再把蜂鸣器 FM 换成警铃 JL。当触点 XJ 闭合时,装置中的警铃可发出音响信号,同时指示灯发亮光,在指示牌上显示出事故的性质。

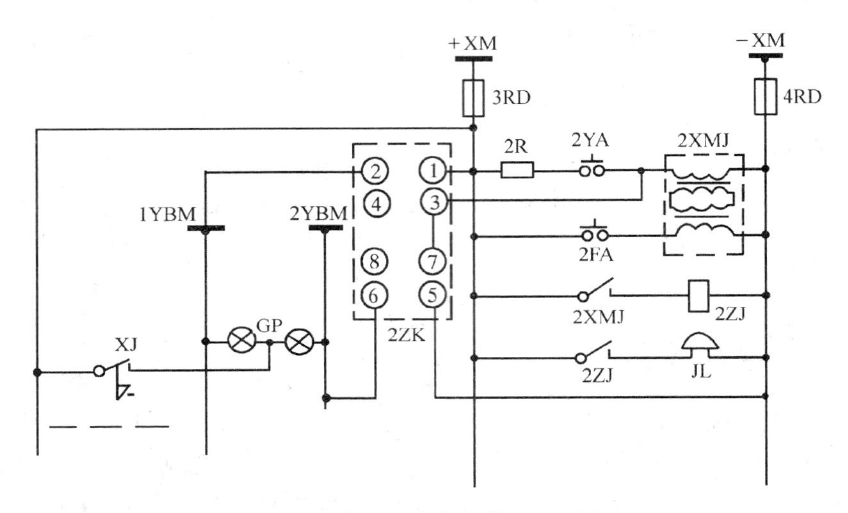

图 6-6 中央预告信号装置展开图

其他部分的工作原理与中央信号装置完全相同,不再赘述。

如果上述两个装置采用不同的冲击继电器,则联接线路有差别,但基本工作原理相同。

6-4 测量仪表及其接线

为了监视设备的运行情况和电能质量及计量电气量,保证供电系统安全、可靠、经济地运行,工厂供用电设备中需装有电气测量仪表。

一、电气测量仪表的准确等级

(1) 用于供电系统中电气设备和线路上的交流仪表的准确等级不应低于 2.5 级;直流仪表不应低于 1.5 级。

(2) 在变电站内装设的用于计量有功电能的电度表,准确度等级一般为 1 级;用于计量无功电能的电度表,一般为 2 级。

(3) 测量用互感器的准确等级是:用于接计费用电度表的互感器的准确度应为 0.5 级;用

于仅接内部技术经济分析用的监视电度表的互感器,准确度可为 1 级;对于仅接电流或电压测量用电表的互感器,可为 1 级;非重要回路,可使用 3 级互感器。

(4) 在可能出现双向电流的直流回路和双向功率的交流回路,应装设双向标度的电流表和功率表。

(5) 在 500 V 及以下级的直流回路中,允许使用直接接入和经分流器或附加电阻接入的电流表或电压表,所用分流器不应低于 0.5 级。

二、电气测量仪表的配置

1) 3 kV~10 kV 母线

每段母线上都需配置一只电压表及三相电压切换开关,用以检测线电压。另外还需装设三只电压表,用作母线绝缘监视。

2) 降压变压器

为了掌握负荷情况,需要装设一只电流表。需要计量电能时,应装设一只三相有功电度表和一只三相无功电度表。仪表一般装在高压侧。如经供电部门同意,装在低压侧可省去互感器,比较经济。

3) 3 kV~10 kV 线路

同降压变压器,需装设一只电流表和一只三相有功电度表、一只三相无功电度表。

4) 低压(380 V/220 V)三相四线制线路

对于三相负荷的动力线路,可只装一只电流表。三相长期不平衡运行的线路,如动力和照明混合的线路,应装设三只电流表。单独计费的线路,应加装一只三相四线有功电度表。

5) 静电电容器

为了监视三相负荷是否平衡,需装设三只电流表。为了监视电压和供出的无功电能,还需装设一只电压表和一只三相无功电度表。

三、三相电路功率的测量

1. 三相电路有功功率的测量

三相电路总的有功功率等于各相有功功率之和,即

$$P = P_A + P_B + P_C = U_A I_A \cos\varphi_A + U_B I_B \cos\varphi_B + U_C I_C \cos\varphi_C$$

式中 U_A、U_B、U_C——A、B、C 相的相电压;

I_A、I_B、I_C——A、B、C 相的相电流;

φ_A、φ_B、φ_C——A、B、C 相相电压与相电流间夹角。

在对称三相制中,由于各相电压、各相电流及它们的相位角均相等,所以上式写成

$$P = 3U_\phi I_\phi \cos\varphi = \sqrt{3} UI \cos\varphi$$

式中 U_ϕ、I_ϕ——相电压和相电流;

U、I——线电压和线电流;

φ——相电压和相电流之间的相位角。

同样可以证明,对于对称三相电路,总瞬时功率亦等于各相瞬时功率之和,即

$$p = p_A + p_B + p_C = 3U_\phi I_\phi \cos\varphi$$

此式表明,对称三相制电路的瞬时功率是一个常量,其值等于平均功率。

单相电路的功率瞬时值为

$$\begin{aligned} p &= u_\phi i_\phi = [\sqrt{2}U_\phi \sin\omega t][\sqrt{2}I_\phi \sin(\omega t - \varphi)] \\ &= U_\phi I_\phi \cos\varphi - U_\phi I_\phi \cos(2\omega t - \varphi) \end{aligned}$$

可见功率的瞬时值不等于平均值。

根据上述分析,可以得出下面的测量方法。

1) 三相三线制电路

在三相三线制电路中,无论负荷对称与否,一般都用两只有功功率表进行测量,即所谓双瓦特计法,如图 6-7 所示。其中(a)为接线图;(b)为相量图。

从图中可看出功率表的电压线圈接在线电压上,电流线圈接在相电流上。两只表所测得的功率瞬时值分别为

$$p_1 = u_{AB} i_A = (u_A - u_B) i_A$$

$$p_2 = u_{CB} i_C = (u_C - u_B) i_C$$

在三相三线制中,由于 $i_A + i_B + i_C = 0$,即 $i_B = -(i_A + i_C)$。将上两式求和,代入之,得

$$\begin{aligned} p &= p_1 + p_2 \\ &= u_A i_A - u_B(i_A + i_C) + u_C i_C \\ &= u_A i_A + u_B i_B + u_C i_C \end{aligned}$$

由上式可知,用两只功率表按图 6-17(a)接线,所测得的功率为三相功率之总和。而功率表的读数是平均功率,相量图如图 6-7(b)所示,可得出

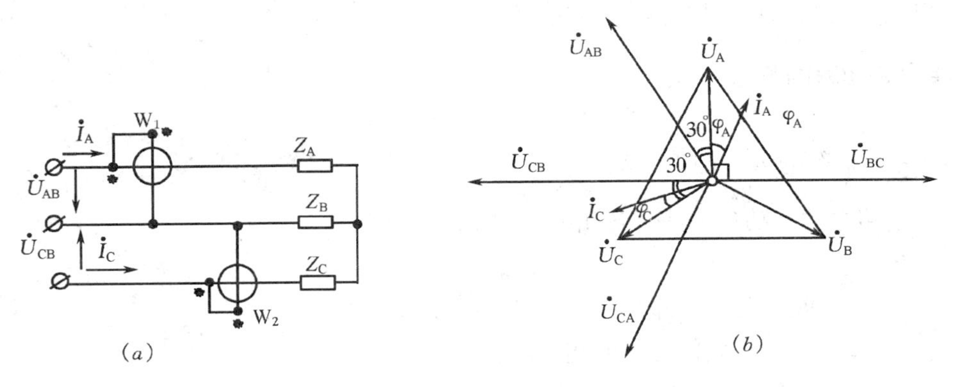

图 6-7 用两只有功功率表测量三相三线制有功功率

(a)接线图; (b)相量图

$$P = P_1 + P_2 = U_{AB} I_A \cos(30° + \varphi_A) + U_{CB} I_C \cos(30° - \varphi_C)$$

当三相电路对称时,下述关系成立

$$U_{AB} = U_{BC} = U_{CA} = U;\ I_A = I_B = I_C = I;\ \varphi_A = \varphi_B = \varphi_C = \varphi$$

代入上式,经运算整理得

$$P = P_1 + P_2 = \sqrt{3}UI\cos\varphi$$

即用两只功率表可测出三相功率。

用两只功率表测量有功功率时，两只表读数的代数和即为三相总的有功功率。要注意相位角的变化。当 $\varphi<60°$时，两只表的读数均为正值；当 $\varphi=60°$时，有一只表读数为零；$\varphi>60°$时，有一只表读数为负值。

为了使用方便，装于配电屏上的功率表是按上述接线原理将两只功率表组合起来，放在一个外壳内，指针读数即为三相有功功率，通常称之为两元件三相有功功率表。它的接线如图6-8所示。图中为经电压互感器和电流互感器接入三相功率表的接线方式。当电源电压为380 V或220 V时，可省去互感器，主电路直接与功率表相接。两元件三相功率表的背面共有七个接线柱，其中四个属于两个电流线圈的，另三个属于电压线圈(其中一个为共用)。

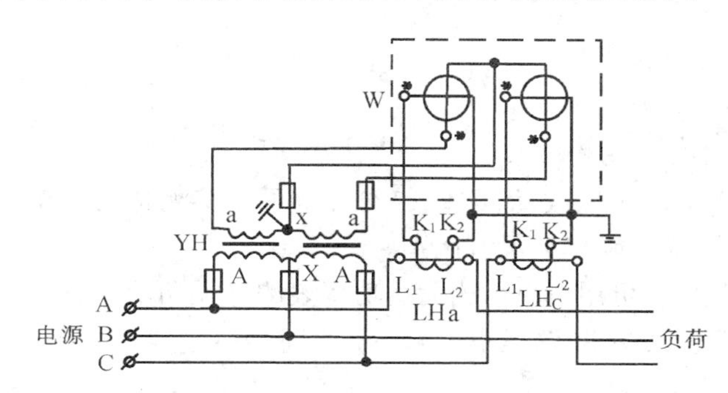

图6-8　经互感器两元件三相有功功率表接线

2）三相四线制电路

对于三相四线制电路，除对称运行外，不能用双瓦特计法测量三相功率，因为在三相四线制中 $i_A+i_B+i_C\neq0$。通常是用三只单相功率表进行测量，接线如图6-9(*a*)所示。每一只单相有功功率表测量一相功率，三只表读数之和就是三相总有功功率。不论三相负荷对称与否，这种接线方法测量结果都是正确的。如三相负荷平衡，亦可用一只单相功率表进行测量，如图6-9(*b*)，其读数的3倍即为三个总有功功率。

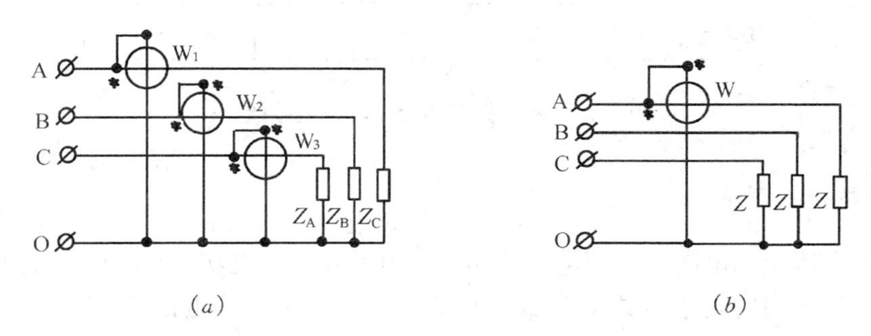

图6-9　测量三相四线制电路有功功率的接线图

(*a*)不对称的三相四线制电路；(*b*)对称的三相四线制电路

2. 三相电路无功功率的测量

三相电路中的无功功率为

$$Q=U_AI_A\sin\varphi_A+U_BI_B\sin\varphi_B+U_CI_C\sin\varphi_C$$
$$=U_AI_A\cos(90°-\varphi_A)+U_BI_B\cos(90°-\varphi_B)+U_CI_C\cos(90°-\varphi_C)$$

当三相电路对称时，则有

$$Q=\sqrt{3}UI\sin\varphi$$

由图 6-7(*b*)的相量可以看出：$\dot{U}_{BC}$滞后于 $\dot{U}_{A}$ 90°，$\dot{U}_{BC}$与 $\dot{I}_{A}$ 之间的相位差为$(90°-\varphi_{A})$；同样，$\dot{U}_{CA}$与 $\dot{U}_{B}$、$\dot{I}_{B}$ 及 $\dot{U}_{AB}$与 $\dot{U}_{C}$、$\dot{I}_{C}$ 也有上述关系。利用上述关系，三相三线制电路可以用两只有功功率表测量三相无功功率。图 6-10 为利用两元件三相无功功率表经互感器测量三相无功功率之接线。此种接线由于电流线圈接入某一相后，其电压线圈需接入另外两相，故称为跨相 90°的接线方法。其三相无功功率计算公式为

$$P_1=U_{BC}I_{A}\cos(90°-\varphi)=U_{BC}I_{A}\sin\varphi$$

$$P_2=U_{AB}I_{C}\cos(90°-\varphi)=U_{AB}I_{C}\sin\varphi$$

$$P_1+P_2=2UI\sin\varphi$$

将两只表读数相加并乘以$\frac{\sqrt{3}}{2}$，即得 $Q=\sqrt{3}UI\sin\varphi$。根据上述原理，只要将有功功率表的电压线圈换相，并将标度盘刻度予以改动(乘以$\sqrt{3}/2$)，就可直接测量无功功率。所以在结构和动作原理上无功功率表与有功功率表没有区别。

对于三相四线制电路，可用三只单相无功功率表测量无功功率，接线亦需跨相 90°。可参看图 6-9 及 6-10，读者自己绘出，这里不再重述。

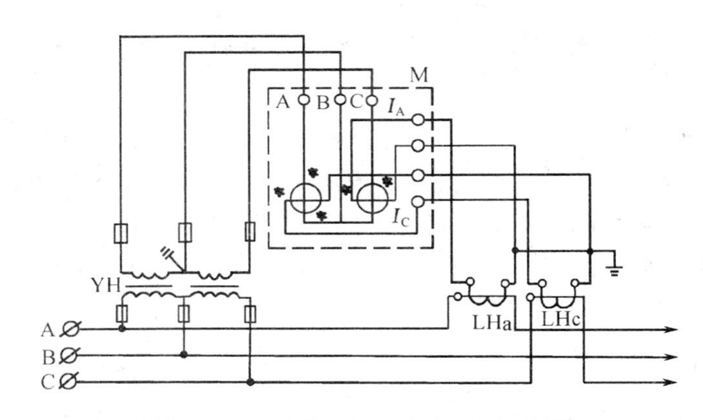

图 6-10　两元件三相无功功率表接线图

四、三相电路电能的测量

三相交流电路中的电能通常用电度表测量。电度表是将电功率和时间的乘积累计起来的仪表。目前广泛采用的是感应式电度表。它的主要元件是电流电磁铁、电压电磁铁、转动铝盘、永久磁铁、积算元件等。绕在电流电磁铁上的线圈为电流线圈，接入电路时与负荷串联；绕在电压电磁铁上的线圈称为电压线圈，接入电路时与负荷并联。积算元件是由蜗轮、小齿轮、滚轮等组成的积算机构。它用数码表示电度，因此在下面所分析的接线中，掌握住电流线圈与电压线圈的连接方法，求出电功率来，就可得出电能的数值。

1. 三相电路有功电能的测量

在三相三线制电路中可以用两只单相电度表或两元件三相电度表测量三相有功电能。工

厂变电站通常采用后者,接线如图 6-11 所示。从图 6-7(b)可看出所测量的有功功率为

$$P_1 = U_{AB} I_A \cos(30° + \varphi_A)$$

$$P_2 = U_{CB} I_C \cos(30° - \varphi_C)$$

$$P = P_1 + P_2 = \sqrt{3} UI \cos\varphi$$

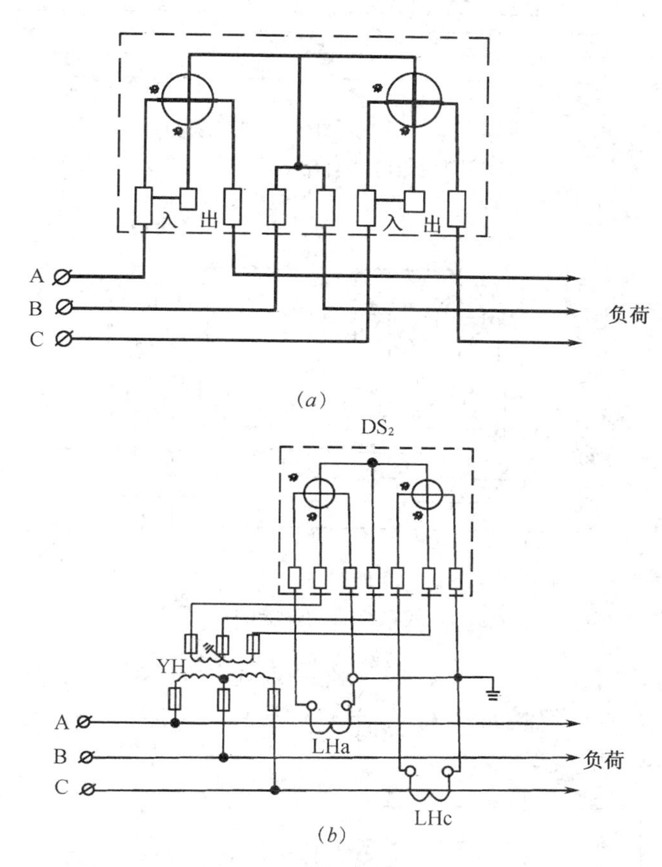

图 6-11 三相三线两元件有功电度表接线图

(a)直入式; (b)经电流互感器接入式

从接线图中可看出,三相三线两元件有功电度表的接线原理与测量三相三线制电路的有功功率相同。需注意:当第一个元件电流线圈接在 A 相上时,电压线圈要接在 A、B 相;当第二个元件电流线圈在 C 相上时,电压线圈要接 C、B 相上。如果接线发生错误可能会出现电度表停转或反转等异常情况。

在高压网络中,电度表可经过互感器接入主电路,如图 6-11(b)所示。

三相四线制电路中,无论负荷平衡与否,有功电能都可用三只单相有功电度表测量,也可以用一只三相四线制有功电度表测量。三相四线有功电度表又分三相三元件及三相两元件两种。三相四线三元件有功电度表是把三只单相表组合在一起,用一个积算元件标出三相总有功电能。图 6-12、6-13 分别为用三只单相有功电度表及一只三相四线三元件有功电度表测量三相四线制电路有功电能的接线图。每个元件的电压线圈都接入相电压上,电流线圈接入与相电压相应的相电流上,测得的是该相的有功电能。三个元件测得的总和为三相总有功电能。

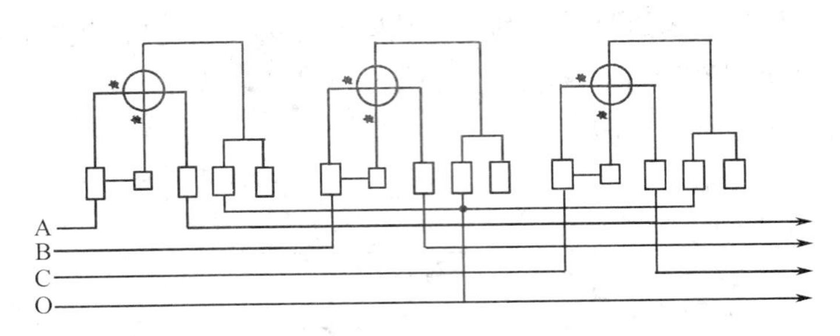

图 6-12 用三只单相有功电度表测量
三相四线制电路有功电能的接线图

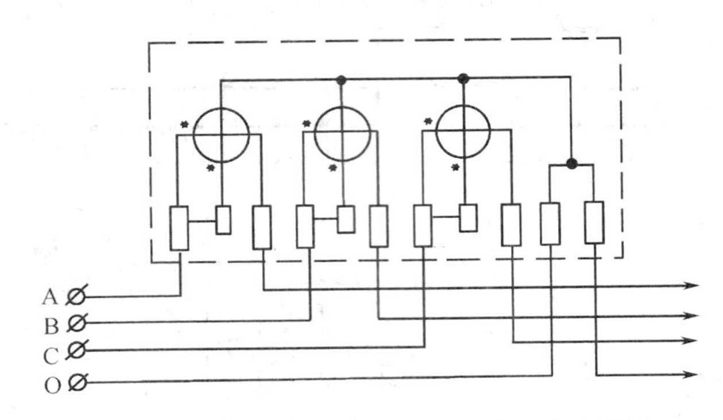

图 6-13 一只三相四线三元件有功电度表测量
三相四线电路有功电能的接线图

与三元件有功电度表相比，三相四线两元件有功电度表省去一个 B 相元件，而把 B 相电流分别接入绕在 A、C 相电流线圈 1(称基本线圈)磁铁上的附加线圈 2 上，B 相电压不接入。测量接线如图 6-14 所示。

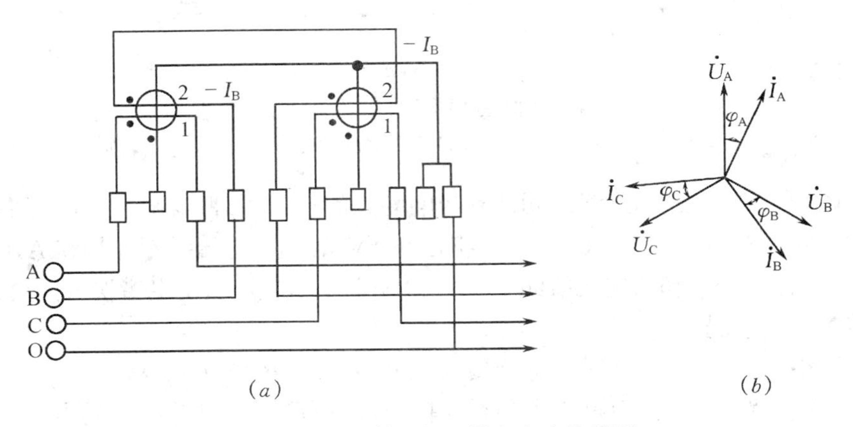

图 6-14 二元件三相四线电度表接线图
(a)接线图；(b)相量图

由图 6-14 的接线图及向量图可知：两个元件测得的有功电能用有功功率表示时，分别为

$$P_1 = U_A I_A \cos\varphi_A - U_A I_B \cos(120° + \varphi_B)$$

$$= U_A I_A \cos\varphi_A + \frac{1}{2} U_A I_B \cos\varphi_B + \frac{\sqrt{3}}{2} U_A I_B \sin\varphi_B$$

$$P_2 = U_C I_C \cos\varphi_C - U_C I_B \cos(120° - \varphi_B)$$

$$= U_C I_C \cos\varphi_C + \frac{1}{2} U_C I_B \cos\varphi_B - \frac{\sqrt{3}}{2} U_C I_B \sin\varphi_B$$

如三相电压对称　$U_A = U_B = U_C$，则有

$$P = P_1 + P_2$$

$$= U_A I_A \cos\varphi_A + U_B I_B \cos\varphi_B + U_C I_C \cos\varphi_C$$

从上式可看出两元件测出的是三个单相的有功功率，从而可知三相有功电能。所以，无论负荷平衡与否，用三相四线两元件有功电度表测得的结果都是正确的。

如果只需测量三相四线制电路中某一相的有功电能，可用一只单相有功电度表。

2. 三相电路无功电能的测量

和有功电度表一样，无功电度表也分单相和三相两种。无功电度表的接线方法可参看测量无功功率的接线，即跨相 90°的接法。这里重点介绍一种带有附加电流线圈的三相两元件的无功电度表的接线方法，如图 6-15 所示。接线时，第一个元件的两个电流线圈（图中 1 为基本线圈，2 为附加线圈）分别接入电流 I_A 和 $-I_B$，电压线圈跨接在线电压 U_{BC}上。第二个元件的电流线圈分别接入 I_C 和 $-I_B$，电压线圈跨接在线电压 U_{AB}上。

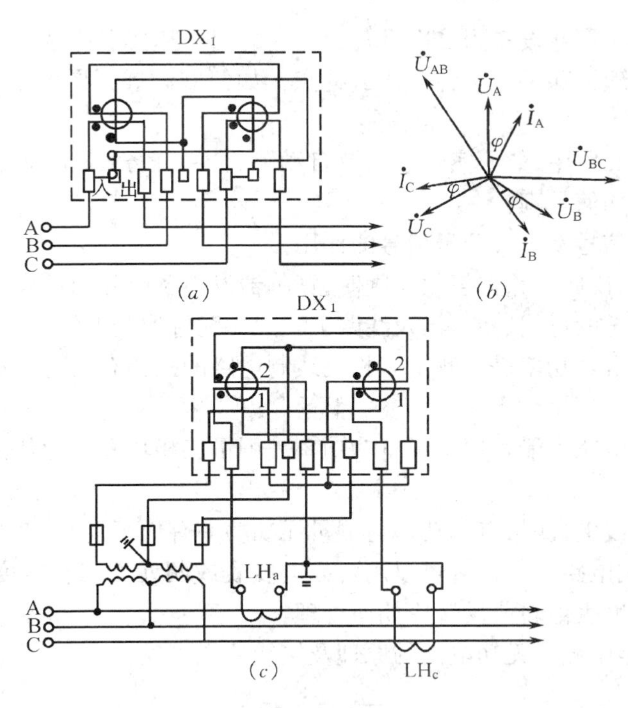

图 6-15　三相无功电度表的接线图

(a)接线图；(b)相量图；(c)经互感器接线图

根据图 6-15 的接线图及相量图，可分别求出两个元件测得的无功电能，功率表达式为

$$P_1 = U_{BC} I_A \cos(90° - \varphi_A) - U_{BC} I_B \cos(30° + \varphi_B)$$

$$= U_{BC} I_A \sin\varphi_A - \frac{\sqrt{3}}{2} U_{BC} I_B \cos\varphi_B + \frac{1}{2} U_{BC} I_B \sin\varphi_B$$

$$P_2 = U_{AB} I_C \cos(90° - \varphi_C) - U_{AB} I_B \cos(150° + \varphi_B)$$

$$= U_{AB} I_C \sin\varphi_C + \frac{\sqrt{3}}{2} U_{AB} I_B \cos\varphi_B + \frac{1}{2} U_{AB} I_B \sin\varphi_B$$

假设三相电压对称,即

$$U_{AB} = U_{BC} = U_{CA} = U$$

两元件测得的总功率为

$$P = P_1 + P_2$$

$$= UI_A \sin\varphi_A + UI_B \sin\varphi_B + UI_C \sin\varphi_C$$

$$= \sqrt{3}(U_A I_A \sin\varphi_A + U_B I_B \sin\varphi_B + U_C I_C \sin\varphi_C)$$

$$= \sqrt{3} Q$$

此种无功电度表在设计时已考虑了$\sqrt{3}$的关系,积算元件上直接标出三相总无功电能。由于它测得的功率是三个单相功率之和,所以无论负荷平衡与否,电路是三相三线制还是三相四线制,只要三相电压对称,所得的结果都是正确的。

思 考 题

1.何谓二次接线?哪些设备为二次设备?它们的图形和文字符号如何?

2.二次接线的原理图和展开图各有什么特点?如何阅读展开图?如有一张原理图,如何绘制成展开图?

3.在断路器控制回路中,如何实现手动及自动跳、合闸任务,红灯及绿灯起什么作用?如发现自动跳、合闸,应如何处理?

4.简述中央事故信号及中央预报信号的作用。

5.以图 6-5 为例,说明断路器事故跳闸时,蜂鸣器发声及解除的过程。

6.工厂供配电系统的母线、变压器及线路上一般应配置哪些电气测量仪表?

7.为什么用两只有功功率表可测出三相三线制电路的三相有功功率?读数时应注意什么问题?

8.在三相四线制电路中能否用两只有功功率表测量三相功率?为什么?如不能应如何测量?

9.在实际测量接线上,测量有功功率与测量无功功率有何区别?

10.在三相三线制电路中为什么可以用两只电度表或两元件三相电度表测量三相有功电能?如测量时发现电度表停转或反转应如何处理?

11.试述三相电路中测量无功电能的原理及接线注意事项。

习 题

6-1 以图 6-4 的断路器控制回路为例,说明跳、合闸的动作程序。

6-2 某一三相四线制电路,需分别测量三相有功电能及单项有功电能,试绘出测量接线图。

第 7 章　工厂供配电系统的继电保护

要点　本章讲述工厂供配电系统主要电气设备的保护，即线路、变压器及电容器、电动机等的继电保护、熔断器保护、自动开关保护等。这些保护装置可准确迅速地反应、判断出电气设备发生的各种故障和不正常运行状态；并发出信号或执行跳闸任务。

7-1　继电保护的基本知识

一、继电保护的任务

电力设备在运行中可能发生故障和不正常状态。最常见也是最危险的故障是各种形式的短路。各种短路会产生大于额定电流几倍到几十倍的短路电流，同时使系统的电压降低。其后果可能导致烧毁或损坏电气设备，破坏用户工作的连续性、稳定性或影响产品质量，严重者可能破坏电力系统并列运行的稳定性并引起系统振荡，甚至使系统瓦解。

电力系统中电气设备的正常工作遭到破坏，但并未发生短路故障，这种情况属于不正常运行状态。例如，设备过负荷、温度过高、小电流接地系统中的单相接地等。

故障和不正常运行状态都可能在电力系统中引起事故。事故是指系统或其中一部分的正常工作遭到破坏，并造成对用户少送电或电能质量变坏到不能允许的程度，甚至造成人身伤亡和电气设备的损坏。

在电力系统中应采取各种措施消除或减少故障。当一旦发生故障，必须迅速将故障设备切除，恢复正常运行；而当出现不正常运行状态时，要及时处理，以免引起设备故障。继电保护装置就是指能反映电力系统中电气元件发生故障或不正常运行状态，并动作于断路器或发出信号的一种自动装置。它的基本任务是：

（1）自动、迅速有选择地将故障设备从电力系统中切除，保证其他部分迅速恢复正常生产，使故障设备免于继续遭到破坏；

（2）反应电气设备的不正常运行状态，可动作于发出信号、减负荷或跳闸，此时一般不要求保护迅速动作，而是带有一定的时限，以保证选择性。

二、对继电保护的基本要求

动作于跳闸的继电保护，在技术上一般应满足四个基本要求，即选择性、速动性、灵敏性和可靠性。

1）选择性

当供电系统发生故障时，继电保护装置动作应只切除故障设备，即首先由距故障点最近的断路器动作切除故障线路，使停电范围尽量缩小，从而保证系统中无故障部分仍能正常运行。

相反，如果系统中发生故障时，距故障点近的保护装置不动作（拒动），而离故障点远的保护装置动作（越级动作），就称失去选择性。

2）速动性

快速地切除故障可以提高电力系统并列运行稳定性，减轻短路电流对设备的损坏程度，加快系统电压的恢复。因此，在发生故障时，应力求保护装置能迅速动作切除故障。

故障切除时间等于保护装置动作时间和断路器动作时间之和。一般的快速保护动作时间为 0.06～0.12 s；断路器的动作时间为 0.06～0.15 s。

3）灵敏性

灵敏性是指保护装置在保护范围内对发生故障或不正常运行状态的反应能力。在继电保护装置的保护范围内，不论短路点的位置和短路性质如何，保护装置都应正确作出反应。保护装置的灵敏性通常用灵敏系数来衡量。保护装置的灵敏系数愈高，愈能反映轻微故障。计算灵敏系数分两种情况：

（1）对于反映故障参数量增加的保护装置：

$$\text{灵敏系数}=\frac{\text{保护区末端金属性短路时故障参数的最小计算值}}{\text{保护装置动作参数的整定值}}$$

例如，过电流保护的灵敏系数

$$K_{\mathrm{lm}}=\frac{I_{\mathrm{d,min}}}{I_{\mathrm{dz}}}$$

式中　$I_{\mathrm{d,min}}$——保护区末端金属性短路时的最小短路电流；

I_{dz}——保护装置的整定电流值（一次侧）。

（2）对反映故障参数量降低的保护装置：

$$\text{灵敏系数}=\frac{\text{保护装置动作参数的整定值}}{\text{保护区末端金属性短路时故障参数的最大计算值}}$$

例如，低电压保护的灵敏系数

$$K_{\mathrm{lm}}=\frac{U_{\mathrm{dz}}}{U_{\mathrm{d,max}}}$$

4）可靠性

保护装置的可靠性是指在规定的保护范围内发生了属于它应该动作的故障时，它不应该拒绝动作；而在任何不属于它应该动作的情况下，则不应该误动作。

上述的四个基本要求有统一的一面，又有互相矛盾的一面。在考虑保护方案时要统筹兼顾，尽力做到简单经济。

三、继电保护的基本原理

电力系统发生故障时，会引起电流的增加和电压的降低，以及电流、电压间相位角的变化。因此，利用故障时参数与正常运行时的差别，就可以构成各种不同原理和类型的继电保护。例如：

（1）反映电流改变的，有电流速断、定时限过电流及零序电流等保护；

（2）反映电压改变的，有低电压或过电压保护；

（3）既反映电流又反映电流与电压间相角改变的，有方向过电流保护；

(4) 反映电压与电流的比值,即反映短路点到保护安装处阻抗的,有距离保护等;

(5) 反映输入电流与输出电流之差的,有变压器差动保护等。

继电保护的种类虽然很多,但是就一般情况而言,它是由测量部分、逻辑部分和执行部分组成的,原理结构如图 7-1 所示。各部分的作用如下。

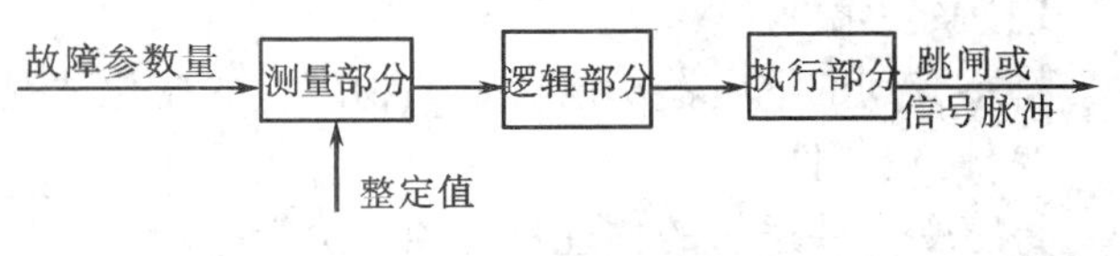

图 7-1 继电保护装置的原理框图

1) 测量部分

测量部分是测量被保护对象输入的信号,并和已给的整定值进行比较,从而判断保护装置是否应该起动。

2) 逻辑部分

根据测量部分各输出量的大小、性质、出现的顺序或它们的组合,使保护装置按一定的逻辑程序工作,最后传送到执行部分。

3) 执行部分

根据逻辑部分传送的信号,最后完成保护装置所担负的任务。如故障时,动作于跳闸;不正常运行时,发出信号;正常运行时,不动作等。

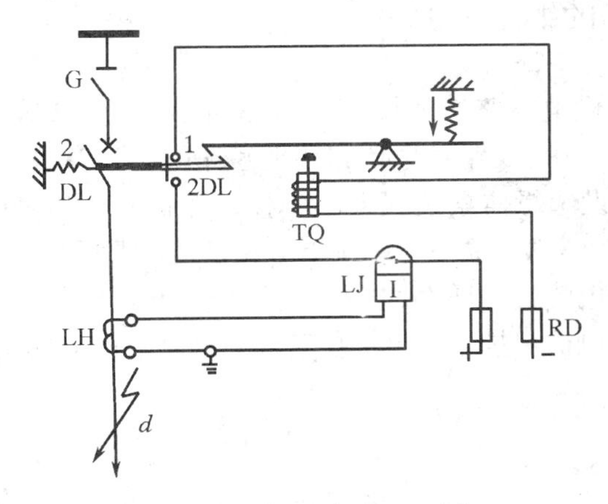

图 7-2 过电流保护原理图

图 7-2 为过电流保护的原理图。当线路在 d 点发生短路时,短路电流经电流互感器 LH 的一次线圈。短路电流变换到二次线圈而流入电流继电器 LJ 的线圈中。当此电流大于继电器的动作电流时,LJ 的铁心被吸下,使其接点闭合。于是跳闸线圈 TQ 经 LJ 的接点和断路器的辅助触点 2DL(在断路器合闸时,2DL 闭合)接通直流操作电源;TQ 的铁心被吸引向上,撞击操作杠杆而使锁扣 1 脱开。于是断路器 DL 在弹簧 2 的作用下跳闸,切除短路故障。

在图 7-2 的过电流保护中,电流继电器 LJ 的线圈回路就是测量部分,它监视被保护设备(此处是线路)的工作情况,反映相应的电气参数。继电器的接点回路就是逻辑部分,它接受到测量部分送来的信号后,根据信号的组合和顺序,确定起动或不起动整套保护。起动保护时,即发出信号作用于执行部分。执行部分一般为出口中间继电器,它接到逻辑部分送来的信号后,发出断路器跳闸或动作于信号的脉冲,完成整套保护动作。在简单的保护回路中,执行部分和逻辑部分结合在一起,不单独分出执行部分。

四、继电器的构成和分类

1. 继电器的构成

继电保护装置由若干个继电器组成,所以继电器是继电保护的元件。继电器的特征是当输入的物理量达到一定数值或当某一物理量刚输入时就能自动动作。继电器一般由三个主要部分组成,即感受元件、比较元件和执行元件。

1) 感受元件

将感受到的继电器所能反映的物理量的变化情况综合后送到比较元件。

2) 比较元件

将感受元件送来的物理量与预先给定的物理量(整定值)进行比较,根据比较结果向执行元件发出命令。

3) 执行元件

根据来自比较元件的命令,自动完成继电器所担负的任务。例如使断路器跳闸或发出信号等。

2. 继电器的分类

按照继电器反映的物理量性质分为电流、电压、功率方向、阻抗、周波等继电器。

这些继电器又隶属于反映电气量上升和下降的两大类。前者为过量继电器(如过电流继电器等);后者为低量继电器(如低电压继电器等)。

7-2 供电线路的继电保护

工厂供电网络基本上是开式单端供电网络,供电线路不很长,供电电压不太高,大多数在35 kV以下,属于小电流接地系统。在这样的系统中,线路发生单相接地短路时,只有接地电容电流,并不影响三相系统的正常运行,只需装设绝缘监察装置或单相接地保护给出信号即可。因此本节重点讲述35 kV线路相间短路保护。然后简单介绍一下单相接地短路保护。

线路发生相间短路故障的特点是,线路中的电流突然增大,电压突然下降。利用电流突然增大而引起电流继电器动作的保护,就是线路的电流保护。电流保护又分为定时限过电流、反时限过电流及电流速断等保护。

一、电流保护的接线方式

电流保护的接线方式是指电流继电器与电流互感器二次线圈之间的连接方式。为了分析方便,引入接线系数 K_{jx} 的概念。K_{jx} 表示实际流入继电器的电流 I_j 与电流互感器二次侧电流 I_2 之比值,即

$$K_{jx}=\frac{I_j}{I_2}$$

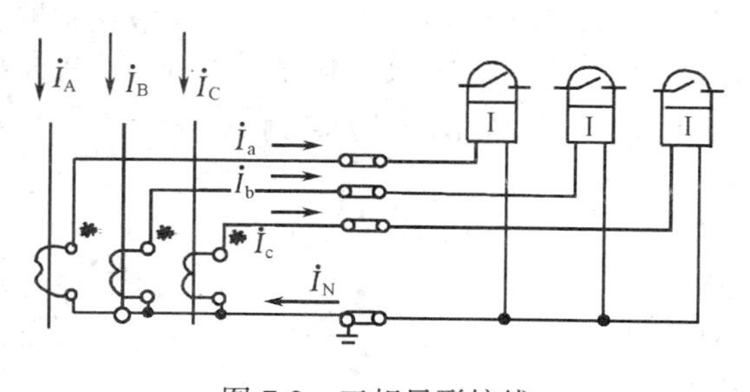

图 7-3 三相星形接线

1. 三相星形接线方式

接线如图7-3所示,是将三只电流互感器与三只电流继电器分别按相连接在一起,互感器和继电器均接成星形。三个继电器的触点为并联,其中任一触点闭合后均可动

作于跳闸或起动时间继电器等。由于每相上均装有电流继电器，因此它可以反映各种相间短路和中性点直接接地电网中的单相接地短路，而且具有相同的灵敏度。其接线系数 $K_{jx}=1$。

这种接线方式主要用于高压中性点直接接地系统及大型发电机、变压器等，作为相间和单相接地短路的保护接线。

2．不完全星形接线方式

这种接线如图 7-4 所示。它是用两只电流互感器和两只电流继电器装设在 A、C 相上并分别按相连接在一起，因此又称为两相星形接线。它和三相星形接线的主要区别在于 B 相上不装设电流互感器和电流继电器，因此当 B 相发生单相接地故障时，不起保护作用。而对各种相间短路都能起保护作用，其接线系数 $K_{jx}=1$。

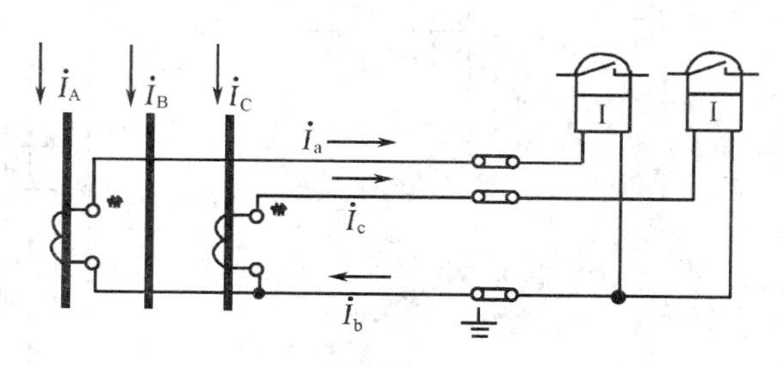

图 7-4　不完全星形接线

由于不完全星接线比三相星形接线减少了设备，节省投资，而且在中性点不接地系统中，对单相接地故障可不立即跳闸，允许继续运行两小时，所以在工厂供电系统 6 kV～35 kV 中性点不接地网络中的过电流保护装置中广泛应用这种接线方式。

《规程》规定不完全星形接线必须装设在 A、C 相上，否则可能造成越级跳闸扩大停电范围。假设图 7-5 所示，1 号线路过流保护装在 A、B 相上；2 号线路过流保护装在 B、C 相上。当 1 号线路的 C 相和 2 号线路的 A 相同时发生单相接地故障时，两条线路的保护均不动作，造成上一级保护动作越级跳闸，三条并联线路都将停电。如果各条线路的保护都装设在 A、C 相上，当两条线路上发生不同相的接地故障时，只有 A、C 相相间接地故障时跳开两条线路；而其他 A、B 或 B、C 相间接地故障时只跳开发生 A 相或 C 相接地的那条线路，减小了停电范围。

对于串联的供电线路，即使都装设在 A、C 相上，也还有越级跳闸的可能。如图 7-6，1 号线路 B 相接地和 2 号线路 C 相接地，形成两相接地短路。这时 1 号线路的断路器不动作而 2 号线路的断路器动作，扩大了停电范围。要防止这种可能，只有采用三相星形接线方式。

3．两相电流差接线方式

此种接线方式由装在 A、C 相上的两只电流互感器和一只电流继电器连接组成，如图 7-7 所示。正常运行时，通过电流继电器的电流 I_j 是 C 相电流与 A 相电流的相量差，数值是一相电流互感器二次电流的$\sqrt{3}$倍，即

$$\dot{I}_j=\dot{I}_c-\dot{I}_a$$

或

$$I_j=\sqrt{3}I_a=\sqrt{3}I_c$$

对此，在整定电流继电器电流时，必须使电流值比星形或不完全星形接法大$\sqrt{3}$倍，这就降低了保护的灵敏度。

两相电流差接线方式，能够反应各种相间短路。但由于流入电流继电器的电流是 C、A 两相电流的向量差，所以在不同的短路情况下，流入的电流不同。

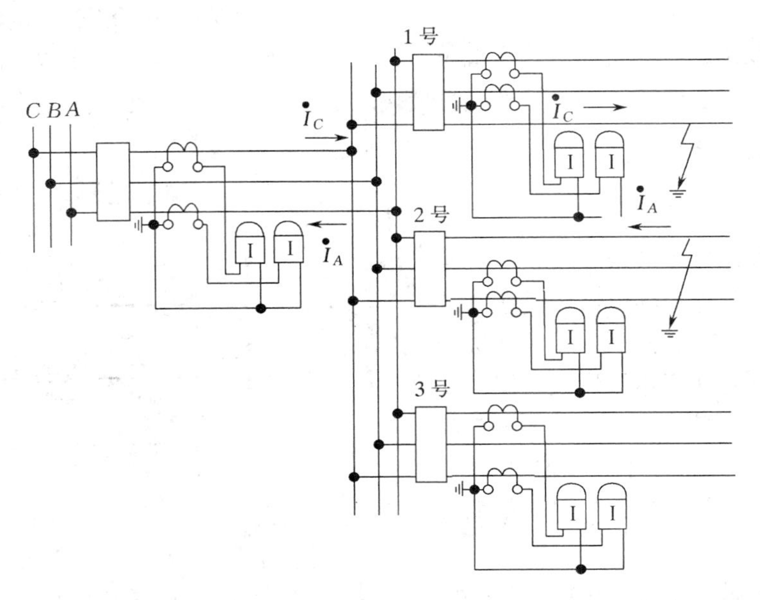

图 7-5　不完全星形接线过电流保护装设不固定相时造成越级跳闸示意图

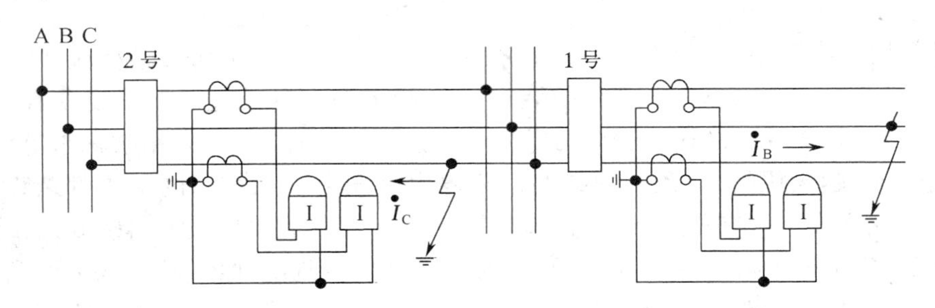

图 7-6　不完全星形接线过电流保护的越级跳闸

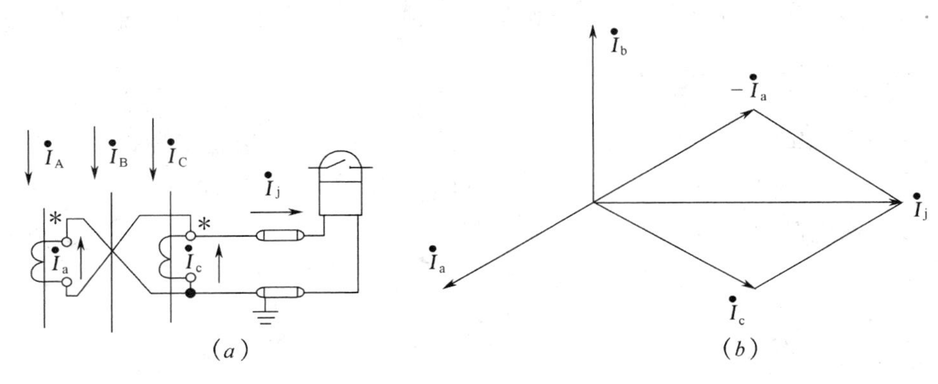

图 7-7　两相电流差接线方式

(a)接线图;(b)相量图

1）三相短路

三相短路时，由于短路电流相等，电流互感器二次侧短路电流 I_{dc} 与 I_{da} 在数量上相等，相

位上差 120°,所以通过电流继电器的电流为

$$\dot{I}_{j}=\dot{I}_{dc}-\dot{I}_{da}$$

或

$$I_{j}=\sqrt{3}I_{da}=\sqrt{3}I_{dc}$$

即接线系数 $K_{jx}=\sqrt{3}$。

2)A、C 两相短路

A、C 两相短路时,电流互感器二次侧短路电流 $\dot{I}_{dc}$和 $\dot{I}_{da}$等值反向,所以通过电流继电器的电流

$$\dot{I}_{j}=\dot{I}_{dc}-\dot{I}_{da}$$

或

$$I_{j}=2I_{da}=2I_{dc}$$

即接线系数 $K_{jx}=2$。

3）A、B 或 B、C 两相短路

A、B 两相或 C、B 两相短路时,流入电流互感器二次侧电流分别为 $\dot{I}_{dc}$或 $\dot{I}_{da}$,而流入电流继电器的电流 $\dot{I}_{j}$,也只有此一相电流,即

$$I_{j}=I_{da} \quad 或\ I_{j}=I_{dc}$$

接线系数 $K_{jx}=1$。

由上分析可知,不同的相间短路的灵敏度是不同的。但由于这种接法接线简单,价格便宜,在中性点不接地的工厂供电系统中应用比较广泛,主要用于线路和电动机的保护中。

二、定时限过电流保护

1. 工作原理

在单端供电的辐射形网络中,每一线路始端均装设断路器和保护装置。图 7-8 为单端电源辐射形网络中的定时限过电流保护原理图。

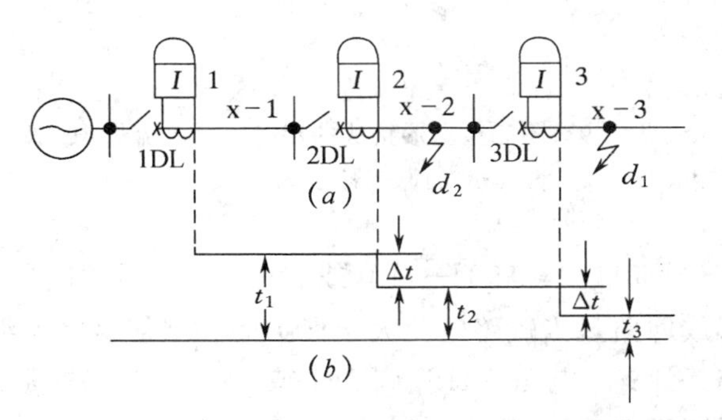

图 7-8　单端辐射形网络中定时限过电流保护原理图

(a)保护示意图;(b)时限特性

当线路 x-3 的 d_1点发生短路故障时,电源供出的短路电流 I_{d1}将流过装设在电源到短路点之间的所有保护装置 1、2、3。当 I_{d1}大于保护装置 1、2、3 的整定电流时,各保护装置均将起动。但根据选择性的要求,只要求距短路点 d_1最近的保护装置 3 动作,跳开断路器 3DL。当 3DL 跳闸后,短路电流消失,保护装置 1 及 2 的电流继电器都应返回。

为获得过电流保护的选择性。各个保护装置应有不同的动作时间,即

$$t_1>t_2>t_3$$

及

$$t_2=t_3+\Delta t$$

$$t_1 = t_2 + \Delta t = t_3 + 2\Delta t$$

Δt 称为时限级差，应越小越好。它包括：①断路器的动作时间，即从操作电流送入跳闸线圈的瞬间算起，直至电弧熄灭的瞬间为止的时间；②保护装置中时间继电器可能提前动作的负误差时间及上一级保护中时间继电器可能滞后动作的正误差时间；③考虑一定裕度而增加的储备时间等。根据断路器及继电器类型的不同，Δt 取为 0.35～0.7 s，一般取 0.5 s，感应型继电器取 0.7 s。

由图 7-8 的动作时限特性看出，保护动作时限是从末端到电源逐级增加的，即越靠近电源，过电流保护的动作时限越长，形为阶梯，故称为阶梯形时限特性。由于各段保护的动作时限都是分别固定的，而与短路电流的大小无关，所以这种过电流保护称为定时限过电流保护。

每一段线路的定时限过电流保护除保护本段线路外，还应作为相邻下一段线路的后备保护。如图 7-8 中，当线路 x-3 故障时，如果保护装置 3 因故不动作或断路器 3DL 跳不开时，则保护装置 2 应作为保护 3 的后备保护，跳开断路器 2DL。

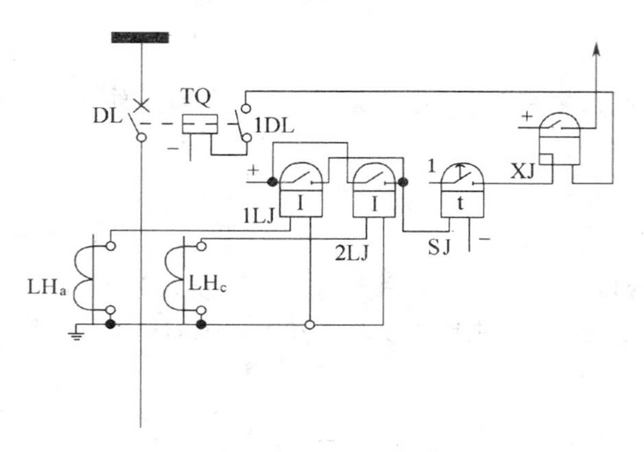

图 7-9　不完全星形接法的定时限过电流保护的原理接线图

2. 保护装置的原理接线图

在 6 kV～35 kV 中性点不接地系统中，广泛采用不完全星形接线方式来反映各种相同短路故障。图 7-9 所示为这种接线方式的定时限过电流保护装置的原理接线图。它由两只电流互感器 LH_a、LH_c 和两只电流继电器 1LJ、2LJ 以及一只时间继电器 SJ 和一只信号继电器 XJ 构成。

当被保护的线路发生不同的相间短路时，电流继电器一个或两个同时起动，使断路器跳闸及发出信号。其工作过程是：在交流回路中，短路电流 I_d→LH_a（或 LH_c 或 LH_a 及 LH_c）→1LJ（或 2LJ 或 1LJ 及 2LJ）的线圈→LH_a（或 LH_c 或 LH_a 及 LH_c）的末端形成回路。当短路电流大于保护的整定值时电流继电器的线圈起动，闭合常开接点，使直流回路接通：+ 电源→1LJ（或 2LJ 或 1LJ 及 2LJ）的常开接点→SJ 线圈→ − 电源。在此回路中 SJ 线圈带电起动，接点延时闭合。在另一直流回路中，+ 电源→SJ 延时闭合的常开接点→XJ 线圈→1DL→跳闸线圈 TQ→ − 电源。在此回路中跳闸线圈起动完成跳闸任务，同时使 XJ 的常开接点闭合使信号回路接通发出信号。其中，时间继电器 SJ 的延时闭合常开接点用来确定时限，完成延时动作的任务。信号继电器 XJ 可手动复归。

当线路只有一套保护装置且当时间继电器接点容量足够时，可由时间继电器直接接通跳闸回路；否则，需加装出口中间继电器 BCJ。此时，各种保护动作都起动 BCJ，由它发出跳闸脉冲，完成跳闸任务。

3. 整定计算和灵敏系数校验

选择定时限过电流保护动作电流的原则是应保证在被保护线路发生相间短路故障时能可靠地动作，在正常运行时的最大负荷电流和由于电动机的起动或自起动以及用户负荷突变和其他原因引起的短时间的冲击电流等情况下保护不应动作,同时还应该考虑保护装置在外部短路被切除后能可靠地返回。

1）过电流保护装置的二次动作电流

二次动作电流

$$I_{dz\cdot j}=\frac{K_k K_z}{K_f K_{LH}} I_{fh\cdot max}$$

式中　$I_{dz\cdot j}$——电流继电器的起动电流;

$I_{fh\cdot max}$——正常运行时被保护线路的最大负荷电流;

K_k——可靠系数,一般采用1.15～1.25,是考虑继电器动作电流的调试误差及负荷电流的计算误差等而引起的;

K_z——电动机的自起动系数,一般在1.5～3的范围内,当没有高压大电动机时,K_z可不考虑;

K_f——电流继电器的返回系数,是它的返回电流和起动电流之比,一般取0.85;

K_{LH}——电流互感器的变比。

2）灵敏系数的校验

校验灵敏系数 K_{lm}的公式为

$$K_{lm}=\frac{I_{d\cdot min}^{(2)}}{I_{dz}}$$

式中　$I_{d\cdot min}^{(2)}$——作为主保护时应采用在最小运行方式下本线路末端两相短路时的短路电流,作为相邻线路的后备保护时应采用在最小运行方式下相邻线路末端两相短路时的短路电流;

I_{dz}——折算到一次侧的电流继电器动作电流;

K_{lm}——灵敏系数,作为主保护时要求 $K_{lm}\geqslant 1.5$,作为后备保护时 $K_{lm}\geqslant 1.2$。

定时限过电流保护装置简单、工作可靠,对单端供电的辐射形电网能保证有选择性的动作。因此,在辐射形电网中获得广泛的应用,一般可作为35 kV以下线路的主保护用。

三、低电压闭锁的过电流保护

定时限过电流保护的动作电流是按躲过最大的负荷电流整定的,在某些情况下可能满足不了灵敏度的要求。为此可采用低电压闭锁的过电流保护。它的电流继电器整定值按正常的持续负荷电流整定。这不仅提高了保护的灵敏度,也提高了保护装置动作的可靠性。

在正常情况下或大型电动机起动时,母线电压不会有显著下降,低电压继电器触点不会闭合,此时即使有较大的负荷电流超过电流继电器的整定值使其起动,但由于中间继电器的触点未闭合,直流回路未接通,保护不会动作于跳闸。低电压继电器经中间继电器起了闭锁直流回路的作用。只有被保护线路发生短路故障同时出现电压降低、电流增大的情况,保护才能动作于跳闸。

低电压闭锁过电流保护的整定计算:低电压继电器的动作电压 $U_{dz\cdot j}$一般取为(0.6～0.7)U_n,即60 V～70 V;电流继电器的起动电流 $I_{dz\cdot j}$可不躲过最大负荷电流,而按正常的持续负荷电流 I_{fh}整定,即

$$I_{dz\cdot j}=\frac{K_k}{K_f K_{LH}}I_{fh}$$

式中 K_k——可靠系数,一般取 1.15～1.25;

K_f——返回系数,一般取 0.85;

K_{LH}——电流互感器的变比。

四、反时限过电流保护

这种保护的原理特点是:动作电流与时限成反比,即动作电流愈大,动作的时限愈短。譬如在同一条线路上,靠近电源侧的始端发生短路时,短路电流大,动作时限短;反之末端发生短路,短路电流较小,动作时限较长。

这套保护装置的主要元件是感应型电流继电器。它既是起动元件又是时间元件,且触点容量大,不必借用中间继电器即可动作于直接跳闸。同时继电器还带有机械掉牌信号装置,可以省去信号继电器。图 7-10 为反时限过电流保护原理接线图。它的优点是整套保护装置使用的设备少、接线简单;缺点是时限配合较复杂。当短路电流较小时,动作时限可能较长,延长了故障持续时间。但由于投资省、接线简单,这种保护在中小型供电网络中应用较多。

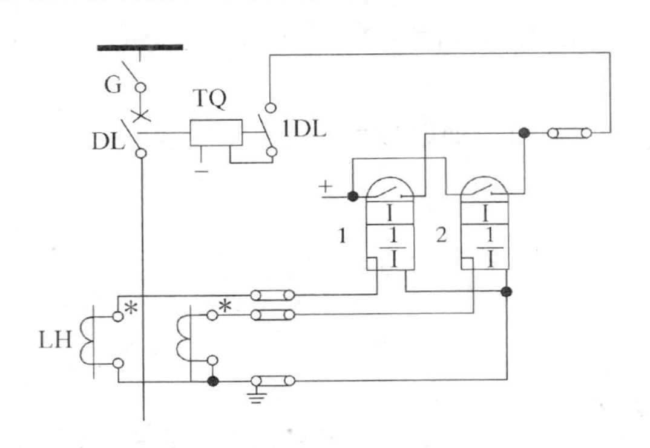

图 7-10 反时限过电流保护原理接线图
1、2—感应型电流继电器

五、电流速断保护

前述的定时限过电流保护装置具有可靠、简单的优点,但为了保证动作的选择性,必须逐级加上一个 Δt 的延时,形成愈靠近电源的线路动作时限愈长;而短路电流则是愈靠近电源愈大。短路电流愈大切除时间愈长,是定时限过电流保护的突出弱点。为了实现短路电流愈大愈应尽快切除的目的,可采用瞬时电流速断保护,简称电流速断保护。

为了把保护范围限制在本段线路保证选择性,它的动作电流值必须大于下一段线路首端短路时的最大短路电流值,即按躲过被保护线路末端短路时的最大短路电流来整定。即

$$I_{dz}=K_k\ I_{DW\cdot max}$$

式中 I_{dz}——瞬时电流速断保护一次侧动作电流;

$I_{DW\cdot max}$——线路外部短路时的最大短路电流;

K_k——可靠系数,当采用电磁型电流继电器时取 $K_k=1.2$～1.3,采用感应型继电器时取 $K_k=1.4$～1.6。

显然只有当短路电流 $I_d>I_{dz}$时,保护装置才能动作。所以瞬时电流速断保护不能保护整条线路,而只能保护线路的一部分,如图 7-11 所示。图中的 d_1点发生短路时,线路 x-1 的速断保护不应动作;而在 B 点发生短路时,短路电流值与 d_1点相同,所以在 B 点短路时,x-1 的速断保护亦不宜动作。图中的曲线 1 为线路 x-1 末端发生三相短路时,最大运行方式下的短路电流值,保护区为 L_M;最小运行方式下发生两相短路时,保护区为 L_N。一般规定,在最大运

行方式时,能保护线路全长的50%,即认为保护具有良好的效果;在最小运行方式下能保护线路全长的15%~20%即可装设。保护范围以外的区域称为死区。因此,瞬时电流速断保护的任务是在线路始端短路时能快速切除故障。

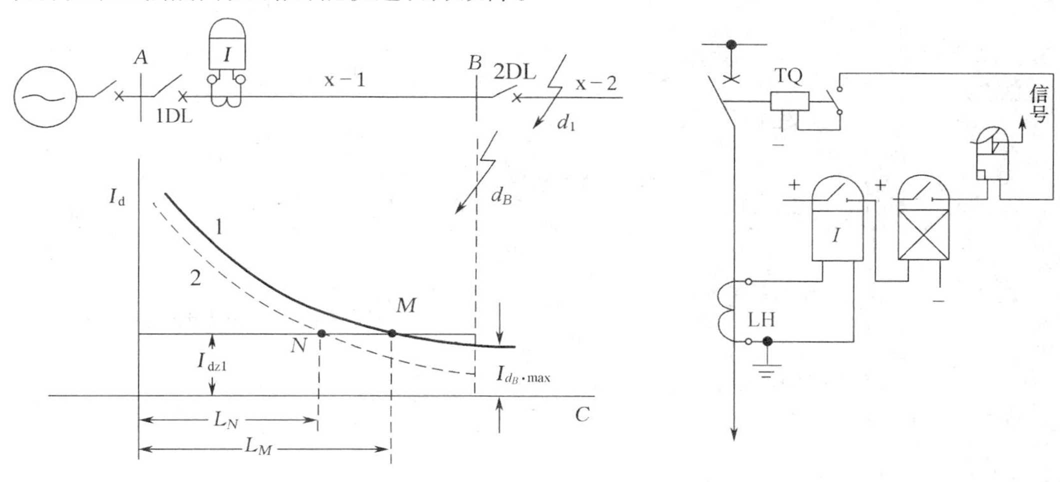

图 7-11 瞬时电流速断保护范围

图 7-12 电流速断保护的单相原理接线图

图7-12为瞬时电流速断保护的原理接线图。中间继电器有两个作用:一是由于电流继电器的触点容量小,不能直接闭合断路器的跳闸线圈TQ回路,必须经过中间继电器扩大触点容量;一是若被保护线路上装有管型避雷器,当遇有雷击过电压时,可能造成避雷器两相或三相同时放电,形成短时的相间短路。但当放完电后,线路即恢复正常。利用中间继电器的固有动作时间,可躲开避雷器的放电动作时间,避免保护误动作。

瞬时电流速断保护设备简单、动作迅速,但不能保护线路全长,且保护范围因系统运行方式不同而变化,所以需与带时限的过电流保护配合使用。在速断保护范围内,速断为主保护,过电流保护为后备保护;在速断保护范围外的死区内,过电流保护为基本保护。

六、中性点不接地系统的单相接地保护

1. 中性点不接地系统中单相接地的特点

电力系统中发电机和主变压器的中性点运行方式有中性点不接地、中性点经消弧线圈接地和中性点直接接地三种方式。中性点不接地和经消弧线圈接地的系统,称为小电流接地系统;中性点直接接地系统称为大电流接地系统。我国10 kV及以下系统一般采用中性点不接地运行方式。35 kV系统多采用经消弧线圈接地的运行方式。110 kV及以上的系统,采用中性点直接接地的运行方式。

工厂供电系统多数为35 kV以下电压级,一般均采用中性点不接地运行方式。正常运行时,三相系统是对称的,三相对地之间均匀分布的电容,可用集中C_0表示。在相电压作用下,每相都有一个超前于相电压90°的电容电流流入地中。这三个电容电流数值相等,相位相差120°,其和为零,即$\dot{I}_{CA}+\dot{I}_{CB}+\dot{I}_{CC}=0$。此时地中没有电容电流通过,中性点的电位为零。

设在A相发生了单相接地,则A相对地电压为零,对地电容被短接。而其他两相对地电压升高到$\sqrt{3}$倍,对地电容电流也相应地增大到$\sqrt{3}$倍。单相接地示意图与相量关系见图7-13及

7-14。A 相接地后，各相对地电压为

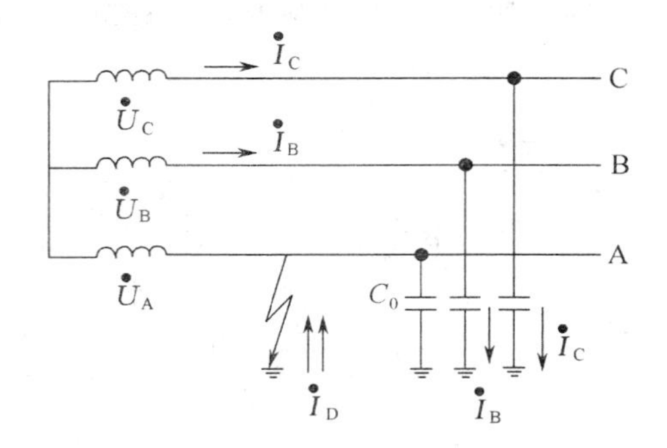

图 7-13 简单网络接线示意图

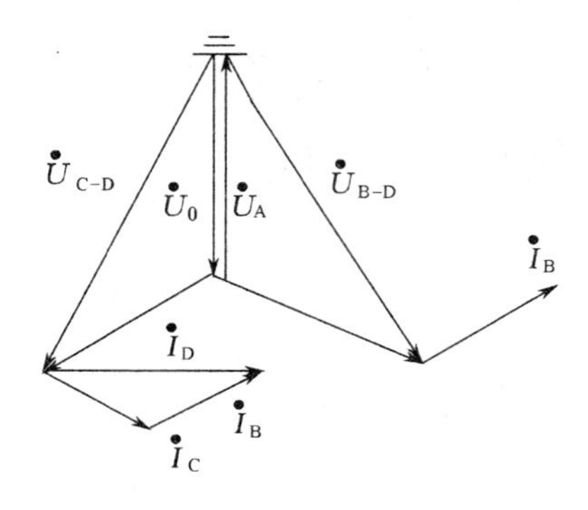

图 7-14 *A* 相接地时的相量图

$$\dot{U}_{AD}=\dot{U}_A+\dot{U}_0=0 \quad 及\ \dot{U}_0=-\dot{U}_A$$

$$\dot{U}_{BD}=\dot{U}_B+\dot{U}_0$$

$$\dot{U}_{CD}=\dot{U}_C+\dot{U}_0$$

从相量图中可看出，非故障相对地电压的有效值

$$U_{BD}=U_{CD}=\sqrt{3}U_A$$

即比原相电压升高到$\sqrt{3}$倍。此时每一条非故障相流向故障点的电容电流也增大为$\sqrt{3}$倍，即

$$I_B=I_C=\sqrt{3}U_A\omega C_0=\sqrt{3}U_\phi\omega C_0$$

式中 U_ϕ——相电压。

此时从故障点流向故障相的电容电流，为两非故障相电容电流的相量和，即

$$\dot{I}_D=\dot{I}_B+\dot{I}_C$$

有效值

$$I_D=3U_\phi\omega C_0$$

即为正常运行时三相对地电容电流的算术和。

因为接地电容电流 I_D 与系统的电压、频率和每相对地电容有关；而每相对地电容又与网络的结构和长度有关。所以，在实用计算中，I_D 可近似地用下式求出

架空线路

$$I_D=\frac{U_n l}{350}$$

电缆线路

$$I_D=\frac{U_n l}{10}$$

式中 U_n——线路平均额定电压(kV)；

l——电压为 U_n的线路总长度(km)。

由于在中性点不接地系统中发生单相接地时故障的电容电流不大，而且三相之间的线电压仍然保持对称不变，对负荷的供电没有影响，因此，还可继续短时间运行 1～2 h，而不必立即跳闸，这是采用中性点不接地的主要优点。但是在发生单相接地之后，为了防止故障扩大(有

发展成两点或多点接地短路的可能），应及时发出信号，以便运行人员采取措施消除故障。

2. 中性点不接地系统中单相接地保护

1）绝缘监视装置

在中性点不接地系统中，任一点发生单相接地故障都会出现零序电压 U_0，因此可根据有无零序电压实现单相接地保护。

绝缘监视装置就是利用有无零序电压原理构成的单相接地保护装置，原理接线图见图 7-15。在变电所母线上装有一套三相五柱式电压互感器。其二次侧的两个绕组一个接成星形，用三只电压表测量各相电压；另一个接成开口三角形，在开口处接一只过电压继电器，反应单相接地时出现的零序电压。

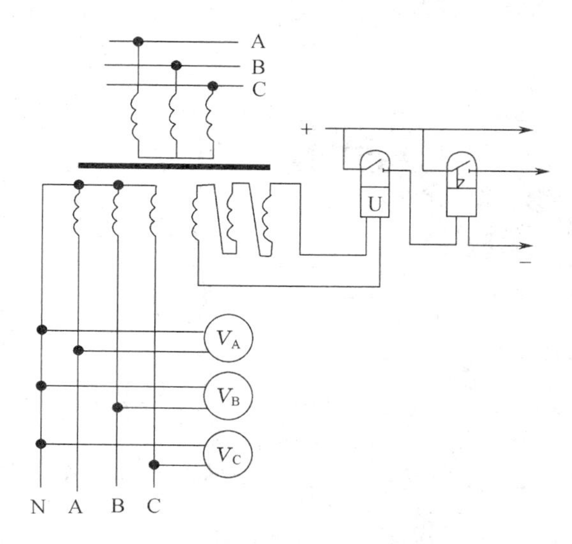

图 7-15 绝缘监视装置的原理接线图

正常运行时，系统中三个相电压大小相等，相位相差 120°。在开口三角形的三个绕组中的电压 $\dot{U}_a$、$\dot{U}_b$、$\dot{U}_c$ 也是大小相等，相位差 120°，由于三个绕组串联，三相电压之和为零，外接过电压继电器不会动作。接在星形绕组中的三只电压表读数相等。

当系统中任一相发生金属性接地时，接地相对地电压为零，而其他两相对地电压升高到 $\sqrt{3}$倍，接在星形绕组中的三只电压表可读出此数值。同时在开口三角形的绕组中出现零序电压，其值等于两非故障相对地电压的相量和，为 100 V。当发生非金属性单相接地故障时，开口三角形处的零序电压小于 100 V。为了提高电压继电器的灵敏度，动作电压一般整定为 40 V 左右，这样就可以保证无论发生金属性还是非金属性单相接地电压继电器都能起动，并经过信号继电器发出告警信号。

这种装置比较简单，但不能立即发现故障地点，因为只要网络中发生单相接地故障，则在同一电压级的所有变电所母线上，都将出现零序电压，也就是说该装置没有选择性。为了要查找故障点，需要运行人员逐次断开每条线路，并将线路自动重合，以立即恢复供电。当断开某条线路时零序电压消失，即表明接地故障在这条线路上。而在有些情况下，不允许用断开线路的方法找故障时，就突出了本装置的欠缺。

2）零序电流保护

当网络较复杂、出线比较多的，对供电可靠性要求高。此时，如何采用绝缘监视装置查找接地故障，不能满足运行要求，因此可采用零序电流保护装置。它是利用故障线路零序电流较非故障线路零序电流大的特点构成的保护装置。

设网络中有电源 F 和多条线路，如图 7-16 所示。电源和每条线路对地均有电容，设以 C_{0f}、$C_{0\,\mathrm{I}}$、$C_{0\,\mathrm{II}}$ 等集中电容表示。当线路Ⅱ的 A 相接地后，如果忽略负荷电流和电容电流在线路阻抗上的电压降，则全网络 A 相对地的电压均等于零，因而 A 相各元件对地的电容电流也等于零，即 $I_{A\mathrm{I}}=I_{A\mathrm{II}}=I_{Af}=0$；同时 B 相和 C 相的对地电压和电容电流都升高到$\sqrt{3}$倍，电容电

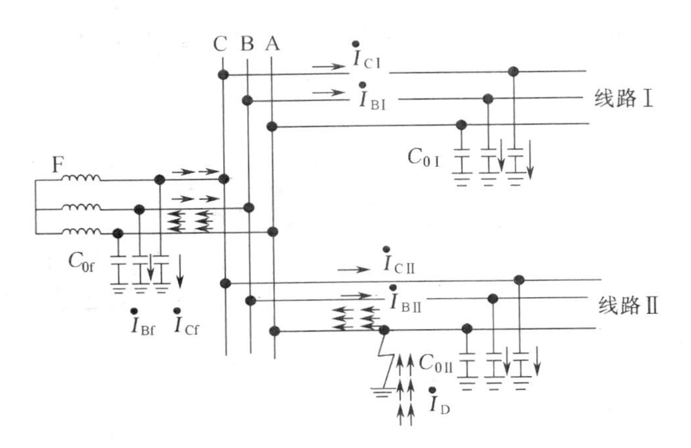

图 7-16 单相接地后电容电流分布图

流的分布情况在图 7-16 中用箭头表示。

由图 7-16 可见，在非故障线路Ⅰ上，A 相电容电流为零，B 相和 C 相流有本身的电容电流。因此，在线路始端所反映的零序电流是 B、C 两相电容电流的相量和，亦即正常运行时一相对地电容电流的 3 倍：

$$3\dot{I}_{0\,I}=\dot{I}_{B\,I}+\dot{I}_{C\,I}$$

有效值为

$$3I_{0\,I}=3U_{\phi}\omega C_{0\,I}$$

即零序电流为线路Ⅰ本身的电容电流，电容性无功功率的方向由母线流向线路。当网络中有多条线路时，上述结论适用于每一条非故障的线路。

在电源 F 上，首先有它本身的 B 相和 C 相对地电容电流 I_{Bf}和 I_{Cf}，但由于它还是产生其他电容电流的电源，因此从 A 相中要流回从故障点流来的全部电容电流，而在 B 相和 C 相中又要分别流出各线路上同名相的对地电容电流。此时从电源出线端所反应的零序电流仍应为三相电流之和。由图可见，各线路的电容电流由于从 A 相流入又分别从 B 相和 C 相流出，因此，只剩下电源本身的电容电流，故

$$3\dot{I}_{0f}=\dot{I}_{Bf}+\dot{I}_{Cf}$$

有效值为

$$3I_{0f}=3U_{\phi}\omega C_{0f}$$

即零序电流为电源本身的电容电流，其电容性无功功率的方向是：故障相由母线流向电源；非故障相由电源流向母线。

对于发生故障的线路Ⅱ，在 B 相和 C 相上，与非故障的线路一样，流有它本身的电容电流 $\dot{I}_{B\,II}$ 和 $\dot{I}_{C\,II}$，而不同之处是在接地点要流回全网络 B 相和 C 相对地电容电流之总和，其值为

$$\dot{I}_D=(\dot{I}_{B\,I}+\dot{I}_{C\,I})+(\dot{I}_{B\,II}+\dot{I}_{C\,II})+(\dot{I}_{Bf}+\dot{I}_{Cf})$$

有效值

$$I_D=3U_{\phi}\omega(C_{0\,I}+C_{0\,II}+C_{0f})=3U_{\phi}\omega C_{0\Sigma}$$

式中 $C_{0\Sigma}$——全网络每相对地电容的总和。

此电流从 A 相流回去。因此，从 A 相流出的电流可表示为 $\dot{I}_{A\,II}=-\dot{I}_D$，这样在线路Ⅱ始端所流过的零序电流为

$$3\dot{I}_{0\,II}=\dot{I}_{A\,II}+\dot{I}_{B\,II}+\dot{I}_{C\,II}=-(\dot{I}_{B\,I}+\dot{I}_{C\,I}+\dot{I}_{Bf}+\dot{I}_{Cf})$$

其有效值为

$$3I_{0\,II}=3U_{\phi}\omega(C_{0\Sigma}-C_{0\,II})$$

由此可见，故障线路上零序电流的数值等于全网络非故障元件对地电容电流之总和(但不包括故障线路本身的非故障相)，其电容性无功功率的方向由线路流向母线。

根据图 7-16 分析，可以得出清晰的物理概念，但计算比较复杂，使用不方便。根据得出的

结论,可以做出单相接地时的零序等效网络,如图 7-17 所示。在接地点有一零序电压 U_{d0},而零序电流的回路是通过各个元件的对地电容形成的。由于输电线路的零序阻抗远小于电容的阻抗,可忽略不计,因此中性点不接地系统中的零序电流就是各元件的对地电容电流。图中 $\dot{I}_{0f}$、$\dot{I}_{0\text{I}}$ 分别表示非故障元件电源及线路Ⅰ的电容电流;$I'_{0\text{II}}$ 表示故障线路本身的电容电流。用此等效网络图计算零序电流的大小和了解其分布情况是很方便的。

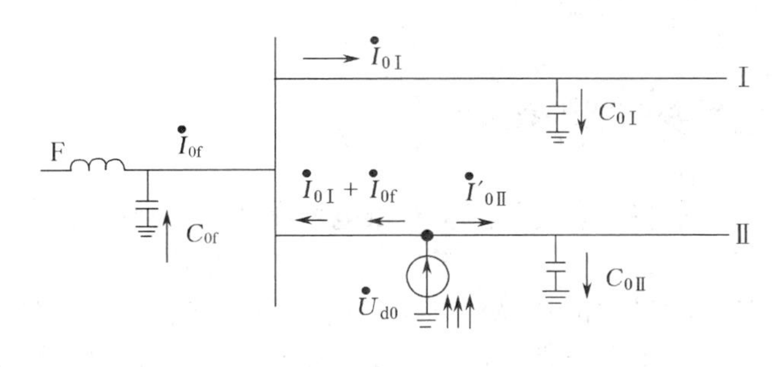

图 7-17 单相接地时的零序等效网络

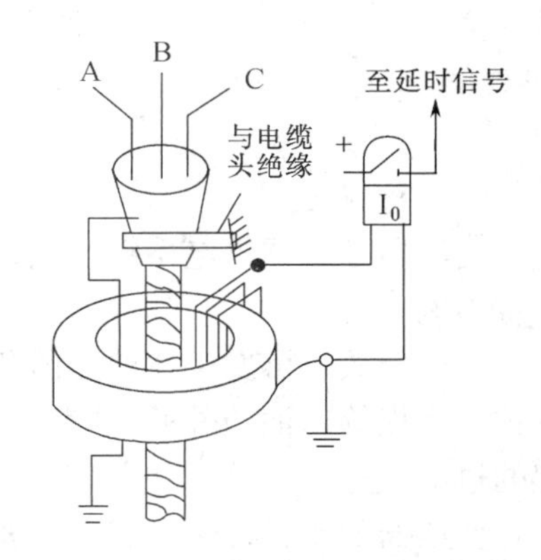

图 7-18 电缆出线的零序电流保护原理接线

零序电流保护一般使用在有条件安装零序电流互感器的电缆线路或经电缆引出的架空线路上,如图 7-18 所示。在电缆出线上安装零序电流互感器时,一次侧为被保护电缆三相导线,铁心套在电缆外,二次侧接零序电流继电器。正常运行与相间短路时,一次侧电流之和为零,二次侧只有因导线排列不对称而产生的不平衡电流。当发生单相接地故障时,零序电流反映至二次侧,并流入电流继电器,使其动作发出信号。当单相接地故障对人身和设备的安全有危险时应动作于跳闸。

根据上面图 7-16 的分析知:当某一条线路上发生单相接地故障时,非故障线路上的零序电流为本身的零序电流。因此,为了保证动作的选择性,保护装置的起动电流 $I_{dz.bh}$ 应大于本线路的电容电流,即

$$I_{dz.bh} = K_k \times 3U_\phi \omega C_0 = K_k I_0$$

式中 C_0——被保护线路每相的对地电容;

I_0——被保护线路的总电容电流;

K_k——可靠系数,如无延时,考虑不稳定间歇性电弧所发生的振荡涌流时 $K_k = 4 \sim 5$,当延时为 0.5 秒时 K_k 取 1.5～2。

按上式整定后,还需校验在本线路上发生单相接地故障时的灵敏系数 K_{lm}。由于流经故障线路上的零序电流为全网络中非故障线路电容电流的总和,此电流为 $3U_\phi\omega(C_\Sigma - C_0)$,因此灵敏系数为

$$K_{lm} = \frac{3U_\phi\omega(C_\Sigma - C_0)}{K_k \times 3U_\phi\omega C_0} = \frac{C_\Sigma - C_0}{K_k C_0}$$

上式可改写成

$$K_{lm} = \frac{I_{0\Sigma} - I_0}{K_k I_0} = \frac{I_{0\Sigma} - I_0}{K_{dz\cdot bh}}$$

式中　C_{Σ}——同一电压级网络中，各元件每相对地电容之和；

$I_{0\Sigma}$——与 C_{Σ} 相对应的对地电容电流之和。对电缆线路 $K_{lm} \geqslant 1.25$；架空线路 $K_{lm} \geqslant 1.5$。

对于架空线路，由于没有特制的零序电流互感器，如欲安装零序电流保护，可把三只单相电流互感器同名端并联在一起，构成零序电流过滤器，再接上零序电流继电器。在其动作电流整定值中，要考虑零序电流过滤器中不平衡电流的影响。

7-3　电力变压器的保护

变压器是工厂供电系统中最重要的电气设备。它的故障将对供电可靠性和正常运行带来严重影响。

变压器故障可发生在油箱内和油箱外。油箱内的故障包括绕组的相间短路、匝间短路以及铁心烧损等。油箱外的故障主要是套管和引出线上发生短路。此外还有变压器外部短路引起的过电流等。

变压器的不正常运行状态主要为过负荷和油面降低。

根据以上的故障类型和不正常运行状态，并考虑变压器的容量，在变压器上要装设下列几种保护。

1. 瓦斯保护

容量在 800 kVA 及其以上的油浸式变压器和 400 kVA 及其以上的车间内油浸式变压器应装设瓦斯保护，作为变压器油箱内各种故障和油面降低的主保护。其中轻瓦斯保护动作于信号，重瓦斯保护动作于跳开变压器各电源侧的断路器。

2. 纵(联)差动保护或电流速断保护

并联运行的变压器容量在 6 300 kVA 及其以上、单独运行的变压器容量在 10 000 kVA 及其以上和工业企业中的重要变压器容量在 6 300 kVA 以上时，均应装设纵差动保护，并将此保护作为变压器绕组、绝缘套管及引出线相间短路的主保护。小于上述容量界限的变压器可用电流速断保护代替纵差动保护。上述的纵差或电流速断保护动作后，均应使变压器各电源侧的断路器跳开。

3. 过电流保护

一般用于降压变压器，作为变压器外部短路及瓦斯和纵差动(或电流速断)保护的后备保护。

4. 零序电流保护

当变压器中性点直接接地或经放电间隙接地时，应装设零序电流保护，作为变压器外部接地短路的保护。

5. 过负荷保护

接于一相电流上，并延时作用于信号。对于无人值班的变电所内，必要时也可作用于跳闸或自动切除一部分负荷。

本节介绍工厂变电站 35 kV 及其以下电压级变压器应用的几种保护。

一、瓦斯保护

变压器油箱内部发生故障时，短路电流所产生的电弧或内部某些部件发热，都会使变压器油或绝缘材料分解并产生挥发性气体。此气体比油轻，自动上升到变压器的最高部位油枕内，在油箱与油枕之间的联接管道中装上瓦斯继电器，可构成变压器的瓦斯保护。图 7-19 为瓦斯继电器的安装示意图，图中联接管道的水平面具有 2%～4%的升高坡度，目的是使变压器内聚积的气体能顺利地经过瓦斯继电器流入油枕。

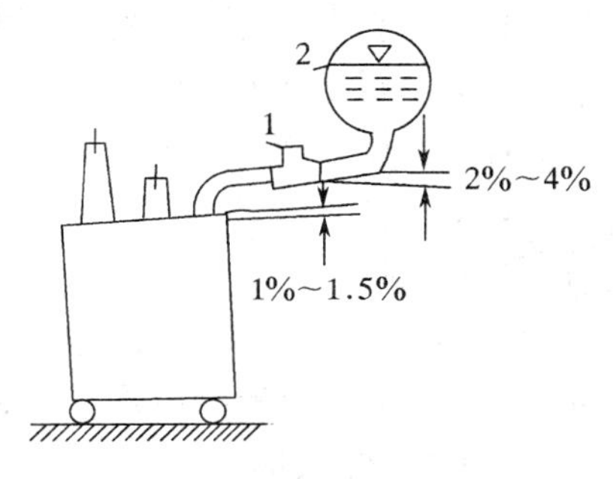

图 7-19　瓦斯继电器安装示意图

1—瓦斯继电器；2—油枕

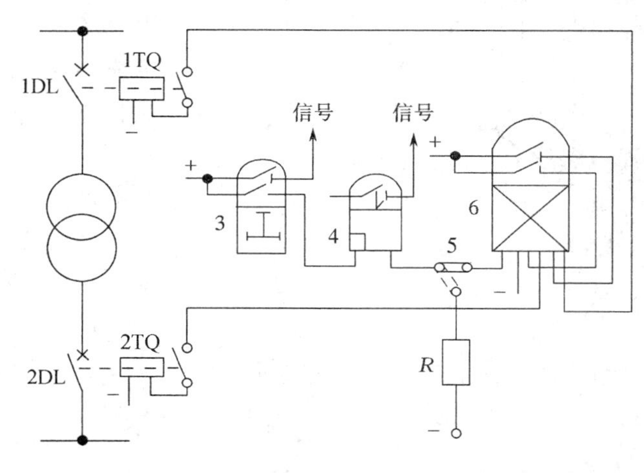

图 7-20　瓦斯保护原理接线图

1DL、2DL—变压器两侧的断路器；3—瓦斯继电器；4—信号继电器；5—切换片；6—出口中间继电器

瓦斯保护的原理接线图如图 7-20 所示。变压器正常运行状态时，瓦斯继电器的触点断开，瓦斯保护不动作。当发生轻微故障时，瓦斯继电器 3 的一对上触点闭合，构成轻瓦斯保护，它动作后，再经信号继电器(图中没画出)发出延时预报信号。当发生严重故障时，瓦斯继电器 3 的一对下触点闭合，构成重瓦斯保护，动作后再经信号继电器 4 起动出口中间继电器 6，使变压器高、低两侧的断路器 1DL、2DL 跳闸。由于重瓦斯保护是按油的流速大小而动作的，而油的流速在故障过程中往往很不稳定，所以重瓦斯动作后，必须有自保持回路，以保证有足够的时间使断路器跳闸。在变压器充油或因修理而重新注油新投入运行时，会发生油面浮动而引起重瓦斯保护误动作，此时可利用信号继电器 4 的出口回路的切换片 5 使重瓦斯保护暂时改接到信号回路运行，用电阻 R 代替出口中间继电器 6 的电压线圈构成信号回路。

瓦斯保护灵敏、快速、接线简单，可以有效地反应变压器的内部故障。它和纵差动保护共同组成变压器的主保护。

二、纵差动保护

1．纵差动保护的接线原则

纵差动保护可用以保护变压器绕组和引出线的相间短路。双绕组变压器的纵差保护原理接线如图 7-21(*a*)、(*b*)所示。

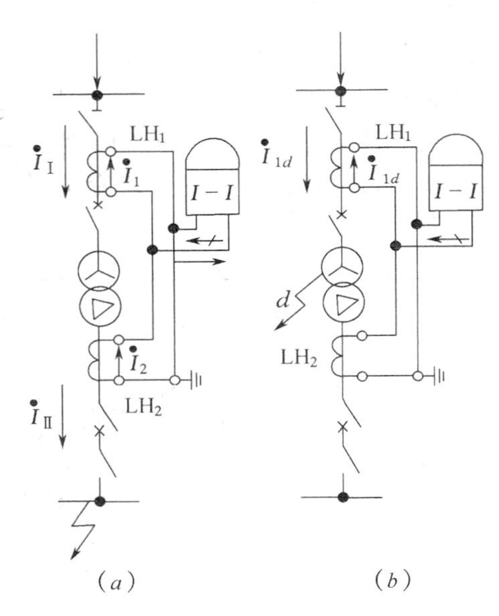

图 7-21　双绕组变压器纵差动保护原理接线图

(*a*)正常运行和外部故障时；(*b*)内部故障时

变压器的两侧都装设电流互感器，其二次线圈按环流原则串联，差动继电器接在差流回路上。其接线应符合下述原则：

正常运行和外部故障时，保护不动作。如图 7-21(*a*)所示，变压器两侧都有电流通过，在选择电流互感器的变比及连接时，要使两侧互感器的二次电流 $\dot{I}_1$ 和 $\dot{I}_2$ 大小相等、方向相同，在连接导线中形成环流；而在差动回路中 $\dot{I}_1$ 和 $\dot{I}_2$ 大小相等、方向相反，因而在差动继电器中流过的电流

$$\dot{I}_j = \dot{I}_1 - \dot{I}_2 \approx 0$$

继电器不会动作。

变压器内部发生相间短路时，保护装置动作。如图 7-21(*b*)所示，只有接于电源侧的电流互感器 LH_1 上有短路电流 $\dot{I}_{\mathrm{I\,d}}$通过，二次侧电流为 $\dot{I}_{1d}$。电流互感器 LH_2 的一、二次侧电流均为零。此时流入差动继电器的电流

$$\dot{I}_j = \dot{I}_{2d}$$

若使整定值小于此值，则继电器动作。

变压器纵差动保护是用比较变压器两侧电流的大小及相位确定是正常情况、外部故障还是内部故障的。但是，由于变压器高、低侧的额定电流不等，有时相位也不一致，这就产生一些特殊问题。

2．变压器两侧相位不同的补偿

工厂供电的降压变压器通常采用 Y/△-11 的接线方式，因此，三角形侧的电流在相位上超前星形侧电流 30°。此时如果两侧的电流互感器仍采用通常的接线方式，由于相位不同，二次电流会产生差电流流入继电器。为了消除这种不平衡电流的影响，通常是将变压器星形侧的三个电流互感器接成三角形，而将变压器三角形侧的三个电流互感器接成星形，并适当考虑联接方式后，即可把二次电流的相位校正过来，接线如图 7-22 所示。图中 $\dot{I}_{A1}^{Y}$、$\dot{I}_{B1}^{Y}$、$\dot{I}_{C1}^{Y}$为 Y 侧的一次电流，$\dot{I}_{A1}^{\triangle}$、$\dot{I}_{B1}^{\triangle}$、$\dot{I}_{C1}^{\triangle}$为△侧的一次电流，后者超前 30°，如图 7-22(*b*)所示。现将 Y 侧的电流互感器也采用相应的三角形接线，则其副边输出的电流为 $\dot{I}_{A2}^{Y}-\dot{I}_{B2}^{Y}$、$\dot{I}_{B2}^{Y}-\dot{I}_{C2}^{Y}$、$\dot{I}_{C2}^{Y}-\dot{I}_{A2}^{Y}$它们与 $\dot{I}_{A2}^{\triangle}$、$\dot{I}_{B2}^{\triangle}$、$\dot{I}_{C2}^{\triangle}$同相位，如图 7-22(*c*)所示。这样可使差动回路两侧的电流相位相同。

但是，当电流互感器采用上述联接方式以后，在互感器接成 *A* 侧的差动臂中，电流扩大到

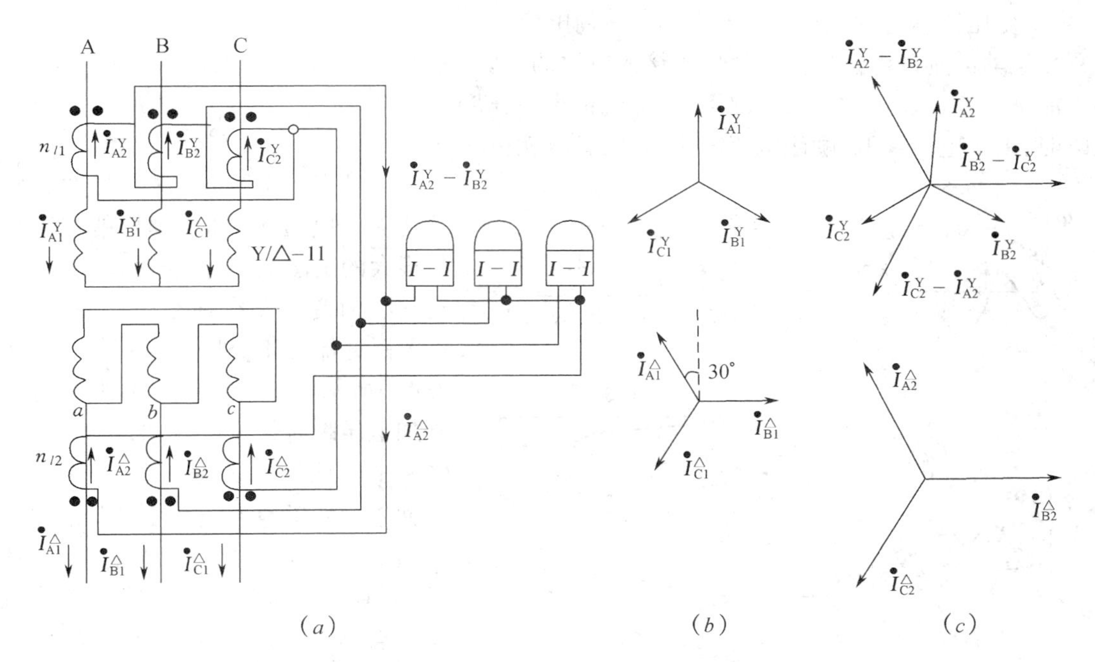

图 7-22　Y/△-11 接线变压器的纵差动保护接线和相量图

（图中电流方向对应于正常工作情况）

(*a*)接线图；(*b*)电流互感器原边电流相量图；(*c*)纵差动回路两侧电流相量图

$\sqrt{3}$倍。在正常及外部故障情况下差动回路中应无电流，故必须将该侧电流互感器的变比加大到$\sqrt{3}$倍，以减小二次电流，使之与另一侧的电流相等。为此，必须用以下方法选择电流互感器变比：

（1）变压器星形接线侧，电流互感器接成三角形时的变比

$$K_{LH(\Delta)}=\sqrt{3}\frac{I_{n\cdot B(Y)}}{5}$$

（2）变压器三角形接线侧，电流互感器接成星形时的变比

$$K_{LH(Y)}=\sqrt{3}\frac{I_{n\cdot B(\triangle)}}{5}$$

式中　$I_{n\cdot B(Y)}$——变压器星形接线的线圈额定电流；

$I_{n\cdot B(\Delta)}$——变压器三角形接线的线圈额定电流；

5——电流互感器二次线圈额定电流。

3. 纵差动保护中不平衡电流的产生及对策

1）电流互感器计算变比与实际变比不同而引起的不平衡电流

上述的变压器两侧的电流互感器变比是为了适应变压器 Y/Δ 接线，而采用的新变比，称为计算变比。而实际的电流互感器是按标准变比生产的，两者经常不一致，此时差动回路中将有不平衡电流流过。当采用具有速饱和铁心的差动继电器时，通常都是利用它的平衡线圈来消除此差电流的影响。

2）变压器本身励磁涌流所产生的不平衡电流

变压器的励磁电流仅流经变压器接入电源的一侧，因此，通过电流互感器反映到差动回路中不能被平衡。在正常运行情况下，此电流很小，一般不超过额定电流的2%～10%。在外部故障时，由于电压降低，励磁电流减小，它的影响就更小。

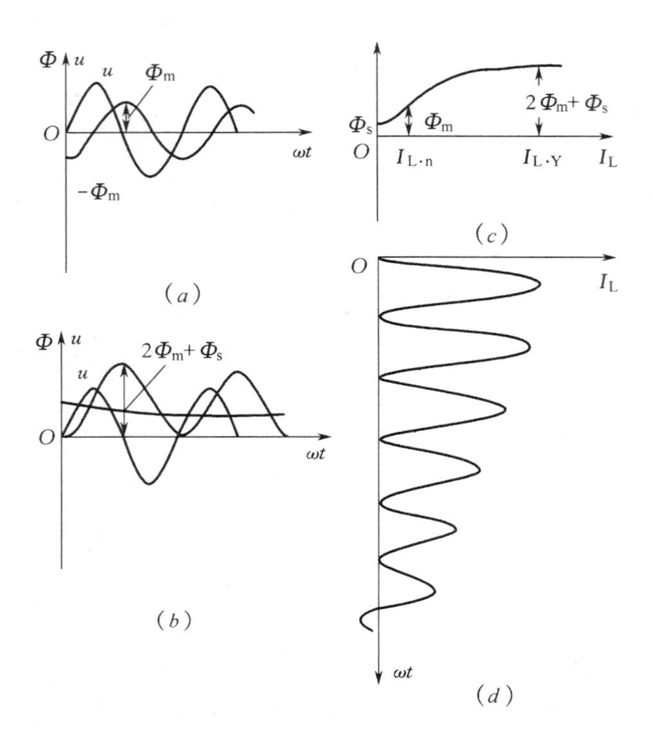

图7-23　变压器励磁涌流的产生及变化曲线

(a)稳态情况下，磁通与电压的关系；(b)$u=0$瞬间空载合闸时，磁通与电压的关系；(c)变压器铁心的磁化曲线；(d)励磁涌流的波形

但是当变压器空载投入或外部故障切除后电压恢复时，则可能出现数值很大的励磁电流，又称为励磁涌流。这是因为变压器在稳态工作时，铁心中的磁通滞后于外加电压90°，如图7-23(a)所示。如果空载合闸时，正好在外加电压瞬时值$u=0$时接通电路，则铁心中应该具有磁通$-\Phi_m$。但是由于铁心中的磁通不能突变，因此，将感应出一个非周期分量(直流分量)的磁通，幅值为$+\Phi_m$。这样在经过半个周期以后，铁心中的磁通就达到$2\Phi_m$。如果铁心中还有剩余磁通Φ_s，则总磁通将为$2\Phi_m+\Phi_s$，如图7-23(b)所示。此时变压器的铁心严重饱和，励磁电流I_L将急剧增大，此电流就称为变压器的励磁涌流I_{LY}，如图7-23(c)所示。其数值最大可达额定电流的6～8倍，同时包含有大量的非周期分量和高次谐波分量，如图7-23(d)所示。励磁涌流的衰减时间与回路的阻抗有关。在开始瞬间I_{LY}衰减很快，经0.5～1 s后，其值不大于$0.25\sim0.5I_n$。但在大型变压器中要衰减完毕，则需要较长的时间。励磁涌流通过电流互感器变换后，将完全流入保护的差动回路中。若不采取措施，会导致保护误动作。

对由上述两个原因产生的不平衡电流，当前常用的消除对策是采用BCH-2型差动继电器。

BCH-2型差动继电器的结构原理和内部接线如图7-24所示。BCH-2型差动继电器是由带短路线圈的速饱和变流器和执行元件DL—11/0.2型电流继电器两部分构成。继电器具有一对常开触点，所有部件都组装在一个壳子里。速饱和变流器由三铁心柱型硅钢片叠成，中间柱的截面比两侧柱的截面大一倍。中间铁心柱上绕有差动线圈W_c和均分两段的平衡线圈$W_{p\mathrm{I}}$(0、1、2、3)和$W_{p\mathrm{II}}$(0、4、8、12、16)，它们的绕向相同；右侧铁心柱上绕有与执行元件相连接的二次线圈W_2；短路线圈分两部分，W'_d绕在中间柱上，W''_d绕在左侧柱上，两线圈同向串联，并使匝数$W''_d=2W'_d$。图7-24(a)为其结构原理图，图7-24(b)为其原理接线图。

差动线圈W_c的作用是：在正常运行及外部故障的情况下，通过差动线圈的电流仅是不平衡电流，其影响可被平衡线圈消除到最小程度。当保护区内部故障时，由于短路电流通过差动线圈，电流继电器即可迅速动作切除故障。

两个平衡线圈 W_{pI}、W_{pII} 的作用是：由于变压器两侧的电流互感器变比不能完全匹配，两侧的二次电流 I'_2 与 I''_2 不相等，设 $I'_2 > I''_2$，则在变压器正常运行时，差动线圈 W_c 中将有不平衡电流 ΔI_2 流过，其值 $\Delta I_2 = I'_2 - I''_2$，由它所产生的磁势为 $W_c(I'_2 - I''_2)$。为了消除这个不平衡电流的影响，通常将平衡线圈接入二次电流较小的一侧。适当选择平衡线圈的匝数，使磁势

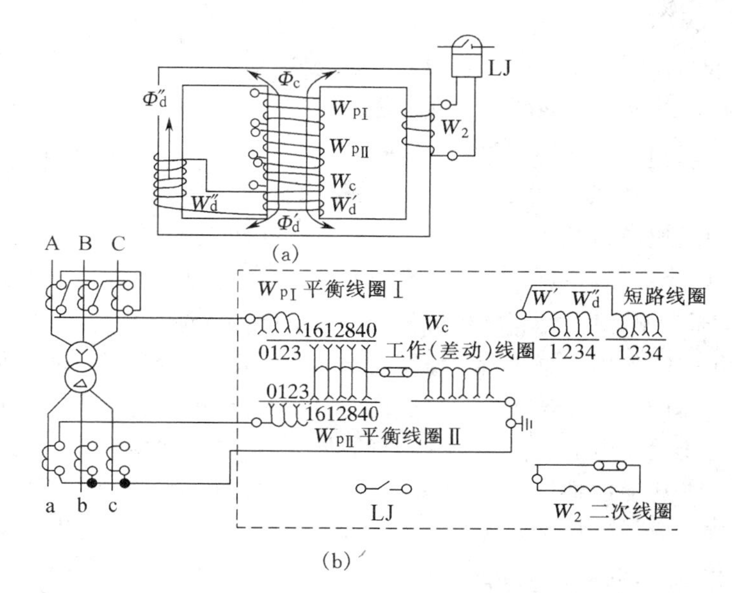

图 7-24　变压器采用 BCH-2 型差动保护原理接线图

(*a*)BCH-2 型差动继电器的结构原理图；

(*b*)双绕组变压器的 BCH-2 型差动保护原理接线图

$W_p I''_2$ 能完全抵销 $W_c(I'_2 - I''_2)$，则在二次线圈 W_2 中就不会感应电势，因而继电器中也没有电流，达到了消除不平衡电流的目的。因此可见，选择平衡线圈的匝数 W_p 应满足下列关系

$$W_c(I'_2 - I''_2) = W_p I''_2$$

或

$$W_c I'_2 = (W_c + W_p) I''_2$$

上式表明，由较大的电流 I'_2 在 W_c 中所产生的磁势 $W_c I'_2$，被较小电流 I''_2 在$(W_c + W_p)$中所产生的磁势$(W_c + W_p) I''_2$ 所抵消，因此在铁心中没有磁通，继电器不可能动作。

当 W_p 的选择满足以上要求后，则不管不平衡电流之值如何，在正常运行及外部故障时，在铁心的二次线圈中都没有电流，而不平衡电流在差动线圈中仍然存在。实际上由于平衡线圈的匝数不能连续调整，因此，还会有一残余的不平衡电流存在，这应在整定时考虑。

在保护区内部发生故障时，流过平衡线圈电流所产生的磁势与差动线圈电流所产生的磁势方向一致，增加了使继电器动作的安匝数，从而提高了保护装置的灵敏度。

差动线圈和两个平衡线圈都有一定数量的抽头，以此可达到改变匝数的目的。

短路线圈 W'_d、W''_d 主要用来消除不平衡电流中的非周期分量电流，以提高保护动作的可靠性。

当差动线圈 W_c 中有周期分量电流流过时，产生的磁通 Φ_c，沿速饱和变流器的中间铁心柱和左右两侧铁心柱形成闭合回路，并在短路线圈 W'_d 中产生感应电势 e'_d。在 e'_d 的作用下，两个同向串联的短路线圈 W'_d 和 W''_d 中流过同一电流 I_d 并产生磁势。由楞次定律可知，磁势 $I_d W'_d$ 产生的磁通 Φ'_d 对 Φ_c 为去磁作用，因此，$I_d W'_d$ 对二次线圈 W_2 的磁通有去磁作用；

而 $I_d W''_d$ 产生的磁通 Φ''_d 对二次线圈 W_2 的磁通有助磁作用。由于 $W''_d = 2W'_d$，则 Φ'_d 与 Φ''_d 的合成效应为零，对总磁通 Φ_2 的影响近于互相补偿，故短路线圈的存在基本上不影响周期分量电流向二次线圈 W_2 的转变。

当差动线圈 W_c 除流过周期分量电流外还含有非周期分量电流的励磁涌流或不平衡电流时，由于非周期分量电流可近似看作为直流，不会转变到短路线圈回路，而只作为励磁电流使铁心迅速饱和，磁阻增大。因此，在差动线圈中流过与不含非周期分量电流同样大小的周期分量电流时，进入差动线圈 W_c 中的磁通 Φ_c 减少了；而且由于 Φ_c 减少相应地 Φ''_d 及 Φ'_d 也减少了，加之 Φ''_d 磁路长，漏磁偏大；Φ'_d 磁路短，漏磁偏小，从而使流过二次线圈 W_2 的综合磁通加强了去磁作用。总之由于短路线圈的存在使 Φ_2 减少得更多，即差动线圈中流过含有非周期分量电流的励磁涌流或不平衡电流时，周期分量电流比不含有非周期分量的同量的周期分量电流更难使继电器动作，使继电器的动作电流显著地增大，因而可保证保护装置不发生误动作。

变压器内部故障时，短路电流中虽然也有非周期分量电流使铁心饱和，并有使短路电流中的周期分量电流不易向二次线圈 W_2 转变的作用，但由于非周期分量电流衰减很快，衰减到一定程度后，周期分量电流传到二次线圈 W_2，使继电器可靠地动作，所以要有短暂的时间延滞，但不超过 0.035 s。

当变压器采用 BCH-2 型差动继电器且外部故障不平衡电流太大而灵敏度不够时，应采用 BCH-1 型差动继电器。BCH-1 型差动继电器的执行元件和速饱和变流器的铁心与 BCH-2 型完全相似，只是没有短路线圈，而在两侧铁心柱上分别绕有制动线圈。使不平衡电流难于变换到二次线圈 W2 中，起到制动作用。BCH-1 型差动继电器有躲过由于外部故障引起的不平衡电流的性能，优于 BCH-2 型；但躲过励磁涌流的性能不如 BCH-2 型。

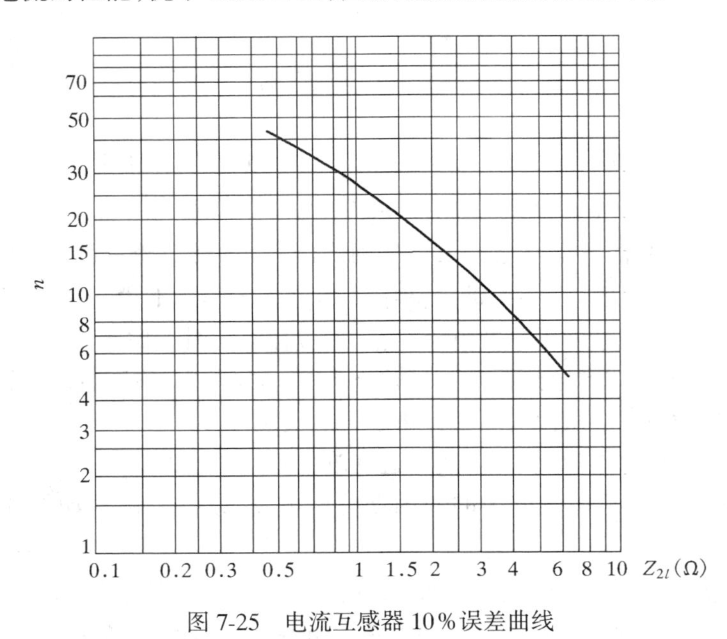

图 7-25　电流互感器 10%误差曲线

3）变压器两侧电流互感器型号不同产生的不平衡电流

由于变压器两侧电压、电流不相等，所选用的电流互感器型号也不同，因此它们的饱和特性、励磁电流也不同，在差动回路中所产生的不平衡电流较大。当按照 10%误差曲线选择两侧电流互感器的负荷后，此不平衡电流不会超过外部短路电流的 10%。

这里简单介绍一下关于电流互感器 10%误差曲线（图 7-25）的含义。根据运行经验规定，用于保护的电流互感器的电流数值误差 f_i 在可能出现的短路电流范围内不允许超过负 10%。将一次短路电流 I_{1d} 与电流互感器一次额定电流 I_{1n} 之比值 $n(n = I_{1d}/I_{1n})$ 称为一次电流倍数。电流互感器的误差 f_i 与一次电流及二次负荷有关，

对应于一定的 f_i 值,一次电流愈大,电流互感器的二次负荷愈小。限定电流互感器的误差 $f_i = -10\%$,可作出一次电流倍数与二次负荷的关系曲线。此关系曲线 $n = f(Z_{2l})$ 称为10%误差曲线。

利用10%误差曲线时,可计算给定电流互感器一次侧通过的短路电流 I_{1d},并求出 n,然后从电流互感器10%误差曲线上找出与 n 相对应的二次负荷 Z_{2l}。当实际二次负荷阻抗小于 Z_{2l} 时,误差 $f_i < 10\%$。

各种类型电流互感器的10%误差曲线由制造厂提供。

4）变压器带负荷调整分接头产生的不平衡电流

变压器带负荷调整分接头是调整电压的一种方法,实际上改变分接头就是改变变压器的变比。如果差动保护已按照某一变比调整完毕,则当分接头改变时,就会产生一个不平衡电流流入继电器。要消除这个不平衡电流,再采用改变运行中差动继电器平衡线圈圈数的方法是不可能的,因为变压器的分接头经常在改变,而差动保护的电流回路在带电的情况下是不能操作的。因此,对由此而产生的不平衡电流,就应在纵差动保护的整定中考虑。

4. 变压器纵差动保护起动电流的整定计算原则

(1) 在正常运行情况下,为防止电流互感器二次回路断线时引起差动保护误动作,保护装置的起动电流应大于变压器的最大负荷电流 $I_{fh\cdot max}$。当负荷电流不能确定时,可采用变压器的额定电流 $I_{n\cdot B}$,并引入可靠系数 K_k(一般采用1.3),则保护装置的一次侧动作电流

$$I_{dz} = K_k I_{fh\cdot max} = K_k I_{n\cdot B}$$

(2) 躲开保护范围外部故障时的最大不平衡电流

$$I_{dz} = K_k I_{bp\cdot max}$$

$$I_{bp\cdot max} = (K_{tx} \times 10\% + \Delta U\% + \Delta f_{za}) I_{d\cdot max}^{(3)}$$

式中 $I_{bp\cdot max}$——保护范围外部故障时的最大不平衡电流;

10%——电流互感器允许的最大相对误差;

K_{tx}——电流互感器的同型系数,型号不同时取为1;

$\Delta U\%$——由带负荷调整分接头引起的误差,一般取调压范围的一半;

Δf_{za}——采用的互感器变比或平衡线圈匝数与计算值不同时引起的相对误差。在计算之初不能确定时可取5%;

$I_{d\cdot max}^{(3)}$——保护范围外部短路时的最大短路电流。

(3) 躲开变压器励磁涌流。当采用具有速饱和铁心的差动继电器时,它虽有防止非周期分量影响的作用,但躲避励磁涌流的性能仍较差。根据运行经验,差动继电器的起动电流需整定为 $I_{dz} \geqslant 1.3 I_{n\cdot B}$ 才能躲开励磁涌流的影响。对于差动保护,躲开励磁涌流的性能,还应通过现场的空载合闸试验加以检验。

上述三者中之最大者,为最终确定采用的起动电流整定值。当然作为继电器的起动值尚需除以电流互感器的变比 K_{LH}。详细的整定计算及校验等参看后面的例题。

三、电流速断保护

对于中、小容量的变压器,例如工厂供电中的供、配电变压器,可以在电源侧装设电流速断

保护代替纵差动保护，作为变压器电源侧线圈和电源侧套管及引出线故障的主要保护。

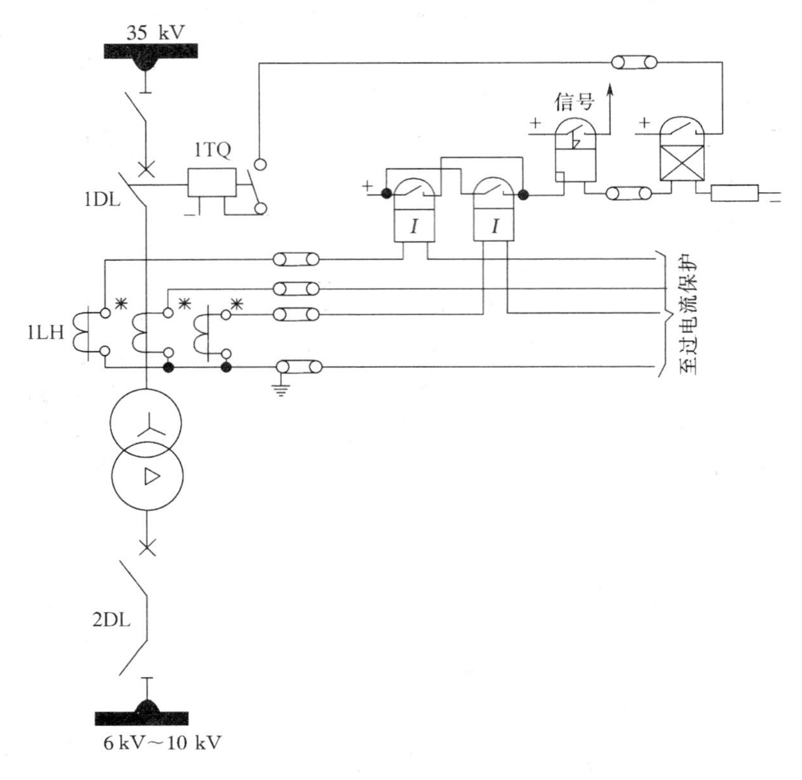

图 7-26　变压器电流速断保护原理接线图

图 7-26 为变压器电流速断保护原理接线图，电流互感器装在电源侧。电源侧为中性点直接接地系统时，保护采用完全星形接线方式；电源侧为中性点不接地或经消弧线圈接地系统时，则采用两相不完全星形接线方式。

变压器电流速断保护的起动电流按躲过变压二次侧母线三相短路时的最大短路电流整定，即

$$I_{dz}=K_k I_{Dw\cdot max}$$

式中　K_k——可靠系数，取为 1.2～1.3；

$I_{Dw\cdot max}$——变压器二次侧母线三相短路时的最大短路电流。

电流速断保护的起动电流还应躲过变压器空载合闸时的励磁涌流，按上式整定的起动电流可以满足这一要求。

电流速断保护的整定值较高，因为它既要躲开变压器低压侧短路时的最大短路电流，又要躲开变压器空载投入时的励磁涌流，所以只能保护变压器高压线圈以上的部分，而不能保护变压器低压线圈，这是电流速断保护的缺点。但因其接线简单、动作快速，在过电流保护及瓦斯保护相配合之下，可以很好地作为中、小容量变压器的保护。

四、过电流保护

为了反映变压器外部短路引起的过电流并作为变压器主保护的后备保护，变压器还要装

设过电流保护。

1. 变压器的过电流保护

变压器的过电流保护原理接线如图 7-27 所示,电流互感器装设在电源侧,这样可使变压器也包括在保护范围之内。

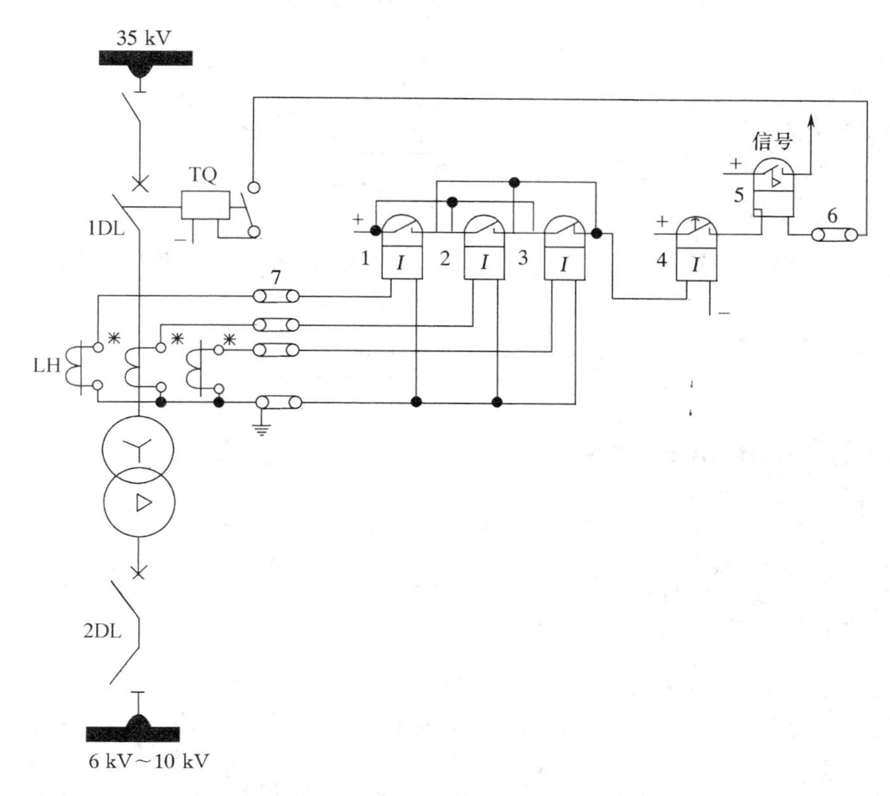

图 7-27 单电源供电变压器的过电流保护原理接线图

过电流保护的电流互感器和继电器通常采用三相星形接线方式,相对于两相不完全星形接线可以得到较高的灵敏度。

过电流保护的一次侧起动电流的整定原则是躲过最大负荷电流,即

$$I_{dz}=K_k I_{n\cdot B}$$

式中 K_k——可靠系数,取 1.2~1.3;

$I_{n\cdot B}$——变压器的额定电流。

2. 带低电压闭锁的过电流保护

变压器过电流保护既要满足在最小运行方式下短路时有足够的灵敏度,又要躲过电动机自起动电流,以满足可靠性。这两者有时发生矛盾。为了解决矛盾,一方面要降低电流继电器的起动电流,同时还要采用低电压闭锁装置,即采用低电压闭锁的过电流保护(原理接线图见图 7-28)。

低电压继电器应接自 6 kV~10 kV 电压互感器的线电压上,这样可保证变压器短路故障

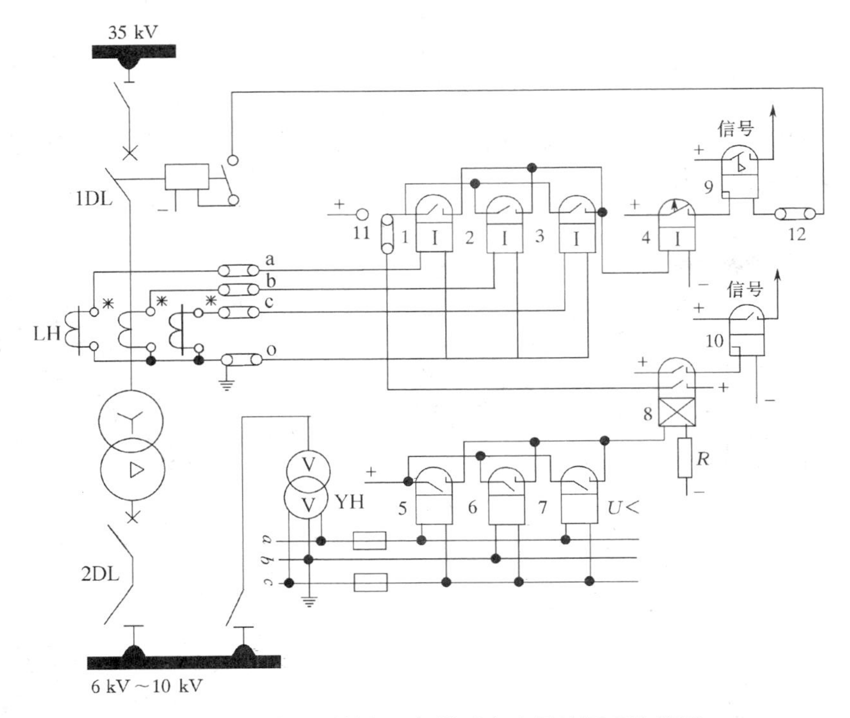

图 7-28　变压器低电压闭锁过电流保护原理接线图

1、2、3—电流继电器 DL-11/20 型；4—时间继电器 DS-112/220 型；5、6、7—低电压继电器 DJ-122/160 型；8—中间继电器 DZ-17/110 型，串电阻 20W、2 000Ω；9—电流信号继电器 DX-11/1 型，10—电压信号电器 DX-11/220 型；11、12—切换连接片

和 6 kV～10 kV 母线短路故障时的灵敏度。低电压继电器的起动电压应小于正常运行情况下的最小工作电压。图中的切换连接片 11，可根据运行方式需要，将低电压闭锁部分退出运行。

三个低电压继电器都接在线电压下，且触点并联，这样可以保证各种相间短路时，低电压继电器可靠地动作，而且只要有一只低电压继电器起动，整套过电流保护就能动作。但是这样的接线不能反应电网中的单相接地故障，因此，不能用在中性点直接接地系统中。

五、过负荷保护

变压器过负荷时三相电流是同时增加的，所以过负荷保护只需装在一相上用一只电流继电器。其原理接线图如图 7-29 所示。为了防止短时过负荷或在外部短路时发出不必要的信号，需装设一只延时闭合的时间继电器，其动作时限应大于过电流保护动作时限 1 至 2 个时限级差。同时，时间继电器的线圈，应允许有较长时间通过电流，所以应选用线圈串有限流电阻的时间继电器。

过负荷保护与过电流保护合用一组电流互感器。它只装在有运行人员监视的变压器上。过负荷保护动作后只发出信号，运行人员接到信号后可进行处理。

过负荷保护的一次动作电流，按躲过变压器额定电流来整定，即

$$I_{dz}=\frac{K_k}{K_f}I_{n\cdot B}$$

式中 K_k——可靠系数，取为1.05；

K_f——返回系数，取为0.85；

$I_{n\cdot B}$——保护安装侧变压器的额定电流。

六、变压器保护整定计算示例

已知一台降压变压器的参数为：电压 $35 \pm 2 \times 2.5\%/10$ kV，容量 5 000 kVA，Y/△－11 接线。

经计算得出：35 kV 侧最大运行方式下三相短路电流 $I^{(3)}_{d(1)max} = 4.46$ kA，最小运行方式下三相短路电流 $I^{(3)}_{d(1)min} = 3.0$ kA；10 kV 侧最大运行方式下三相短路电流 $I^{(3)}_{d(2)max)} = 2.62$ kA，最小运行方式下三相短路电流 $I^{(3)}_{d(2)min} = 2.43$ kA。

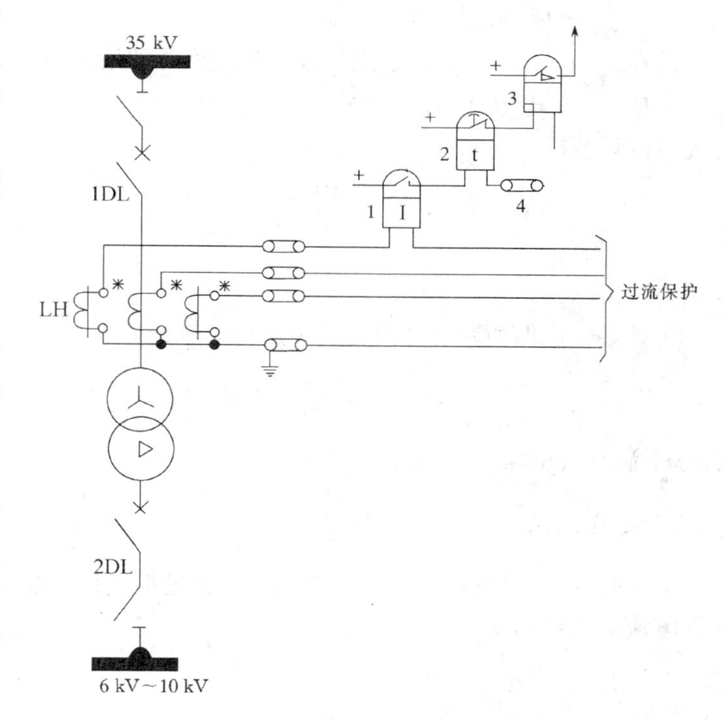

图 7-29　变压器过负荷保护原理接线图

1—电流继电器 DL-11/6 型；2—时间继电器 DS-113C/220 型；3—电压信号继电器 DX-11/220 型；4—连接片

试计算出所用各种保护装置的整定值。（本题中变压器容量为 5 000 kVA，根据规定不需装设纵差动保护。）

1．有关参数计算结果如下：

参数名称	35 kV 侧	10.5 kV 侧
变压器额定电流	$I_{1n} = \frac{5\,000}{\sqrt{3}\times 35} = 82.5$ A	$I_{2n} = \frac{5\,000}{\sqrt{3}\times 0.5} = 275$ A
电流互感器接线方式	三角形	星形
电流互感器一次电流值	$\sqrt{3}\times 82.5 = 142.9$ A	275 A
电流互感器变比	$\frac{200}{5} = 40$	$\frac{300}{5} = 60$
二次回路额定电流	$\frac{142.9}{40} = 3.57$ A	$\frac{275}{60} = 4.58$ A

2．电流速断保护的整定计算

电流继电器的动作电流按下式整定

$$I_{dz\cdot j} \geqslant \frac{K_k K_{jx} I_{dw\cdot max}}{K_{LH}}$$

式中 K_k——可靠系数，取 $K_k = 1.3$；

K_{jx}——接线系数，$K_{jx}=1$；

$I_{dw\cdot max}$——变压器低压侧母线三相短路时的最大短路电流，已知 $I_{dw\cdot max}=2.62$ kA；

K_{LH}——电流互感器变比。

代入具体数值后得

$$I_{dz\cdot j}\geqslant\frac{1.3\times1\times2\ 620\times\frac{10.5}{35}}{40}=25.6\ \text{A}$$

取 $I_{dz\cdot j}=26$ A。

灵敏系数按保护安装处两相最小短路电流计算：

$$K_{lm}=\frac{I_{d\cdot min}^{(2)}}{K_{LH}I_{dz\cdot j}}=\frac{\sqrt{3}\times3\ 000}{2\times40\times26}=2.5>2$$

$K_{lm}>2$ 满足要求。

3. 过电流保护的整定计算

为提高保护灵敏度，电流互感器采用三相星形接线。按躲过最大负荷电流整定时，用下式计算电流继电器的整定值

$$I_{dz\cdot j}\geqslant\frac{K_kK_{jx}K_{zq}}{K_fK_{LH}}I_{n\cdot B}$$

式中 K_{zq}——电动机自起动系数，取 $K_{zq}=1.5$；

K_f——继电器返回系数，取 $K_f=0.85$。

代入具体数值后得

$$I_{dz\cdot j}\geqslant\frac{1.3\times1\times1.5}{0.85\times40}\times82.5=4.73\ \text{A}$$

动作电流整定值可取 $I_{dz\cdot j}=5$ A；动作时限可取 $t=0.15$ s。

灵敏系数

$$K_{lm}=\frac{I_{d\cdot min}^{(2)}}{K_{LH}I_{dz\cdot j}}$$

式中的 $I_{d\cdot min}^{(2)}$ 为折算到高压侧的低压侧两相短路时的最小短路电流。所以，灵敏系数

$$K_{lm}=\frac{\frac{\sqrt{3}}{2}\times2430\times\frac{10.5}{35}}{40\times5}=3.15$$

灵敏系数 $K_{lm}>1.5$，满足要求。否则应加低电压闭锁元件。低电压继电器的整定值按下式计算

$$U_{dz\cdot j}=\frac{U_{g\cdot min}}{K_kK_fK_{YH}}$$

式中 K_k——电压元件可靠系数，取 1.2～1.3；

K_f——电压继电器返回系数，取 1.25；

K_{YH}——电压互感器变比；

$U_{g\cdot min}$——最小运行工作电压，一般取额定电压的 90%～95%。

4. 过负荷保护

动作于发出信号，时限一般取 4～15 s。动作电流按下式整定

$$I_{dz\cdot j} \geqslant \frac{K_k \cdot K_{jx} \cdot I_{n\cdot B}}{K_f \cdot K_{LH}}$$

式中 K_k—可靠系数，视变压器过负荷能力而定，可取 1.05～1.15；

K_f——继电器返回系数，取 0.8～0.85；

$I_{n\cdot B}$——变压器额定电流。

代入数值后得

$$I_{dz\cdot j} = \frac{1.15 \times 82.5}{0.85 \times 40} = 2.79\ \text{A}$$

7-4 配电系统的保护装置

本节重点介绍 10 kV 及其以下电压级的配电系统中主要电气设备所需配置的保护装置。有些中、小型工厂企业的供电系统是 6 kV～10 kV 电压级，需配置的保护装置与本节所介绍的内容一致。

工厂企业 10 kV 及其以下电压级系统的保护装置有继电器保护、熔断器保护、自动开关保护装置等。

一、6 kV～10 kV 配电变压器保护

表 7-1 为 6 kV～10 kV 配电变压器的保护配置情况；表 7-2 为配置的继电保护整定计算一览表。

表 7-1 6 kV～10 kV 配电变压器的保护配置

<table>
<tr><th rowspan="2">变压器容量
(kVA)</th><th colspan="5">保 护 装 置 名 称</th><th rowspan="2">注</th></tr>
<tr><th>过电流保护</th><th>电流速断保护</th><th>低压侧单相接地保护①</th><th>瓦斯保护</th><th>温度保护</th></tr>
<tr><td>＜400</td><td></td><td></td><td></td><td></td><td></td><td>一般用高压熔断器保护</td></tr>
<tr><td>400～750</td><td>高压侧采用断路器时装设</td><td>高压侧采用断路器，且过电流保护时限>0.5 秒时装设</td><td rowspan="3">装设</td><td>车间内变压器装设</td><td></td><td rowspan="3"></td></tr>
<tr><td>800</td><td rowspan="2">装设</td><td rowspan="2">过电流保护时限>0.5 秒时装设</td><td rowspan="2">装设</td><td></td></tr>
<tr><td>1 000～1 800</td><td>装设</td></tr>
</table>

① 绕组为星形-星形连接、低压侧中性点接地的配电变压器，当利用高压侧的过电流保护兼作低压侧单相接地保护或利用低压侧的三相过电流保护不能满足灵敏性要求时，应装设变压器低压侧中性线上的零序电流保护。当变压器低压侧有分支线时，宜有选择地切除各分支线的故障。

表 7-2　6 kV～10 kV 配电变压器的继电保护整定计算

保护名称	计算项目和公式	符号说明
过电流保护	保护装置的动作电流(应躲过可能出现的过负荷电流) $I_{dz\cdot j}=K_kK_{jx}\frac{K_{gh}I_{n\cdot B}}{K_hK_{LH}}$(A) 保护装置的灵敏系数[按系统最小运行方式下，低压侧两相短路时流过高压侧(保护安装处)的短路电流校验] $K_{lm}=\frac{I_{d2\cdot min}^{(2)}}{I_{dz}}\geqslant 1.5$ 保护装置的动作时限(应与下一级保护动作时限相配合)一般取 0.5 s～0.7 s	K_k——可靠系数，用于过电流保护时 DL 型和 GL 型继电器分别取 1.2 和 1.3，用于电流速断保护时分别取 1.3 和 1.5，用于低压侧单相接地保护时(在变压器中性线上装设的)取 1.2； K_{jx}——接线系数，接于相电流时取 1，接于相电流差时取$\sqrt{3}$； K_h——继电器返回系数，取 0.85； K_{gh}——过负荷系数. 包括电动机自起动引起的过电流倍数，一般可取 2～3。当无自起动电动机时取 1.3～1.5； K_{LH}——电流互感器变比； $I_{n\cdot B}$——变压器一次侧额定电流，A； $I_{d2\cdot max}^{(2)}$——最小运行方式下变压器低压侧两相短路时，流过高压侧(保护安装处)的稳态电流，A； I_{dz}——保护装置一次动作电流，A； $I''^{(3)}_{max}$——最大运行方式下变压器低压侧三相短路时，流过高压侧(保护安装处)的超瞬变电流，A ； $I''^{(2)}_{d1\cdot max}$——最小运行方式下保护装置安装处两相短路超瞬变电流，A
电流速断保护	保护装置的动作电流(应躲过低压侧短路时，流过保护装置的最大短路电流) $I_{dz\cdot j}=K_kK_{jx}\frac{I''^{(3)}_{d2\cdot max}}{K_{LH}}$(A) 保护装置的灵敏系数(按系统最小运行方式下，保护装置安装处两相短路电流校验) $K_{lm}=\frac{I''^{(2)}_{d1\cdot min}}{I_{dz}}\geqslant 2$	
低压侧单相接地保护(利用高压侧三相式过电流保护)	保护装置的动作电流和动作时限与过电流保护相同 保护装置的灵敏系数[按最小运行方式下，低压侧母线或母干线末端单相接地时，流过高压侧(保护安装处)的短路电流校验] $K_{lm}=\frac{I_{d2\cdot min}^{(1)}}{I_{dz}}\geqslant 2$	
低压侧单相接地保护(采用在低压侧中性线上装设专用的零序保护)	保护装置的动作电流(应躲过正常运行时，变压器中性线上流过的最大不平衡电流，其值按国家标准《电力变压器》规定，不超过额定电流的 25%) $I_{dz\cdot j}=K_k\frac{0.25I_{n\cdot B}}{K_{LH}}$(A) 保护装置的动作电流尚应与低压出线上的零序保护相配合 $I_{dz\cdot j}=K_{ph}\frac{I_{dz\cdot fz}}{K_{LH}}$(A) 保护装置的灵敏系数(按最小运行方式下，低压侧母线或母干线末端单相接地稳态短路电流校验) $K_{lm}=\frac{I_{d22\cdot min}^{(1)}}{I_{dz}}\geqslant 2$ 保护装置的动作时限一般取 0.5 s	$I_{d2\cdot min}^{(1)}$——最小运行方式下变压器低压侧母线或母干线末端单相接地短路时，流过高压侧(保护安装处)的稳态电流，A； $I_{d2\cdot min}^{(1)}=\frac{2}{3}I_{d22\cdot min}^{(1)}/K_b$ $I_{d22\cdot min}^{(1)}$——最小运行方式下变压器低压侧母线或母干线末端单相接地稳态短路电流，A； K_{ph}——配合系数，取 1.1； $I_{dz\cdot fz}$——低压分支线上零序保护的动作电流，A； K_b——变压器变比

二、6 kV～10 kV 线路的保护

表 7-3 所列为 6 kV～10 kV 线路的保护配置；表 7-4 为继电保护整定计算表。

表 7-3　6 kV～10 kV 的保护配置

被保护线路	保护装置名称				备注
	无时限电流速断保护①	带时限速断保护	过电流保护	单相接地保护	
单侧电源放射式单回线路	从重要配电所引出的线路装设	当无时限电流速断不能满足选择性动作时装设	装　设	根据需要装设	当过电流保护的时限不大于 0.5～0.7 s，且没有保护配合上的要求时，可不装设电流速断

① 无时限电流速断保护应保证切除所有使该母线残压低于 50%～60%额定电压的短路。为满足这一要求，必要时保护装置可无选择地动作，并以自动装置来补救。

表 7-4　6 kV～10 kV 线路的继电保护整定计算

保护名称	计算项目和公式	符号说明
过电流保护	保护装置的动作电流（应躲过线路的过负荷电流） $I_{dz\cdot j}=K_k K_{jx}\dfrac{I_{gh}}{K_h K_{LH}}$ (A) 保护装置灵敏系数（按最小运行方式下线路末端两相短路电流校验） $K_m=\dfrac{I_{d2\cdot min}^{(2)}}{I_{dz}}\geqslant 1.5$ 保护装置的动作时限，应较相邻元件的过电流保护大一时限阶段，一般大 0.5 s～0.7 s	K_k——可靠系数，用于过电流保护时，DL 型和 GL 型继电器分别取 1.2 和 1.3，用于电流速断保护时分别取 1.2 和 1.5，用于单相接地保护时无时限取 4～5，有时限取 1.5～2； K_{jx}——接线系数，接于相电流时取 1，接于相电流差时取$\sqrt{3}$； K_h——继电器返回系数，取 0.85； K_{LH}——电流互感器变比； I_{gh}——线路过负荷（包括电动机起动所引起的）电流，A； $I_{d2\cdot min}^{(2)}$——最小运行方式下线路末端两相短路稳态电流，A； I_{dz}——保护装置一次动作电流，A； $I_{dz}=I_{dz\cdot j}\dfrac{K_{LH}}{K_{jx}}$ $I''^{(3)}_{d2\cdot max}$——最大运行方式下线路末端三相短路超瞬变电流，A； $I''^{(2)}_{d1\cdot min}$——最小运行方式下线路始端两相短路超瞬变电流，A； K_{ph}——配合系数，取 1.1； $I_{dz\cdot 3}$——相邻元件的电流速断保护的一次动作电流，A； $I_{d3\cdot max}^{(3)}$——最大运行方式下相邻元件末端三相短路稳态电流，A； I_{0x}——被保护线路外部发生单相接地故障时，从被保护元件流出的电容电流，A； $I_{0\Sigma}$——电网的总单相接地电容电流，A
无时限电流速断保护	保护装置的动作电流（应躲过线路末端短路时最大三相短路电流） $I_{dz\cdot j}=K_k K_{jx}\dfrac{I''^{(3)}_{d2\cdot max}}{K_{LH}}$ (A) 保护装置的灵敏度系数（按最小运行方式下线路始端两相短路电流校验） $K_m=\dfrac{I''^{(2)}_{d1\cdot min}}{I_{dz}}\geqslant 2$	
带时限电流速断保护	保护装置的动作电流（应躲过相邻元件末端短路时的最大三相短路电流或与相邻元件的电流速断保护的动作电流相配合，按两个条件中较大者整定） $I_{dz\cdot j}=K_k K_{jx}\dfrac{I_{d3\cdot max}^{(3)}}{K_{LH}}$ (A) 或　$I_{dz\cdot j}=K_{ph} K_{jx}\dfrac{I_{dx\cdot 3}}{K_{LH}}$ (A) 保护装置的灵敏系数与无时限电流速断保护相同 保护装置的动作时限，应较相邻元件的电流速断保护大一个时限阶段，一般大 0.5 s～0.7 s	
单相接地保护	保护装置的一次动作电流（按躲过被保护线路外部单相接地故障时，从被保护元件流出的电容电流及按最小灵敏系数 1.25 整定） $I_{dz}\geqslant K_k I_{cx}$　(A) 和　$I_{dz}\leqslant\dfrac{I_{0\Sigma}-I_{0x}}{1.25}$　(A)	

例题 7-1　试配置总降压变电站低压侧 10 kV 电缆引出线路的继电保护，并进行整定计算，接线如图 7-30 所示。

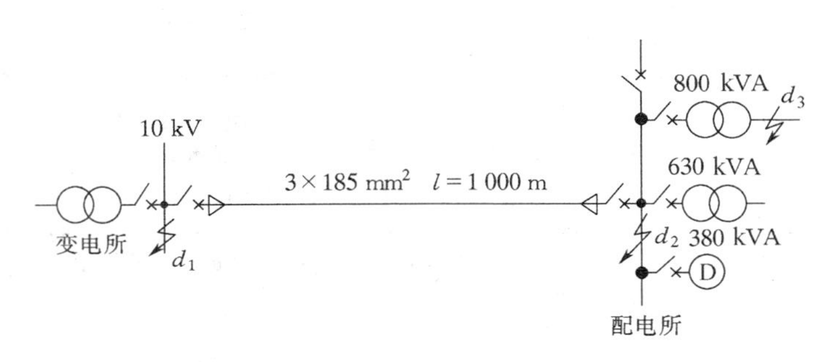

图 7-30　10 kV 电缆引出线路的接线

已知条件：电动机起动时线路的过负荷电流 $I_{\mathrm{gh}}=350$ A。

最大运行方式下，总降压变电站 d_1 点三相短路电流 $I_{\mathrm{d1\cdot max}}^{(3)}=5.5$ kA，配电站 d_2 点三相短路电流 $I_{\mathrm{d2\cdot max}}^{(3)}=5.13$ kA，配电变压器低压侧 d_3 点三相短路时流过高压侧的短路电流 $I_{\mathrm{d3\cdot max}}^{(3)}=0.82$ kA。

最小运行方式下，d_1 点的三相短路电流 $I_{\mathrm{d1\cdot min}}^{(3)}=4.58$ kA，d_2 点的三相短路电流 $I_{\mathrm{d2\cdot min}}^{(3)}=4.32$ kA，d_3 点三相短路时流过高压侧的电流 $I_{\mathrm{d3\cdot min}}^{(3)}=0.796$ kA。

10 kV 电网的总单相接地电容电流 $I_{0\Sigma}=15$ A；10 kV 电缆线路电容电流 $I_{0\mathrm{x}}=1.4$ A。

下一级配电变压器过电流保护装置动作电流 $I_{\mathrm{dz\cdot3}}=150$ A。

计算中假定系统电源容量为无限大，稳态短路电流等于零秒时的超瞬变短路电流。

解：由表 7-3 知，10 kV 电缆线路需配置的继电保护有：(无时限)电流速断保护，当电流速断保护灵敏系数不满足要求时应设带时限的电流速断保护，过电流保护及单相接地保护。

现分别整定计算如下。

(1) 电流速断保护

保护装置的动作电流

$$I_{\mathrm{dz\cdot j}}=K_{\mathrm{k}}K_{\mathrm{jx}}\frac{I_{\mathrm{d2\cdot max}}^{(3)}}{K_{\mathrm{LH}}}=1.3\times1\times\frac{5\ 130}{60}=111.2\ \mathrm{A}$$

取整定值为 110 A。保护装置一次动作电流

$$I_{\mathrm{dz}}=I_{\mathrm{dzj}}\frac{K_{\mathrm{LH}}}{K_{\mathrm{jx}}}=110\times\frac{60}{1}=6\ 600\ \mathrm{A}$$

保护装置的灵敏系数

$$K_{\mathrm{lm}}=\frac{I_{\mathrm{d1\cdot min}}^{(2)}}{I_{\mathrm{dz}}}=\frac{0.866I_{\mathrm{d1\cdot min}}^{(3)}}{I_{\mathrm{dz}}}=\frac{0.866\times4\ 580}{6\ 600}=0.6<2$$

无时限的电流速断保护灵敏系数 $K_{\mathrm{lm}}<2$，不能满足灵敏系数要求，故应装设带时限电流速断保护。

(2) 带时限电流速断保护

保护装置的动作电流

$$I_{\mathrm{dz\cdot j}}=K_{\mathrm{k}}K_{\mathrm{jx}}\frac{I_{\mathrm{d3\cdot max}}^{(3)}}{K_{\mathrm{LH}}}=1.3\times1\times\frac{820}{60}=17.77\ \mathrm{A}$$

取整定值为 20 A。则保护装置一次动作电流

$$I_{\mathrm{dz}}=I_{\mathrm{dz\cdot j}}\frac{K_{\mathrm{LH}}}{K_{\mathrm{jx}}}=20\times\frac{60}{1}=1\ 200\ \mathrm{A}$$

保护装置的灵敏系数

$$K_{lm}=\frac{I_{d1\cdot min}^{(2)}}{I_{dz}}=\frac{0.866I_{d1\cdot min}^{(3)}}{I_{dz}}=\frac{0.866\times 4\ 580}{1\ 200}=3.3>2$$

$K_{lm}>2$ 满足灵敏系数要求。

保护的动作时限取 0.5 s。

(3) 过电流保护

按躲过过负荷电流条件计算保护装置的动作电流

$$I_{dz\cdot j}=K_kK_{jx}\frac{I_{gh}}{K_hK_{LH}}=1.2\times 1\times\frac{350}{0.85\times 60}=8.2\ A$$

按与下一级配电变压器过电流保护装置的动作电流相配合条件计算保护装置的动作电流

$$I_{dz\cdot j}=K_{ph}K_{jx}\frac{I_{d2z\cdot 3}}{K_{LH}}=1.1\times 1\times\frac{150}{60}=2.75\ A$$

按计算结果较大者取整定值为 9 A。保护装置的一次动作电流

$$I_{dz}=I_{dz\cdot j}\frac{K_{LH}}{K_{jx}}=9\times\frac{60}{1}=540\ A$$

计算保护装置的灵敏系数。在线路末端发生短路时

$$K_{lm}=\frac{I_{d2\cdot min}^{(2)}}{I_{dz}}=\frac{0.866\times 4\ 320}{540}=6.9>1.5$$

在配电变压器低压侧发生短路时

$$K_{lm}=\frac{I_{d3\cdot min}^{(2)}}{I_{dz}}=\frac{0.866\times 796}{540}=1.28>1.2$$

保护的动作时限应于配电变压器配合取 1.2 s。

(4) 单相接地保护

按躲过被保护线路电容电流条件计算的保护装置一次动作电流

$$I_{d2z}\geqslant K_kI_{0x}=5\times 1.4=7\ A$$

按满足最小灵敏系数条件计算的保护装置一次动作电流

$$I_{dz}\leqslant\frac{I_{0\Sigma}-I_{0x}}{K_{lm}}=\frac{15-1.4}{1.25}=10.88\ A$$

保护装置的动作电流取 10 A,满足灵敏系数 $K_{lm}\geqslant 1.25$ 的要求。

三、6 kV～10 kV 分段母线的保护

母线本身发生故障的可能性较小,但一旦发生故障,将造成大面积停电,后果是严重的。运行实践证明,电压等级愈高,母线发生故障的可能性愈小;电压等级愈低,发生故障的可能性愈大。对一般变电站来说,可利用供电元件的保护装置切除母线故障。例如,变电站低压侧母线发生故障时,可由相应的供电变压器的过电流保护将母线切除。这种保护方式的优点是简单、经济,不需另外增加设备;缺点是切除故障的时间过长,往往不能满足运行要求。因此,只能用于不太重要的较低电压的网络中。

变电站中 6 kV～10 kV 单母线一般都不装设专用的母线保护。但对出线较多、负荷性质又较重要的单母线分段母线,可按表 7-5 装设电流速断保护及过电流保护,整定计算见表 7-6。

表 7-5　6 kV～10 kV 分段母线的继电保护配置

被保护设备	保护装置名称		备　注
	电流速断保护	过电流保护	
不并列运行的分段母线	仅在分段断路器合闸瞬间投入,合闸后自动解除	装　设	(1)采用反时限过电流保护时继电器瞬动部分应解除; (2)出线不多的及对二、三级负荷供电的配电所分段母线,可不设保护装置

表 7-6　6 kV～10 kV 分段母线的继电保护整定计算

保护名称	计算项目和公式	符号说明
过电流保护	保护装置的动作电流(应躲过任一母线段的最大负荷电流) $I_{dz\cdot j}=K_k K_{jx}\frac{I_{fh}}{K_h K_{LH}}$(A) 保证装置的灵敏系数(按最小运行方式下母线两相短路时,流过保护安装处的短路电流校验。对后备保护,则按最小运行方式下相邻元件末端两相短路时,流过保护安装处的短路电流校验) $K_{lm}=\frac{I_{d\cdot min}^{(2)}}{I_{dz}}\geqslant 1.5$ $K_{lm}=\frac{I_{d1\cdot min}^{(2)}}{I_{dz}}\geqslant 1.25$ 保护装置的动作时限,应较相邻元件的过电流保护大一时限阶段,一般大 0.5 s～0.7 s	K_k——可靠系数,同表 7-5; K_{jx}——接线系数,同表 7-5; K_h——继电器返回系数,取 0.85; I_{fh}——一段母线最大负荷(包括电动机自起动引起的)电流,A; K_{LH}——电流互感器变比; $I_{d\cdot min}^{(2)}$——最小运行方式下母线两相短路时流过保护安装处的稳态电流,A; $I_{d1\cdot min}^{(2)}$——最小运行方式下相邻元件末端两相短路时,流过保护安装处的稳态电流,A; I_{dz}——保护装置一次动作电流,A; $I_{dz}=I_{dz\cdot j}\frac{K_{LH}}{K_{jx}}$ $I''^{(2)}_{d\cdot min}$——最小运行方式下母线两相短路时,流过保护安装处的超瞬变电流,A
电流速断保　护	保护装置的动作电流(应按最小灵敏系数 2 整定) $I_{dz\cdot j}\leqslant\frac{I''^{(2)}_{d\cdot min}}{2K_{LH}}$	

四、6 kV～10 kV 电力电容器保护

为了提高功率因数和减少电能损耗,多数的工厂企业变电站中装有电力电容器。电容器的最常见故障是短路。对于低压电容器和容量小于 400 kvar 的高压电容器,可装设熔断器作为电容器的相间短路保护。对于容量较大的高压电容器,需配置专用的保护装置(表 7-7),通过高压断路器控制投入或切除。其整定计算见表 7-8。

表 7-7　6 kV～10 kV 电力电容器的保护配置

被保护设备	保护装置名称				备　注
	无时限或带时限过电流保护	横差保护	过电压保护	单相接地保护	
电容器组	装　设	对电容器内部故障及其引出线短路采用熔断器保护时,可不装设	当电压可能经常超过 110% 额定值时,宜装设	电容器与支架绝缘时可不装设	当电容器组的容量在 400 kvar 以内时,可以用带熔断器的负荷开关进行保护

表 7-7 中的无时限或带时限的过电流保护是根据电容器组的额定电流整定的,当其灵敏系数 $K_{lm}\geqslant 1.5$ 时,不带时限;否则应带 0.1～0.2 s 的时限,构成带时限的过电流保护。

表中所列的横差保护是保护电容器内部及其引出线上短路故障的。当电力电容器的数量

多且每相都有并联分支时，在每个分支上装设一只变比相同的电流互感器。电流互感器的连接要使正常运行或外部故障时流入差动继电器的电流为零，即横向比较电流的大小和相位。

电力电容器对加在它两端的电压是相当敏感的，一般规定电网电压不得超过额定电压的10%。因此若电容器装设处的电压经常超过额定电压10%时，宜装设过电压保护，以免长期过电压运行使寿命缩短或介质击穿而损坏。过电压保护装置可作用于信号，或带3～5 min的时限动作于跳闸。

表7-8　6 kV～10 kV电力电容器组的继电保护整定计算

保护名称	计算项目和公式	符号说明
无时限或带时限过电流保护	保护装置的动作电流（应躲过电容器组接通电路时的冲击电流） $I_{dz\cdot j}=K_kK_{jx}\dfrac{I_{nC}}{K_{LH}}$(A) 保护装置的灵敏系数（按最小运行方式下，电容器组首端两相短路时，流过保护安装处的短路电流校验） $K_{lm}=\dfrac{I''^{(2)}_{d\cdot min}}{I_{dz}}\geqslant1.5$ 保护装置的动作时限，可不带时限或带短时限0.1 s～0.2 s	K_k——可靠系数，取2～2.5； K_{jx}——接线系数，接于相电流时取1，接于相电流差时取$\sqrt{3}$； K_{LH}——电流互感器变比； I_{nC}——电容器组额定电流，A； $I''^{(2)}_{d\cdot min}$——最小运行方式下电容器组首端两相短路时，流过保护安装处的超瞬变电流，A； I_{dz}——保护装置一次动作电流，A $I_{dz}=\dfrac{I_{dz\cdot j}K_{LH}}{K_{jx}}$ I_{bp}——最大不平衡电流，A，由测试决定； Q——单台电容器额定容量，kvar； β_C——单台电容器元件击穿相对数，取0.5～0.75； $I_{0\Sigma}$——电网的总单相接地电容电流，A； U_{nC}——电容器额定电压，kV； U_{nz}——电压互感二次额定电压，V，其值为100 V
横联差动保护	保护装置的动作电流（应躲过正常时，电流互感器二次侧差动回路中的最大不平衡电流，及当单台电容器内部50%～75%串联元件击穿时，使保护装置有一定的灵敏系数，即$K_{lm}\geqslant1.5$） $I_{dz\cdot j}\geqslant K_kI_{bp}$　(A) $I_{dz\cdot j}\geqslant\dfrac{Q\beta_C}{U_{nC}(1-\beta_C)}\dfrac{1}{K_{LH}K_{lm}}$　(A)	
单相接地保护	保护装置的一次动作电流（按最小灵敏系数1.5整定） $I_{dz}\leqslant\dfrac{I_{0\Sigma}}{1.5}$(A)	
过电压保护	保护装置动作电压（按母线电压不超过110%额定电压值整定） $U_{dz\cdot j}\geqslant1.1U_{nz}$(V) 保护装置动作于信号或带3～5 min时限动作于跳闸	

例题7-2　试配置10 kV、720 kvar电力电容器组的继电保护装置，并进行整定计算。

已知：电容器为YY 10.5-24-1型，单台容量为24 kvar，共30台，电容器组额定电流$I_{nc}=41.6$ A。最小运行方式下，电容器组首端三相短路电流$I^{(3)}_{d\cdot min}=2.75$ kA。10 kV电网总单相接地电容电流$I_{0\Sigma}=10$ A。

解：根据表7-7及表7-8进行继电保护的配置及整定计算。

(1) 无时限的过电流保护

装设两个变比为50/5的电流互感器和两只电流继电器构成无时限过电流保护。

保护装置的动作电流

$$I_{dz\cdot j}=K_kK_{jx}\frac{I_{nC}}{K_{LH}}=2\times1\times\frac{41.6}{10}=8.3\ \text{A}$$

取整定值为 9 A 则保护装置一次动作电流

$$I_{dz}=I_{dz\cdot j}\frac{K_{LH}}{K_{jx}}=9\times\frac{10}{1}=90\ \text{A}$$

保护装置的灵敏系数

$$K_{lm}=\frac{I_{d\cdot min}^{(2)}}{I_{dz}}=\frac{0.866\times2\ 750}{90}=26.5\geqslant1.5$$

因为 $K_{lm}>1.5$,故不需要带时限过流保护。

（2）横联差动保护

电容器组三相之间为三角形连接,每相 10 台之间用两个分支并联,每个分支上装一个变比为 30/5 的电流互感器。两个电流互感器横向连接,接于一只电流继电器上,构成横联差动保护。

保护装置的动作电流

$$I_{dz\cdot j}\leqslant\frac{Q\beta_C}{U_{nC}(1-\beta_C)}\frac{1}{K_{LH}K_{lm}}=\frac{24\times0.75}{10.5(1-0.75)}\times\frac{1}{6\times1.5}=0.76\ \text{A}$$

取整定值为 0.7 A。需根据试验实测的不平衡电流进行校验。

（3）单相接地保护

装设零序电流互感器及相应的继电器构成单相接地保护,动作于跳闸。

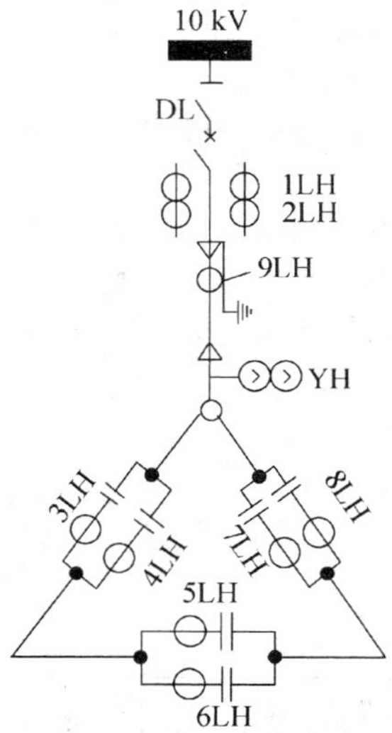

保护装置的一次动作电流

$$I_{dz}=\frac{I_{0\Sigma}}{K_{lm}}=\frac{10}{1.5}=6.7\ \text{A}$$

（4）过电压保护

在电容器组的出口装设两个单相电压互感器接成 V/V,在二次侧接一只电压继电器及时间继电器构成过电压保护,动作于延时跳闸。

保护装置的动作电压

$$U_{dz\cdot j}=1.1U_{nz}=1.1\times100=110\ \text{V}$$

时限取 3～5 min。

以上各项保护所需的电流互感器 LH 及电压互感器 YH 如图 7-31 所示。

图 7-31　10 kV 电容器组的电流互感器及电压互感器配置示意图

图中 1 LH 接仪表的电流线圈。

$2LH_a$ 及 $2LH_c$ 各接一只电流继电器构成无时限过电流保护;3LH、4LH 及 5LH、6LH 和 7LH、8LH 各接一只电流继电器构成横差保护;9LH 在连接电缆的外壳上接一只接地继电器构成单相接地保护。在电容器组出口装设的电压互感器 YH 上接一只电压继电器构成过电压保护。

五、熔断器保护

熔断器是最简单和最早采用的一种保护装置，它可使电气设备免遭过负荷电流和短路电流的损害。当流过电气设备的电流显著地大于熔断器熔体额定电流 $I_{n.r}$时，熔体将被熔断，切除故障。由于熔断器价格便宜、结构及维护简单、体积小，所以在1 kV以下的低压系统的电气设备上得到广泛地应用。在1 kV以上的高压配电变电站应用亦较普遍。最常见的是用作35 kV及以下的电压互感器的保护。

熔断器的缺点是熔体熔化后必须更换新熔体。对于有填料管式(RT)熔断器，熔体熔断后整个熔断器报废，造成被保护设备的短时停电。再有，熔断器不能进行正常运行时的切断或接通电路，必须与其他电器配合使用。

有关高、低压熔断器的种类、构造、保护特性及高压熔断器的选择等，第5章已做了较为详细的介绍。本节主要介绍低压熔断器的选择及校验。

下列电气设备，允许短时停电时，可采用低压熔断器作为保护装置：

(1) 容量小于400 kVA的变压器；

(2) 低压配电线路及照明负荷；

(3) 低压电动机及电力电容器组。

熔断器应分别装设在被保护设备的三相上；单相负荷装设在相线上。在三相四线制的接地中性线(零线)上不允许装设熔断器，以免零线断路使三相电压不平衡，损坏设备。

选择熔断器主要是选择熔断器熔体额定电流。熔体的额定电流应同时满足正常工作电流和起动尖峰电流两个条件，并按短路电流校验动作灵敏性。

1. 熔断器熔体电流的确定

(1) 按正常工作电流选择：

$$I_{n\cdot r} \geqslant I_{js}$$

(2) 按起动尖峰电流选择：

a. 变压器回路

$$I_{n\cdot r} \geqslant (1.4 \sim 2) I_{n\cdot B}$$

b. 单台电动机回路

$$I_{n\cdot r} \geqslant K I_{qd}$$

c. 配电线路(当带有多台电动机时)

$$I_{n\cdot r} \geqslant K_r [I_{qd1} + I_{js(n-1)}]$$

d. 照明线路

$$I_{n\cdot r} \geqslant K_m I_{js}$$

式中 $I_{n\cdot r}$——熔体的额定电流；

I_{js}——线路的计算电流；

$I_{n\cdot B}$——变压器额定电流；

I_{qd}——电动机的起动电流；

$I_{q\cdot d1}$——线路中最大一台电动机的起动电流；

$I_{js(n-1)}$——除起动电流最大的一台电动机外，线路的计算电流；

K——小于1的计算系数，取决于电动机的起动持续时间及熔断器特性。一般情况下，电动机的起动时间 $t<3$ s时，取 $K=0.25\sim0.4$；$t=3\sim8$ s时，取 $K=0.35\sim0.5$；$t>8$ s，或者频繁起动，取 $K=0.5\sim0.6$；

K_r——配电线路熔体选择计算系数，取决于最大一台电动机的起动状况、线路计算电流与尖峰电流之比和熔断器特性，当 I_{qd1} 很小时取1，当 I_{qd1} 较大时取 $0.5\sim0.6$，当 $I_{js(n-1)}$ 很小时，可按 K 考虑；

K_m——照明线路熔体选择计算系数，白炽灯、荧光灯取 $K_m=1$，高压钠灯取 $K_m=1.1\sim1.5$，高压汞灯取 $K_m=1.3\sim1.7$。

电动机的起动电流 I_{qd}，通常可为其额定电流的4～5倍，但由于存在的时间短暂，在考虑它对熔体受热的作用时，都乘以小于1的系数 K 或 K_r。用于保护变压器的熔断器熔体要考虑变压器正常及事故情况下的允许过负荷，及励磁涌流和所连接的电动机起动的影响，所以取值较大。

2．熔断器灵敏系数的校验

为了保证在熔断器保护范围内发生短路故障时能可靠地熔断，需按下式校验其灵敏性：

$$I_{d\cdot min}\geqslant K_{n\cdot r}I_{n\cdot r}=(4\sim7)I_{n\cdot r}$$

式中 $I_{d\cdot min}$——被保护范围内最小的短路电流，在中性点不接地系统中为两相短路电流 $I_{d\cdot min}^{(2)}$，在中性点接地系统中为单相接地短路电流 $I_{d\cdot min}^{(1)}$；

$K_{n\cdot r}$——熔断器动作系数，$I_{n\cdot r}$ 小时取大值，$I_{n\cdot r}$ 大时取小值。

3．按短路电流校验熔断器的分断能力

熔断器的最大开断电流 $I_{kd\cdot r}$ 应大于被保护范围内，最大三相短路电流冲击电流的有效值，即

$$I_{kd\cdot r}\geqslant I_{ch}^{(3)}$$

4．熔断器熔体动作选择性的配合

熔断器熔体动作的选择性与继电保护装置的选择性有类似之处，即当发生短路故障时，靠近短路点的熔断器应最先熔断。熔断器的选择性是由熔体截面的宽窄（也就是额定电流 $I_{n\cdot r}$ 的大小）实现的。如果串联的电气设备都采用熔断器保护，则使同型号同熔体材料上下级熔断器之间熔体额定电流相差约2～4级就能满足选择性要求。

7-5　工厂供电系统的备用电源自动投入装置(简称BZT)

在有备用电源的供电系统中，当正常供电的工作电源本身或供电线路发生故障而停电时，备用电源可依靠自动投入装置投入，代替工作电源，以提高供电的可靠性。

由于备用电源自动投入装置设备简单，投资不大，因此，在有备用电源的重要厂矿企业的变、配电站中得到了广泛应用。

在工厂供电系统中常见的主接线有单母线接线及内桥式接线，分别如图 7-32(*a*)及(*b*)所示。正常运行时，单母线接线中的断路器 1DL 投入，2DL 断开，备用电源不投入运行，属明备用；内桥式接线中 1DL 及 2DL 均投入，3DL 断开，属于暗备用。现以 35 kV 内桥式接线为例，介绍备用电源自动投入装置的原理。

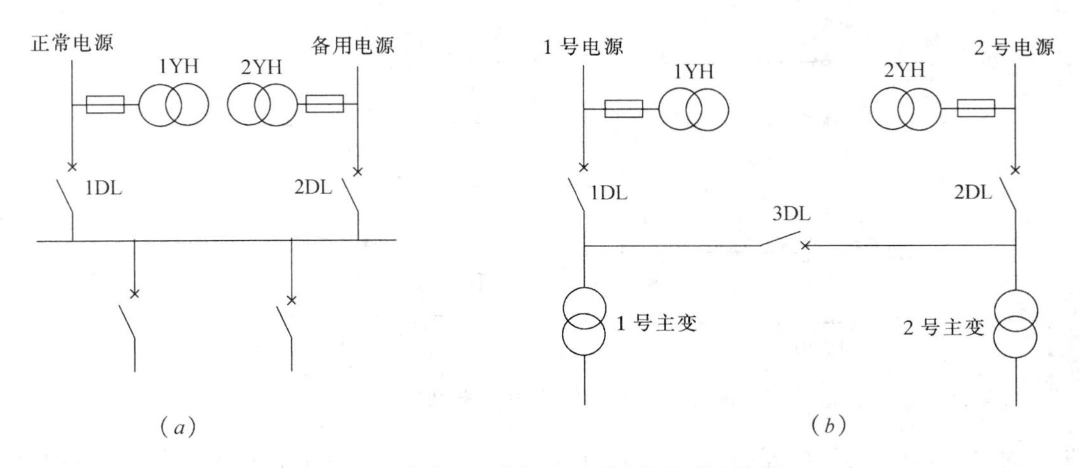

图 7-32 装有备用电源自动投入装置的主接线
(*a*)单母线；(*b*)内桥

一、对备用电源自动投入装置的基本要求

(1) 工作电源电压消失或电压降得很多时，备用电源自动投入装置应将此路电源断开。为了与出线保护相配合，自投装置动作于跳闸时应带有时限。

(2) 应保证在工作电源断开后，备用电源有足够高的电压时，才能投入备用电源。

(3) 应保证备用电源自动投入装置只动作一次。

(4) 当电压互感器的熔断器中的一个熔断或拉开电压互感器隔离开关时，要防止引起自投装置的误动作。

(5) 当采用备用电源自动投入装置时，应校验备用电源过负荷情况和电动机的自起动情况。如过负荷严重或不能保证重要电动机自起动，应在自投装置动作前自动减负荷。

(6) 如果备用电源自动投入装置投入稳定故障，应立即跳闸。必要时应使投入断路器的保护加速动作。

二、备用电源自动投入装置的原理接线

备用电源自动投入装置主要由起动跳闸部分和合闸部分组成。

1. 起动跳闸部分

起动跳闸部分的原理接线图见图 7-33。

备用电源自动投入装置的工作原理及接线特点如下。

电压互感器 1YH 及 2YH 应分别装设在两个进线断路器的电源侧。用两只电压继电器 1、2 来判断 1 号电源是否失电，电压继电器整定值一般为 25% 工作电压。当被监视的 1 号电

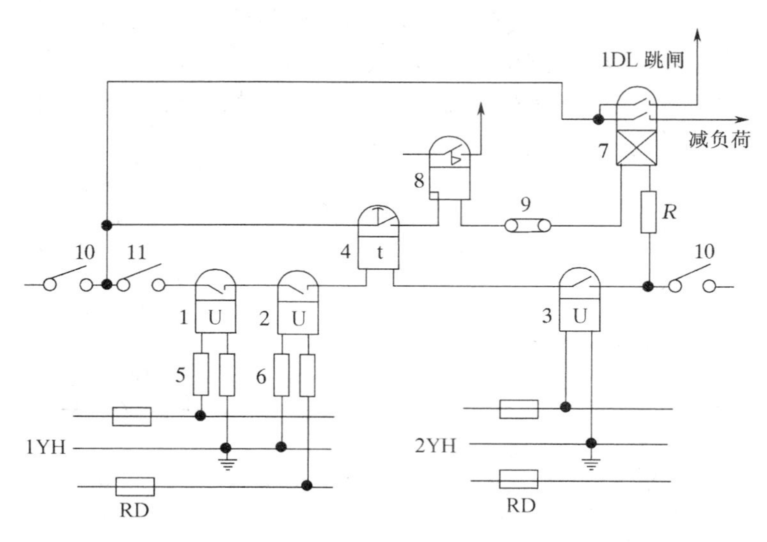

图 7-33 备用电源自投装置的起动跳闸部分原理接线图

源失压时,这两只电压继电器的串联触点同时闭合。此时,并当电压继电器 3 监视的备用电源有电时,其常开触点闭合,起动时间继电器 4,经延时其触点闭合起动信号继电器 8 和中间继电器 7,继电器 7 的两对触点闭合。这时,一对触点完成失压电源的跳闸任务;另一对触点可执行减负荷任务。信号继电器 8 的触点闭合发出自投装置动作信号。

起动部分采用两只电压继电器 1、2 串联是为了避免由于一相电压互感器的熔断器熔断或一只电压继电器失灵而引起误动作。为了减少由于电压互感器二次绕组相间短路造成两相熔断器熔断而使自投装置误动作的几率,采用将电压互感器二次绕组的 b 相接地,并且不装熔断器,这样当电压互感器二次绕组 ab 或 bc 发生相间短路时,只会熔断一相熔断器(a 相或 c 相),使一只电压继电器因失压而动作,而自投装置不起动。

电压继电器 3 是检查 2 号电源(备用电源)是否有电,整定值一般不低于 70% 工作电压。当备用电源电压大于整定值时,自投装置动作;否则,自投装置不动作。

时间继电器 4 带有延时闭合的触点,使自投装置的起动带有时限,以达到与下级出线保护及上级自动重合闸相互配合。时间整定一般为 1~2.5 s。

自投装置的直流操作电源经过电压互感器隔离开关的辅助触点 11 接于电压继电器 1 的常闭触点上,当误操作电压互感器隔离开关时,可切除直流电源,将自投装置闭锁。

切换开关 10 合上,可使自投装置投入;切换开关 10 拉开,将自投装置的正、负电源全部切除。连接片 9 断开,可解除自投装置的起动跳闸作用。

2. 合闸部分

现以内桥式接线分段断路器 3DL 的合闸为例,说明备用电源自动投入装置的合闸部分工作原理,接线图如图 7-34 所示。

假设 1 号电源发生故障,切换开关 10 事前已投入,自投装置动作将断路器 1DL 断开,1DL 的辅助常闭触点随之闭合。正电源经切换开关 10、1DL 的辅助常闭触点 1—1 引至中间继电器 1 的两对常闭触点,再经信号继电器 2 的线圈接通断路器 3DL 的合闸接触器 3HC。由 3HC

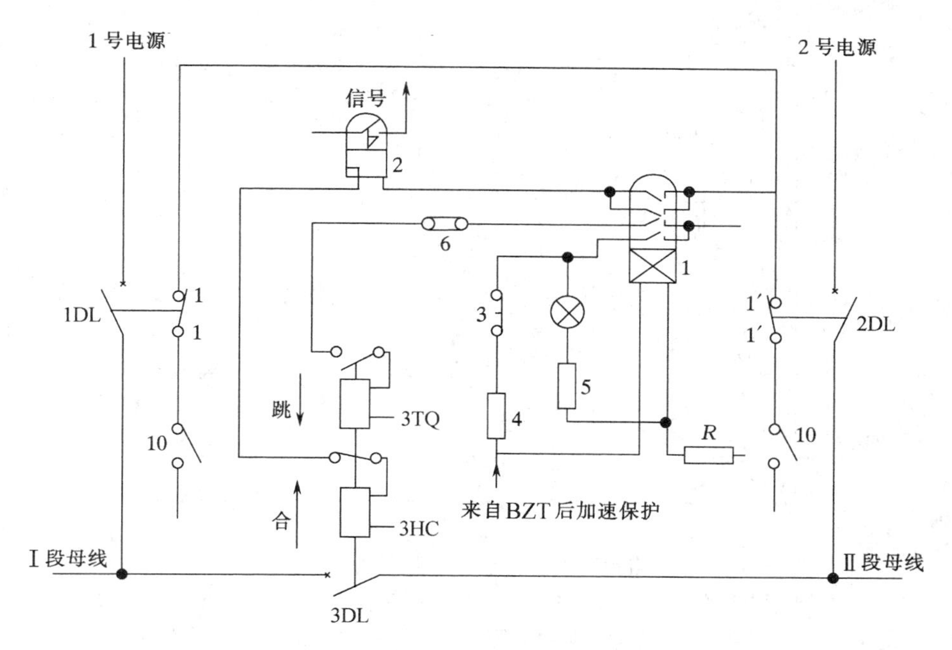

图 7-34　备用电源自动投入装置的合闸部分原理接线图

DL—断路器;TQ—跳闸线圈;BC—合闸线圈

起动完成 3DL 的合闸操作,此时Ⅰ、Ⅱ两段母线同时由 2 号电源供电。同理,若 2 号电源失电,自投装置动作将断路器 2DL 跳开,辅助常闭触点 1′—1′闭合,使分段断路器 3DL 闭合,恢复对Ⅱ段母线的供电。信号继电器 2 发出自投装置动作信号。

工厂供电系统中常用的备用电源自动投入装置主要由上述的两部分组成。功能比较齐全的备用电源自动投入装置还附有后加速保护。它的作用是:如果备用电源自动投入装置投在稳定故障上,应迅速将投入的断路器跳开。图 7-35 为 35 kV 内桥式接线备用电源自动投入装置的后加速电流速断保护原理接线图。

图中,时间继电器 9 原为变压器过电流保护的时间继电器,现在利用它瞬时闭合的常开触点作后加速无时限的电流速断保护。

在断路器 1DL、2DL 都投入运行时,图中带延时返回常开触点的中间继电器 1 的线圈不带电,延时返回的常开触点处于断开位置,后加速电流速断保护未投入运行。当断路器 1DL 或 2DL 跳闸后,辅助触点闭合,中间继电器 1 的线圈经 3DL 的辅助常闭触点构成回路,线圈带电起动,此时延时返回触点已闭合,使后加速电流速断保护投入运行。当自投装置动作,使 3DL 合闸时,辅助常闭触点虽然断开,中间继电器 1 的线圈失电,但延时返回触点需经 0.8~1 s 才能断开。在这段时间里,如果 3DL 合在稳定故障上(例如变压器内部短路)则变压器的过电流保护动作,时间继电器 9 的瞬时闭合的常开触点闭合,经 1 的延时返回触点及信号继电器 3,起动中间继电器 2,其常开触点闭合,使 3TQ 带电起动,跳开 3DL,切除故障。

思　考　题

1. 试述继电保护的基本原理及对继电保护的基本要求。
2. 试分析三种电流保护接线的适用范围及优缺点。

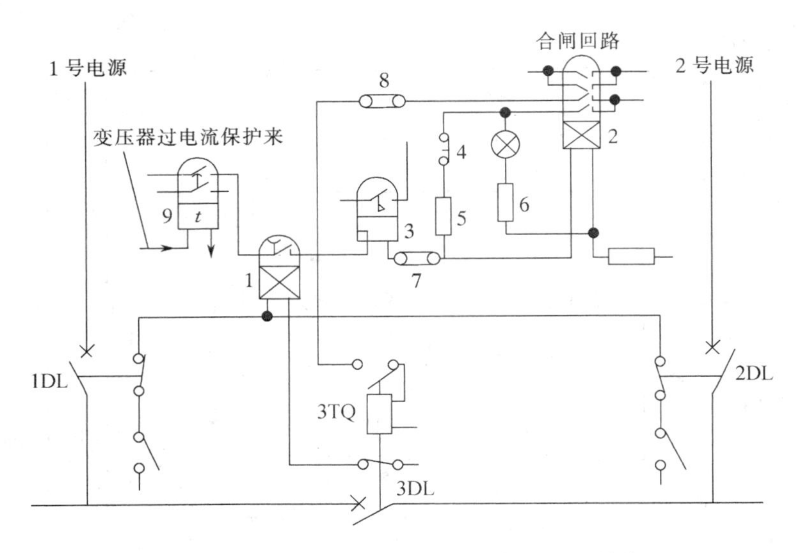

图 7-35　自投装置后加速电流速断保护原理接线图

1—延时返回中间继电器 DZS-145/110 型，串电阻 20W、2 000Ω；2—中间继电器 DZ-15/110 型，串电阻 20W、2 000Ω；3—电流信号继电器 DX-11/0.025 型；4—解除自保持按钮；5—自保持电阻；6—自保持指示灯及电阻；7、8—连接片；9—变压器低电压闭锁过电流保护的时间继电器 DS-115/220 型

3．不完全星形接线方式为什么规定必须装设在 A、C 两相上？

4．试分析在两相电流差接线方式中，发生三相短路和 A、C 两相短路及 A、B 两相短路时的接线系数 K_{jx}。

5．试述线路定时限过电流保护的构成原理及时限特性，时限级差 Δt 是如何确定的？

6．试述定时限过电流保护的动作电流整定原则。

7．反时限过电流保护有何优缺点？

8．如何确定瞬时电流速断保护的保护范围？

9．试述中性点不接地系统中的绝缘监察装置的接线原理？在什么情况下需要装设零序电流保护装置？

10．电力变压器通常需要装设哪些继电保护装置？它们的保护范围是如何划分的？

11．电力变压器的瓦斯保护与纵差动保护的作用有何区别？若变压器内部发生故障，两种保护是否都会动作？

12．变压器的纵差动保护有何特殊问题？应采取什么措施？

13．试述 BCH-2 型差动继电器的差动线圈、平衡线圈及短路线圈的作用。

14．试述熔断器保护的优缺点及适用范围，其选择性是如何实现的？

15．试述备用电源自动投入装置的起动跳闸部分和合闸部分的接线原理。

习　　题

7-1　将线路定时限过电流保护原理接线图绘制成展开式接线图。

7-2　已知变压器的容量为 10 000 kVA，电压及分接头为 35±2×2.5%/6.3 kV，采用 Y/

△－11 接线。最大运行方式下 35 kV 侧三相短路电流 $I_{d1 \cdot max}^{(3)}=5.0$ kA,6.3 kV 侧三相短路电流 $I_{d2 \cdot max}^{(3)}=2.5$ kA。最小运行方式下 35 kV 侧三相短路电流 $I_{d1 \cdot min}^{(3)}=3.5$ kA,6.3 kV 侧三相短路电流 $I_{d2 \cdot min}^{(3)}=2.1$ kA。试配置变压器的各种保护装置并计算整定值。

第 8 章　防雷与接地

要点　本章围绕工业与民用电力装置的防雷保护和接地装置的运行与设计问题介绍雷电产生和发展的物理过程、常用的防雷保护装置、架空线路和变(配)电所的防雷措施、接地和接零的基本概念及其设计计算。

供配电系统防雷保护和接地装置是安全供配电的重要设施之一。为确保运行中人身安全、供电可靠,设计者应根据工程特点、规模和发展规划,以及当地的雷电情况和地质特点等,合理地确定防雷接地设计方案。本章将从防雷和接地的基本概念出发,介绍 35 kV 及以下电力装置的防雷保护和接地装置的基本知识。

8-1　雷与防雷设备

雷和闪电是常见的自然现象。雷击建筑物和电力设备往往造成极大的危害,因此要对高层建筑物和电力设备采取防雷措施。本节主要讨论与雷电有关的几个基本概念和用于防雷的保护设备。

一、过电压及其分类

在正常运行时,供配电系统电气设备的绝缘处于额定电压作用之下。但是,由于雷击和倒闸操作等原因,供配电系统中某些部分的电压可能升高,甚至会大大超过正常状态下的数值。这种对电气设备绝缘造成危险的电压升高,称为过电压。

按过电压产生的原因分为大气过电压和内部过电压两大类。

1. 大气过电压

由于大气中雷云放电,并雷击供配电系统或雷电感应引起的过电压,称为大气过电压。这种过电压在供电系统中占的比重极大。大气过电压的幅值决定于雷电情况和防雷措施。与供电系统本身运行情况无关,因而这种过电压又称外部过电压。

2. 操作过电压

由于供电系统内部电磁能量的转换或传送引起的过电压,称为操作过电压。例如断路器切与合、负荷剧变、线路断线、短路与接地等故障均会引起程度不同的过电压。这种过电压又称内部过电压。内部过电压的过电压数值一般不大于 $3.5U_n$。在 35 kV 及以下供配电网络中,只要电气设备绝缘强度选择合理(如额定电压不低于工作电压,即 $U_n \geqslant U_g$),过电压破坏是可防止的。

二、雷电的形成及其危险

1. 雷电的形成

雷电产生的原因很多，现象也比较复杂。大气中的水蒸气和地面的湿气受热上升，在空中不同冷、热气团相遇，凝结成水滴或冰晶，形成积云。积云运动，使电荷发生分离，亦即在上下气流的强烈摩擦和撞击下，形成带正、负不同电荷的积云，也称雷云。云层中电荷越聚越多，就形成了正、负不同雷云间的强大电场。同时，由于静电感应，带电的雷云临近地面时，对大地或架空线路将感应出与雷云极性相反的电荷，二者之间形成了一个巨大的“电容器”。雷云中的电荷积聚到足够数量时，电场强度达到25 kV～30 kV/cm时，就会使正、负雷云之间或雷云与大地之间的空气绝缘击穿，而发出先导放电，如图8-1(*a*)所示。当先导放电到达另一雷云或大地时，就产生强烈的“中和”作用，出现强大的电流，值可达数十至数百千安。该电流称为雷电流，这一过程称为主放电过程。主放电的温度可达20 000 ℃，使周围的空气猛烈膨胀，并出现耀眼的光亮和巨响，称为雷电，亦即通常所说的“打闪”和“打雷”。

雷电流，在1～4 μs内增长到最大值，这一段称为波头(前波)。其后开始下降，并延续数十微秒，这一段称为波尾，也就是主放电阶段。图8-1(*b*)示出雷电流的波形图。图中 I_m 为雷电流的最大值。

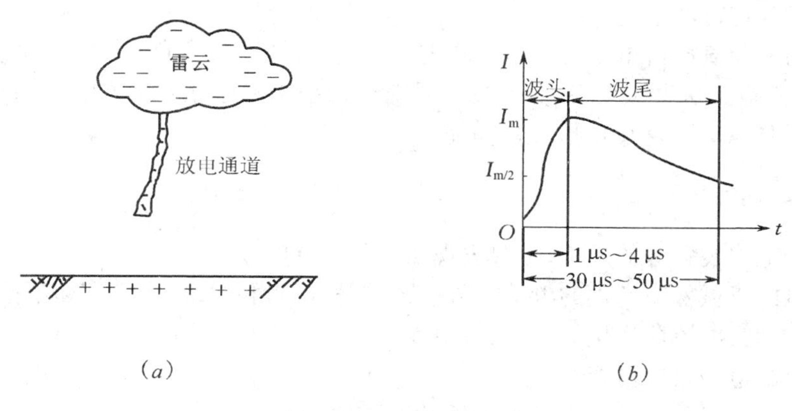

图8-1　雷云放电过程

(*a*)雷云对地放电；(*b*)雷电流波形图

2. 大气过电压的基本形式

高空中雷云之间的放电虽很强烈，但对人和地面物体没有危险。而雷云对大地的放电，将产生有很大破坏作用的大气过电压，其基本形式有三种。

1) 直击雷过电压(直击雷)

雷云直接击中房屋、杆塔、电力装置等物体时，强大的雷电流流过该物体的阻抗泄入大地，在该物体上产生较高的电压降，称为直击雷过电压。雷电流通过被击物体时，将产生有破坏作用的热效应和机械效应。

2）感应过电压(感应雷)

当雷云在架空导线(或其他物体，下同)上方时，由于静电感应，在架空导线上积聚了大量异性束缚电荷，如图8-2所示。在雷云向大地等处由先导放电发展至主放电阶段而对大地放电时，线路上的电荷被释放，形成自由电荷流向线路两端，产生很高的过电压(高压线路可达几十万伏，低压线路达几万伏)，将对电力网络造成危害。这种过电压，就是对电力装置有危害的静电感应过电压。

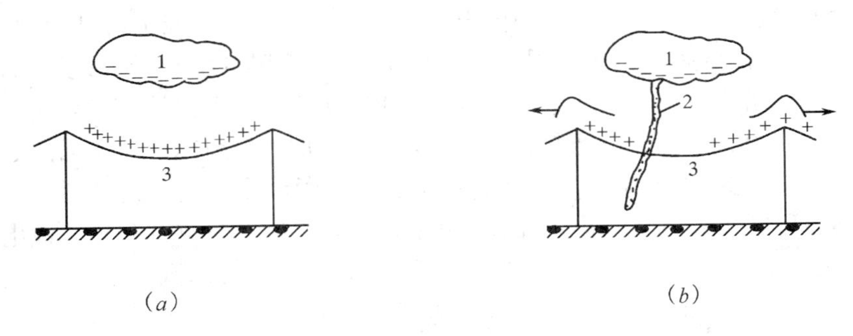

图8-2　架空线路上的静电感应过电压

(a)雷云在线路上方时，线路上感生束缚电荷；(b)雷云消失后，自由电荷在线路上形成过电压波

1—雷云；2—放电通道；3—架空线路

3）侵入波(进行波过电压)

架空线路遭受直接雷击或感应雷而产生的高电位雷电波，可能沿架空线路侵入变电所(配电所)而造成危险。这种波称为侵入波。据统计，这种雷电侵入波占电力系统雷害事故的50%以上。因此，对其防护问题应相当重视。

3. 雷电的危害

雷电对于电力装置等的危害，主要表现在以下几方面：

(1) 雷电的机械效应产生的电动力可摧毁设备、杆塔和建筑，伤害人和畜；

(2) 强大的雷电流所产生的热量，可烧断导线和烧毁电力设备；

(3) 雷电的电磁效应可能产生过电压，击穿电气绝缘，甚至引起火灾爆炸，造成人身伤亡；

(4) 雷电的闪络放电可能烧坏绝缘子、使断路器跳闸或引起火灾，造成大面积停电。

4. 我国雷电活动情况与直击雷规律

在介绍我国雷电活动之前，应先了解几个通常用于说明雷电活动的名词：

雷暴日　一天内只要听到雷声，即称一个雷暴日。

少雷区　年平均雷暴日数不超过15的地区。

多雷区　年平均雷暴日数超过40的地区。

雷电活动特别强烈地区　年平均雷暴日数超过90的地区以及雷害特别严重的地区。

雷暴小时　一个小时内只要听见雷声，即称一个雷暴小时。我国大部分地区一个雷暴日，约折合三个雷暴小时。

1）雷电活动规律和我国雷电活动情况

一般来说，热而潮湿的地区比冷而干燥的地区雷电活动多，且山区多于平原。从时间上看,雷电主要出现在春夏和夏秋之交气温变化大的时段内。

我国雷电活动情况因地而异。通常用年平均雷暴日(或雷暴小时)数表示雷电活动的频繁情况。表 5-3 中列出我国主要城市雷电活动的统计数字。由表中数字看出:广州、南宁年雷暴日数分别为 87.6 日/年、88.6 日/ 年,属雷电活动强烈地区;西安、乌鲁木齐分别为 15.4 日/年、9.4 日/年,属少雷区;其他各大城市年雷暴日数介于二者之间,属多雷区。

2) 直击雷的规律

一般来讲,建、构筑物落雷与以下诸因素有关。

(1) 建筑物的孤立程度,旷野中孤立的建筑物和建筑群中的高耸建筑物,易受雷击。

(2) 建筑物的结构,金属屋顶、金属构架、钢筋混凝土结构的建筑物、地下有金属管道及内部有大量金属设备的厂房,易受雷击。

(3) 建筑物的性质,建筑群中特别潮湿和地下水位高的地方、排出导电尘埃的厂房和废气管道、地下有金属矿物的地带以及变电所、架空线路,易受雷击。

三、避雷针及其保护范围计算

1. 避雷针的作用及组成

避雷针的作用:吸引雷,并将雷电流通过避雷针安全地泄入大地,从而保护避雷针附近的电力设备和建筑物免受直击雷危害。

避雷针的组成:为有效地担负起引雷和泄雷任务,避雷针通常由三部分构成,即接闪器(针头)、接地引下线和接地体(接地电极)。

接闪器(针头):为直径 $d=10\ \text{mm}\sim12\ \text{mm}$、长 $l=1\ \text{m}\sim2\ \text{m}$ 的钢棒,或截面 S 不小于 35 mm^2 的镀锌钢绞线(避雷导线)。它架设在一定高度起引雷作用。

接地引下线:由它将雷电流安全导入埋于地中的接地体。因而接地引下线应保证在强大的雷电流通过时不致熔化,一般用直径为 6 mm 的圆钢或截面不小于 25 mm^2 的镀锌钢绞线。当用钢筋混凝土杆、钢结构作支持物时,可利用钢筋作接地引下线。

接地体:埋于地下与土壤直接接触的金属物体。它的电阻值很小,一般不大于 10 Ω,因而可更有效地将雷电流泄入大地。

图 8-3 为雷击避雷针的示意图。

当雷击避雷针时,在避雷针顶端会产生多大的过电压呢?这可用下面关系式表示,并通过例题建立一个数量概念。

避雷针顶端电位

$$U=i_{\text{Ld}}R_{ch}+L_0h\frac{\mathrm{d}i_{\text{Ld}}}{\mathrm{d}t},\tag{8-1}$$

式中 i_{Ld}——通过避雷针的雷电流(kA);

R_{ch}——冲击接地电阻(Ω);

L_0——避雷针单位长度上的电感(μH/m);

h——避雷针高度(m);

$\frac{\mathrm{d}i_{\text{Ld}}}{\mathrm{d}t}$——雷电流的上升速度(kA/μs)。

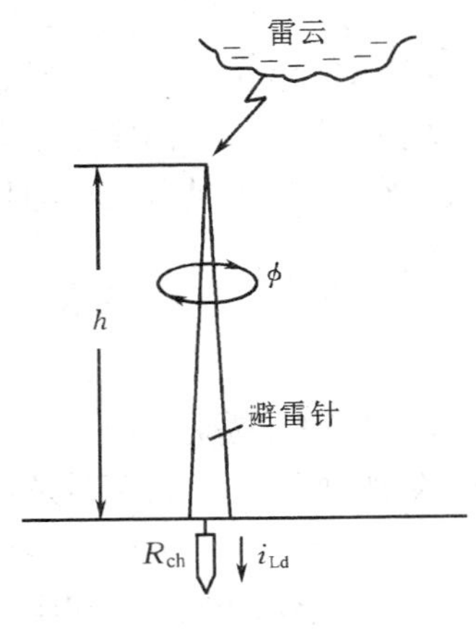

图 8-3　雷击避雷针

由上式看出，避雷针顶部电位(电压降)是由雷电流 i_{Ld} 流过电阻 R_{ch} 产生的电阻电压降和流过避雷针本身电感 $L_0 h$ 产生的电抗电压降两部分组成的。

例 8-1　设避雷针高 $h=30$ m，$i_{Ld}=100$ kA，$R_{ch}=10\ \Omega$，雷电流上升速度为 32 kA/μs，$L_0=1.5\ \mu$H/m。试求雷击避雷针后，顶端的直击雷过电压为多少伏？

解：由公式(8-1)和已给数值可得

$$U=100\times10+1.5\times30\times32$$
$$=1\ 000+1\ 440=2\ 440\ \text{kV}$$

所以避雷针顶端的直击雷过电压为 2 440 kV。

由上例看出，设置避雷针可引雷和泄雷，从而保护了电力设备。但是在避雷针上也将产生极高的电位。关于这个问题，在 8-3 节中再进一步讨论。

2．避雷针保护范围计算

在一定高度的避雷针下面有一个安全区域，该区域内的物体基本上不受雷击，这个安全区叫做避雷针的保护范围。保护范围的大小与避雷针高度和设置方式有直接关系。各种方式避雷针保护范围的计算如下。

1）单支避雷针的保护范围

单支避雷针的保护范围(如图 8-4 所示)是以避雷针为轴的折线圆锥体。由作图可得，亦可按下式计算。

① 避雷针在地面的保护范围为

$$r=1.5h \tag{8-2}$$

式中　r——保护半径(m)；

h——避雷针高度(m)。

② 被保护物高度 h_x 水平面上的保护半径应按下述情况分别计算：

当 $h_x\geqslant\frac{h}{2}$ 时，保护半径

$$r_x=(h-h_x)p=h_a p \tag{8-3}$$

式中　r_x——避雷针在 h_x 水平面上的保护半径(m)；

h_x——被保护物的高度(m)；

h_a——避雷针的有效高度(m)；

p——高度影响系数($h\leqslant30$ 米，$p=1$；$30<h\leqslant120$ m，$p=\frac{5.5}{\sqrt{h}}$)。

当　$h_x<\frac{h}{2}$ 时

$$r_x=(1.5h-2h_x)p \tag{8-4}$$

③ 锥体折线的确定由避雷针顶点向下作 45°斜线与 $h/2$ 水平面的交界线(转折线)为一个圆，该圆与 45°斜线构成锥形保护空间的上部，如图 ABB' 空间；从地面距针底 $1.5h$ 处与转

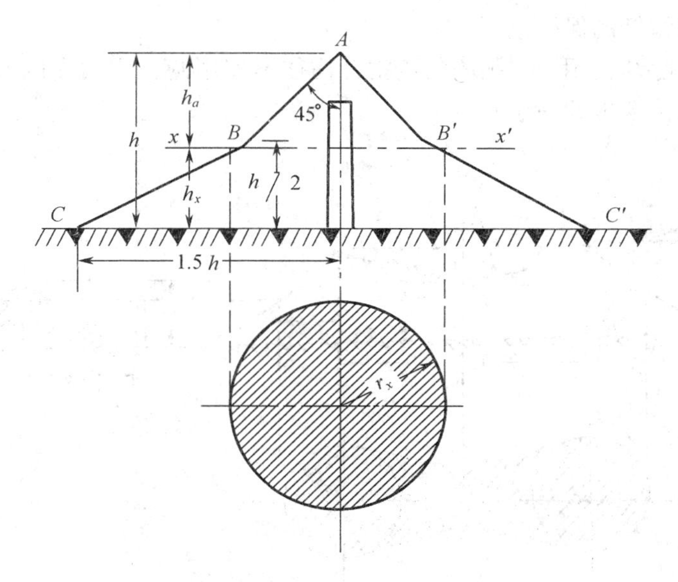

图 8-4　单支避雷针保护范围

折线相连，斜线以下构成保护空间的下半部。如图 $CBB'C'$空间。图中阴影为在 xx'水平面上的保护范围。

从上式看出，避雷针高度超过 30 m 时，保护范围不再随避雷针高度成正比例增加。所以，在变电所中通常采用多支等高或不等高的避雷针来扩大保护范围。

例 8-2　某工厂一座 30 m 高的水塔附近，建有一个高度为 8 m 的车间变电所，距离如图 8-5 所示。水塔上面装有一支 2 米的避雷针接闪器。试问该避雷针能否保护这一变电所？

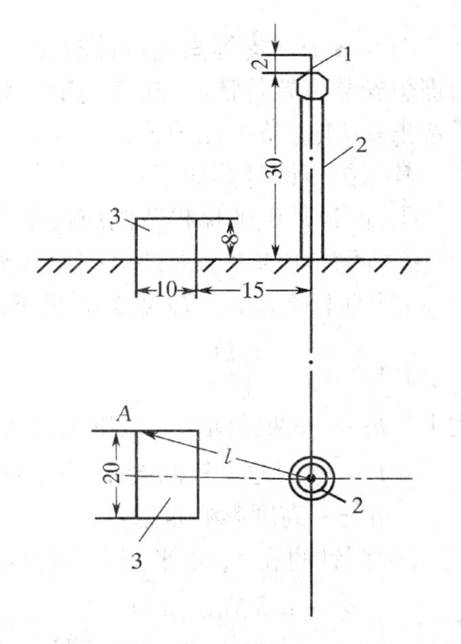

图 8-5　某变电所防雷保护范围

1—避雷针；　2—水塔；

3—变电所(图中长度单位为 m)

解:根据给出的条件可知

$$h = 30 + 2 = 32\ \text{m}$$

$$p = 5.5/\sqrt{h}$$

$$h_x = 8\ \text{m} < \frac{h}{2}$$

所以，由公式(8-4)可得

$$r_x = (1.5h - 2h_x)p$$

$$= (1.5 \times 32 - 2 \times 8)\frac{5.5}{\sqrt{32}} = 32\ \text{m}$$

变电所距避雷针最远的水平距离，(即 A 点与避雷针轴心水平距离)应为

$$l = \sqrt{(10 + 15)^2 + 10^2} = 27\ \text{m}$$

由计算结果可知变电所在 h_x 水平面内，且 $l < r_x$，所以水塔上的避雷针能够保护这个变电所。

2）两支等高避雷针的保护范围

当被保护范围较大时，用一根很高的避雷针往往不如用两支或两支以上较矮的避雷针联合保护更有效、更经济合理和便于施工。

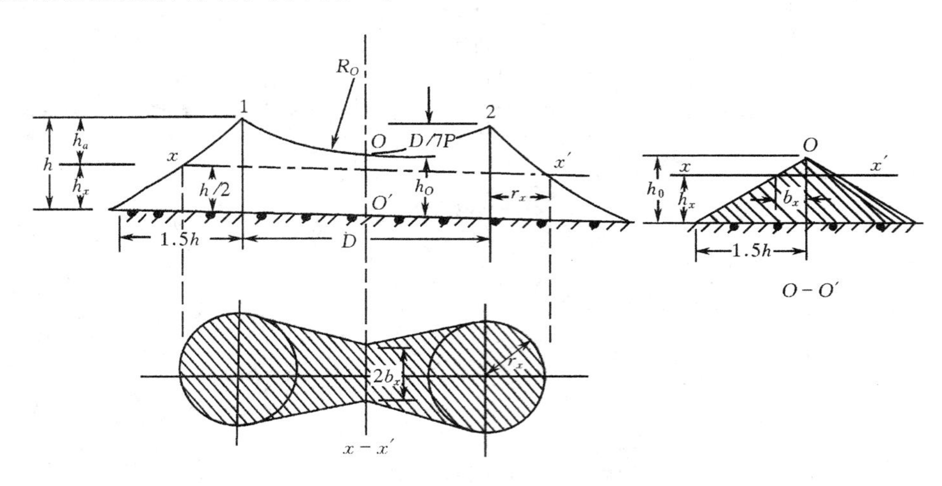

图 8-6　两支等高避雷针的保护范围

图 8-6 为两支等高避雷针的保护范围。设计者应首先根据被保护物的长、宽、高和避雷针的理想安装位置等情况，初步确定两针的高度 h 及其之间的距离 D，然后按下述公式试算，最后选出安全、经济的保护方案。

其保护范围计算如下：

① 两针外侧的保护范围应按单支避雷针的计算方法确定。

② 两针间的上部保护范围应按通过两针顶点及保护范围上部边缘最低点 O 的圆弧确定，圆弧的半径为 R_O，O 点为假想避雷针的顶点，其高度 h_O 为

$$h_O = h - \frac{D}{7p} \tag{8-5}$$

式中　h_O——两针间保护范围上部边缘最低点 O 的高度(m)；

D——两避雷针间的距离(m)；

p——高度影响系数。

③ 两针间在 h_x 水平面上保护的最小宽度 b_x，可按下式计算

$$b_x = 1.5(h_O - h_x) \tag{8-6}$$

式中　b_x——为在 h_x 水平面保护范围最小宽度的一半(m)。

当 $D = 7h_a p$ 时，$b_x = 0$，即再增大两针间的距离，就不能构成联合保护范围了。

按《工业与民用电力装置过电压保护设计规程》规定：保护变电所用的避雷针两针间的距离与针高之比 D/h 不宜大于 5。

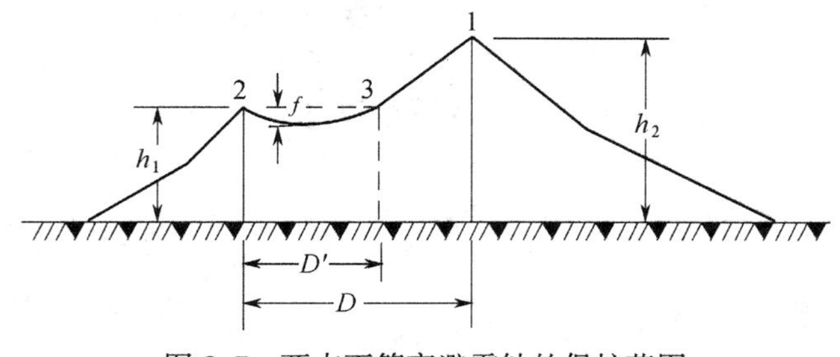

图 8-7　两支不等高避雷针的保护范围

3）两支不等高避雷针的保护范围

如图 8-7 所示，保护范围确定方法如下：

两针外侧保护范围，按单针的计算方法确定。两针内侧保护范围，先按单针法作其中较高针 1 的保护范围，然后经过较低针 2 的顶点作水平线与 1 的保护范围相交于 3 点。设 3 点为等效避雷针的顶点，再按两支等高避雷针的计算方法确定 2 和 3 间的保护范围。通过 2、3 顶点及保护范围上部边缘最低点的圆弧的弦高 $f=\frac{D'}{7p}$。D'为 2 和 3 之间的距离。

4）多支避雷针的保护范围

在被保护面积较大时，采用多支避雷针联合保护将更有效地增大保护范围。现以三支为例说明保护范围的确定方法。

如图 8-8 所示，三支等高避雷针形成的三角形保护范围，应分别按两支等高避雷针的计算方法确定。如在三角形内被保护物最大高度 h_x 水平面上，各相邻避雷针间保护范围的内侧最小宽度 $b_x \geqslant 0$ 时，则全部面积受到保护。

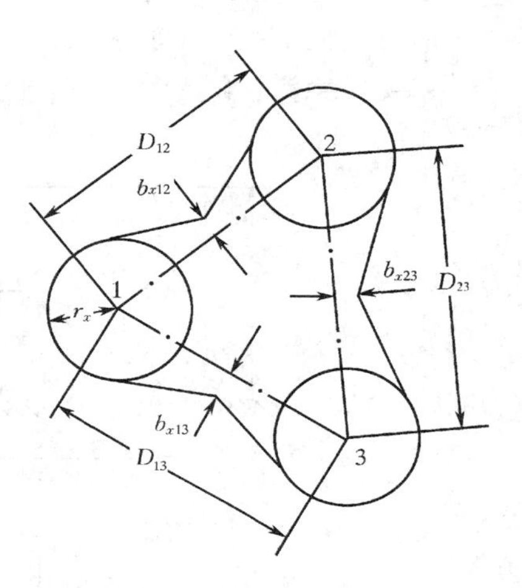

图 8-8　三支避雷针保护范围

四、避雷线及保护范围计算

避雷线主要用于保护架空线路免受直接雷击。它是由悬挂在被保护物上空的接地线（镀锌钢绞线）、接地引下线和接地体（接地电极）三部分组成。其作用原理与避雷针相同。

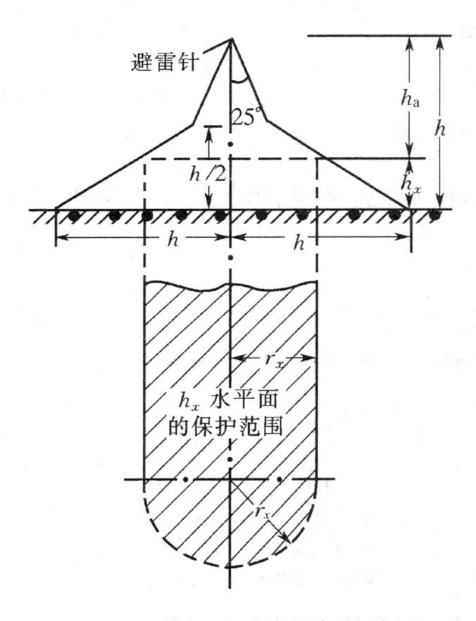

图 8-9　单根避雷线的保护范围

1．单根避雷线的保护范围

保护范围如图 8-9 所示，确定方法如下：

由避雷线向下作与其垂直面成 25°的斜面构成保护空间的上部；在 $h/2$ 的高度处转折，与地面离避雷线水平距离为 h 的直线相连的平面，构成保护空间的下部，合起来形成如图的屋脊式的保护空间。

在 h_x 水平面上每侧保护范围的宽度及端部的保护半径应按下列公式计算

$$r_x=0.47(h-h_x)p\left(当\ h_x \geqslant \frac{h}{2}时\right) \qquad (8\text{-}7)$$

$$r_x=(h-1.53h_x)p\left(当\ h_x < \frac{h}{2}时\right) \qquad (8\text{-}8)$$

式中　r_x——每侧保护范围的宽度(m)。

2．两根等高平行避雷线的保护范围

保护范围如图 8-10 所示，可按下列方法确定：

（1）两避雷线外侧的保护范围应按单根避雷线的计算方法确定。

（2）两避雷线间各横截面的保护范围应由通过 1、2 顶点及保护范围最低点 O 的圆弧确定。O 点高度按下式计算

$$h_O = h - \frac{D}{4p} \tag{8-9}$$

式中 h_O——两避雷线间保护范围上部边缘最低点的高度(m)；

D——两避雷线间的距离(m)；

h——避雷线的高度(m)；

p——高度影响系数。

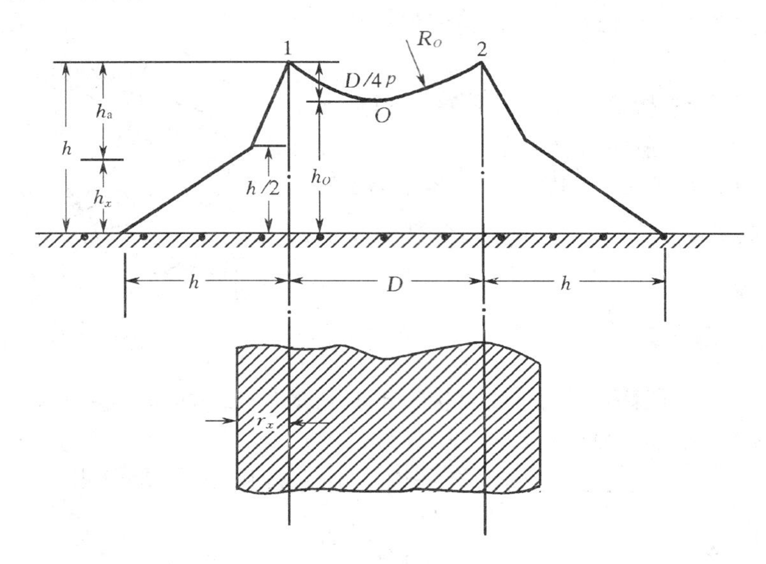

图 8-10　两根平行避雷线的保护范围

（3）两避雷线端部的保护范围可按两支等高避雷针的计算方法确定，等效避雷针高度可近似取避雷线悬挂点高度的 80%。

五、避雷器的选择

避雷器的作用是：用来防止雷电产生的大气过电压(即雷电侵入波)沿架空线路侵入变电所或其他建筑物时，危害电气设备绝缘。避雷器与被保护的设备并联，其放电电压低于被保护设备绝缘耐压值。如图 8-11 所示，沿线路侵入的过电压将首先使避雷器击穿对地放电，从而保护了设备的绝缘。

避雷器的形式主要有三种，即氧化锌避雷器、管型避雷器和保护间隙。其作用原理请参看设计手册或产品说明。

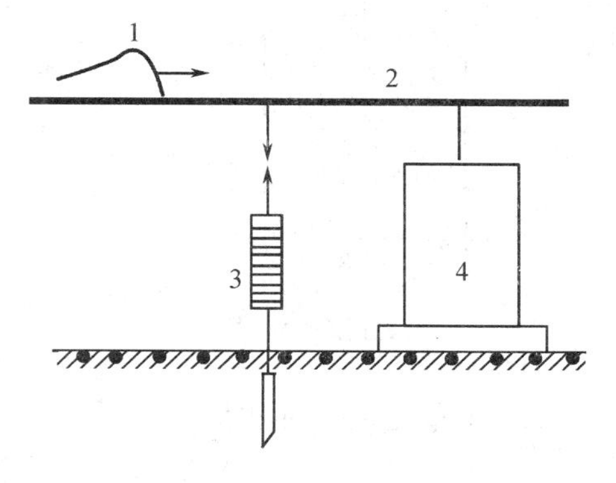

图 8-11　避雷器保护作用示意图

1—过电压波；　2—线路；　3—避雷器；　4—被保护物

1. 氧化锌避雷器

氧化锌避雷器用于中性点非直接接地的35 kV及以下系统。避雷器的灭弧电压应不低于设备最高运行的线电压。额定电压应与系统额定电压一致。

保护旋转电机中性点绝缘的避雷器,额定电压不应低于电机运行时的最高相电压。

2. 管型避雷器

在选择管型避雷器时,其开断续流的上限不得小于安装处短路电流的最大有效值 $I_{d\cdot max}$(考虑非周期分量);下限(不考虑非周期分量)不得大于安装处短路电流的可能最小值 $I_{d\cdot min}$。即

$$I_{n上限} > I_{d\cdot max};\ I_{n下限} < I_{d\cdot min}。$$

管型避雷器的外间隙,一般采用表8-1所列数值。

表8-1 管型避雷器外间隙的数值(mm)

额定电压(kV)	3	6	10	35
外间隙最小值(mm)	8	10	15	100
GB_1 外间隙最大值(mm)	—	—	—	250~300

注:GB_1 指用于变电所进线首端的管型避雷器。

3. 保护间隙

当管型避雷器的灭弧能力不符合要求时,可采用保护间隙,并应尽量与自动重合闸装置配合,以减少线路停电事故。

保护间隙的间隙不应小于表8-2所列数值。

表8-2 保护间隙的间隙最小值

额定电压(kV)	3	6	10	35
主间隙最小值(mm)	8	15	25	210
辅助间隙最小值(mm)	5	10	15	20

8-2 架空线路的防雷保护

应根据线路电压等级、负荷性质、系统运行方式和当地雷电活动的强弱、土壤电阻率的高低等情况,经过技术、经济比较确定电力线路的防雷保护措施。

对于35 kV及以下线路,常采用以下措施。

(1) 架设避雷线。架设避雷线是很有效的防雷措施,但造价高。所以一般只在35 kV以上线路采用沿全线装设避雷线;在35 kV及以下线路上仅在进出变电所的一段线路上装设避雷线。

(2) 装设自动重合闸或自重合熔断器。线路因雷击放电而造成的短路可能是瞬时性的,断路器跳闸后,如果电弧熄灭,短路故障即消失。所以,对这种情况,如采用自动重合闸装置,使断路器经0.5 s左右时间自动重合,即可恢复供电。从而提高了供电可靠性。在线路上装

设自重合熔断器，也可提高供电可靠性。当雷击线路时，工作熔体熔断而自动跌落，经 0.5 s 左右，备用熔体自动投入运行，恢复供电。

(3) 提高线路本身的绝缘水平。要提高绝缘水平，在架空线路上可采用木横担、瓷横担；若采用铁横担，线路绝缘子宜采用高一电压等级的，从而提高线路的防雷水平。

(4) 利用三角形顶线作保护线。对于三角形排列的 3 kV～10 kV 线路，在其顶线绝缘子上装设保护间隙。当线路遭受雷击时，顶线保护间隙击穿，将雷电流泄入大地，从而保护了下面两根线路，同时线路断路器将不跳闸，继续供电。

(5) 装设避雷器和保护间隙。3 kV～10 kV 线路上的柱上断路器、负荷开关或隔离开关，应装设阀型避雷器或保护间隙；在电力线路中绝缘比较薄弱的杆塔上，应装管型避雷器和保护间隙。

(6) 绝缘子铁脚接地。低压架空线路在接室内线的绝缘子铁脚处宜接地，以保室内安全。

8-3 变电所(配电所)防雷保护

变电所、配电所的防雷有两个重要方面，即对直击雷的防护和对由线路侵入的过电压的防护。

运行经验表明：装设避雷针和避雷线对直击雷的保护是很有效的，但是沿线路侵入的雷电波造成的雷害事故相当频繁，所以必须装设避雷器加以防护。

一、直击雷的防雷措施

变电所对直击雷的防护一般装设独立避雷针，使电气设备全部处于避雷针的保护范围之内。关于避雷针保护范围的计算，在本章第 1 节已介绍。现重点讨论以下问题。

1. 反击

由例 8-1 的计算可知，当雷击于避雷针，强大的雷电流通过接地引下线、接地体泄入大地时，在避雷针上会形成极高的电位(如该例可达 2 440 kV)。这种高电位可能对附近的设备发生放电现象，这种现象称之为反击。

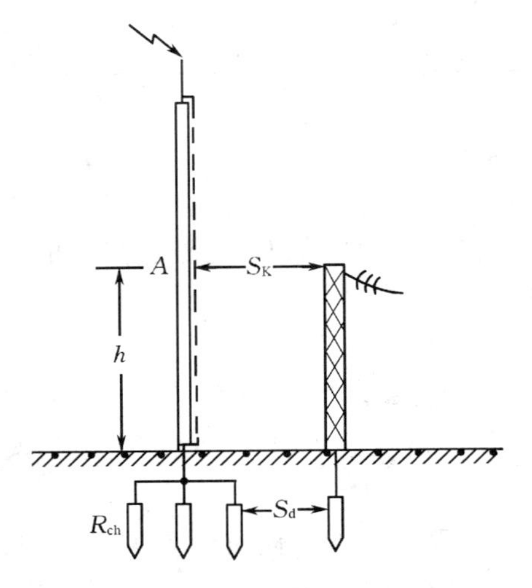

图 8-12 避雷针与电气设备间允许距离

要防止反击，就要降低接地电阻和保证避雷针与设备之间有足够的距离。

2. 避雷针与电气设备间的空气中距离

根据过电压保护设计规程规定，独立避雷针与配电装置带电部分、变电所电力设备接地部分、架构接地部分之间的空气中距离应符合下式要求

$$S_K \geqslant 0.3R_{ch} + 0.1h \tag{8-10}$$

式中 S_K——空气中距离(m)，如图 8-12 所示；

R_{ch}——独立避雷针的冲击接地电阻(Ω)；

h——避雷针校验点高度(即被保护物高度)(m)。

S_K 一般不应小于 5 m。

3. 避雷针与变电所接地网的地中距离

独立避雷针接地体与变电所接地网间的地中距离应符合下式要求

$$S_d \geqslant 0.3R_{ch} \tag{8-11}$$

式中　S_d——地中距离(m),一般不应小于 3 m。

二、侵入雷电波过电压的保护

变电所应采取措施防止或减少近区雷击闪络。根据规范规定,对工厂降压变电所应采取下列措施。

未沿全线架设避雷线的 35 kV 架空线路,应在变电所 1 km~2 km 的进线段架设避雷线(避雷线保护角不宜超过 20°,最大不应超过 30°)。当进线段以外遭雷击时,由于线路本身阻抗的限流作用,侵入波陡度将大为降低。为更有效地防止雷害,在变电所的进线段,尚应按下列要求装设管型避雷器(图 8-13):

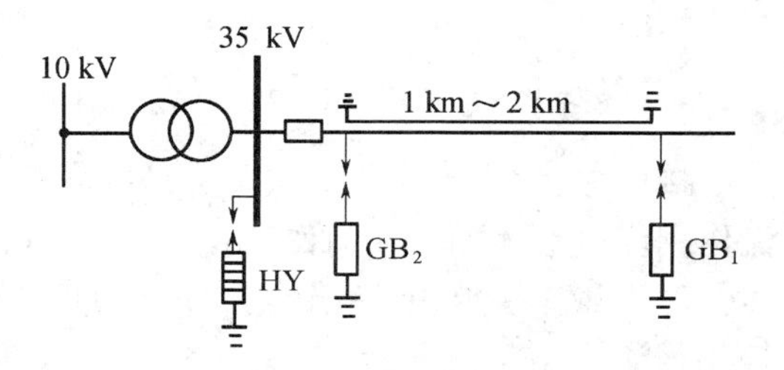

图 8-13　35 kV 变电所的进线保护接线
HY—合成氧化锌避雷器

(1) 铁塔或铁横担、瓷横担的钢筋混凝土杆线路,其进线首端,一般不设管型避雷器。在木杆或木横担钢筋混凝土杆线路进线段的首端,应装设一组管型避雷器,其工频接地电阻不宜超过 10 Ω。

(2) 在雷季,可能经常断开运行,且线路侧又带电的 35 kV 线路,则必须在靠近断路器或隔离开关处装设一组管型避雷器 GB_2,以防末端发生反击。使电压升到入侵波 2 倍时,损坏断路器。

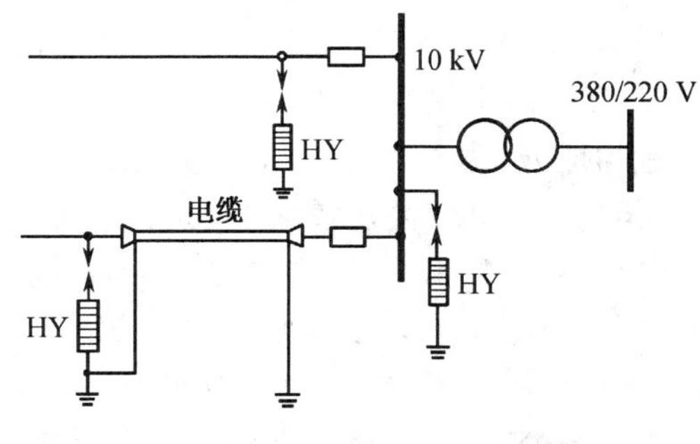

图 8-14　3 kV～10 kV 配电装置的保护接线
HY—合成氧化锌避雷器

当变电所的 35 kV 采用电缆进线段时,在电缆与架空线的连接处应装设氧化锌避雷器。其接地端与电缆金属外皮连接,如图 8-14 所示。

有 35 kV 变压器的变电所,每组母线应装设避雷器。避雷器与主变压器及其他被保护设备的电气距离应尽量缩短。如避雷器与主变压器的电气距离超过允许值时,应在主变压器附近增设一组避雷器。

避雷器与主变压器、电压互感器间的最大允许电气距离是:当进线段避雷线长度有 1 km 时,最大距离为 26 m; 2 km 时为 52 m。

对于 35 kV 及以下的变压器中性点,一般不装设保护装置。

对于 3 kV～10 kV 配电装置,每组母线和每一架空线路上应装避雷器,但厂区内进线可只在每组母线上装避雷器,如图 8-14 所示。

对一回进线,母线上避雷器与主变压器电气距离不宜大于 15 m;对多路进线可适当增大。

有电缆进线段的架空线路,避雷器应装在电缆头附近。

对于容量较小的变电所,可根据其重要性和雷电活动情况,酌情采用简化的进线保护措施,35 kV 侧进线段避雷线长度可减少到 500 m~600 m。

8-4 接地和接零

一、一般概念

接地和接零是工业与民用安全供电的有效措施,主要目的是在运行中,保证人身及设备安全。

1. 接地体、接地线和接地装置

接地体:埋入地中并直接与大地接触的金属导体。它用于与大地作电气连接,具有一定散流作用。接地体如是专门作为接地用而埋于地中的金属导体(如角钢、钢管等),称人工接地体。对于兼作接地用的直接与大地接触的各种金属构件、金属井管、钢筋混凝土建构筑物的基础、金属管道和设备等称自然接地体。

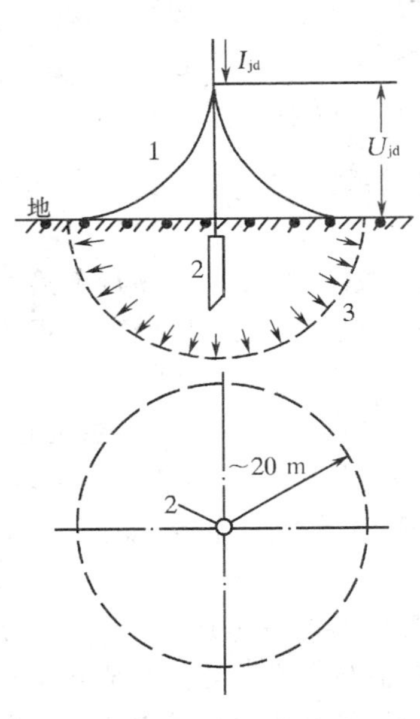

图 8-15 接地电流和对地电压分布图

1—电位分布曲线; 2—接地体; 3—流散电场

接地线:电气设备接地部分与接地体相连接的金属导体(正常情况下不通过电流),称接地线。

接地装置:接地体和接地线的总和,称为接地装置。

接地:电力设备的某部分用接地线与接地体连接,称为接地。

2. 地和对地电压

电气设备发生接地故障时,接地电流将通过接地体,以半球面形状向地中流散,如图 8-15 所示。这一电流叫接地短路电流(简称接地电流)用 I_{jd} 表示。

在距接地体近的地方,由于半球面较小故散流电阻大,接地电流通过此处的电位也较高。反之,在远离接地体的地方,半球面大,电阻小,电位低,如图中电位分布曲线。

试验表明,在离开单根接地体或接地短路点 20 m 左右的地方,散流电阻已近于零,也即电位趋近于零。

地通常将距接地体或接地短路点 20 m 以外且电位等于零的地方,称为电气上的"地"或"大地"。

对地电压:电气设备的接地部分,如接地体、接地的外壳等,与零电位的"大地"之间的电位差,称为电气设备接地部分的对地电压,或称接地装置的电位。并用 U_{jd} 表示。

3. 接地电阻

人工接地体或自然接地体的对地电阻和接地线电阻的总和，称为接地装置的接地电阻。

接地电阻的数值等于接地装置对地电压与通过接地体流入地中电流的比值。当通过接地体流入地中的电流为冲击电流时，所求得的接地电阻称为冲击接地电阻，即

$$R_{ch}=\frac{U_{jd}}{I_{ch}} \tag{8-12}$$

按通过接地体流入地中工频电流求得的电阻，称工频接地电阻，即

$$R_{d}=\frac{U_{jd}}{I_{jd}} \tag{8-13}$$

二者之间的关系为：$R_{ch}=\alpha R_{d}$。冲击系数 $\alpha>1$，可查表 8-3。

表 8-3　冲击系数 α

各种形式接地体中接地点至接地体最远端的长度(m)	土壤电阻率 ρ(Ω·m)			
	≤100	500	1 000	≥2 000
20	1	1.5	2	3
40	—	1.25	1.9	2.9
60	—	—	1.6	2.6
80	—	—	—	2.3

4. 接触电压和跨步电压

接触电势与接触电压：当电气设备发生接地故障，接地电流流过接地体向大地流散时，大地表面形成分布电位。在地面上离设备水平距离为 0.8 m 处与沿设备外壳离地面垂直距离 1.8 m 处两点之间的电位差，称为接触电势 E_{jc}。人体接触该两点时所承受的电压，叫做接触电压 U_{jc}。如图 8-16 所示，人站在距设备 0.8 m 处，人触及外壳，人手与脚之间的电压为 U_{jc}。

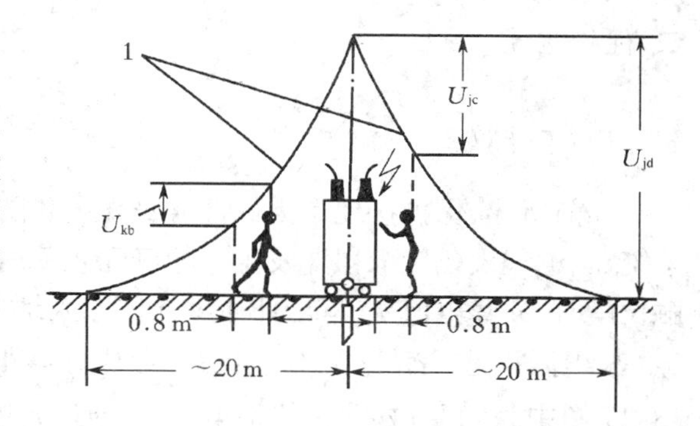

图 8-16　接触电压和跨步电压示意图

1—电位分布曲线；　2—接地体

跨步电势与跨步电压：在故障设备周围地面上水平距离为 0.8 m 的两点间的电位差，称为跨步电势 E_{kb}。人在地面行走，两脚接触该两点（人的跨步一般按 0.8 m 计算）所承受的电压，叫做跨步电压 U_{kb}。

考虑到人脚下的土壤电阻，所以接触电压和跨步电压应小于接触电势和跨步电势。

对于 35 kV 及以下的小电流接地系统，接触电势与跨步电势的允许值可近似按下式计算

$$E_{jc}=50+0.05\rho\ (\mathrm{V})$$

$$E_{kb}=50+0.2\rho\ (\mathrm{V})$$

式中　ρ——人脚所站地面的表层土壤电阻率(Ω·m)；

50——为电击时间在 10 s～25 s 内对人体无致命危险的工频电压(V)。

一般，在小电流系统中，U_{jc}和 U_{kb}的允许值低，这是因为单相接地时通过接地体的接地电

流值虽然较小，但多不是立即切除，而是继续运行一段时间。当人接触故障设备时，危险电压作用于人体的时间必将较长。

5．零线

在三相四线制的交流电路中与变压器直接接地的中性点连接的导线，或直流回路中的接地中性线，称为零线。在零线上不能装熔丝和开关，以防零线回路断开造成危险。

6．接地类型

工作接地：为了保证电气设备在正常和事故情况下可靠地工作而进行的接地，叫工作接地。例如变压器和旋转电机的中性点接地。根据接地方式的不同，工作接地又分为：中性点直接接地，即变压器或旋转电机的中性点直接或经小阻抗与接地装置连接的接地；中性点非直接接地，即中性点不接地或经消弧线圈、电压互感器、高电阻与接地装置连接的。非直接接地系统又称小电流接地系统。防雷设备的接地也属工作接地。

保护接地：电气设备的金属外壳、钢筋混凝土杆和金属杆塔，由于带电导体绝缘损坏，有可能使其带电，为了防止危及人身安全而设的接地，称为保护接地。

过电压保护接地：过电压保护装置为了消除过电压危险影响而设的接地，称过电压保护接地。

二、保护接地

1．工作原理

如前所述，保护接地是为保证人身安全和防止触电事故而进行的接地。在中性点不接地系统，当电气设备绝缘损坏发生一相碰壳故障时，设备外壳电位将上升为相电压。此时，人接触设备时，故障电流 I_{jd} 将全部通过人体流入地中，这显然是很危险的。若此时电气设备外壳经 R_d 电阻接地，R_d 与人体电阻 R_r 形成并联电路，则流过人体的电流将是 I_{jd} 的一部分（图18-17图中为C相碰壳）。接地电流 I_{jd} 通过人体和接地体后经电网对地绝缘阻抗 Z_C 形成回路，流过每一条通路的电流值与电阻大小成反比，即为

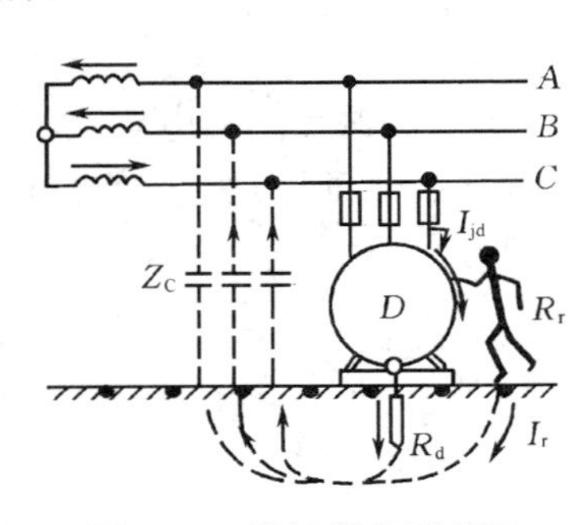

图 8-17　接地保护原理图

$$\frac{I_r}{I_{jd}}=\frac{R_d}{R_r} \tag{8-14}$$

式中　I_r——流经人体的电流（A）；

I_{jd}——流经接地体的电流（A）；

R_d——接地体的接地电阻（Ω）；

R_r——人体的电阻（Ω）。

从上式可知，接地体的接地电阻 R_d 愈小，流经人体的电流也就愈小。此时，漏电设备对地电压主要决定于接地保护的接地体电阻 R_d 的大小。

由于 R_d 和 R_r 并联，且 $R_d \ll R_r$，故可以认为漏电设备外壳对地电压为

$$U_d = I_{jd}\frac{R_d R_r}{R_d + R_r} = I_{jd} R_d \tag{8-15}$$

式中　U_d——漏电设备外壳对地电压(V)；

R_d——接地体的电阻(Ω)。

所以为了限制通过人体的电流，使其在安全电流(约 10 mA)以下，只要适当控制 R_d 的大小(一般不大于 4 Ω)，就可以避免人体触电，起到保护作用。

2．适用范围

接地保护适用于三相三线或三相四线制电力系统。在供电系统中，凡由于绝缘破坏或其他原因而可能呈现危险电压的金属部分，例如变压器、电机、电器等的外壳和底座，均应采用接地保护。

三、接零

1．工作原理

为防止因电气设备绝缘损坏而使人身遭受触电的危险，将电气设备的金属外壳与变压器中性线(零线)相连接的，称为接零保护。接零保护的原理如图 8-18 所示。

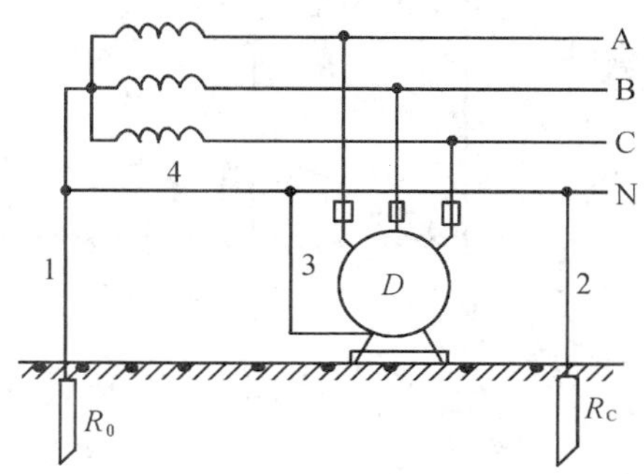

图 8-18　接零保护原理图

1—工作接地；　2—重复接地；　3—接零；
4—零线

在三相四线制中性点直接接地的低压系统中，当某一相绝缘损坏使相线碰壳时，单相接地短路电流 I_d 则通过该相和零线构成回路。由于零线的阻抗很小，所以单相短路电流很大，它足以使线路上的保护装置(如熔断器 RD)迅速动作，从而将漏电设备与电源断开，即消除触电危险，又使低压系统迅速恢复正常工作，起到保护作用。

2．适用范围

在三相四线制中性点直接接地的 380/220 V 电网中，电气设备的外壳广泛采用接零保护。

四、重复接地

在采用接零保护时，除电源变压器的中性点必须采用工作接地外，同时零线在规定的地点还要采用重复接地。所谓重复接地，系指零线一处或多处通过接地体与大地再次接触。零线上的重复接地相当于在零线上多并联了接地点，这样就降低了零线的对地电阻，从而在供电系统中发生短路或碰壳时，可以降低零线对地电压，而且在零线断线时，保证有可靠的接地点。具体作用原理如下。

1．重复接地的作用

1）降低漏电设备外壳的对地电压

没有重复接地时(图 8-19(a))，漏电设备外壳对地电压 U_{jd} 等于单相短路接地电流 I_d 在接零部分产生的电压降 ΔU，即 $U_{jd} = \Delta U$。有了重复接地后(图 8-26(b))，漏电设备外壳对地

电压仅为 ΔU 的一部分，即

$$U_{jd}=\frac{R_c}{R_0+R_c}\Delta U$$

式中 U_{jd}——漏电设备外壳对地电压(V)；

R_c——重复接地处的接地电阻(Ω)；

R_0——工作接地的接地电阻(Ω)；

ΔU——发生短路后在零线部分产生的电压降(V)。

显然，这时 U_{jd}只占 ΔU 的一部分，危险性相对地减少了。

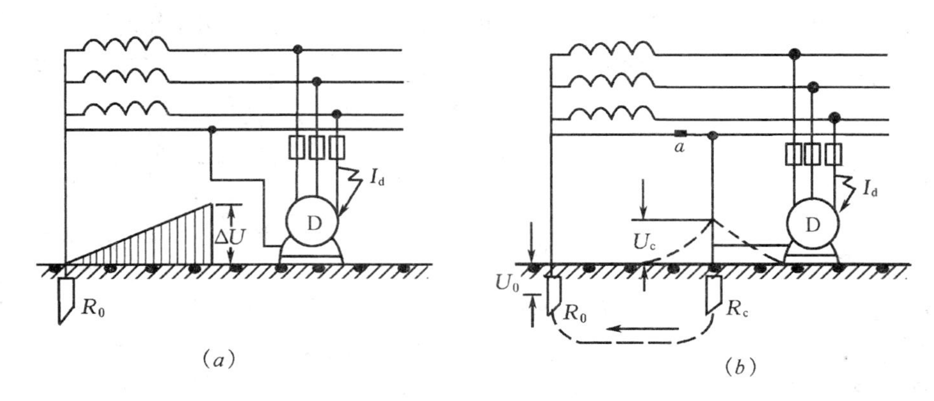

图 8-19　重复接地作用示意图

(a)无重复接地；(b)有重复接地

2）减轻零线断线时的触电危险

如果零线没有重复接地，当发生零线断线，且在断线的后面又发生某设备一相碰壳故障时(图 8-19(b)中 a 点断线)，断线后所有设备的外壳电压都呈现接近于相电压的对地电压，即 $U_{jd}=U_{\phi}$。当人接触断线后面设备时，会发生触电危险。零线重复接地后，$U_0=\frac{U_{\phi}}{R_0+R_c}R_0$，$U_c=\frac{U_{\phi}}{R_0+R_c}R_c$，显然 U_0 与 U_c 均低于 U_{ϕ}。

若 $R_c=R_0$，则断线后面一段零线的对地电压只有相电压的一半，即 $U_0=U_{\phi}/2$。危险程度降低了。实际上 $R_c>R_0$ 对人还是有危险的。因此应尽量避免零线断线事故，对零线应精心施工和维护。在三相四线制的零线上，一般不允许装设开关或熔断器。

2．重复接地设置原则

“工业与民用电力装置的接地设计规范”规定：在中性点直接接地的低压电力网中，架空线路的干线和分支线的终端以及沿线每 1 km 处，零线应重复接地；电缆和架空线在引入车间或大型建筑物处，零线应重复接地(但距接地点不超过 50 m 者除外)。

在电力设备接地装置的接地电阻允许达到 10 Ω 的电力网中，每一重复接地装置的接地电阻不应超过 30 Ω，但重复接地不应少于三处。

零线的重复接地，允许用自然接地体。

同一变压器或同一母线供电的低压线路，不宜同时采用接地、接零两种保护方式。

8-5 变电所接地装置及接地电阻计算

一、变电所接地装置

在变电所接地装置中，除利用自然接地体外，还应敷设人工接地网。

人工接地网应以水平接地体为主。接地网的外缘闭合，外缘各角应做成圆弧形。当不能满足接触电势和跨步电势的要求时，人工接地网内应敷设水平均压带，如图 8-20 所示。均压带距离一般为 4～5 m。人工接地网埋设深度应采用 0.6 m。

对于 10 kV 及以下变电所，若以建筑物基础作接地体，且接地电阻又满足要求时，可不另设人工接地装置。

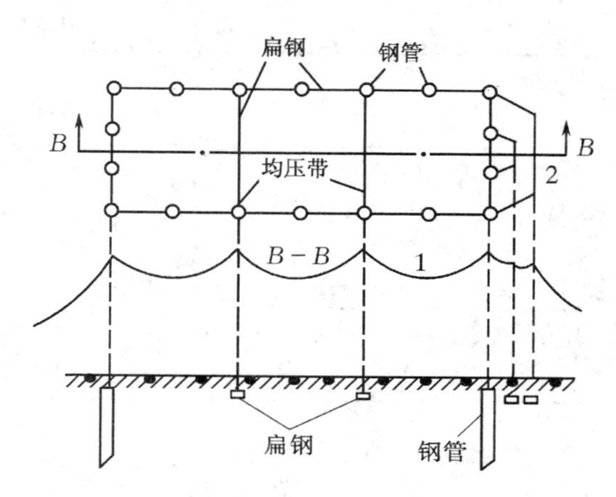

图 8-20 加均压带的变电所接地网

1—地中电流电位分布曲线； 2—入口处加装联接扁钢

二、接地电阻计算

1. 接地电阻的最大允许值

根据接地设计规范的规定，各种电力设备的接地装置的接地电阻最大允许值可归纳为表 8-4。

表 8-4 接地电阻最大允许值 $R_{d(ux)}$ (Ω)

序号	接地装置名称	接地电阻(Ω)	计算用接地短路电流 I 的计算
1	1 kV 以上直接接地的设备	$R_d \leqslant 0.5$	I_{jd}—单位(A) 1. 对接有消弧线圈的变电所，I_{jd} 等于接在同一接地装置中各消弧线圈 I_n 总和的 1.25 倍 2. 对不装消弧线圈的变电所，I_{jd} 等于电力网中断开最大一台消弧线圈时的最大可能残余电流值，但不小于 30 A 3. 中性点不接地系统 $I_{jd}=\frac{U_n(35l_1+l_2)}{350}$ l_1—电缆线路长度(km) l_2—架空线路长度(km)
2 3	1 kV 以上小电流接地系统： ①与低压(1 kV 以下)电气设备共用 ②仅用于高压(≥1 kV)电气设备	$R_d \leqslant \frac{120}{I_{jd}} \leqslant 10$ $R_d \leqslant \frac{250}{I_{jd}} \leqslant 10$ 但不宜超过 10 Ω	
4 5	1 kV 以下低压电气设备： ①一般情况 ②发电机、变压器等并联运行的总容量不大于 100 kVA 时	$R_d \leqslant 4$ $R_d \leqslant 10$	
6 7	中性点直接接地的低压电力网中 ①低压线路零线每个重复接地处 ②电力设备在 $R_d \geqslant 10$ Ω 时，重复接地不少于三处，且每个重复接地处	$R_d \leqslant 10$ $R_d \leqslant 30$	
8 9	高土壤电阻率地区，小电流接地系统 ①电力设备 ②变电所	$R_d \leqslant 30$ $R_d \leqslant 15$	
10	独立避雷针	$R_d \leqslant 10$	

2. 人工接地体的材料与规格

对人工接地体的材料，水平敷设时可采用圆钢、扁钢；垂直敷设时可采用角钢、圆钢等。

接地装置的导体截面应符合热稳定与均压要求，其值不应小于表 8-5 所列。

敷设在腐蚀性较强场所的接地装置，应适当加大接地体的截面或采用热镀锌、热镀锡等材料。

表 8-5 钢接地体和接地线的最小规格

类别		地上		地下
		屋内	屋外	
1. 圆钢直径 (mm)		5	6	8
2. 扁钢截面 (mm^2)		24	48	48
厚度 (mm)		3	4	4
3. 角钢厚度 (mm)		2	2.5	4
4. 钢管管壁厚度(mm)	作为接地体	2.5	2.5	2.5
	作为接地线	1.6	2.5	1.6

3. 自然接地体的接地电阻

交流接地装置应充分利用直接埋于地中或水中的自然接地体。其接地电阻值可参见表 8-6。

表 8-6 常用自然接地体的接地电阻(Ω)

类别 \ 电阻值(Ω) \ 长度(m)	20	50	100	150
1. 直埋铠装电缆外皮	22	9	4.5	3
2. 直埋金属水管				
口径 25 mm～50 mm	7.5	3.6	2	1.4
口径 70 mm～100 mm	7.0	3.4	1.9	1.4
3. 钢筋混凝土杆			1. $\rho \leqslant 100$ (Ω·m)的潮湿地区，自然接地电阻符合要求可不另设人工接地装置 2. $100 < \rho \leqslant 300$ (Ω·m)地区除利用自然接地外，还应敷设人工接地装置，接地体埋设深度不小于 0.6 m～0.8 m 3. $300 < \rho \leqslant 2\,000$ (Ω·m)地区，一般采用水平接地装置，埋设深度不小于 0.5 m	
单杆	0.3ρ			
双杆	0.2ρ			
拉线单，双杆	0.1ρ			
一个拉线盘	0.28ρ			

注：ρ 为土壤电阻率(Ω·m)。

4. 接地电阻的计算

人工接地体工频接地电阻简易计算公式如表 8-7 所示。

表 8-7　人工接地体接地电阻 $R_d(\Omega)$简易计算式

接地体型式	简易计算式	备注
垂直式	$R_d \approx 0.3\rho$	长度 3 m 左右的接地体 {钢管∅50 mm 圆钢∅25 mm
单根水平式	$R_d \approx 0.03\rho$	长度 60 m 左右的接地体，扁钢 40 mm×4 mm
n 根水平射线（$n\leqslant 12$，每根长约 60 m）	$R_d \approx \frac{0.062\rho}{n+1.2}$	1. S 大于 100 m^2 的闭合接地网 2. r 为与接地网面积等值的圆的半径即等效半径(m) 3. L 为接地体长度，包括垂直接地体在内(m) 4. ρ 为土壤电阻率(Ω·m)
复合式 （以水平为主的接地网）	$R_d \approx 0.5\frac{\rho}{\sqrt{S}} = 0.28\frac{\rho}{r}$ 或 $R_d \approx \frac{\sqrt{\pi}\rho}{4\sqrt{S}} + \frac{\rho}{L} = \frac{\rho}{4r} + \frac{\rho}{L}$	

三、变电所接地装置的设计计算步骤

（1）按现行设计规范确定所设计变电所的允许接地电阻值 $R_{d(ux)}$（查表 8-4）。

（2）计算设计用土壤电阻率

$$\rho = \psi \rho_0 \tag{8-16}$$

式中　ρ_0——测量前无雨时所实测土壤电阻率(Ω·m)；

ψ——季节系数，见表 8-8。

表 8-8　接地装置的季节系数 ψ 值

埋深　(m)	水平接地体	长度 2 m～3 m 的垂直接地体
0.5	1.4～1.8	1.2～1.4
0.8～1.0	1.25～1.45	1.15～1.3
2.5～3.0	1.0～1.1	1.0～1.1

（3）实测或估算可以利用的自然接地体的接地电阻 R_{dz}。

（4）计算需要装设的人工接地电阻值 R_{dg}

$$R_{dg} \leqslant \frac{R_{d(ux)} R_{dz}}{R_{dz} - R_{d(ux)}} \tag{8-17}$$

（5）初步拟定接地体埋设方案，并试选接地体和连接导线尺寸。

（6）计算单根接地棒的接地电阻 $R_{d(1)}$。

（7）计算接地棒的数目

$$n \geqslant \frac{R_{d(1)}}{\eta R_{dg}} \tag{8-18}$$

式中　n——接地棒根数；

η——接地体的利用系数，可查表 8-9；

R_{dg}——需要装设的人工接地电阻值(Ω)。

表 8-9　接地体利用系数(环形,未计入连接扁钢)η

管间距离/管长 a/l	管子根数 n	利用系数 η	管间距离/管长 a/l	管子根数 n	利用系数 η
1	4	0.66~0.72	1	20	0.44~0.50
2		0.72~0.80	2		0.61~0.66
3		0.80~0.84	3		0.68~0.73
1	6	0.58~0.65	1	30	0.41~0.47
2		0.71~0.75	2		0.58~0.63
3		0.78~0.82	3		0.66~0.71
1	10	0.52~0.58	1	40	0.38~0.44
2		0.66~0.71	2		0.56~0.61
3		0.74~0.78	3		0.64~0.69

例 8-3　某 10 kV 车间变电所接于 10 kV 侧的电缆线路共长 20 km,架空线路共长 300 km。已知当地计算用土壤电阻率 $\rho_0=120\ (\Omega\cdot m)$,可利用自然接地体电阻为 100 Ω。试选择人工接地装置。

解:

(1) 先确定该变电所接地电阻允许值 $R_{d(ux)}$。该变电所属小电流接地系统,已知电缆线是 $l_1=20$ km,架空线路 $l_2=300$ km,故计算用接地电流

$$I_{jd}=\frac{U_n(35l_1+l_2)}{350}=\frac{10(35\times20+300)}{350}=28.6\ A$$

由表 8-5 查得,接地电阻允许值应为

$$R_{d(ux)}\leqslant\frac{120}{I_{jd}}=\frac{120}{28.6}=4.2\ \Omega$$

(2) $R_{dz}=100\ \Omega$。

(3) 当垂直接地体埋深 0.8 m 时查表可得 $\psi=1.3$,因此可求得

$$\rho=\psi\rho_0=1.3\times120=156\ \Omega\cdot m$$

(4) 需装设的人工接地电阻

$$R_{dg}=\frac{R_{d(ux)}R_{dz}}{R_{dz}-R_{d(ux)}}=\frac{4.3\times100}{100-4.2}=4.38\ \Omega$$

(5) 拟采用 $\phi50$、长 2.5 m 的钢管,每隔 2.5 m 打入一根,共 20 根集中埋设,并用 40×4 扁钢连接成网。此时 $a/l=1$,查表可取 $\eta\approx0.5$

(6) 单根钢管接地电阻,查表 8~7 可得

$$R_{d(1)}\approx0.3\rho=0.3\times156=46.8\ \Omega$$

(7) 人工接地装置共需埋设钢管应为

$$n\geqslant\frac{R_{d(1)}}{\eta R_{dg}}=\frac{46.8}{0.5\times4.38}=21.36\ 根$$

现取 22 根即可满足规程要求。

四、接地装置导线截面应符合的要求

(1) 根据热稳定条件,接地线的最小截面应符合下式要求:

$$S_{jd} > \frac{I_{jd}}{C}\sqrt{t_j} \tag{8-19}$$

式中 S_{jd}——接地线的最小截面(mm^2);

I_{jd}——流过接地线的短路电流稳定值(A);

t_j——短路的等效持续时间(s);

C——接地线材料的热稳定系数,见表4-7。

(2)接地装置导线最小截面,可查表。一般取:

扁钢24 mm^2,角钢3 mm^2,铁线直径4mm。

各种防雷接地装置的工频接地电阻值,一般不大于下列数值:① 独立避雷针为10 Ω;② 根据土壤电阻率不同,电力线路架空避雷针分别为10~30 Ω;③ 变、配电所母线上的氧化锌避雷器为5 Ω;④ 变电所架空进线段上的管型避雷器为10 Ω;⑤ 低压进户线的绝缘子铁脚接地电阻值为30 Ω;⑥ 烟囱或水塔上避雷针的接地电阻值为10~30 Ω。

五、土壤电阻率的测量及计算

所谓土壤电阻率,就是1 m^3 的土壤电阻值,单位是Ω·m。

1. 用钢管和圆钢做接地体

埋设一根垂直接地体长3 m、直径50 mm的钢管或长1 m、直径25 mm的圆钢,先测量该接地体的接地电阻值 R,然后按以下公式计算土壤电阻率:

$$\rho = \frac{2\pi LR}{\ln \frac{4L}{d}} \tag{8-20}$$

式中 L——钢管或圆钢的埋入长度(m);

d——钢管或圆钢的外径(m);

R——测得的电阻值(Ω)。

2. 用扁钢作为接地体

埋设一根水平接地体长10 m~15 m、宽高为40 mm×4 mm的扁钢,埋深0.8 m,先测量该接地体的接地电阻值 R,然后按以下公式计算土壤电阻率:

$$\rho = \frac{2\pi LR}{\ln \frac{2L^2}{bh}}$$

式中 L——扁钢的长度(m);

b——扁钢的宽度(m);

h——扁钢距地面的深度(m);

R——测出的电阻值(Ω)。

接地电阻的测量,用接地电阻测量器或电流—电压表法。

思 考 题

1.何谓大气过电压?直击雷过电压是怎样产生的?

2. 什么叫雷暴日、雷暴小时？我国多雷区、少雷区是如何划分的？

3. 避雷针的组成和在防雷中所起的作用如何？单支避雷针保护范围如何计算？

4. 架空线路上感应过电压是怎样产生的？避雷器的作用是什么？简述其工作原理。

5. 工厂变电所防雷有哪些措施？

6. 电气上的“地”是什么意义？什么叫对地电压？

7. 什么叫跨步电压？什么叫接触电压？允许值各是多少？

8. 何谓自然接地电阻、工频接地电阻和冲击接地电阻？

9. 何谓接地保护和接零保护？各在什么条件下采用？

10. 重复接地的作用是什么？其接地电阻值要求多少？

习　题

8-1　某厂有一独立变电所，高 10 m，最远的一角距离 60 m 高的烟囱为 50 m。烟囱上装有一根 2.5 m 高的避雷针。试验算此避雷针能否保护这座变电所？

8-2　有三支避雷针，分别装在等边三角形三个顶点上，三角形边长 30 m，避雷针高 12 m。试求在 $h_x=8$ m 水平面避雷针的保护范围，并绘出保护范围图。

8-3　某电气设备需进行接地。可利用的自然接地电阻有 15 Ω，而接地电阻要求不大于 10 Ω。试选择垂直埋地的钢管和联接扁钢。接地处计算用土壤电阻率为 150 Ω·m。

第9章　工厂供配电系统的节能与无功补偿

要点：根据工厂生产的实际情况，以讨论节能的基本理论知识为主，重点介绍节能的意义、方法和途径。并扼要介绍主要电气设备节能的技术措施、工厂提高功率因数的效益、无功补偿的方式和接线等。

9-1　节约用电的意义和途径

1. 节约用电的意义

节能的总方针是坚持能源开发与节约并重，并应把节约能源放在优先地位。节约用电是我国发展国民经济必须长期坚持的方针。其意义主要有以下几方面。

(1) 缓和电力供需矛盾。在全国范围内，普遍开展节约用电活动，可使有限的能源用于更多的生产部门，为社会创造更多的财富。

(2) 提高电能使用的经济效益。节约用电，既可减少电费开支、降低产品的成本，又可为国家、工厂企业积累更多的资金，有利于扩大再生产。

(3) 加速工艺、设备的改造，促进技术进步。节约用电工作的不断深入开展，必将促进对旧设备、落后工艺的革新、改造和挖潜，从而在一定条件下，大大提高生产能力，也将大幅度地降低电能损耗。

总之，节约用电是一项不投资或少投资就能取得很大经济效益的工作，对于国民经济的发展，具有十分重要的意义。

2. 节约用电的一般途径

节约用电是在用电过程中，通过技术、装备及管理三方面措施提高电能转换率。工厂供电系统的节约用电一般有以下途径。

1) 建立科学的定额管理制度

制定用电定额，是实现科学管理的一项基础工作，也是挖掘节电潜力的一项主要措施。抓定额管理，要从用电大户及耗电大的产品入手，逐步积累经验，普遍进行考核。

企业下达定额要落实到车间、班组和机台，并充分利用经济杠杆作用，鼓励和调动群众节电的积极性，切实做到节能受奖、奖惩分明。

2) 提高全厂电能利用率

所谓电能利用率，指工厂中全部有效电能 ΣW_y 与总消耗电能(全厂供给的电能) W 之比，即

$$\eta = \frac{\Sigma W_y}{W} \tag{9-1}$$

供给电能与有效电能的差值，即电能损耗。电能损耗包括设备损耗与管理损耗。设备损耗是电能在输送、转换、传递和作功过程中，为了克服电、机械和其他原因造成的阻力，而在电气设备和生产机械中损耗的电能。设备性能差，能源转换传递次数多，造成的设备损耗就大。管理损耗是由于管理不当造成的电能损耗，包括操作水平低、工艺参数不合理、工序间不协调以及管理不善等原因造成的产量下降、产品报废、发生事故和生产各环节能量浪费(跑、冒、滴、漏)等引起的电能损耗。

重视和设法提高电能利用率，不仅可有效地达到节约用电的目的，而且可促使工厂企业的管理等各方面得到改善，做到优质、高产、低耗。

3）实行计划供、用电，并利用工业余热发电供热

要实行计划供、用电。工厂供电系统、厂内各车间均要按计划用电，并通过计量，严格考核。对非生产用电，要严加管理，防止浪费。将一部分可转移的高峰电力移到低谷去用电，将会产生极大的社会效益。

在有条件的工厂，尽可能利用工业余热发电；或直接利用一次能源供热，以减少能源转换中的能量损耗。

4）在供电系统中减少功率损耗

减少功率损耗的方法有：①变压器的容量与负荷应相匹配，根据需要调整运行台数，以提高运行的经济效益；②降低用电负荷高峰，使负荷均衡，以提高设备的负荷系数；③及时更换高损耗变压器，减少损耗；④合理选择供电设备和接线方式，力求功率损耗降到最小，并使供电末端功率因数在0.9以上。

5）采用新技术、新材料和新工艺

一项新技术、新材料和新工艺的应用，往往能取得显著的节能效果。因此，在改造旧设备、落后工艺的同时，应重视新技术、新材料和新工艺的推广和应用。

6）加强设备的维护与检修，减小机械摩擦和各种能量损耗

在长期的使用过程中，各种机电设备和生产装置工作效率逐渐降低，因而使电能消耗增大。因此，应加强设备的维护和检修，并提高检修质量和使用效率，这也是合理利用电能的重要方面。

节约用电的途径很多。节约用电是一项涉及面很广的社会工作，应充分利用一切手段和方法大力宣传节约用电的目的和意义。

9-2　工厂用电的功率因数

一、功率因数的基本概念

1. 无功功率与功率因数

供、配电系统中的用电设备多是根据电磁感应原理工作的。例如，变压器，是通过磁场变换电压，并将电能由原边绕组传送到副边绕组；电动机，也是通过磁场的作用才能传动，并带动

机械负荷作功。这些都属于感性负荷,其磁场所具有的能量是由电源供给的。当变压器、电动机等设备激磁电流的绝对值增加时,从电源吸收能量,激磁电流减小时将能量释放回电源。衡量与电源能量交换速率的物理量为无功功率。感性负荷的无功功率称感性无功功率。电容器是另一种负荷,称容性负荷。当加以电压时其电场具有电场能量。电压绝对值增加时,从电源吸收能量,电压绝对值减小时释放能量回电源。衡量其与电源能量交换速率的物理量称为容性无功功率。

接于同一正弦交流电压的电感和电容,它们的电流是反相的,吸收、释放能量过程互相抵消,故它们的无功功率互相抵消。通常电力系统定义感性负荷自电网吸收无功功率,容性负荷向电网发出无功功率。总无功功率为两者之差。

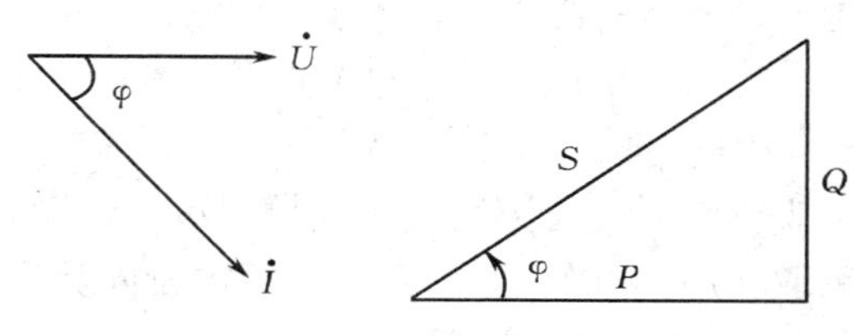

图 9-1 感性负荷的功率三角形

功率因数是指在交流电路中电压和电流之间相位差角(功率因数角)的余弦,在数值上,是有功功率与视在功率之比,即$\cos\varphi = P/S$。

功率因数的大小与用户负荷性质有关。在一定有功功率条件下,用户所需感性无功功率愈大,$\cos\varphi$ 值愈小。

2. 功率因数对供电系统的影响

在工厂中,当有功功率恒定,无功功率增大时,将引起以下影响。

(1) 增加供电系统的设备容量和投资。由功率三角形图 9-1 可以看出,在 P 为常数时,用户所需 Q 愈大,S 也愈大。为满足用户用电需要,供电线路导线截面和变压器容量也愈大,因而增加供电系统的设备投资。

(2) 增加系统损耗。无功功率需求大时,将增大线路和变压器的功率和电能损耗,使年运行费用增加。线路和变压器的功率损耗与通过的电流平方成正比。如果 $\cos\varphi$ 小,在 P 一定时则 I 大,功率损耗和电能损耗也随之增大,即

$$\Delta P = 3I^2 R = 3\left(\frac{P}{\sqrt{3}U\cos\varphi}\right)^2 R$$

$$\Delta W = \Delta P\, t$$

所以,功率因数降低使 ΔW 增大,直接影响工厂的经济效益。

(3) 电压损失增大。无功功率增加时,使线路和变压器电压损失增大,电压质量下降。电压损失的计算式为

$$\Delta U = \frac{PR + QX}{U}$$

在电网中,配电线路的电抗约是电阻的 2~4 倍,变压器的电抗为电阻的 5~10 倍,所以无功功率的增大,必然使电网电压损失随之增加,供电电压质量下降。

由以上分析可以看出,无功功率的增大使 $\cos\varphi$ 降低,无论对供电系统和工厂内部都是不利的。因此,改善功率因数,是电业部门和工厂企业都应重视的问题。

3. 工厂企业常用的功率因数计算方法

用电负荷的功率因数一般是随着负荷性质的变化及电压的波动而变动的。在讨论改善功

率因数的措施之前，首先对工厂常用的功率因数的定义及计算方法简介如下。

1）瞬时功率因数

瞬时功率因数是用户某一时刻的实际功率因数值。其值可由功率因数表（又叫相位表）随时直接读出，或者根据电流表、电压表和有功功率表在同一瞬时的读数按下式计算

$$\cos\varphi = \frac{P}{\sqrt{3}UI} \tag{9-1}$$

式中 P——有功功率表读数（kW）；

U——电压表读数（kV）；

I——电流表读数（A）。

观察瞬时功率因数的变化情况可以帮助分析及判断工厂或车间无功功率的变化规律，以便采取相应的补偿措施，并为今后进行同类设计提供参考资料。

2）月平均功率因数

这是指某一月内功率因数的平均值。它实际是加权平均值，又称月加权平均功率因数。其值可由有功电度表及无功电度表的月积累数字计算求得，即

$$\cos\varphi = \frac{W_P}{\sqrt{W_P^2 + W_Q^2}} = \frac{1}{\sqrt{1 + \left(\frac{W_Q}{W_P}\right)^2}} \tag{9-2}$$

式中 W_P——有功电度表月积累数（kW·h）；

W_Q——无功电度表月积累数（kvar·h）。

月平均功率因数是电业部门作为调整收费标准的依据。当计算的功率因数高于或低于规定标准时，在按照规定的电价计算出用户的当月电费后，再按照功率因数调整规定计算减收或增收的调整电费。如有的地区电力系统，功率因数以 0.9 为界，对 $\cos\varphi$ 低于 0.9 的部门实行罚款。具体数额参见各电力局收取电费规定。

3）自然功率因数

这是指用电设备在没有安装专门的人工补偿装置（移相电容器、调相机等）情况下的功率因数。自然功率因数分瞬时值和月平均值两种。

4）总功率因数

工厂装人工补偿装置后的功率因数称为总功率因数。它也分为瞬时值和月平均值两种。

二、功率因数与节能

工厂总功率因数的高、低对企业节能至关重要。

工厂功率因数低的主要原因有：企业因生产过程需要大量使用感应电动机和感性用电设备；感性用电设备配套不匹配或使用不合理，造成长期轻载或空载运行；变压器容量选择过大，使之常年低负载率运行；没有配备电容器等无功补偿设备。因此，必须设法提高工厂的总功率因数，以有利于节能并给企业可带来明显经济效益。诸如：

（1）合理选择供、用电设备，提高设备的利用率，可减少供、用电设备的投资，充分挖掘原有设备潜力。

（2）功率因数的提高，可减少送、变和配电设备中的电流，因而大大降低电能损耗。减少企业各项电费开支。

例如:某企业低压有功负荷为400 kW。当功率因数为0.6时,视在功率为666 kVA,应选用800 kVA/10 kV变压器为之供电。若将功率因数提高到0.9,视在功率为444 kVA,此时选用500 kVA/10 kV变压器供电完全可以满足要求,仅此项即可使企业节省300 kVA变压器的投资。同时,随之而来的为企业节约的年运行费更是可观的。年节约各项开支列举如下:

① 年节省贴费为300 kVA×900元/kVA=27万元;

② 节省基本电费每年12月×300 kVA×10元/月·kVA=3.6万元;

③ 电费由功率因数低罚款23%变为不罚;

④ 减少流经变压器的电流33%,以666 kVA负荷时损耗为100%计算,则视在功率为444 kVA时,可减少变压器损耗约55%;

⑤ 降低了送、变、配电过程中的电压损失。

从上可知,提高功率因数为企业带来的经济效益等是明显的。因此电力部规定各企业功率因数不能低于0.9,并制定了相应的奖、罚标准。这对电网的经济运行和保证供电质量都是非常必要的。

三、提高功率因数的方法

改善功率因数的途径主要在于减少各用电设备的无功功率,主要方法是调整自然和人工功率因数。

1. 提高自然功率因数

合理选择和使用电气设备,减少用电设备本身所吸收的无功功率,即提高自然功率因数,是改善功率因数的基本措施。因为,电动机、变压器等感性负荷是吸收无功功率最多的用电设备,选用的容量愈大,吸收无功功率愈大。如果这些设备经常处于空载或轻载运行,即所谓"大马拉小车",功率因数和设备效率都会降低,这是不经济的。所以应使变压器和电动机的实际负荷在额定容量的75%左右。对于长期运行的大型设备采用同步电动机传动为宜。

2. 采取人工补偿方法提高功率因数

装设静电电容器、调相机等设备,供给用电设备所需的无功功率,以提高全厂总功率因数的方法,称为功率因数的人工补偿。采用加装静电电容器的人工补偿方式,对提高功率因数最为经济、有效。大型企业亦可加装同步调相机。

9-3 功率因数的人工补偿

由于送、配电线路及变压器传输无功功率也将造成电能损耗和电压损耗,使设备使用效率相应降低。为此,除了设法提高用电设备的自然功率因数、减少无功功率消耗外,还应在用户处对无功功率进行人工补偿。电容器就是一种常用的无功补偿装置。在工厂变电所中,主要是用电容器并联补偿来提高功率因数。

一、电容器并联补偿的工作原理

在交流电路中:

纯电阻负载，由流 $\dot{I}_R$ 与电压 $\dot{U}$ 同相位；

纯电感负载，电流 $\dot{I}_L$ 滞后电压 $\dot{U}$ 90°；

纯电容负载，电流 $\dot{I}_C$ 超前电压 $\dot{U}$ 90°。

由图 9-2 可以看出，电容中的电流与电感中的电流相位相差 180°，它们可以互相抵消。

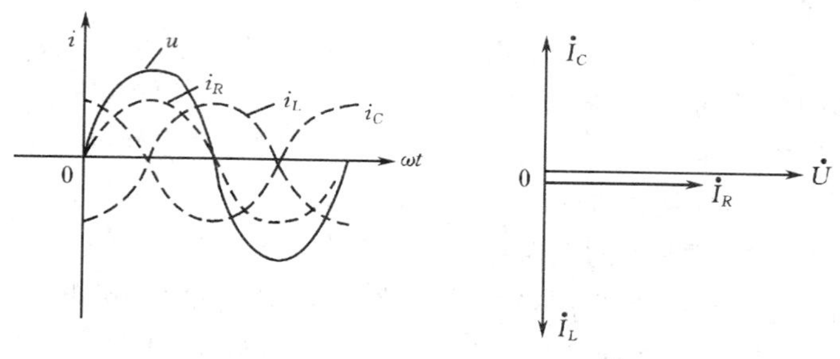

图 9-2　交流电路中电流和电压关系图
(a)波形图；(b)相量图

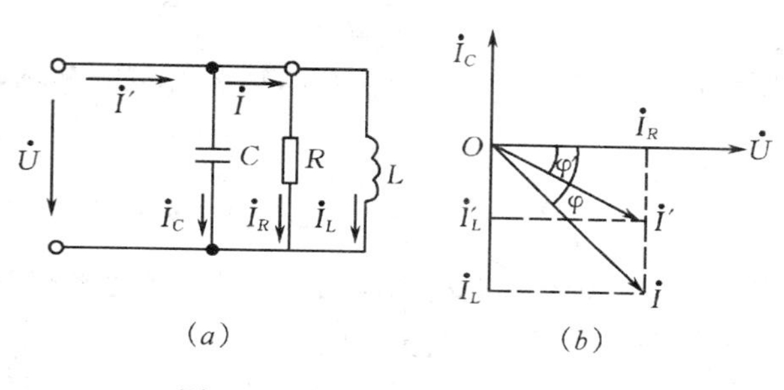

图 9-3　并联电容器的补偿原理
(a)接线原理图；(b)相量图

在工厂企业中，大部分是电感性和电阻性的负载。因此总的电流 $\dot{I}$ 将滞后电压一个角度 φ。如果装设电容器，并与负载并联，则电容器的电流 $\dot{I}_C$ 将抵消一部分电感电流 $\dot{I}_L$，从而使电感电流由 $\dot{I}_L$ 减小到 $\dot{I}'_L$，总的电流由 $\dot{I}$ 减小到 $\dot{I}'$，功率因数则由 $\cos\varphi$ 提高到 $\cos\varphi'$，如图 9-3 所示。

从相量图可以看出，由于增装并联电容器，使功率因数角 φ 发生了变化，也即总电流 $\dot{I}$ 的相位差发生了位移，所以该并联电容器又称移相电容器。如果电容器容量选择得当，可把 φ 减小到 0，即 $\cos\varphi$ 提高到 1。这就是并联补偿的工作原理。并联补偿的主要目的是提高功率因数 $\cos\varphi$。

顺便指出，在电力系统中也常采用串联补偿。其作用与并联补偿不同。串联补偿主要用于送电线路。将电容器与线路串联，可以改变线路参数，从而减小线路的电压损失，提高末端电压水平和线路输送能力，并减少网络功率损耗和电能损耗。但在工厂企业内部采用较少。

二、电容器无功容量的选择

1. 电容器无功容量与电容值的关系

电容器的基本特征是能储存电荷。

电容值 C 是电容器的一个参数。它的物理意义是表示储存电荷能力的大小。通常，把在单位电压作用下电容器极板上储存的电荷量称为该电容器的电容值 C，即

$$C = \frac{q}{U} \tag{9-3}$$

式中　q——电容器所储存的电荷量(C)；

U——电容器两端施加的电压(V)；

C——电容器电容值(F)。(因 F 太大，所以通常用 μF 或 pF 计量。)

当电容器两端施以正弦交流电压 U 时，它发出的无功功率(也称无功容量或电容器的容量)

$$Q_C=\frac{U^2}{X_C}=2\pi fCU^2\times10^{-3}=0.314CU^2 \tag{9-4}$$

$$X_C=\frac{1}{\omega C}=\frac{1}{2\pi fC}$$

式中　f——电源频率(Hz)；

U——电压(kV)；

C——电容值(μF)；

Q_C——无功功率(kvar)。

电容器电流计算如下：

对于单相电容器

$$I_C=\frac{Q_C}{U_\phi}=0.314CU_\phi$$

式中　Q_C——单相无功功率(kvar)；

C——电容值(μF)；

U_ϕ——相电压(kV)。

对于三相电容器

$$I_C=\frac{Q_C}{\sqrt{3}U}=\frac{0.314CU}{\sqrt{3}}$$

式中　Q_C——三相无功功率(kvar)；

U——线电压(kV)。

Y 型接线：　$I_l=I_\phi=\dfrac{Q_C}{\sqrt{3}U}$

△型接线：　$I_l=\sqrt{3}I_\phi=\dfrac{Q_c}{\sqrt{3}U}$

例 9-1　某台电容器的额定电压为 0.4 kV，电容值为 239 μF，频率为 50 Hz，问该电容器的实际容量是多少？

解：$Q_C=0.314CU^2$

$=0.314\times239\times(0.4)^2=12$ kvar

例 9-2：有 30 台 YY10.5-12-1 型电容器，组成三角形接线，接于 10.5 kV 母线上，求 Q_C、I_C。

解：电容每相用 10 台并联，三相无功功率为

$$Q_C=30\times12=360\text{ kvar}$$

$$I_C=\frac{Q_C}{\sqrt{3}U}=\frac{360}{\sqrt{3}\times10.5}=19.8\text{ A}$$

2. 补偿容量选择

用电容器改善功率因数,可以获得经济效益。但是,电容性负荷过大,会引起电压升高,带来不良影响。所以,在用电容器进行无功功率补偿时,应适当选择电容器的安装容量。通常电容器的补偿容量可按下式确定

$$Q_C = P_{pj}(\tan\varphi_1 - \tan\varphi_2) \tag{9-5}$$

式中 Q_C——所需装设的电容器容量,即补偿容量(kvar);

$\tan\varphi_1$——补偿前平均功率因数角的正切;

$\tan\varphi_2$——补偿后平均功率因数角的正切;

P_{pj}——一年中最大负荷月份的平均有功负荷(kW)。

当计算电容器的无功容量时,应考虑实际运行电压可能与额定电压不同,电容器能补偿的实际容量也不同于额定容量。电容器技术数据中的额定容量指额定电压下的无功容量。当电容器实际运行电压为 U 时,电容器实际容量应按下式换算

$$Q_C = Q_{Cn}\left(\frac{U}{U_n}\right)^2 \tag{9-6}$$

式中 Q_C——实际运行电压 U 时的容量(kvar);

Q_{Cn}——电容器的额定容量(kvar)。

常把 $\tan\varphi_1 - \tan\varphi_2 = q_C$,称为补偿率。在计算时,可查表 9-1。

例 9-3 某用户为两班制生产,最大负荷月的有功用电量为 75 000 kW·h,无功用电量为 68 170 kvar·h,问该户的月平均功率因数是多少?欲将功率因数提高到 0.9,问需装电容器组的总容量应当是多少?

解:

(1) 根据月无功和有功电度,可按(9-2)式求出功率因数

$$\cos\varphi_1 = \frac{W_P}{\sqrt{W_P^2 + W_Q^2}} = \frac{75\ 000}{\sqrt{75\ 000^2 + 68\ 170^2}} = 0.74$$

(2) 补偿后的功率因数要求 $\cos\varphi_2 = 0.9$,查表 9-1 得补偿率 $q_C = 0.42$。

(3) 用户为两班制生产,即每日生产 16 小时。有功功率

$$P_{pj} = \frac{\text{月有功电度 } W_P}{(16\text{ 小时/日}) \times 30\text{ 日}} = \frac{75\ 000}{16 \times 30} = 156.25\ \text{kW}$$

所以用户总的无功补偿容量应为

$$Q_C = P_{pj} q_C = 156.25 \times 0.42 = 65.63\ \text{kvar}$$

表 9-1　补偿率 q_C(kvar/kW)

$\cos\varphi_1$ \ $\cos\varphi_2$	0.8	0.82	0.84	0.85	0.86	0.88	0.90	0.92	0.94	0.96	0.98	1.00
0.40	1.54	1.60	1.65	1.67	1.70	1.75	1.87	1.87	1.93	2.00	2.09	2.29
0.42	1.41	1.47	1.52	1.54	1.57	1.62	1.68	1.74	1.80	1.87	1.96	2.16
0.44	1.29	1.34	1.39	1.41	1.44	1.50	1.55	1.61	1.68	1.75	1.84	2.04
0.46	1.18	1.23	1.28	1.31	1.34	1.39	1.44	1.50	1.57	1.64	1.73	1.93
0.48	1.08	1.12	1.18	1.21	1.23	1.29	1.34	1.40	1.46	1.54	1.62	1.83
0.50	0.98	1.04	1.09	1.11	1.14	1.19	1.25	1.31	1.37	1.44	1.52	1.73
0.52	0.89	0.94	1.00	1.02	1.05	1.02	1.16	1.21	1.28	1.35	1.44	1.64
0.54	0.81	0.86	0.91	0.94	0.97	0.94	1.07	1.13	1.20	1.27	1.36	1.56
0.56	0.73	0.78	0.83	0.86	0.89	0.87	0.99	1.05	1.12	1.19	1.28	1.48
0.58	0.66	0.71	0.76	0.79	0.81	0.79	0.92	0.97	1.04	1.12	1.20	1.41
0.60	0.58	0.64	0.69	0.71	0.74	0.78	0.85	0.90	0.97	1.04	1.13	1.33
0.62	0.52	0.57	0.62	0.65	0.67	0.66	0.76	0.84	0.90	0.98	1.06	1.27
0.64	0.45	0.50	0.56	0.58	0.64	0.68	0.72	0.78	0.84	0.91	1.00	1.20
0.66	0.39	0.44	0.49	0.52	0.55	0.60	0.65	0.71	0.78	0.85	0.94	1.14
0.68	0.33	0.38	0.43	0.46	0.48	0.54	0.50	0.65	0.71	0.79	0.88	1.08
0.70	0.27	0.32	0.38	0.40	0.43	0.48	0.54	0.59	0.66	0.73	0.82	1.02
0.72	0.21	0.27	0.32	0.34	0.37	0.42	0.48	0.54	0.60	0.67	0.76	0.96
0.74	0.16	0.21	0.26	0.29	0.31	0.37	0.42	0.48	0.54	0.62	0.71	0.91
0.76	0.10	0.16	0.21	0.23	0.26	0.31	0.37	0.43	0.49	0.56	0.65	0.85
0.78	0.05	0.11	0.16	0.18	0.21	0.26	0.32	0.38	0.44	0.51	0.60	0.80
0.80	—	0.05	0.10	0.13	0.16	0.21	0.27	0.32	0.39	0.46	0.55	0.73
0.82	—	—	0.05	0.08	0.10	0.16	0.21	0.27	0.34	0.41	0.49	0.70
0.84	—	—	—	0.03	0.05	0.11	0.16	0.22	0.28	0.35	0.44	0.65
0.85	—	—	—	—	0.03	0.08	0.14	0.19	0.26	0.33	0.42	0.62
0.86	—	—	—	—	—	0.05	0.11	0.14	0.23	0.30	0.39	0.59
0.88	—	—	—	—	—	—	0.06	0.11	0.18	0.25	0.34	0.54
0.90	—	—	—	—	—	—	—	0.06	0.12	0.19	0.28	0.49

3. 对电动机进行个别补偿的电容器容量计算

对电动机进行个别补偿时，补偿电容器容量的计算应按电动机空载时使补偿后的功率因数接近 1 为宜，不能按电动机带负荷情况下计算补偿容量。因为，若带负荷时补偿至 $\cos\varphi=1$，则空载时将会出现过补偿，此时电动机切断电源后，电容器放电供给电动机励磁，能使旋转着的电动机成为感应发电机，使电压超过额定电压数倍，对电动机和电容器的绝缘不利。所以，对于个别补偿的电动机，补偿容量应用下式确定

$$Q_C=\sqrt{3}\,UI_0 \tag{9-6}$$

式中　Q_C——电动机所需补偿容量(kvar)；

U——电动机的电压(kV)；

I_0——电动机空载电流(A)。

三、电容器的补偿方式(补偿地点)

电容器输出的无功容量分别与电容器的端电压平方和频率成正比。如果电网电压高于电容器额定电压，电容器将过负荷运行；反之，电容器的输出容量将降低。所以，选择电容器时，

应使它的额定电压尽可能接近电网的额定电压。

当单相电容器的额定电压与电网额定电压相同时，三相电容器组应采用三角形接线。因为若采用星形接线，每相电压为线电压的 $1/\sqrt{3}$，又因 $Q_C \propto U^2$，所以电容器输出容量将减小为 $Q_{Cn}/3$，显然是不合适的。

当单相电容器的额定电压低于电网额定电压时，应采用星形接线，或几个电容器串联后，使每相电容器组的额定电压高于或等于电网额定电压，再接成三角形接线。

在短路容量较小的工厂企业的变电所，多采用三角形接线。

为了提高用户补偿装置的经济效益，减少无功功率的传送，应尽量就地补偿。在工厂供配电系统中，通常补偿方式有高压集中补偿、低压成组补偿和低压个别补偿三种，如图 9-4。

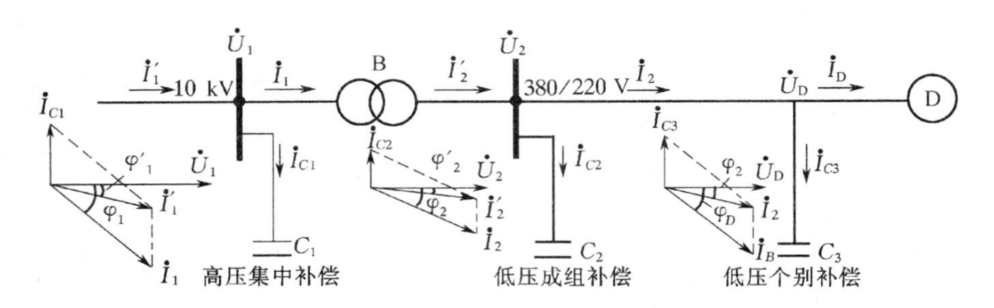

图 9-4　移相电容器在供电系统中的装设位置和补偿效果

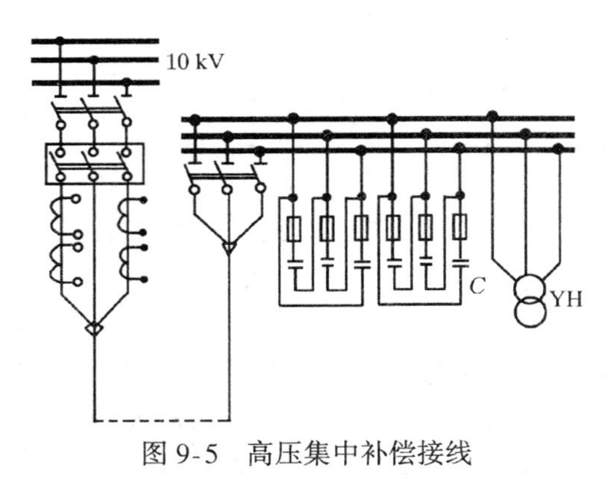

图 9-5　高压集中补偿接线

1. 高压集中补偿

将电容器组接在变(配)电所 6 kV～10 kV 高压母线上，接线如图 9-5 所示。电容器组的容量需按变(配)电所总的无功负荷选择。这种补偿方式的电容器组利用率较高，能够减少电网和用户变压器及供电线的无功功率，但不能减少工厂内部配电网络的无功负荷。

2. 低压成组补偿

将电容器组分别安装在各车间低压配电盘的母线上，接线如图 9-6 所示。这样受电变压器及变(配)电所至车间的线路都可以收到补偿效益，且运行维护方便，在中小型工厂中应用较普遍。

3. 低压个别补偿

低压个别补偿是将电容器直接安装在用电设备附近，一般和用电设备合用一套开关，与用电设备同时投入运行和断开，具体接线如图 9-7 所示。这种补偿的优点是补偿效果好，缺点是总投资大、电容器的利用率低。对于连续运行的用电设备且容量大时，所需补偿的无功负荷较大，一般采用个别补偿较为合适。

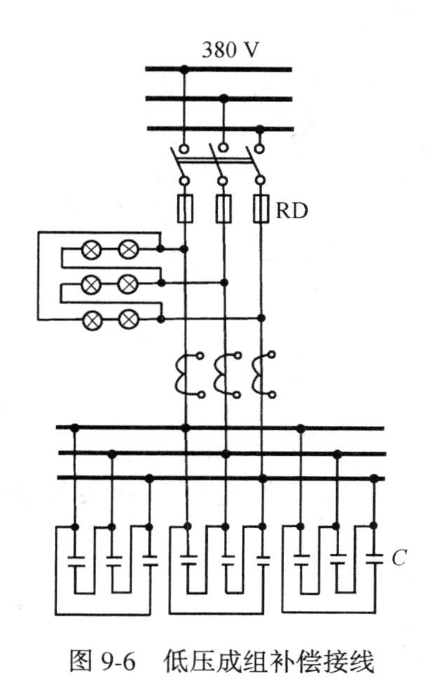

图 9-6　低压成组补偿接线

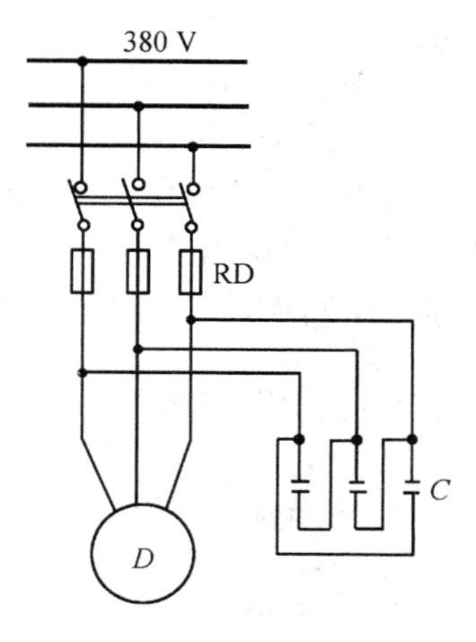

图 9-7　个别补偿接线

9-4　变压器的经济运行

一、有关经济运行的基本概念

1. 经济运行

电力网的经济运行是指使整个系统中的有功功率损耗最小并能获得最佳经济效益的运行方式。

工厂变电所中变压器的经济运行,是使变压器总的有功损耗最小的运行方式。

2. 无功功率经济当量

电力系统中的有功功率损耗不仅与设备的有功功率有关,而且与设备的无功功率有关。因为无功功率消耗量的增大,必然导致电流增大,在流经变压器和线路时将产生较大的功率损耗,从而使电力系统总的有功损耗增加。

为了计算无功功率流经电力系统时引起的有功损耗的增加,引入了"无功功率经济当量"这一概念。无功经济当量也代表了由于装设人工无功补偿设备所得的经济效益。

它的物理意义是:每补偿(或增加)1 kvar 无功功率,在电力系统中引起有功功率所减少(或增加)的数值,即

$$K_Q = \frac{\Delta P_1 - \Delta P_2}{\Delta Q}(\text{kW/kvar}) \tag{9-7}$$

式中　K_Q——无功功率经济当量(kW/kvar);

ΔP_1——人工补偿前系统有功功率损耗(kW);

ΔP_2——人工补偿后的有功功率损耗(kW)；

ΔQ——人工补偿的无功功率(即装设人工补偿设备后减少的无功功率)(kvar)。

无功经济当量的大小与电力系统的容量、结构及计算点的具体位置等因素有关。距离电源愈远的工厂变电所，无功经济当量值愈大，亦即装设无功补偿设备后所得经济效益愈高。通常，工厂变电所 K_Q 取为 0.02～0.1(其中经两级变压的可取 0.05～0.07；经三级变压的可取 0.08～0.1；而由发电机母线直接送至工厂变电所的，K_Q 取 0.02～0.04)。

二、变压器效率与经济负荷系数

1. 变压器效率

变压器输出功率与输入功率之比，称为变压器的效率。如不计无功影响时，变压器效率可以用百分数表示如下

$$\eta_b\% = \frac{P_2}{P_1}100\% \tag{9-8}$$

式中 P_2——变压器二次侧输出功率(kW)；

P_1——变压器一次侧输入功率(kW)；

η_b——变压器效率。

变压器的输入功率与输出功率之差是变压器的功率损耗，也就是铁损与铜损之和，即

$$P_1 = P_2 + \Delta P_0 + \Delta P_{dn} K_f^2 \tag{9-9}$$

$$K_f = \frac{S}{S_{bn}} \tag{9-10}$$

式中 ΔP_0——变压器的空载损耗，近似等于铁损(kW)，近似为常数；

ΔP_{dn}——变压器额定负荷时的铜损(kW)；

K_f——变压器负荷系数；

S_{bn}——变压器额定容量(kVA)；

S——变压器实际负荷(kVA)。

输出功率 P_2 又可表示为

$$P_2 = K_f S_{bn} \cos\varphi_2 \tag{9-11}$$

所以，式(9-8)可以写成

$$\begin{aligned}\eta_b\% &= \frac{P_2}{P_2 + \Delta P_0 + K_f^2 \Delta P_{dn}}100\% \\ &= \frac{K_f S_{bn}\cos\varphi_2}{K_f S_{bn}\cos\varphi_2 + \Delta P_0 + K_f^2 \Delta P_{dn}}100\%\end{aligned} \tag{9-12}$$

2. 变压器效率最高时的负荷系数

由以上分析可以看出，变压器的效率与负荷有关。由式(9-12)可知，在负荷功率因数 $\cos\varphi_2$ 给定时，η_b 仅是 K_f 的函数。当 $\frac{d\eta_b}{dK_f}=0$ 时，η_b 为最大。计算结果是

$$P_0 = K_{fj}\Delta P_{dn} \tag{9-13}$$

即变压器在铁损与铜损相等时，效率达到最大值。此时的负荷系数称为经济负荷系数，并用 K_{fj} 表示。

一般配电变压器负荷系数 K_{fj} 约为 0.4～0.7 时，变压器的效率最高。

三、变压器的经济运行

从经济运行的观点来看，并联运行的变压器必须考虑有功和无功功率损耗。因为电网供给无功功率时，也会在电网和变压器中引起有功功率的损耗。将该损耗计入变压器有功损耗，其和称变压器有功损耗折算值。当有 n 台同容量变压器并联运行时，计算如下：

$$\Delta P_n = n(\Delta P_0 + K_Q\Delta Q_0) + \frac{1}{n}(\Delta P_{dn} + K_Q\Delta Q_{dn})\left(\frac{S}{S_{bn}}\right)^2 \tag{9-14}$$

式中 S——n 台变压器并联运行的总负荷(kVA)；

S_{bn}——一台变压器的额定容量(kVA)；

ΔP_n——n 台并联运行变压器的总损耗折算值(kW)；

ΔP_0——每台变压器空载有功损耗(kW)；

ΔQ_0——每台变压器空载无功损耗(kvar)；

ΔP_{dn}——每台变压器短路有功损耗(kW)；

ΔQ_{dn}——每台变压器短路无功损耗(kvar)；

K_Q——无功功率经济当量(kW/kvar)。

按式(9-14)可以绘出变压器有功损耗折算值与总负荷 S 的关系曲线，如图 9-8 所示。

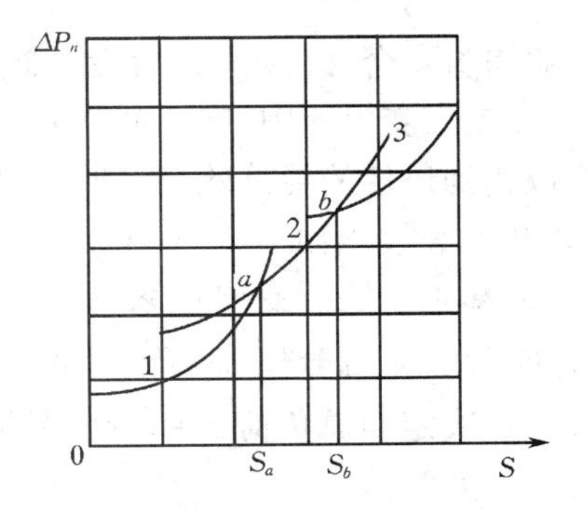

图 9-8 变压器 ΔP_n 与 S 关系曲线

1—单台变压器并联运行； 2—两台变压器并联运行； 3—三台变压器并联运行

由图可以看出，当总负荷 $S = S_a$ 时(曲线 1 和曲线 2 的交点 a)，不管接入一台还是两台变压器，变压器所产生的功率损耗是一样的。a 点为临界点。当 $S < S_a$ 时，一台变压器运行功率损耗小，最经济；而 $S_a < S < S_b$ 时，则两台变压器并联运行经济。b 点为两台和三台变压器并联运行的临界点。$S > S_b$ 时三台变压器并联运行经济。因而由曲线可以确定变电所中变压器最经济的并联运行台数。

同样，也可通过计算求得不同负荷情况下变压器的最经济运行台数。和式(9-14)一样，列出$(n-1)$台和$(n+1)$台变压器并联运行时的变压器总损耗 ΔP_{n-1} 和 ΔP_{n+1}

$$\Delta P_{n-1} = (n-1)(\Delta P_0 + K_Q\Delta Q_0) + \frac{1}{n-1}(\Delta P_{dn} + K_Q\Delta Q_{dn})\left(\frac{S}{S_{bn}}\right)^2 \tag{9-15}$$

$$\Delta P_{n+1} = (n+1)(\Delta P_0 + K_Q\Delta Q_0) + \frac{1}{n+1}(\Delta P_{dn} + K_Q\Delta Q_{dn})\left(\frac{S}{S_{bn}}\right)^2 \tag{9-16}$$

$(n-1)$台和 n 台变压器运行的临界负荷点是 $\Delta P_{n-1} = \Delta P_n$ 时对应的总负荷，而 n 台和$(n+1)$台的临界负荷点是 $\Delta P_n = \Delta P_{n+1}$ 时所对应的负荷。所以由式(9-14)、式(9-15)、式(9-16)可得到以下确定变压器最经济运行台数的关系式。

1. 当总负荷满足条件

$$S_{bn}\sqrt{n(n+1)\frac{\Delta P_0+K_Q\Delta Q_0}{\Delta P_{dn}+K_Q\Delta Q_{dn}}}>S>S_{bn}\sqrt{n(n-1)\frac{\Delta P_0+K_Q\Delta Q_0}{\Delta P_{dn}+K_Q\Delta Q_{dn}}} \tag{9-17}$$

时，n 台变压器运行经济。

2. 当总负荷增加，并满足

$$S>S_{bn}\sqrt{n(n+1)\frac{\Delta P_0+K_Q\Delta Q_0}{\Delta P_{dn}+K_Q\Delta Q_{dn}}} \tag{9-18}$$

时，应增加一台，以$(n+1)$台变压器运行经济。

3. 当总负荷减少，并满足

$$S<S_{bn}\sqrt{n(n-1)\frac{\Delta P_0+K_Q\Delta Q_0}{\Delta P_{dn}+K_Q\Delta Q_{dn}}} \tag{9-19}$$

时，应切除一台，以$(n-1)$台变压器运行经济。

在工厂变电所中，应根据季节性负荷变化情况，合理地控制变压器运行台数，减少电能损耗，以达到最佳的经济效益。但对于昼夜变化的负荷，多不采用上述方法，因为这将增加断路器的开断次数，增加检修工作量。

例 9-4 某厂变电所装有两台 S9-250/10 型变压器。已知变压器参数为：$\Delta P_0=0.56$ kW，空载电流百分值 $I_0(\%)=2.6$，$\Delta P_{dn}=3.05$ kW，短路电压百分值 $U_d(\%)=4.0$，K_Q 取 0.1。试决定当总负荷 $S=160$ kVA 时，应采用几台变压器运行经济？

解：该厂有两台变压器，即 $n=2$，所以

$$\Delta Q_0\approx I_0\%\frac{S_n}{100}=2.6\frac{250}{100}=6.5\ \text{kvar}$$

$$\Delta Q_{dn}\approx u_d\%\frac{S_n}{100}=4.0\frac{250}{100}=10\ \text{kvar}$$

由式(9-19)可得

$$250\times\sqrt{2(2-1)\frac{0.56+0.1\times6.5}{3.05+0.1\times10}}=193.3\ \text{kVA}>160\ \text{kVA}$$

所以，当 $S=160$ kVA 时，以一台变压器运行较为经济。

9-5 电动机的合理使用

提高电动机运行效率的最基本的方法是合理选择和使用电动机、确定最经济的运行方式和降低电动机的能量损耗。

在工业用电动机中，异步电动机是最多的一种。所以本节着重分析异步电动机的运行效率。

一、异步电动机的效率及经济运行负荷系数

1. 电动机的效率

异步电动机的功率因数和效率是电动机运行中的两个主要经济指标，且二者是密切相关的，改善电动机效率的同时也改善了功率因数。因此，在某些条件下，把效率 η_d 和功率因数 $\cos\varphi$ 的乘积，称为"有效效率"（$\eta_d\cos\varphi$）。

异步电动机的效率，可用下式表示

$$\eta_d=\frac{P_2}{P_1}=\frac{P_1-\Delta P_d}{P_1}=1-\frac{\Delta P_d}{P_1}$$

式中　P_1——电动机输入功率(kW)；

P_2——电动机的输出负荷功率(kW)；

ΔP_d——电动机的总有功损耗(kW)，损耗分布情况见表 9-2。

表 9-2　异步电动机损耗分布情况

损耗分类	占总损耗的比例(%)	损耗分布与电动机类型的关系
定子铜损耗	25～40	①高速电机比低速电机要大；绝缘耐热等级越高，电流密度越大，铜损也大
铁 损 耗	20～35	②高速电机比低速电机铁损要小
转子铜损耗	15～20	③小型电机较大
机 械 损 耗	5～20	④小型电机、高速电机较大；防护式小；封闭式大
杂 散 损 耗	5～20	⑤高速电机比低速电机大；铸铝转子较大；小型电机较大

电动机所需无功功率通过电网时引起有功功率损耗。通常利用无功经济当量把这部分功率损耗也计入电动机有功功率损耗中，其和称为电动机有功功率损耗折算值，并表示如下

$$\begin{aligned}\Delta P&=\Delta P_d+K_QP_Q\\&=\Delta P_{0d}+K_{fd}^2\Delta P_{nd}+K_Q[(1-K_{fd}^2)+K_{fd}^2P_{qnd}]\end{aligned}\qquad(9\text{-}20)$$

$$\Delta P_{0d}=P_{nd}\left(\frac{1-\eta}{\eta}\right)\left(\frac{r}{1+r}\right)$$

$$\Delta P_{nd}=P_{nd}\left(\frac{1-\eta}{\eta}\right)\left(\frac{1}{1+r}\right)$$

$$P_{Q0d}=\frac{P_{nd}}{\eta}m$$

$$P_{Qnd}=\frac{P_{nd}}{\eta_n}\tan\varphi$$

$$m=\frac{I_{0d}}{I_n}\cdot\frac{1}{\cos\varphi_n}$$

式中　ΔP——电动机有功功率损耗折算值(kW)；

ΔP_d——电动机总的有功损耗(kW)；

ΔP_{0d}——电动机空载有功损耗(kW)；

K_{fd}——电动机的负荷系数，$K_{fd}=\dfrac{P}{P_{nd}}$；

ΔP_{nd}——额定负荷时，电动机有功损耗(kW)；

P_{nd}——电动机额定容量(kW)；

P——电动机实际负荷(kW)；

P_Q——电动机所需无功功率(kVar)；

P_{Q0d}——电动机空载时所需无功功率(kVar)；

P_{Qnd}——额定负荷时，电动机所需无功功率(kVar)；

η_n——电动机额定工作状况下的效率；

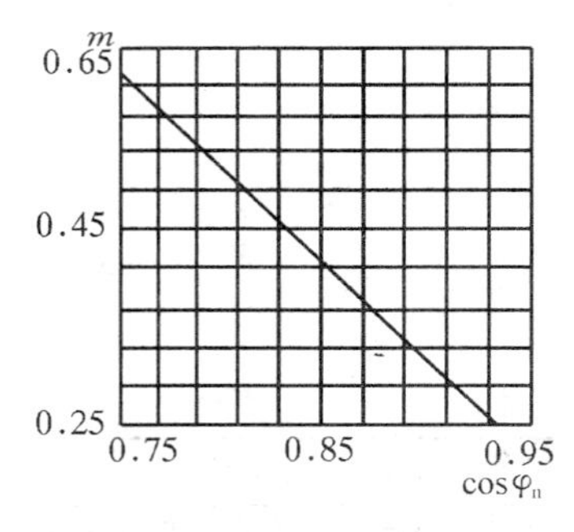

图 9-9 电动机 m—$\cos\varphi_n$ 曲线

m 可由图 9-9 曲线查出。

$$r=\frac{\Delta P_{0d}}{\Delta P_{nd}}=\frac{P_{0d*}}{\frac{1}{\eta_n}-1-\Delta P_{0d*}} \tag{9-21}$$

ΔP_{0d*}——电动机空载有功损耗对其额定容量 P_{nd} 的标幺值；

I_{0d}——电动机空载电流(A)

I_n——电动机额定电流(A)；

$\cos\varphi_n$——电动机额定功率因数。

2. 电动机最经济运行负荷系数

电动机的最经济运行负荷系数(最佳负荷系数)可以根据单位负荷功率下有功功率损耗最小的条件计算。令 $\frac{d\left(\frac{\Delta P}{P}\right)}{dK_{fd}}=0$，可得

$$K_{fdj}=\sqrt{\frac{\Delta P_{0d}+K_Q P_{q0d}}{\Delta P_{nd}+K_Q(P_{Qnd}-P_{Qnd})}} \tag{9-22}$$

或

$$=\sqrt{\frac{\frac{1-\eta_n}{1+r}r+K_Q m}{\frac{1-\eta_n}{1+r}+K_Q(\tan\varphi_n-m)}} \tag{9-23}$$

式中 r——系数，$r=\frac{\Delta P_{0d}}{\Delta P_{nd}}$，$=\frac{\Delta P_{0d*}}{\frac{1}{\eta_n}-1-\Delta P_{0d*}}$。

r 也可取近似值，即对 J 型电动机，容量 10 kW 以下取为 0.35；10 kW 以上取为 0.4；对于 JO 型电动机，10 kW 以下取为 0.35；10 kW 以上取为 0.5。

例 9-5 有一台 28 kW 异步电动机，$\eta_n=0.895$，$\cos\varphi_n=0.88(\tan\varphi_n=0.54)$，$\Delta P_{0d*}=0.04$，查图 $m=0.35$。试求：

(1) $K_Q=0.06$ 时 K_{fjd} 值；

(2) $K_{fd}=0.6$ 时的 ΔP_d 和 ΔP；

(3) $K_{fd}=0.6$ 时电动机效率。

解：

$$r=\frac{\Delta P_{0d*}}{\frac{1}{\eta_n}-1-\Delta P_{0d*}}=\frac{0.04}{\frac{1}{0.895}-1-0.04}=0.517$$

（1）由式(9-28)可得

$$K_{fdj}=\sqrt{\frac{\frac{1-\eta_n}{1+r}r+K_Q m}{\frac{1-\eta_n}{1+r}+K_Q(\tan\varphi_n-m)}}$$

$$=\sqrt{\frac{\frac{1-0.895}{1+0.517}\times 0.517+0.06\times 0.35}{\frac{1-0.895}{1+0.517}+0.06(0.54-0.35)}}=0.84$$

所以该电动机在81％负荷时运行最经济，一般异步电动机，$K_{fdj}\approx 0.8\sim 0.88$。

（2）当负荷系数 $K_{fd}=0.6$ 时，有

$$\Delta P_{0d}=P_{nd}\left(\frac{1-\eta_n}{\eta_n}\right)\left(\frac{r}{1+r}\right)=28\left(\frac{1-0.895}{0.895}\right)\left(\frac{0.517}{1.517}\right)=1.12\ \text{kW}$$

$$\Delta P_{nd}=P_{nd}\left(\frac{1-\eta_n}{\eta_n}\right)\left(\frac{1}{1+r}\right)=2.17\ \text{kW}$$

$$P_{Q0d}=\frac{P_{nd}}{\eta_n}m=\frac{28}{0.895}\times 0.35=10.95\ \text{kVar}$$

$$P_{Qnd}=\frac{P_{nd}}{\eta_n}\tan\varphi_n=\frac{28}{0.895}\times 0.54=16.89\ \text{kVar}$$

故

$$\Delta P_d=\Delta P_{0d}+K_{fd}^2\Delta P_{nd}=1.12+(0.6)^2\times 2.17=1.90\ \text{kW}$$

$$\Delta P=\Delta P_d+K_Q[P_{Q0d}(1-K_{fd}^2)+K_{fd}^2P_{Qnd}]$$

$$=1.90+0.06[10.95(1-0.36)+(0.6)^2\times 16.89]=2.68\ \text{kW}$$

由计算可知，在不考虑无功功率影响时电动机的有功功率损耗为 $\Delta P_d=1.90$ kW，考虑无功功率影响的有功功率损耗折算值为 $\Delta P=2.68$ kW。

（3）当 $K_{fd}=0.6$ 时，电动机效率

$$\eta_d=\frac{K_{fd}P_{nd}}{K_{fd}P_{nd}+\Delta P_d}=\frac{0.6\times 28}{0.6\times 28+1.90}=0.898\quad（在不计无功影响时）$$

$$\eta'_d=\frac{K_{fd}P_{nd}}{K_{fd}P_{nd}+\Delta P}=\frac{0.6\times 28}{0.6\times 28+2.68}=0.861\quad（在计入无功影响时）$$

在实际运行中，无功功率经济当量 $K_Q>0$，所以电动机折算效率 η'_d 值均小于 η_d。

二、提高电动机效率的措施

1. 根据输出功率合理地选择电动机额定容量

选用电动机时，应首先选择电动机的类型、功率及各种技术参数，使它具备与被拖动的生产机械相适应的负载特性，能在各种情况下稳定地进行。生产机械的负载特性参见表9-3。

表 9-3　负载特性的分类

负 载 特 性		例	转矩—转速特性
恒转矩	转矩 M 恒定，输出功率 P_2 与转速 n 成正比	造纸机、压缩机、印刷机、卷扬机等摩擦负载和动力负载	
平方递减转矩	转矩与转速的平方成正比因此转矩随转速的减少而平方递减	流体负载，如风机、泵类	
恒功率	输出功率恒定，转矩和转速成反比	卷绕机	
递减功率	输出功率随转速的减少而减少，转矩随转速的减少而增加	各种机床的主轴电动机	
负转矩	负载反向旋转的恒转矩为负转矩	吊车，卷扬机的重物 W 下吊	
惯性体	电动机的转动惯量比负载的转动惯量小得多	离心分离机、高速鼓风机等	

注：图中纵坐标为转矩 M；横坐标为转速 n；虚线为输出功率 P_2；实线为转矩 M。

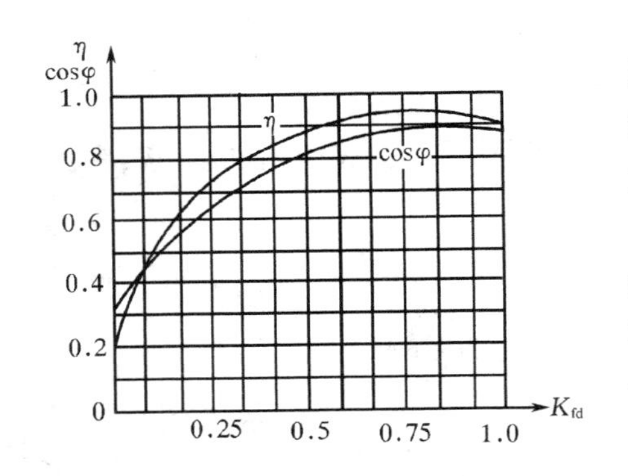

图 9-10　电动机 η、$\cos\varphi$ 与负载关系曲线

一般异步电动机的额定效率和功率因数按负荷系数在 75%～100% 的范围内设计。所以电动机额定输出功率应为选择负荷功率的 1.10～1.15 倍为宜。

如果电动机经常在低负荷下运行，即所谓“大马拉小车”，不仅设备容量浪费，而且电动机的效率和功率因数都随之变坏，电能损耗增加，经济效益降低。图 9-10 示出电动机效率、$\cos\varphi$ 和负荷系数 K_{fd} 的关系曲线。为此应该用小容量电动机代替负荷不足的大容量电动机。

电动机是否需要更换，可根据负荷系数 K_{fd} 的大小确定。如当 $K_{fd}>70\%$ 时，一般不更换；当 $K_{fd}<40\%$，不需技术经济比较就应更换；当 $40\%<K_{fd}<70\%$ 时，则需经过技术经济比较后再进行更换。若更换后，有功功率损耗减少，所得经济效率可在近期内补偿更换和安装新设备等项费用，并且技术可行时，则应进行更换。

例 9-6　一台 J71-6 型异步电动机，$P_{nd}=14$ kW，$\eta_n=0.87$，$\cos\varphi_n=0.85$($\tan\varphi_n=0.62$)，$\Delta P_{0d*}=5.8\%$，$K_Q=0.1$ kW/kvar，，现轴端负载经常为 5 kW，试问该电动机是否应更换？其

K_{fdj}是多少？

解：查图 9-3 当 $\cos\varphi_n=0.85$ 时，$m=0.42$，有

$$r=\frac{0.058}{\left(\frac{1}{0.87}-1-0.058\right)}=0.634$$

最经济负荷系数： $K_{fdj}=\sqrt{\dfrac{\dfrac{1-0.87}{1+0.634}\times0.634+0.1\times0.42}{\dfrac{1-0.87}{1+0.634}+0.1\times(0.62-0.42)}}\approx0.92$

但实际负荷系数： $K_{fd}=\dfrac{5}{14}\approx0.36$

所以应当更换小容量电动机。如更换一台 J61-6 型电动机，$P_{nd}=7\text{ kW}$，$K_{fd}=\dfrac{5}{7}=0.71$

2. 改变供电电压

对于轻负荷的电动机，适当降低电压，则电动机的转矩减少，输出功率降低。但由于电压降低，空载电流减少，铁损减少，因而电动机功率因数和效率基本维持不变。

对于中小型异步电动机(容量 $P_{nd}>3\text{ kW}$)，当负荷低到 50% 以下时，常采用改变电动机定子绕组接线(由△接线改为 Y 接线)的方法，使电动机降压运行。从而减少了电动机无功功率需用量，提高了功率因数，达到节约电能的目的。

其他降压运行方法还有用自耦变压器降压、用调压器调压、用电抗器或电容器降压和改变电动机绕组接线法等等。

3. 限制异步电动机空载运行时间

电动机空载运行时输出功率为零，但是此时铁损、机械损耗仍然存在，也即仍在消耗无功功率和有功功率。而在各种机械的生产过程中空载间断时间又是不可避免的。因此，对于工厂中空载运行持续时间较长的电动机，应及时停下，或对每台电动机规定开停及运行时间表，以减少空载运行造成的电能浪费。尤其对于开停频繁的工作机械，最好应用程序控制装置进行合理管理。

思考题

1. 节约电能的意义和途径是什么？

2. 何谓自然功率因数？功率因数对供电系统有何影响？通常规定工厂企业的功率因数为多大？

3. 并联补偿电容器为什么又叫移相电容器？其接线为什么多采用三角形接线，电容器的容量如何选择？

4. 常用电容器补偿方式有哪几种？各在什么场合使用？

5. 何谓电力网经济运行？何谓无功经济当量？

6. 变压器效率最高的条件是什么？变压器效率最高时的负荷系数如何计算？

7. 怎样计算并列运行变压器的经济运行点？

8. 电动机运行的最佳负荷系数如何确定?

9. 为什么要限制异步电动机的空载运行时间?

习题

9-1 已知某用户 10 kV 母线视在功率为 1 000 kVA,自然功率因数为 0.50,电业局要求功率因数为 0.9,试问该用户需增装无功补偿容量为多少? 电容器组的电容值应是多大?

9-2 某工厂降压变电所装有两台 SC8-1000/35 型变压器,但实际夏季运行负荷仅为 1 200 kVA,试问该变电所夏季采用一台还是两台变压器运行经济?(已知变压器 $\Delta P_0=2.4$ kW,$\Delta P_{nd}=14$ kW,$U_d\%=6$,$I_0\%=1.2$,$K_Q=0.1$)

9-3 有一台 JO_2-82-2 型 40 kW 封闭式三相交流异步电动机,效率为 90%,功率因数 0.91,$\Delta P_{0d*}=0.05$,$m=0.3$,试求 $K_Q=0.07$ 时的经济负荷系数。

第 10 章　工厂电气照明

要点　简单介绍照明技术中常用的基本术语和概念，论述电光源和灯具的工作原理与技术参数，以及电气照明设计的基本知识。

10-1　电气照明的基本概念

工厂企业照明分自然照明和人工照明两大类。

电气照明是人工照明中应用范围最广的一种照明方式。所以电气照明设计是工厂供配电系统设计的一个组成部分。照明设计是否合理，直接关系到生产的安全、产品质量和劳动生产率，同时也将对工作人员的视力有一定影响，所以应给予足够的重视。

1. 光源

由于物质分子热运动的结果，所有物体都发出电磁辐射，这种辐射是不同波长混合，称之为热辐射。当物体温度达到 300 ℃时，这些波中最强波的波长是5 000 nm，即红外线区。在温度为 800 ℃时，物体发射少量的可见辐射能而成为自发光，并呈“赤热”状态，但绝大部分发射能量仍属红外线。到了 3 000 ℃（为白炽灯丝的温度），辐射能包含足够的 400 nm 到 700 nm 间的“可见光”波长，此时物体近于“白热”状态，称之为光源。

可见电磁波（即能引起视觉的电磁波）的波长在 0.000 04 cm 到 0.000 07 cm 范围内。由于波长很短，因而使用小的长度单位来表示更方便。常用的小单位有微米（μm）和纳米（nm）。在过去的文献中，纳米（nanometer）有时叫做毫微米（millimicron）。在光学领域中多使用纳米（$1\ \mathrm{nm}=10^{-9}\ \mathrm{m}$）为单位。

可见光谱中的不同部分引起不同颜色的感受。人眼对可见光中波长为 555 nm 的黄绿色光最为敏感，偏离该波长愈远，可见度愈低，设计者应适当选择。

2. 光通量（Φ）

在单位时间内，光源向周围空间辐射出的使人眼产生光感的辐射能，称为光通量（或光通），并用符号 Φ 表示，单位为流明（lm）。

电光源每消耗 1 W 功率所发出的流明数，又称光效（lm/W）。

3. 光强（I）

光源向周围空间某一方向单位立体角内辐射的光通量，称为光源在该方向上的光强度。它表示光源发光的强弱，用公式表示为

$$I=\frac{\Phi}{\omega} \tag{10-1}$$

式中 I——光强，单位为坎德拉(cd)，亦称烛光；

Φ——光源在 ω 立体角内所辐射出的总光通量，单位为流明(lm)；

ω——光源发光范围的立体角，单位用球面度(sr)表示，即 $\omega=S/r^2$，r 为球的半径(m)，S 是与立体角 ω 相对应的球表面积(m^2)。

4．照度(E)

受照物体单位面积上接收的光通量称为照度。当光通量 Φ 均匀地照射到某平面 S 上时，该平面上的照度为

$$E=\frac{\Phi}{S} \tag{10-2}$$

式中 E——照度，单位为勒克司(lx)；

Φ——均匀投射到物体表面的光通量(lm)；

S——受照表面积(m^2)。

例 10-1 有一只 100 W 灯泡，发出总的光通量为 1 200 lm，均匀地分布在一半球上，试求距光源 1 m 和 5 m 处的光照度和光强度。

解：

(1) 半径为 1 m 的半球面积为

$$S_{(1)}=(2\pi)(1\ \mathrm{m})^2=6.28\ \mathrm{m}^2$$

距光源 1 m 处的光照度为

$$E_{(1)}=\frac{1\ 200}{6.28}\frac{\mathrm{lm}}{\mathrm{m}^2}=191\ \mathrm{lm\cdot m^{-2}}=191\ \mathrm{lx}$$

同理，半径为 5 m 的半球面积为

$$S_{(5)}=(2\pi)(5\mathrm{m})^2=157\ \mathrm{m}^2$$

距光源 5 m 处的光照度为

$$E_{(5)}=\frac{1\ 200}{157}=7.64\ \mathrm{lx}$$

比较 $E_{(1)}$ 和 $E_{(5)}$ 可以看出，点光源发出的光照度与距光源距离的平方成反比。

(2) 半径所张的立体角为

$$\omega=\frac{S}{r^2}=2\pi\ \mathrm{sr}$$

光强度为

$$I=\frac{\Phi}{\omega}=\frac{1\ 200}{2\pi}\frac{\mathrm{lm}}{\mathrm{sr}}=191\ \mathrm{lm\cdot sr^{-1}}=191\ \mathrm{cd}$$

这表示光强度与距离无关。

5．亮度(L)

人眼对明暗的感觉不是直接决定于受照物体(间接发光体)的照度，而是决定于物体在眼睛视网膜上形成的像的照度。所以，亮度的物理意义可理解为：发光体在视线方向单位投影面

上的发光强度，如图 10-1 所示。设发光体表面法线方向的光强为 I，而人眼视线与发光体表面法线成 α 角，因此视线方向的光强 $I_\alpha = I\cos\alpha$，而视线方向的投影面 $S_\alpha = S\cos\alpha$，由此得发光体在视线方向的亮度表达式为

$$L = \frac{I_\alpha}{S_\alpha} = \frac{I\cos\alpha}{S\cos\alpha} = \frac{I}{S} \tag{10-3}$$

式中 L——亮度(cd/m^2)；

I——光强(cd)；

S——面积(m^2)。

由上公式推导看出，实际上发光体的亮度值与视线方向无关。

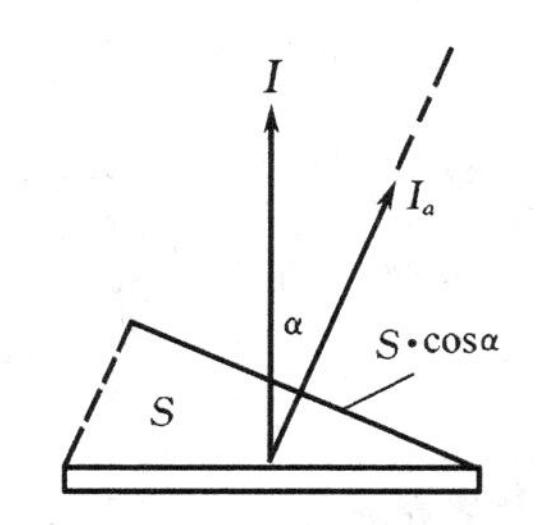

图 10-1 亮度的定义示意

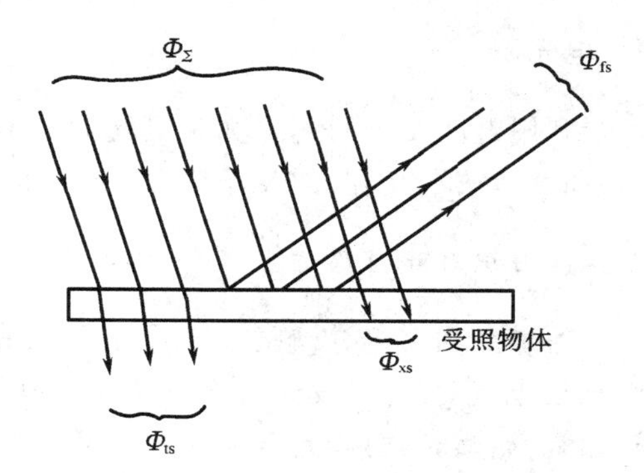

图 10-2 光通量投射在物体上的情况

Φ_Σ—投射总光通量；Φ_{fs}—反射光通量；

Φ_{xs}—吸收光通量；Φ_{ts}—透射光通量

6. 物体的光照性能

图 10-2 示出光通量投射到物体时分为三部分，即反射光通量、透射光通量和吸收光通量。为表征物体的光照性能，引入了以下三个系数，即反射系数

$$\rho = \Phi_{fs}/\Phi_\Sigma \tag{10-4}$$

吸收系数

$$\alpha = \Phi_{xs}/\Phi_\Sigma \tag{10-5}$$

透射系数

$$\tau = \Phi_{ts}/\Phi_\Sigma \tag{10-6}$$

且

$$\rho + \alpha + \tau = 1 \tag{10-7}$$

式中 Φ_Σ——投射总光通量；

Φ_{fs}——反射光通量；

Φ_{xs}——吸收光通量；

Φ_{ts}——透射光通量。

光线向各个方向的反射，叫做漫反射。所以，在照明设计中，反射系数是一个重要参数。

7. 光源的显色性能

同一颜色物体在具有不同光谱的光源照射下能显出不同的颜色。光源对被照物体颜色显现的性质,叫做光源的显色性,并用显色指数表示光源显色性能的好坏。

光源的显色指数是指某光源照射下物体的颜色与日光照射下该物体颜色相符合的程度,并将日光的显色指数定为100。因此,物体颜色失真愈小,光源的显色指数愈高。

10-2　电光源、照明器及照度标准

一、电光源

利用电能发光的光源称为电光源。电光源按发光原理分热辐射光源(如白炽灯、卤钨灯等)和气体放电光源(如荧光灯、高压汞灯、高压钠灯等)两大类。其工作原理和特性简介如下。

1. 白炽灯和卤钨灯

白炽灯和卤钨灯(碘钨、溴钨灯)是靠电流加热灯丝到白炽状态而发光的。灯丝由钨制成。钨丝工作温度愈高,发光效率也愈高,但灯泡寿命要减少。卤钨灯是在管形白炽灯泡内放进卤族元素,点燃时,卤族元素与受热蒸发的钨化合,化合物蒸气流经炽热的钨丝时,化合物被还原而把钨附在钨丝上,以延长灯丝的寿命。这种化合和还原是在高温下进行的,灯泡壁的温度可达600 ℃。白炽灯在工厂照明中使用最广。

2. 荧光灯

荧光灯俗称日光灯。在电气照明中,采用荧光灯是一个重要的发展。

荧光灯由一根充有氩气和微量汞的玻璃管构成,管壁涂有荧光物质,管的两端装有钨丝制成的电极。在汞—氩混合气中发生放电时,辐射的紫外线去激发管内壁的荧光物质即可放出可见光。

荧光灯的附属设备有启辉器和镇流器。荧光灯的工作电路如图10-3所示。启辉器一般由内装双金属片的氖气管做成。当两端有电压时,氖管发光,双金属片短时受热而弯曲,闭合触点,使荧光灯的钨丝电极加热。触点闭合时氖管熄灭,双金属片经过短时冷却,触点断开。在这瞬间,镇流器将产生高电压脉冲使荧光灯点燃。荧光灯点燃后启辉器即停止工作。与荧光灯串联的镇流器在荧光灯点燃后限制流过灯管的电流。

因荧光灯接交流工频电源,发光闪烁每秒100次。为减小闪烁现象,可采用双管荧光灯,并将其中一管经电阻 R 和电容 C 移相后接入电源,如图10-3(b)。

3. 荧光高压汞灯

荧光高压汞灯分普通荧光高压汞灯、反射型荧光高压汞灯和自镇流荧光汞灯。该类灯的外玻璃壳内壁均涂有荧光粉,它能将壳内的石英玻璃汞蒸气放电管所辐射的紫外线转变为可见光,以改善光色,提高光效。反射型荧光高压汞灯外玻璃壳内壁上部镀有铝反射层,具有定向反射性能,可不用灯具,适合广场、车站、码头等照明用。

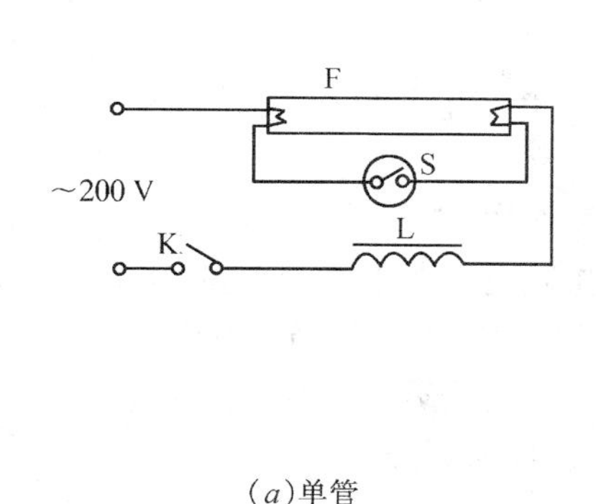

(a)单管

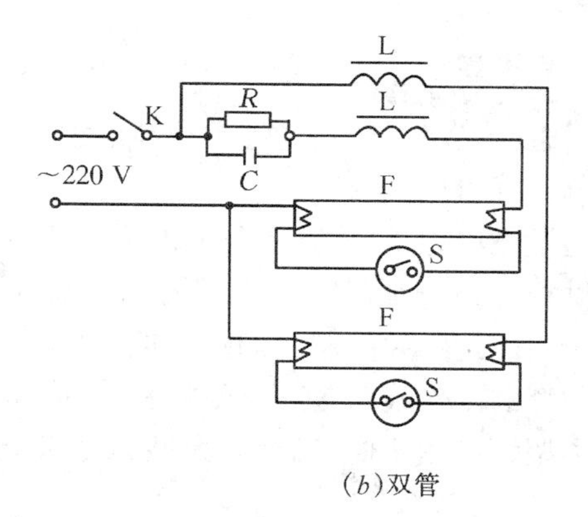

(b)双管

图 10-3 荧光灯工作电路

(a)单管;(b)双管

荧光高压汞灯工作电路如图 10-4 所示。在电源接通后,先在引燃电极 E_3 和主电极 E_1 之间产生辉光放电,然后过渡到主电极 E_1、E_2 之间产生弧光放电。R 的作用是限制辉光放电电流。灯点燃的初始阶段电流较大,待 4~8 min 后,放电趋向稳定,即进入正常工作状态。若电源中断,灯即熄灭。灯内汞蒸气压力很高,在灯未冷却时相应的点燃电压也高,所以当再接通电源时,灯不能立即点燃。通常需间隔 5~10 min,待灯管冷却,灯内汞蒸气凝结后才能再启动。

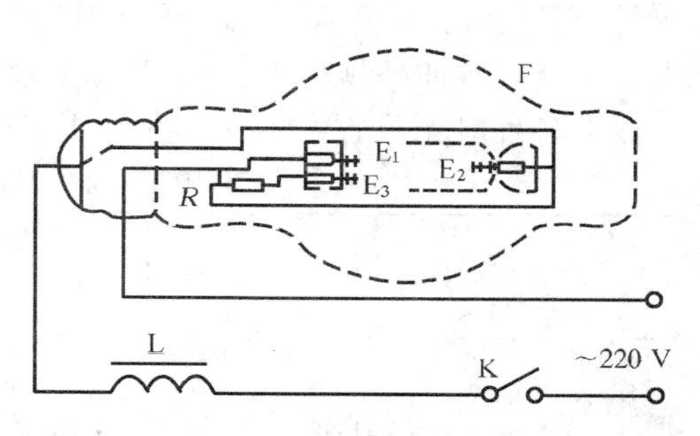

图 10-4 荧光高压汞灯工作电路

F—荧光高压汞灯;L—镇流器;K—开关;

E_1、E_2—主电极;E_3—引燃电极

普通型和反射型荧光高压汞灯须与相应规格的镇流器配套使用。

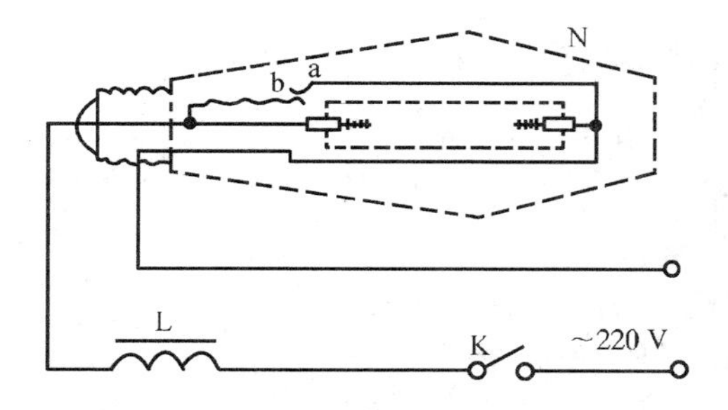

图 10-5 高压钠灯工作电路

N—高压钠灯;L—镇流器;K—开关;a—双金属片;b—加热线圈

4.高压钠灯

高压钠灯利用高压钠蒸气放电发光,光呈淡黄色,工作电路如图 10-5 所示。灯在冷态时,双金属片 a 闭合。当灯接通电源且电流流经加热线圈 b 和双金属片 a 时,双金属片受热后由闭合状态断开,此时镇流器 L 产生高压脉冲使灯点燃。灯点燃后,放电的热量使双金属片保持在断开状态。高压钠灯由点亮到稳定工作约需 4~8 min。高压钠灯应与镇流器配套使用。

当电源中断,灯熄灭后,即使立即恢复供电,灯也不能立即点燃,约经 10~20 min,待双金属片冷却并闭合时,才能再启动。

5.金属卤化物灯

金属卤(碘、溴、氯)化物灯是在高压汞灯的基础上为改善光色而发展起来的新型电光源，不仅光色好，而且光效高。

它的发光原理是，在高压汞灯内添加某些金属卤化物，靠金属卤化物的循环作用，不断向电弧提供相应的金属蒸气，金属原子在电弧中受电弧激发而辐射该金属的特征光谱线。选择适当的金属卤化物并控制它们的比例，可制成各种不同光色的金属卤化物灯。

这种灯的工作线路与高压汞灯相似，电压一般采用 380 V，电压波动不宜大于 ±5%。

该类型灯可用于商场照明，大型的可用于广场、体育馆等处。

6.管形氙灯

高压氙气放电时产生很强的白光近于连续光谱，和太阳光十分相似，适用于广场照明。

管形氙灯在点燃前管内已具有很高的气压，因此点燃电压高，约为 2～3 万 V，需配用专用触发器来产生脉冲高频高压，电压变化不宜大于 ±5%。

以上各种电光源的主要技术特性、优缺点和适用场所列于表 10-1，供设计者参考。

表 10-1 常用电光源的主要技术特性比较

	项目 \ 技术特性 \ 光源	白炽灯	卤钨灯	荧光灯	高压汞灯	高压钠灯	金属卤素灯	管形氙气灯
技术特性	额定功率，W	15～1 000	500～2 000	6～200	50～1 000	250～400	250～3 500	1 500～100 000
	发光效率，lm/W	7～19	19.5～21	25～67	30～50	90～100	60～80	20～37
	使用寿命，h	1 000	1 500	2 000～3 000	2 500～5 300	3 000	2 000	500～1 000
	显色指数，%	95～99	95～99	70～80	30～40	20～25	65～85	90～94
	启动稳定时间	瞬时	瞬时	1～3 s	4～8 min	4～8 min	4～8 min	1～2 s
	再启动时时间	瞬时	瞬时	瞬时	5～10 min	10～20 min	0～15 min	瞬时
	功率因数	1	1	0.33～0.7	0.44～0.67	0.44	0.4～0.61	0.4～0.9
	电压波动不宜大于			±5% *U*	±5% *U*	低于 5% 自灭	±5% *U*	±5% *U*
优缺点	频闪效应	无	无	有	有	有	有	有
	电压变化对光通量的影响	大	大	较大	较大	大	较大	较大
	温度变化对光通量的影响	小	小	大	较小	较小	较小	小
	耐震性能	较差	差	较好	好	较好	好	好
	需增装附件	无	无	镇流器、启动器	镇流器	镇流器	镇流器、触发器	镇流器、触发器
适用场所		广泛应用	厂前区 屋外配电装置 广场	广泛应用	广场、车站 道路 屋外配电装置等	广场 街道 交通枢扭 展览馆等	大型广场 体育场 商场等	广场、车站 大型屋外配电装置等

二、照明器

1.灯具及其作用

灯具(这里主要指灯罩)的主要作用是固定光源，将光源的光线按照需要的方向进行分布和保护光源不受外力损伤。

光源和灯具合在一起称为照明器。

2.照明器基本特征参数

1)配光曲线

裸露的灯泡所发出的光线是射向四周的。为了充分地利用光能,加装灯罩后可使光线重新分配,称为配光。为了表示光源加装灯罩后,光强在各个方向的分布情况而绘制在对称轴平面上的曲线,称为光强分部曲线,也叫配光曲线。图 10-6 所示是绘在极坐标上的配光曲线。

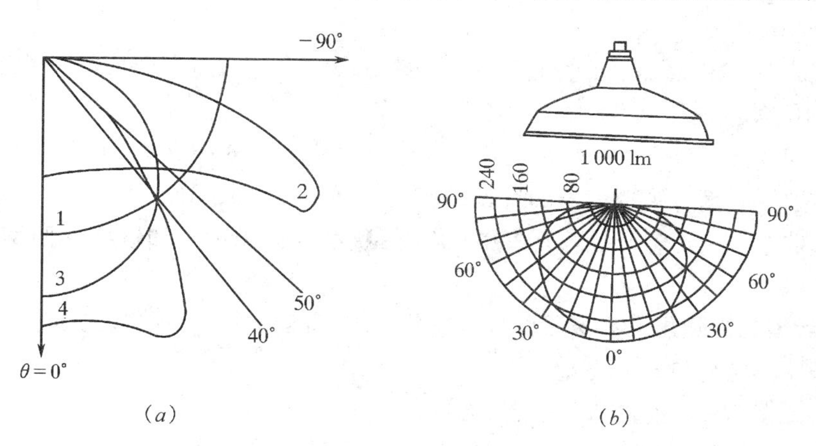

图 10-6 配光曲线

(a)配光曲线示意图;(b)搪瓷配照型配光曲线

1—均照型;2—广照型;3—配照型;4—深照型

为了便于比较照明器配光特性,通常按光源为 1 000 流明光通量的假想光源来绘制光强分布曲线。

2) 保护角

保护角是以衡量灯罩保护人眼不受光源(灯丝)耀眼即避免直射眩光的一个指标。一般照明器的保护角为灯丝的水平线与灯丝炽热体最外点和灯罩边界线的联线之间的夹角,如图 10-7 所示。

线光源照明器通常以横断面保护角说明其避免直射眩光的范围。

3) 照明器效率

在灯罩重新分配光源的光通量时,将有一部分被灯罩吸收,引起光通量的损失。所以,灯具辐射的光通量 Φ_1 与光源辐射出的光通量 Φ_2 之比,称为照明器的效率,即

$$\eta=\frac{\Phi_1}{\Phi_2}\times 100\%$$

照明器效率是评价其技术经济效果优劣的一个指标。它的大小决定于灯具的材料、形状和灯丝位置等,一般为 0.5~0.9。

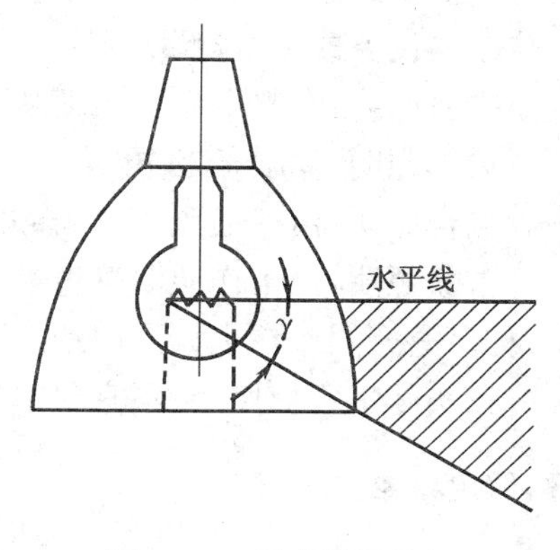

图 10-7 照明器保护角

3. 照明器分类

照明器分类方法较多，通常以照明器辐射的光通量在空间分布的特性和照明器的结构特点进行分类。

1）按照明器配光曲线形状分类

均照型(漫射型)：如图 10-6(a)中曲线 1 所示，光强在各个角度基本相等。乳白色玻璃球灯等属于此类型。

广照型(曲线 2)：最大光强分布在较大角度(50°～90°)上，可在较广的面积上形成均匀的照度。如图 10-6(a)。

配照型(曲线 3)：光强是角度 θ 的余弦函数($I_\theta = I_0 \cos\theta$)，在 $\theta = 0°$时光强最大，亦称余弦配光。带有珐琅质、搪瓷类反射器的灯具，属于配照型，如图 10-6(a)。

深照型(曲线 4)：最大光强集中在 0°～40°的狭小立体角内。如镜面深照型灯具，属于深照型，如图 10-6(a)。

正弦配光型光强随角度 θ 按正弦规律变化($I_\theta = I_0 \sin\theta$)，$\theta = 90°$时光强最大。

2）按照明器结构特点分类

开启型：光源与外界空间直接接触(无罩)。

闭合型：灯罩将光源包合起来，但内外空气仍能自由流通。

封闭型：灯罩固定处加一般封闭，内外空气仍可有限流通。

密闭型：灯罩固定处严密封闭，内外空气不能流通。

防爆型：灯罩及其固定处均能承受要求的压力，符合《防爆电气设备制造检验规程》的规定，能安全使用在有爆炸危险性介质的场所。

三、照明种类

工厂企业及其变电所中，按照明用途分为工作照明和事故照明两类。

工作照明：用来保证产生规定的视觉条件而设置的照明，称工作照明。它装设在屋内和夜间有人活动的露天地区。

按装设方式，工作照明又分一般照明、局部照明和混合照明三种。

一般照明：在整个场所照度基本均匀的照明，称一般照明。

局部照明：局限于工作部位的固定或移动式照明，使其照度高于其他部位，称为局部照明。

混合照明：由一般照明和局部照明共同组成的照明。

事故照明：当工作照明发生事故而中断时，供工作场所继续工作或疏散人员等而设置的照明，称事故照明。在事故照明的照明器上，应记有特殊标志，以便识别。

在实际工程应用中，不宜单独采用局部照明，仅在临时检修等场所才单独使用局部照明。

四、照度标准

根据适用、安全、有利于提高劳动生产率和经济效益等项技术、经济诸方面的要求，规定了《工业企业照明标准》(可参看有关手册)。在参照标准进行照度计算时，一般不应大于照度标准的 20%，不小于照度标准的 10%。

10-3　照明器的布置及照度计算

一、照明器布置

通常在布置照明器时，应综合考虑以下各项要求：

(1) 应保证规定的照度，并使工作面照度均匀；

(2) 光线的射向应适当，并无眩光、阴影等现象；

(3) 安装容量尽可能小，以减少投资和年耗电量；

(4) 应使检修维护工作方便、安全；

(5) 布置上整齐美观，并与建筑空间相协调。

屋内照明器有均匀布置和选择性布置两种方式。

均匀布置是指照明器有规律地按行、列等距离设置，并使全屋面积上具有基本均匀的照度，如图 10-8 所示。

选择性布置时，照明器多对称于工作面设置，以使工作面上照度最强并有消除阴影等效果。

在实际工程中，局部照明及需要加强照度或消除阴影时，一般采用选择性布置，其余场所采用均匀布置。

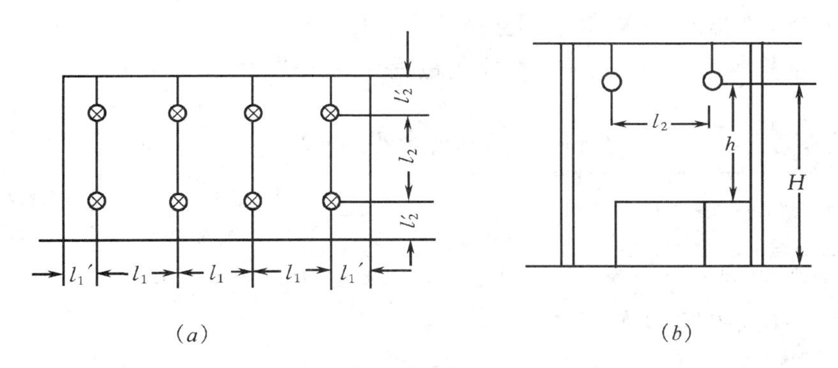

图 10-8　照明器均匀布置示意图

(a)平面布置；(b)剖面布置

l—照明器之间距离；h—计算高度

现对布置中的有关尺寸，说明如下。

1．照明器的悬挂高度(H)

照明器的悬挂高度以不发生眩光作用为限。表 10-2 给出了悬挂高度最小值。

照明器悬挂过高，不仅因保证工作面一定照度需要加大电源功率，不经济；而且也不便于维修。悬挂过低时不安全。所以设计时，悬挂高度不应过高或过低。

表 10-2 室内一般照明灯具距地面的最低悬挂高度

光源种类	灯具型式	灯泡容量(W)	最低离地悬挂高度(m)
白炽灯	带反射罩	100 及以下	2.5
		150～200	3.0
		300～500	3.5
		500 以上	4.0
	乳白玻璃漫射罩	100 及以下	2.0
		150～200	2.5
		300～500	3.0
荧光灯	无罩	40 及以下	2.0
高压汞灯	带反射罩	250 及以下	5.5
		400 及以上	6.0
高压钠灯	带反射罩	250	6.0
		400	7.0
卤钨灯	带反射罩	500	6.0
		1 000～2 000	7.0
金属卤素灯	带反射罩	400	6.0
		1 000 及以下	14.0 以上

注:1 000W 的金属卤素灯有紫外线防护措施时,悬挂高度可适当降低。

2. 照明器间距离

在均匀布置照明器时,照明器之间距离(l)与其计算高度(h)之比($l:h$),称距高比。表 10-3 为距高比的推荐值。表中第一个数字为最适宜值,第二个数字为允许值。设计者可视具体情况选取。

表 10-3 各种照明器布置的距高比值

照 明 器 类 型	l/h 值		单行布置时房间最大宽度
	多行布置	单行布置	
配照型、广照型、双照配照型工厂灯	1.8～2.5	1.8～2.0	1.2h
防爆灯、圆球灯、吸顶灯、防水防尘灯、防潮灯	2.3～3.2	1.9	1.3h
深照型、镜面深照型灯、乳白玻璃罩吊灯	1.6～1.8	1.5～1.8	1.0h
荧光灯	1.4～1.5		

若均匀布置照明器排列成矩形时(图 10-8),应尽量使 l_1 接近 l_2。最边缘一列距墙的距离为 l'。当靠墙有工作面时,宜取 $l'=(0.25\sim0.3)l$;靠墙为通道时,宜取 $l'=(0.4\sim0.5)l$,对于矩形布置 $l=\sqrt{l_1 l_2}$ 。

3. 屋外照明器的布置

对于屋外配电装置,一般在主变压器附近装设圆球型灯;在配电装置场的四周,适当地装设投光灯,作为整个场地照明。全厂厂区道路照明一般采用单列布置,但在入厂大道和广场地段,结合总体布置可采用多列对称或不对称布置,道路和广场照明器安装高度一般不小于下列数值:

灯泡容量　　　　最小安装高度

200 W～300 W	6.5 m
150 W	6 m
100 W 及以下	5.5 m

二、照度计算

当灯具类型、光源类型及功率、布置方式等已确定后，尚需计算各工作面的照度，并检验其是否满足该场所的照度标准。

照度的计算方法有利用系数法、概算曲线法、比功率法和逐点计算法。前三种用于计算水平工作面照度，后一种可计算任一斜面上指定点照度。限于授课学时，本节仅对应用最广的利用系数法介绍于下。

所谓利用系数，指投射到计算工作面的光通量与房间内光源发出的总光通量之比，并用 K_1 表示，即

$$K_1=\frac{\Phi_j}{n\Phi} \tag{10-8}$$

式中 Φ_j—投射到计算工作面上的光通量；

n—照明器数量；

Φ—每支照明器的光通量。

利用系数考虑了墙、天棚、地面之间光通量多次反射的影响，也就是投射到被照工作面的光通量，包括直射和反射到工作面的总光通量。

利用系数法，是由利用系数来计算工作面上平均照度的一种方法。它适用于均匀布置的白炽灯、荧光灯、荧光发光带等场所的照度计算。

1. 平均照度计算

当房间面积(长、宽)、计算高度、灯型及光源光通量为已知时，可按下式计算平均照度

$$E_{pj}=\frac{K_1 n\Phi}{k_j S}(\text{lx}) \tag{10-9}$$

式中

k_j——减光补偿系数，是考虑到光源本身光效的衰减和墙、天棚等污损后反射率降低而引入的系数，可查表 10-4，有的书上用维护系数 $k_f=\frac{1}{k_j}$表示；

S——被照水平工作面面积(m^2)。

2. 最小照度计算

在规程上规定的最小照度，并非平均照度。二者之间的关系，用最小照度系数 Z 表示。即

$$Z=\frac{E_{pj}}{E_{min}}$$

所以

$$E_{min}=\frac{K_1 n\Phi}{k_j ZS} \tag{10-10}$$

当照明装置的 K_1、Z 等已知时，为保证工作面一定照度(不小于 E_{min})所需的光通量或每个灯泡的光通量可由下式计算

$$\Phi=\frac{E_{min}k_j ZS}{K_1 n} \tag{10-11}$$

式中 E_{min}——标准照度最小值；

Z——最小照度系数可查表 10-5。

表 10-4 减光补偿系数 k_j

照明场所	白炽灯	荧光灯
1 稍有粉尘、烟、灰的生产房间	1.3	1.4
2 粉尘、烟、灰较多的生产房间	1.3	1.4
3 有大量粉尘、烟、灰场所	1.4	1.5
4 办公室	1.3	1.4
5 室外		
普通照明灯	1.3	
投光灯	1.5	

表 10-5 最小照度系数 Z

照明器类型 \ l/h 值	0.8	1.2	1.6	2.0
1 余弦配光类(如散照型防水防尘灯)	1.20	1.15	1.25	1.50
2 深照配光类(深照型灯)	1.15	1.09	1.18	1.44
3 均照配光类(如乳白玻璃罩吊灯)	1.0	1.0	1.18	1.18
4 双罩型工厂灯	1.27	1.22	1.33	1.55

3. 选择计算步骤

(1) 合理布置所选灯具，确定计算高度 h。

(2) 计算室形指数 $i=\frac{AB}{h(A+B)}$(已知房间尺寸，长为 A，宽为 B)。

(3) 确定利用系数(由 i 和反射系数查表可得)。

(4) 确定最小照度系数 Z 和减光补偿系数 k_j。

(5) 按规定的最小照度，计算每只灯具的必需光通量 Φ。

(6) 由 Φ 选择相近的灯泡功率。

例 10-2 某房间为 $8\times8\ m^2$，装有 4 个 150 WGC3 广照型工厂照明器，每只光通量为 1 845 lm，利用系数 $K_1=0.6$，照明维护系数 $k_f=0.75$，照明器装于 $5\times5\ m^2$ 的正方形顶角处，悬挂高度为 $H=3.5$ m，试计算水平工作面上的平均照度。

解：

(1) 因为减光补偿系数 $k=\frac{1}{k_f}=\frac{1}{0.75}=1.33$，$n=4$，$\Phi=1\ 845$ lm

所以由式(10-9)可得工作面平均照度

$$E_{pj}=\frac{K_1 n\Phi}{k_j S}=\frac{0.6\times4\times1845}{1.33\times8\times8}=52\ \text{lx}$$

(2) $h=H=3.5$，$l=5$，所以 $l/h=5/3.5\approx1.4$，查表(10-5) $Z\approx1.09$

由式(10-10)可得工作面最小照度为

$$E_{\min}=\frac{E_{pj}}{Z}=\frac{52}{1.09}=47.7\ \text{lx}$$

为了简化计算,可利用已作好的概算曲线(即假设被照面上的平均照度为 100 lx 时,房间面积与所用照明器数量的关系曲线)直接求出所需照明器的数量。概算曲线由利用系数法计算而得的,限于篇幅本书从略。

10-4 照明网络

照明配电系统是工厂企业供配电系统的一部分。当照明器的类型、功率、数量及布置方式确定以后,并经照度计算满足照明标准时,应进一步开始照明网络设计。它包括供电电压的选择、工作照明和事故照明供电方式的确定、照明负荷计算及导线截面选择等项工作。

一、供电电压

(1) 普通照明一般采用额定电压 220 V,由 380/220 V 三相四线制系统供电。

(2) 在触电危险性较大场所,所采用的局部照明和手提式照明,应采用 36 V 及以下的安全电压。

(3) 在生产工作房间内的照明器,当安装高度低于 2.5 m 时,应有防止容易触及灯泡而致触电的措施(如采用安全型灯),或采用 36 V 以下供电电压。

(4) 一般情况下,照明网络的配电线路较长,线路电压损失较大,以致使照明器两端电压过低,工作面上照度显著降低。为此,规定照明网络电压损失不能低于下列允许值:① 对于工作照明,最远一只照明器的电压不小于额定电压的 97.5%,事故照明和屋外照明不小于额定电压的 96%,当不能满足上述要求时,灯端电压可允许至 94% U_n,但此时应按该电压水平的实际光通量进行照度计算;② 在电压为 12 V~36 V 的网络中,由低压出线算起的线路电压损失不得大于 10% U_n。

二、供电方式

1. 工作照明的供电方式

工厂企业变电所及各车间的正常工作照明,一般由动力变压器供电。如果有特殊需要可考虑以照明专用变压器供电。动力与照明合用变压器的供电原理接线图如图 10-9 所示。

手提式作业灯,一般以 220 V 或 12~36 V 移动式降压变压器临时接于各处的 220 V 插座上供电。

2. 事故照明的供电方式

事故照明一般应与常用照明同时投入,以提高照明器的利用率。但事故照明应有独立供电的备用电源,当工作电源发生故障时,由自动投入装置自动将事故照明切换到备用电源,如图 10-9 所示。

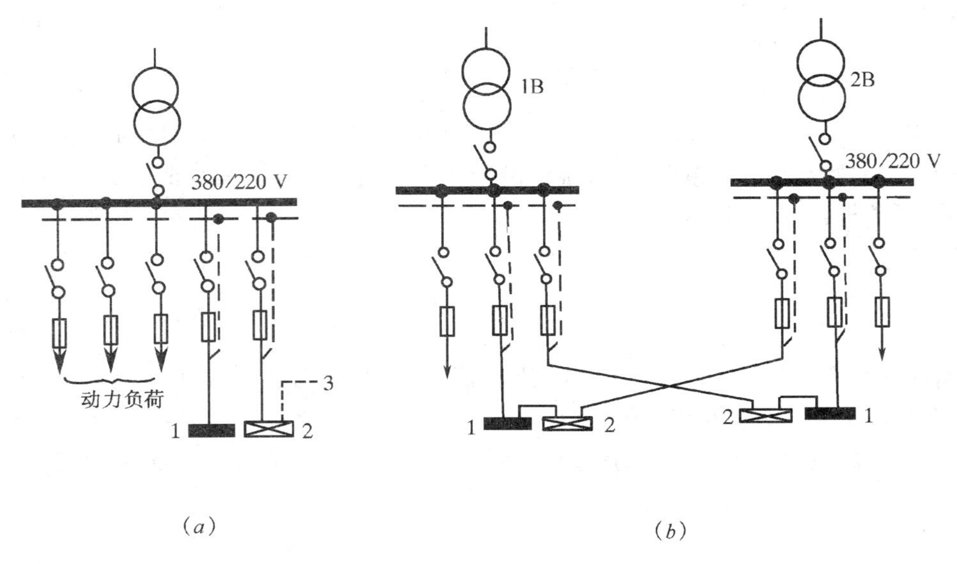

图 10-9　动力和照明合并供电原理接线图

(a)一台变压器供电;(b)两台变压器供电

1—工作电源;2—事故电源;3—备用电源

三、照明负荷计算

1. 照明专用变压器

在使用照明专用变压器供电时,照明负荷是根据各建筑物和工作场所装设的照明器容量乘以车间同时系数所得的数值,并按此数值选择照明变压器容量。计算公式如下

$$P_Z = \sum P_1 K_1 + \sum P_2 K_2 \tag{10-12}$$

式中　P_Z——照明专用变压器照明计算负荷(kVA);

P_1——各车间工作照明器安装容量(kW);

K_1——工作照明同时系数,可取 0.6~0.8;

P_2——各车间事故照明器安装容量(kW);

K_2——事故照明同时系数,约为 0.8~1.0。

2. 照明与动力合用变压器

当照明与动力合用一台变压器时,由上式计算的负荷 P_Z 再乘以换算系数,即得选择共用变压器的照明计算负荷。计算公式如下

$$P_{Zd} = K_x P_Z \tag{10-13}$$

式中　K_x——换算系数,即需用系数,一般为 0.8~1.0;

P_{Zd}——由共用变压器供给的照明负荷。

四、配电导线截面选择

在选择照明线路导线截面时,通常应进行以下各项计算和校验:

（1）根据允许电压损失的要求选择导线截面；

（2）按发热条件校验导线截面，计算出的负荷电流应小于导线长期允许电流值；

（3）导线截面长期允许电流应不小于保护设备（熔断器熔体、自动开关的热元件等）的额定电流值；

（4）导线机械强度校验，即所选照明线路导线截面应不小于根据机械强度允许的导线最小截面。

导体截面选择计算方法参见本书第3章和第5章，或有关设计手册。

思考题

1.何谓光源？可见光的波长是多少？为什么可见光波长单位用纳米？它与米有何关系？

2.什么叫光通量、光强、照度和亮度？

3.什么叫热辐射光源和气体放电光源？试以白炽灯和荧光灯为例，说明各自的发光原理和性能。

4.何谓配光曲线？

5.试以利用系数法为例，说明照度计算方法，以及如何确定照明器的功率？

6.照明网络为什么要分工作照明和事故照明两种供电方式？对供电电源有何要求？

习题

10-1 某车间有一功率为200 W的局部照明器，发出的总光通量为2 920 lm，均匀地分布在半球上。工作台距光源2 m，要求照度不低于40 lx，试问在工作台上的照度和光强度为多大？并检验是否满足照度要求。

10-2 有一大件机电装配车间，车间面积为$12\times30\ m^2$，拟采用混合照明，其中一般照明若选用21×300 W普通白炽灯，配用配照型灯具，灯距为6 m，悬挂高度（距工作面）4.8 m（利用系数0.57，减光补偿系数0.7）。试问在工作面的平均照度和最小照度各是多少？并检验是否满足照度要求。

附录:部分电器设备的技术参数(供参考)

附表 1　LJ 型裸铝绞线规格及载流量

(工作温度 70℃)

截　面 (mm²)	线芯根数及单线直径 (mm²)	电线外径 (mm²)	最大直流电阻 20℃ (Ω/km)	单位质量 (kg/km)	计　算拉断力 (N)	载流量(A)	
						户　外 25℃	户　内 25℃
16	7×1.70	5.10	1.98	44	2 540	105	80
25	7×2.12	6.36	1.28	68	3 950	135	110
35	7×2.50	7.50	0.92	95	5 500	170	135
50	7×3.00	9.00	0.64	136	7 920	215	170
70	7×3.55	10.65	0.46	191	10 420	265	215
95	19×2.50	12.50	0.34	257	14 000	325	260
120	19×2.80	14.00	0.27	322	18 720	375	310
150	19×3.15	15.80	0.21	407	22 200	440	370
185	19×3.50	17.50	0.17	503	27 450	500	425
240	19×4.00	20.00	0.132	656	35 850	610	
300	37×3.20	22.40	0.106	817		680	
400	37×3.69	25.80	0.08	1087		830	

附表 2　LJ 型裸铝导线的电阻和感抗

导线型号	LJ-16	LJ-25	LJ-35	LJ-50	LJ-70	LJ-95	LJ-120	LJ-150	LJ-185	LJ-240
电阻(Ω/km)	1.98	1.28	0.92	0.64	0.46	0.34	0.27	0.21	0.17	0.132
线间几何均距(m)	感　抗　(Ω/km)									
0.6	0.358	0.344	0.334	0.323	0.312	0.303	0.295	0.287	0.281	0.273
0.3	0.377	0.362	0.352	0.341	0.330	0.321	0.313	0.305	0.299	0.291
1.0	0.390	0.376	0.366	0.355	0.344	0.335	0.327	0.319	0.313	0.305
1.25	0.404	0.390	0.380	0.369	0.358	0.349	0.341	0.333	0.327	0.319
1.5	0.416	0.402	0.392	0.380	0.369	0.360	0.353	0.345	0.339	0.330
2.0	0.434	0.420	0.410	0.398	0.387	0.378	0.371	0.363	0.356	0.348
2.5	0.448	0.434	0.424	0.412	0.401	0.392	0.385	0.377	0.371	0.362
3.0	0.459	0.445	0.435	0.424	0.413	0.403	0.396	0.388	0.382	0.374
3.5	—	—	0.445	0.433	0.423	0.418	0.406	0.398	0.392	0.383

附表 3　钢芯铝绞线长期允许载流量(A)

导线型号 \ 导体最高允许温度(℃)	+70	+80	导线型号 \ 导体最高允许温度(℃)	+70	+80
LGJ-10		86	LGJQ-150	450	455
LGJ-16	105	108	LGJQ-185	505	518
LGJ-25	130	138	LGJQ-240	605	651
LGJ-35	175	183	LGJQ-300	690	708
LGJ-50	210	215	LGJQ-300(1)		721
LGJ-70	265	260	LGJQ-400	825	836
LGJ-95(1)	330	352	LGJQ-400(1)		857
LGJ-95		317	LGJQ-500	945	932
LGJ-120(1)	380	401	LGJQ-600	1 050	1 047
LGJ-120		351	LGJQ-700	1 220	1 159
LGJ-150	445	452	LGJJ-150	450	468
LGJ-185	510	531	LGJJ-185	515	539
LGJ-240	610	613	LGJJ-240	610	639
LGJ-300	690	755	LGJJ-300	705	758
LGJ-400	835	840	LGJJ-400	850	881

注:1.最高允许温度+70℃的载流量,基准环境温度为+25℃,无日照;

2.最高允许温度+80℃的载流量,系按基准环境温度为+25℃、日照0.1 W/cm^2、风速0.5 m/s、海拔1 000 m、辐射散热系数及吸热系数为0.5条件计算的;

3.某些导线有两种绞合结构,型号中带(1)者铝芯根数少(LGJ型为7根,LGJQ型为24根),但每根铝芯截面较大。

附表 4　线路的经济输送容量　(MVA)

导线型号	35 kV	110 kV	220 kV
$J=1.65$(A/mm^2)			
LGJ-150	15	47.1	
LGJ-240	24	75.4	
LGJ-300		94.3	188
$J=1.15$(A/mm^2)			
LGJ-150	10.4	32.8	
LGJ-240	16.7	52.5	
LGJ-300		65.7	131
$J=0.9$(A/mm^2)			
LGJ-150	8.2	25.7	
LGJ-240	13.1	41.1	
LGJ-300		51.4	103

注:J是经济电流密度。

附表 5-1　钢芯铝绞线导线的电阻及正序电抗　(Ω/km)

导 线 型 号	直流电阻 (Ω/km)	不同几何均距(m)的正序电抗(Ω/km)													
		1.5	2.0	2.5	3.0	3.5	4.0	4.5	5.0	5.5	6.0	6.5	7.0	7.5	8.0
LGJ-10/2	2.706	0.423	0.441	0.455	0.466	0.476	0.485								
LGJ-16/3	1.779	0.410	0.428	0.442	0.453	0.463	0.471								
LGJ-25/4	1.131	0.395	0.413	0.427	0.439	0.449	0.457								
LGJ-35/6	0.8230	0.385	0.403	0.417	0.429	0.439	0.447								
LGJ-50/8	0.5946	0.375	0.393	0.407	0.419	0.428	0.437								
50/30	0.5692	0.363	0.381	0.395	0.407	0.416	0.425								
LGJ-70/10	0.4217	0.364	0.382	0.396	0.408	0.418	0.426	0.433	0.440	0.446					
70/40	0.4141	0.353	0.371	0.385	0.397	0.406	0.415	0.422	0.429	0.435					
LGJ-95/15	0.3058	0.353	0.371	0.385	0.397	0.406	0.415	0.422	0.429	0.435	0.440	0.445			
95/20	0.3019	0.352	0.370	0.384	0.396	0.405	0.405	0.421	0.428	0.434	0.439	0.444			
95/55	0.2992	0.343	0.361	0.375	0.387	0.396	0.405	0.412	0.419	0.425	0.430	0.435			
LGJ-120/7	0.2422	0.349	0.367	0.381	0.393	402	0.411	0.418	0.425	0.431	0.436	0.441			
120/20	0.2496	0.347	0.365	0.379	0.390	0.400	0.408	0.416	0.422	0.428	0.434	0.439			
120/25	0.2345	0.344	0.362	0.376	0.388	0.397	0.406	0.413	0.420	0.426	0.431	0.436			
120/70	0.2364	0.335	0.354	0.368	0.379	0.389	0.397	0.405	0.411	0.417	0.423	0.428			
LGJ-150/8	0.1989	0.343	0.361	0.375	0.387	0.396	0.405	0.412	0.419	0.425	0.430	0.435			
150/20	0.1980	0.340	0.358	0.372	0.384	0.394	0.402	0.409	0.416	0.422	0.428	0.433			
150/25	0.1939	0.339	0.357	0.371	0.382	0.392	0.400	0.408	0.414	0.420	0.426	0.431			
150/35	0.1962	0.337	0.335	0.369	0.381	0.391	0.399	0.406	0.413	0.419	0.425	0.430			
LGJ-185/10	0.1572			0.368	0.379	0.389	0.397	0.405	0.411	0.417	0.423	0.428	0.432	0.437	0.411
185/25	0.1542			0.365	0.376	0.386	0.394	0.402	0.408	0.414	0.420	0.425	0.429	0.434	0.438
185/30	0.1592			0.365	0.376	0.386	0.394	0.402	0.408	0.414	0.420	0.425	0.429	0.434	0.438
185/45	0.1564			0.362	0.374	0.383	0.392	0.399	0.406	0.412	0.417	0.422	0.427	0.431	0.435
LGJ-210/10	0.1411			0.364	0.376	0.385	0.394	0.401	0.408	0.414	0.419	0.424	0.429	0.433	0.437
210/25	0.1380			0.361	0.373	0.382	0.391	0.398	0.405	0.411	0.416	0.421	0.426	0.430	0.434
210/35	0.1363			0.360	0.371	0.381	0.389	0.397	0.403	0.409	0.415	0.420	0.425	0.429	0.433
210/50	0.1381			0.358	0.370	0.380	0.388	0.395	0.402	0.408	0.413	0.418	0.423	0.428	0.432
LGJ-240/30	0.1181			0.356	0.368	0.377	0.386	0.393	0.400	0.406	0.411	0.416	0.421	0.425	0.429
240/40	0.1209			0.356	0.367	0.377	0.386	0.393	0.400	0.406	0.411	0.416	0.421	0.425	0.429
240/50	0.1198			0.354	0.365	0.375	0.383	0.390	0.397	0.403	0.409	0.414	0.419	0.423	0.427
LGJ-300/15	0.09724									0.402	0.407	0.412	0.417	0.421	0.425
300/20	0.09520									0.401	0.406	0.411	0.416	0.420	0.424
300/25	0.09433									0.400	0.405	0.410	0.415	0.419	0.423
300/40	0.09614									0.399	0.405	0.410	0.414	0.419	0.423
300/50	0.09636									0.398	0.404	0.409	0.414	0.418	0.422
300/70	0.09463									0.396	0.402	0.407	0.411	0.416	0.420
LGJ-400/20	0.07104									0.392	0.397	0.402	0.407	0.411	0.416
400/25	0.07370									0.393	0.398	0.403	0.408	0.412	0.416
400/35	0.07389									0.392	0.398	0.403	0.407	0.412	0.416
400/50	0.07232									0.390	0.396	0.401	0.405	0.410	0.414
400/65	0.07236									0.389	0.395	0.400	0.405	0.409	0.413
400/95	0.07087									0.387	0.392	0.397	0.402	0.406	0.411
LGJ-500/35	0.05812									0.385	0.391	0.396	0.400	0.405	0.409
500/45	0.05912									0.385	0.391	0.396	0.400	0.405	0.409
500/65	0.05760									0.383	0.389	0.394	0.398	0.403	0.407
LGJ-630/45	0.04633									0.378	0.383	0.388	0.393	0.397	0.402
630/55	0.04514									0.377	0.382	0.387	0.392	0.396	0.400
630/80	0.04551									0.376	0.381	0.386	0.391	0.395	0.399
LGJ-800/55	0.03547									0.370	0.375	0.380	0.385	0.389	0.393
800/70	0.03574									0.369	0.375	0.380	0.384	0.389	0.393
800/100	0.03635									0.369	0.374	0.379	0.384	0.388	0.392

附表 5-2　双分裂钢芯铝绞线导线的电阻及正序电抗　(Ω/km)

导线型号	直流电阻(Ω/km)	不同几何均距(m)的正序电抗(Ω/km)							
		7.5	8.0	8.5	9.0	9.5	10.0	10.5	11.0
2×LGJ-300/15	0.04862	0.299	0.303	0.307	0.311	0.314	0.317	0.320	0.323
300/20	0.04760	0.299	0.303	0.307	0.310	0.314	0.317	0.320	0.323
300/25	0.04717	0.298	0.302	0.306	0.310	0.313	0.316	0.319	0.322
300/40	0.04807	0.298	0.302	0.306	0.309	0.313	0.316	0.319	0.322
300/50	0.04818	0.298	0.302	0.305	0.309	0.312	0.316	0.319	0.322
300/70	0.04732	0.296	0.300	0.304	0.308	0.311	0.315	0.318	0.321
2×LGJ-400/20	0.03552	0.294	0.298	0.302	0.306	0.309	0.312	0.316	0.318
400/25	0.03685	0.295	0.299	0.303	0.306	0.310	0.313	0.316	0.319
400/35	0.03695	0.294	0.298	0.302	0.306	0.309	0.313	0.316	0.319
400/50	0.03616	0.293	0.298	0.301	0.305	0.308	0.311	0.315	0.318
400/65	0.03618	0.293	0.297	0.301	0.305	0.308	0.311	0.314	0.317
400/95	0.03544	0.292	0.296	0.300	0.303	0.307	0.310	0.313	0.316
2×LGJ-500/35	0.02906	0.291	0.295	0.299	0.302	0.306	0.309	0.312	0.315
500/45	0.02956	0.291	0.295	0.299	0.302	0.306	0.309	0.312	0.315
500/65	0.02880	0.290	0.294	0.298	0.301	0.305	0.308	0.311	0.314
2×LGJ-630/45	0.02317	0.287	0.291	0.295	0.299	0.302	0.305	0.309	0.311
630/55	0.02257	0.287	0.291	0.295	0.298	0.302	0.305	0.308	0.311
630/80	0.02276	0.286	0.290	0.294	0.298	0.301	0.304	0.307	0.310
2×LGJ-800/55	0.01774	0.283	0.287	0.291	0.295	0.298	0.301	0.304	0.307
800/70	0.01787	0.283	0.287	0.291	0.294	0.298	0.301	0.304	0.307
800/100	0.01818	0.283	0.287	0.291	0.294	0.298	0.301	0.304	0.307

附表 5-3　四分裂钢芯铝绞线导线的电阻及正序电抗　(Ω/km)

导线型号	直流电阻(Ω/km)	不同几何均距(m)的正序电抗(Ω/km)										
		10.0	10.5	11.0	11.5	12.0	12.5	13.0	13.5	14.0	14.5	15.0
4×LGJ-300/15	0.02431	0.251	0.254	0.257	0.260	0.262	0.265	0.267	0.270	0.272	0.274	0.276
300/20	0.02380	0.251	0.254	0.257	0.259	0.262	0.265	0.267	0.269	0.272	0.274	0.276
300/25	0.02358	0.250	0.253	0.256	0.259	0.262	0.264	0.267	0.269	0.272	0.274	0.276
300/40	0.02404	0.250	0.253	0.256	0.259	0.262	0.264	0.267	0.269	0.271	0.274	0.276
300/50	0.02409	0.250	0.253	0.256	0.259	0.262	0.264	0.267	0.269	0.271	0.273	0.276
300/70	0.02366	0.249	0.253	0.255	0.258	0.261	0.263	0.266	0.268	0.271	0.273	0.275
4×LGJ-400/20	0.01776	0.248	0.251	0.254	0.257	0.260	0.262	0.265	0.267	0.270	0.272	0.274
400/25	0.01843	0.249	0.252	0.255	0.257	0.260	0.263	0.265	0.267	0.270	0.272	0.274
400/35	0.01847	0.248	0.252	0.254	0.257	0.260	0.263	0.265	0.267	0.270	0.272	0.274
400/50	0.01808	0.248	0.251	0.254	0.257	0.259	0.262	0.265	0.267	0.269	0.271	0.274
400/65	0.01809	0.248	0.251	0.254	0.257	0.259	0.262	0.264	0.267	0.269	0.271	0.273
400/95	0.01772	0.247	0.250	0.253	0.256	0.259	0.261	0.264	0.266	0.268	0.271	0.273
4×LGJ-500/35	0.01453	0.247	0.250	0.253	0.255	0.258	0.261	0.263	0.266	0.268	0.270	0.272
500/45	0.01478	0.247	0.250	0.253	0.255	0.258	0.261	0.263	0.266	0.268	0.270	0.272
500/65	0.01440	0.246	0.249	0.252	0.255	0.258	0.260	0.263	0.265	0.267	0.270	0.272
4×LGJ-630/45	0.01158	0.245	0.248	0.251	0.254	0.256	0.259	0.261	0.264	0.266	0.268	0.270
630/55	0.01129	0.245	0.248	0.251	0.253	0.256	0.259	0.261	0.263	0.266	0.268	0.270
630/80	0.01138	0.244	0.247	0.250	0.253	0.256	0.258	0.261	0.263	0.266	0.268	0.270
4×LGJ-800/55	0.00887	0.243	0.246	0.249	0.252	0.254	0.257	0.259	0.262	0.264	0.266	0.268
800/70	0.00894	0.243	0.246	0.249	0.252	0.254	0.257	0.259	0.262	0.264	0.266	0.268
800/100	0.00909	0.243	0.246	0.249	0.251	0.254	0.257	0.259	0.261	0.264	0.266	0.268

附表 6-1　送电线路电纳 ($1\times10^{-6}/\Omega\cdot km$)

导线型号	几何均距 (m)													
	1.5	2.0	2.5	3.0	3.5	4.0	4.5	5.0	5.5	6.0	6.5	7.0	7.5	8.0
LGJ-10/2	2.68	2.57	2.49	2.43	2.37	2.33								
LGJ-16/3	2.77	2.65	2.57	2.50	2.44	2.40								
LGJ-25/4	2.88	2.75	2.65	2.58	2.52	2.48								
LGJ-35/6	2.95	2.82	2.72	2.64	2.58	2.53								
LGJ-50/8	3.04	2.89	2.79	2.71	2.65	2.60								
LGJ-70/10	3.13	2.98	2.87	2.79	2.72	2.66	2.62	2.58						
LGJ-95/15	3.23	3.07	2.96	2.87	2.80	2.74	2.69	2.64	2.61	2.57	2.54			
LGJ-120/20	3.30	3.13	3.01	2.92	2.84	2.78	2.73	2.69	2.65	2.61	2.58			
LGJ-150/20	3.36	3.18	3.06	2.97	2.89	2.83	2.77	2.73	2.69	2.65	2.62			
LGJ-185/30			3.13	3.03	2.95	2.89	2.83	2.78	2.74	2.70	2.67	2.64	2.61	2.59
LGJ-210/25			3.16	3.06	2.98	2.91	2.86	2.81	2.77	2.73	2.69	2.66	2.64	2.61
LGJ-240/30			3.21	3.10	3.02	2.95	2.89	2.84	2.80	2.76	2.73	2.70	2.67	2.64
LGJ-300/40									2.85	2.81	2.77	2.74	2.71	2.68
LGJ-400/50									2.92	2.87	2.84	2.80	2.77	2.74
LGJ-500/45									2.96	2.91	2.87	2.84	2.81	2.78
LGJ-630/45									3.01	2.97	2.93	2.89	2.86	2.83
LGJ-800/55									3.08	3.04	3.00	2.96	2.92	2.89

附表 6-2　送电线路(分裂导线)电纳　($1\times10^{-6}/\Omega\cdot km$)

导线型号	几何均距 (m)															
	7.5	8.0	8.5	9.0	9.5	10.0	10.5	11.0	11.5	12.0	12.5	13.0	13.5	14.0	14.5	15.0
2×LGJ-300/40	3.77	3.72	3.67	3.63	3.59	3.55	3.52	3.48								
2×LGJ-400/50	3.83	3.78	3.73	3.68	3.64	3.60	3.57	3.53								
2×LGJ-500/45	3.87	3.81	3.76	3.72	3.67	3.63	3.60	3.56								
2×LGJ-830/45	3.92	3.86	3.81	3.76	3.72	3.68	3.64	3.61								
2×LGJ-800/55	3.98	3.92	3.87	3.82	3.77	3.73	3.69	3.66								
4×LGJ-300/40						4.45	4.40	4.35	4.30	4.25	4.21	4.17	4.13	4.10	4.07	4.03
4×LGJ-400/50						4.49	4.44	4.38	4.34	4.29	4.25	4.21	4.17	4.13	4.10	4.07
4×LGJ-500/45						4.52	4.46	4.41	4.36	4.31	4.27	4.23	4.19	4.15	4.12	4.09
4×LGJ-630/45						4.55	4.49	4.44	4.39	4.34	4.30	4.26	4.22	4.18	4.15	4.11
4×LGJ-800/55						4.59	4.53	4.48	4.43	4.38	4.34	4.29	4.25	4.22	4.18	4.15

附表7　一般送电线路零序与正序电抗的平均比值

线路类别	X_0/X_1
(1)无避雷线的单回路线路	3.5
(2)具有钢线避雷线的单回路线路	3.0
(3)具有良导体避雷线的单回路线路	2.0
(4)无避雷线的双回路线路	5.5
(5)具有钢线避雷线的双回路线路	4.7
(6)具有良导体避雷线的双回路线路	3.0

附表8-1　电缆型号、名称及适用范围

型　号	产　品　名　称	适用范围及环境
YJV YJLV	铜、铝芯交联聚乙烯绝缘聚氯乙烯护套电力电缆	室内、隧道、管道、电缆沟等，不承受机械拉力和压力
YJY YJLY	铜、铝芯交联聚乙烯绝缘聚乙烯护套电力电缆	
YJV 22 YJLV 22	铜、铝芯交联聚乙烯绝缘钢带铠装聚氯乙烯护套电力电缆	室内、隧道、管道、电缆沟、地下直埋，可承受机械压力
YJY 23 YJLY 23	铜、铝芯交联聚乙烯绝缘钢带铠装聚乙烯护套电力电缆	
YJV 32 YJLV 32	铜、铝芯交联聚乙烯绝缘细钢丝铠装聚氯乙烯护套电力电缆	有落差或垂直敷设，可承受机械拉力
YJV 33 YJLV 33	铜、铝芯交联聚乙烯绝缘细钢丝铠装聚乙烯护套电力电缆	
YJAY YJLAY	铜、铝芯交联聚乙烯绝缘综合防水护套电力电缆	室内、隧道、管道、电缆沟及潮湿地区地下直埋，不承受机械拉力和压力
YJQ 02 YJLQ 02	铜、铝芯交联聚乙烯绝缘铅包聚氯乙烯护套电力电缆	室内、隧道、管道、电缆沟及潮湿地区地下直埋，不承受机械拉力和压力
YJQ 03 YJLQ 03	铜、铝芯交联聚乙烯绝缘铅包聚乙烯护套电力电缆	

附表 8-2　电缆技术参数(1)

型号:YJV,YJLV　电压等级:26/35 kV (Um=42 kV)　　　$3\times50mm^2\sim3\times400mm^2$

导体标称截面	mm^2		50	70	95	120	150	185	240	300	400
电缆设计执行 GB12706.3-91/IEC502											
绝缘厚度	mm		10.5	10.5	10.5	10.5	10.5	10.5	10.5	10.5	10.5
护套厚度	mm		3.5	3.6	3.7	3.8	4.0	4.1	4.2	4.4	4.6
外径近似	mm		81	84	88	91	95	99	104	109	116
电缆质量近似	kg/km	Cu	5 850	6 800	7 900	8 900	9 950	11 250	13 300	15 550	18 650
		Al	5 000	5 550	6 150	6 700	7 250	7 950	8 850	9 950	11 500
电气参数											
20℃导体直流电阻	Ω/km	Cu	0.387	0.268	0.193	0.153	0.124	0.0991	0.0754	0.0601	0.470
		Al	0.641	0.443	0.320	0.253	0.206	0.164	0.125	0.100	0.0778
导体电感	mH/km		0.468	0.440	0.420	0.404	0.389	0.376	0.361	0.348	0.333
工作电容	μF/km		0.120	0.132	0.143	0.153	0.164	0.174	0.189	0.203	0.224
电缆载流量											
土壤中[1]	A	Cu	205	250	300	340	380	430	500	560	640
		Al	160	195	230	260	295	335	390	440	500
空气中[2]	A	Cu	200	245	295	340	380	430	505	570	660
		Al	155	190	230	260	295	335	390	445	520
短路电流(1s)											
	kA	Cu	7.15	10.0	13.6	17.2	21.4	26.5	34.5	42.9	57.2
		Al	4.70	6.58	8.93	11.3	14.1	17.4	22.6	28.2	37.6
1) 土壤热阻系数 1.0 K·m/W,土壤温度 25℃,埋地深层 0.7 m											
2) 空气中环境温度 40 ℃											
正常运行状态(导体温度 90℃)											
不同环境温度	℃		10	15	20	25	30	35	40	45	50
载流量修正系数		空气中	1.26	1.22	1.18	1.14	1.09	1.04	1.00	0.94	0.89
		土壤中	1.11	1.07	1.04	1.00	0.96	0.92			
不同土壤热阻系数	K·m/W		0.8	1.0	1.2	1.5	2.0				
载流量修正系数	截面(mm^2)≤95		1.05	1.00	0.95	0.90	0.82				
	≥120		1.06	1.00	0.94	0.83	0.80				

附表 8-3　电缆技术参数(2)

型号:YJV 22,YJLV 22　电压等级:26/35 kV(Um=42 kV)　$3\times50mm^2\sim3\times400mm^2$

导体标称截面	mm^2		50	70	95	120	150	185	240	300	400
电缆设计执行 GB12706.3-91/IEC502											
绝缘厚度	mm		10.5	10.5	10.5	10.5	10.5	10.5	10.5	10.5	10.5
护套厚度	mm		3.7	3.8	4.0	4.1	4.2	4.3	4.5	4.6	4.9
外径近似	mm		88	92	96	100	103	107	112	118	125
电缆质量近似	kg/km	Cu	9 150	10 350	11 600	12 800	14 050	15 500	17 800	20 300	23 800
		Al	8 300	9 100	9 850	10 600	11 350	12 150	13 350	14 700	16 650
电气参数											
20℃导体直流电阻	Ω/km	Cu	0.387	0.268	0.193	0.153	0.124	0.0991	0.0754	0.0601	0.470
		Al	0.641	0.443	0.320	0.253	0.206	0.164	0.125	0.100	0.0778
导体电感	mH/km		0.468	0.440	0.420	0.404	0.389	0.376	0.361	0.348	0.333
工作电容	μF/km		0.120	0.132	0.143	0.153	0.164	0.174	0.189	0.203	0.224
电缆载流量											
土壤中[1)]	A	Cu	205	250	295	335	375	420	490	550	620
		Al	160	195	230	260	290	330	380	430	490
空气中[2)]	A	Cu	200	245	290	330	375	425	495	560	640
		Al	155	190	225	260	290	330	385	440	505
短路电流(1s)											
	kA	Cu	7.15	10.0	13.6	17.2	21.4	26.5	34.3	42.6	57.2
		Al	4.70	6.58	8.93	11.3	14.1	17.4	22.6	28.2	37.6
1) 土壤热阻系数 1.0 K·m/W,土壤温度 25 ℃,埋地深层 0.7 m 2) 空气中环境温度 40 ℃											
正常运行状态(导体温度 90 ℃)											
不同环境温度	℃		10	15	20	25	30	35	40	45	50
载流量修正系数		空气中	1.26	1.22	1.18	1.14	1.09	1.04	1.00	0.94	0.89
		土壤中	1.11	1.07	1.04	1.00	0.96	0.92			
不同土壤热阻系数	K·m/W		0.8	1.0	1.2	1.5	2.0				
载流量修正系数	截面(mm^2)≤95		1.05	1.00	0.95	0.90	0.82				
	≥120		1.06	1.00	0.94	0.83	0.80				

附表 8-4 电缆技术参数(3)

型号:YJV,YJLV 电压等级:8.7/10 kV,8.7/15 kV(Um=17.5 kV)

导体标称截面	mm²		35	50	70	95	120	150	185	240	300
电缆设计执行 GB12706.3-91/IEC502											
绝缘厚度	mm		4.5	4.5	4.5	4.5	4.5	4.5	4.5	4.5	4.5
护套厚度	mm		1.8	1.8	1.8	1.8	1.9	1.9	2.0	2.1	2.1
外径近似	mm		23	24	26	28	29	31	33	35	27
电缆质量近似	kg/km	Cu	790	970	1 190	1 470	1 750	2 070	2 460	3 040	3 640
		Al	570	650	760	880	995	1 130	1 290	1 530	1 760
电气参数											
20℃导体直流电阻	Ω/km	Cu	0.524	0.387	0.268	0.193	0.153	0.124	0.0991	0.0754	0.0601
		Al	0.868	0.641	0.443	0.320	0.253	0.206	0.164	0.125	0.100
导体电感	mH/km		0.450	0.426	0.394	0.375	0.360	0.347	0.338	0.327	0.319
工作电容	μF/km		0.173	0.192	0.217	0.240	0.261	0.284	0.307	0.339	0.370
电缆载流量											
土壤中[1)]	A	Cu	180	215	265	315	360	405	455	530	595
		Al	135	160	200	240	270	305	345	400	455
空气中[2)]	A	Cu	170	205	260	315	360	410	470	555	640
		Al	135	160	200	245	280	320	365	435	500
短路电流(1s)											
	kA	Cu	5.00	7.15	10.0	13.6	17.2	21.4	26.5	34.3	42.9
		Al	3.29	4.70	6.58	8.93	11.3	14.1	17.4	22.6	28.2

1) 土壤热阻系数 1.0 K·m/W,土壤温度 25 ℃,埋地深层 0.7 m

2) 空气中环境温度 40 ℃

正常运行状态(导体温度 90 ℃)											
不同环境温度	℃		10	15	20	25	30	35	40	45	50
载流量修正系数		空气中	1.26	1.22	1.18	1.14	1.09	1.04	1.00	0.94	0.89
		土壤中	1.11	1.07	1.04	1.00	0.96	0.92			

不同土壤热阻系数	K·m/W	0.8	1.0	1.2	1.5	2.0
载流量修正系数	截面(mm²)≤35	1.05	1.00	0.95	0.89	0.80
	50~150	1.06	1.00	0.94	0.88	0.79
	≥185	1.07	1.00	0.93	0.86	0.77

附表 8-5 电缆技术参数(4)

型号:YJV 22,YJLV 22 电压等级:8.7/10 kV,8.7/15 kV(Um=17.5 kV) $3\times35mm^2\sim3\times300mm^2$

导体标称截面	mm^2		35	50	70	95	120	150	185	240	300
电缆设计执行 GB12706.3-91/IEC502											
绝缘厚度	mm		4.5	4.5	4.5	4.5	4.5	4.5	4.5	4.5	4.5
护套厚度	mm		2.6	2.7	2.9	3.0	3.1	3.2	3.3	3.5	3.7
外径近似	mm		52	55	60	63	67	70	74	79	86
电缆质量近似	kg/km	Cu	3 820	4 570	5 510	6 470	7 520	8 610	9 940	11 950	15 090
		Al	3 170	3 620	4 190	4 680	5 250	5 780	6 450	7 410	8 495
电气参数											
20℃导体直流电阻	Ω/km	Cu	0.524	0.387	0.268	0.193	0.153	0.124	0.0991	0.0754	0.0601
		Al	0.868	0.641	0.443	0.320	0.253	0.206	0.164	0.125	0.100
导体电感	mH/km		0.402	0.381	0.358	0.342	0.330	0.318	0.309	0.298	0.289
工作电容	μF/km		0.173	0.192	0.217	0.240	0.261	0.284	0.307	0.339	0.370
电缆载流量											
土壤中[1)]	A	Cu	165	195	240	290	330	365	415	480	540
		Al	130	150	185	225	255	285	320	375	425
空气中[2)]	A	Cu	150	180	225	275	315	355	405	470	535
		Al	120	140	170	210	240	275	315	370	420
短路电流(1s)											
	kA	Cu	5.00	7.15	10.00	13.60	17.2	21.4	26.5	34.3	42.9
		Al	3.29	4.70	6.58	8.93	11.3	14.1	17.4	22.6	28.2
1）土壤热阻系数 1.0 K·m/W,土壤温度 25 ℃,埋地深层 0.7 m 2）空气中环境温度 40 ℃											
正常运行状态(导体温度 90 ℃)											
不同环境温度	℃		10	15	20	25	30	35	40	45	50
载流量修正系数		空气中	1.26	1.22	1.18	1.14	1.09	1.04	1.00	0.94	0.89
		土壤中	1.11	1.07	1.04	1.00	0.96	0.92			
不同土壤热阻系数	K·m/W		0.8	1.0	1.2	1.5	2.0				
载流量修正系数	截面(mm^2)≤35		1.05	1.00	0.95	0.89	0.80				
	50～150		1.06	1.00	0.94	0.88	0.79				
	≥185		1.07	1.00	0.93	0.86	0.77				

附表 8-6 电缆技术参数(5)

型号:YJV 22,YJLV 22 电压等级:6/6 kV,6/10 kV(Um=12 V) $3\times35mm^2\sim3\times300mm^2$

导体标称截面	mm^2		35	50	70	95	120	150	185	240	300
电缆设计执行 GB12706.3-91/IEC502											
绝缘厚度	mm		3.4	3.4	3.4	3.4	3.4	3.4	3.4	3.4	3.4
护套厚度	mm		2.5	2.6	2.7	2.8	2.9	3.0	3.1	3.3	3.5
外径近似	mm		47	50	54	58	61	65	69	74	80
电缆质量近似	kg/km	Cu	3 490	4 110	5 010	5 940	6 910	8 040	9 350	11 320	13 460
		Al	2 830	3 170	3 690	4 150	4 640	5 200	5 850	6 790	7 790
电气参数											
20℃导体直流电阻	Ω/km	Cu	0.524	0.387	0.268	0.193	0.153	0.124	0.0991	0.0754	0.0601
		Al	0.868	0.641	0.443	0.320	0.253	0.206	0.164	0.125	0.100
导体电感	mH/km		0.378	0.358	0.337	0.322	0.312	0.301	0.293	0.283	0.274
工作电容	μF/km		0.212	0.237	0.270	0.301	0.327	0.358	0.388	0.430	0.472
电缆载流量											
土壤中1)	A	Cu	165	195	240	290	330	365	415	480	540
		Al	130	150	185	225	255	285	320	375	425
空气中2)	A	Cu	150	180	225	275	315	355	405	470	535
		Al	120	140	170	210	240	275	315	370	420
短路电流(1s)											
	kA	Cu	5.00	7.15	10.00	13.6	17.2	21.4	26.5	34.3	42.9
		Al	3.29	4.70	6.58	8.93	11.3	14.1	17.4	22.6	28.2
1) 土壤热阻系数 1.0 K·m/W,土壤温度 25 ℃,埋地深层 0.7 m											
2) 空气中环境温度 40 ℃											
正常运行状态(导体温度 90℃)											
不同环境温度	℃		10	15	20	25	30	35	40	45	50
载流量修正系数		空气中	1.26	1.22	1.18	1.14	1.09	1.04	1.00	0.94	0.89
		土壤中	1.11	1.07	1.04	1.00	0.96	0.92			
不同土壤热阻系数	K·m/W		0.8	1.0	1.2	1.5	2.0				
载流量修正系数	截面(mm^2)≤35		1.05	1.00	0.95	0.89	0.80				
	50~150		1.06	1.00	0.94	0.88	0.79				
	≥185		1.07	1.00	0.93	0.86	0.77				

附表 8-7 电缆技术参数(6)

型号:YJV,YJLV 电压等级:6/6 kV,6/10 kV(Um=12 kV)

导体标称截面	mm²		35	50	70	95	120	150	185	240	300
电缆设计执行 GB12706.3-91/IEC502											
绝缘厚度	mm		3.4	3.4	3.4	3.4	3.4	3.4	3.4	3.4	3.4
护套厚度	mm		1.8	1.8	1.8	1.8	1.8	1.9	1.9	2.0	2.1
外径近似	mm		21	22	24	26	27	29	30	33	35
电缆质量近似	kg/km	Cu	700	880	1 100	1 370	1 630	1 960	2 320	2 900	3 510
		Al	480	560	660	770	880	1 020	1 160	1 390	1 620
电气参数											
20℃导体直流电阻	Ω/km	Cu	0.524	0.387	0.268	0.193	0.153	0.124	0.0991	0.0754	0.0601
		Al	0.868	0.641	0.443	0.320	0.253	0.206	0.164	0.125	0.100
导体电感	mH/km		0.430	0.408	0.376	0.355	0.344	0.332	0.322	0.310	0.304
工作电容	μF/km		0.212	0.237	0.270	0.301	0.327	0.358	0.388	0.430	0.472
电缆载流量											
土壤中	A	Cu	180	215	265	315	360	405	455	530	595
		Al	135	160	200	240	270	305	345	400	455
空气中	A	Cu	170	205	260	315	360	410	470	555	640
		Al	135	160	200	245	280	320	365	435	500
短路电流(1s)											
	kA	Cu	5.00	7.15	10.0	13.6	17.2	21.4	26.5	34.3	42.9
		Al	3.29	4.70	6.58	8.93	11.3	14.1	17.4	22.6	28.2
1) 土壤热阻系数 1.0 K·m/W,土壤温度 25 ℃,埋地深层 0.7 m 2) 空气中环境温度 40 ℃											
正常运行状态(导体温度 90 ℃)											
不同环境温度	℃		10	15	20	25	30	35	40	45	50
载流量修正系数		空气中	1.26	1.22	1.18	1.14	1.09	1.04	1.00	0.94	0.89
		土壤中	1.11	1.07	1.04	1.00	0.96	0.92			
不同土壤热阻系数	K·m/W		0.8	1.0	1.2	1.5	2.0				
载流量修正系数	截面(mm²)≤35		1.05	1.00	0.95	0.89	0.80				
	50~150		1.06	1.00	0.94	0.88	0.79				
	≥185		1.07	1.00	0.93	0.86	0.77				

附表9 矩形铝导体长期允许载流量(A)和集肤效应系数 K_s

导体尺寸 $h \times b$ (mm²)	单条			双条			三条		
	平放	竖放	K_s	平放	竖放	K_s	平放	竖放	K_s
25×4	292	308							
25×5	332	350							
40×4	456	480		631	665	1.01			
40×5	515	543		719	756	1.02			
50×4	565	594		779	820	1.01			
50×5	637	671		884	930	1.03			
63×6.3	872	949	1.02	1 211	1 319	1.07			
63×8	995	1 082	1.03	1 511	1 644	1.1	1 908	2075	1.2
63×10	1 129	1 227	1.04	1 800	1 954	1.14	2 107	2 290	1.26
80×6.3	1 100	1 193	1.03	1 517	1 649	1.18			
80×8	1 249	1 358	1.04	1 858	2 020	1.27	2 355	2 560	1.44
80×10	1 411	1 535	1.05	2 185	2 375	1.3	2 806	3 050	1.6
100×6.3	1 363	1 481	1.04	1 840	2 000	1.26			
100×8	1 547	1 682	1.05	2 259	2 455	1.3	2 778	3 020	1.5
100×10	1 663	1 807	1.08	2 613	2 840	1.42	3 284	3 570	1.7
125×6.3	1 693	1 840	1.05	2 276	2 474	1.28			
125×8	1 920	2 087	1.08	2 670	2 900	1.4	3 206	3 485	1.6
125×10	2 063	2 242	1.12	3 152	3 426	1.45	3 903	4 243	1.8

注:载流量系按最高允许温度+70 ℃,基准环境温度+25 ℃、无风、无日照计算的。

在实际空气温度不是35 ℃的地方,其载流量应乘以校正系数。

附表10 校 正 系 数

周围空气温度(℃)	5	10	15	20	25	30	35	40	45	50	55
校正系数	1.36	1.31	1.25	1.20	1.13	1.07	1.00	0.93	0.85	0.76	0.66

附表 11　SC8 低损 10 kV 电力变压器

型　号	P_0 (W)		P_K (75℃)	U_K	I_0	总质量	电压组合 (kV)		联结组标号
	标准	节能	(W)	%	%	(kg)	高压 H.V	低压 L.V	
SC8-630/10	1 620	1 360	6 380	6	1.2	2 440			
SC8-800/10	1 860	1 560	7 610	6	1.2	2 920			
SC8-1 000/10	2 160	1 810	8 990	6	1.0	3 480			
SC8-1 250/10	2 640	2 220	10 700	6	1.0	4 190			
SC8-1 600/10	3 100	2 600	12 800	6	1.0	4 890			
SC8-2 000/10	3 750	3 150	15 600	6	0.8	5 880			
SC8-2 500/10	4 350	3 650	18 600	6	0.8	6 650			
SC8-3 150/10	5 250	4 410	21 400	7	0.7	8 500			
SC8-4 000/10	6 000	5 040	25 800	7	0.7	9 800			
SC8-5 000/10	7 300	6 130	29 300	7	0.6	11 000			
SC8-6 300/10	9 000	7 560	34 500	7	0.6	12 830			
SC8-8 000/10	10 100	8 480	38 400	8	0.6	15 300			
SC8-10 000/10	12 000	10 100	43 000	8	0.6	18 670			
SC8-30/10	240	200	620		2.8	340			
SC8-50/10	300	250	890		2.4	400			
SC8-80/10	370	310	1 270		2.0	470	3.15 6.3 10 10.5 11	3 3.15 6 6.3	Y, d_{11} Y_n, d_{11}
SC8-100/10	400	330	1 480		2.0	590			
SC8-125/10	480	400	1 750		1.6	810			
SC8-160/10	550	460	1 990	4	1.6	900			
SC8-200/10	650	530	2 430		1.6	1 050			
SC8-250/10	750	620	2 710		1.6	1 250			
SC8-315/10	920	750	3 320		1.4	1 410			
SC8-400/10	1 000	820	3 750		1.4	1 680			
SC8-500/10	1 180	940	4 720		1.4	1 930			
SC8-630/10	1 500	1 200	5 760		1.2	2 340			
SC8-630/10	1 350	1 080	6 030		1.2	2 240			
SC8-800/10	1 650	1 240	7 140		1.2	2 710			
SCB8-1 000/10	1 800	1 440	8 350		1.0	3 270			
SCB8-1 250/10	2 200	1 760	9 950	6	1.0	3 980			
SCB8-1 600/10	2 600	2 080	12 000		1.0	4 670			
SCB8-2 000/10	3 100	2 480	14 800		0.8	5 680			
SCB8-2 500/10	3 700	2 960	17 600		0.8	6 500			

注:

1. 型号标志

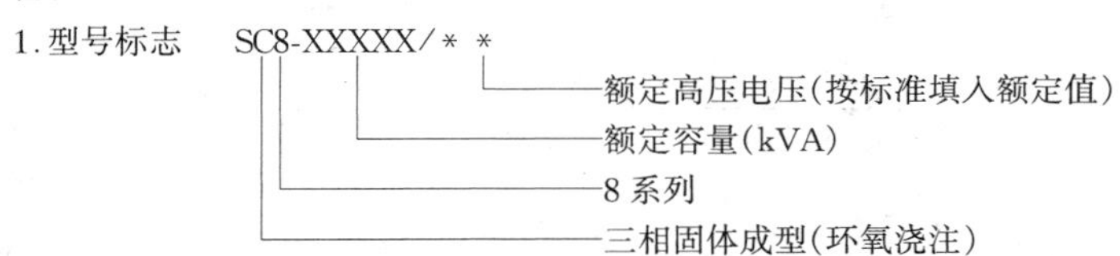

2. 低空载损耗节能系列　SC8-XXXXX/＊＊R　[噪声较标准系列降低 2 dB～4 dB(A)]
3. 产品标准　GB6450, IEC726, DIN42523

附表 12　S9 低损耗 6 kV～10 kV 电力变压器

型　号	电压组合(kV)		损耗(kW)		阻抗电压(%)	联结组标号	总质量(kg)	轨距(mm)
	高压 H.V	低压 L.V	空载	负载				
S9-30	6.0 6.3 10	0.4	0.130	0.600	4.0	Y,y_{n0}	283	400
S9-50			0.170	0.870			373	
S9-63			0.200	1.040			442	
S9-80			0.240	1.250			503	550
S9-100			0.290	1.500			560	
S9-125			0.340	1.800			634	
S9-160			0.400	2.200			749	
S9-200			0.480	2.600			888	
S9-250			0.560	3.050			977	
S9-315			0.670	3.650			1 233	660
S9-400			0.800	4.300			1 387	
S9-500			0.960	5.100			1 625	
S9-630			1.200	6.200	4.5		1 899	
S9-800			1.400	7.500			2 920	820
S9-1 000			1.700	10.300			3 260	
S9-1 250			1.950	12.000			3 477	
S9-1 600			2.400	14.500			4 808	
S9-2 000	6.0 6.3 10 10.5 11	3.0 3.15 6.3	2.52	17.82	5.5	Y,d_{11}	5 336	1 070
S9-2 500			2.97	20.70			6 300	
S9-3 150			3.51	24.30			8 070	
S9-4 000	10 10.5 11	3.15 6.3	4.32	28.80			8 611	
S9-5 000			5.13	33.03			10 850	
S9-6 300			6.12	36.90			12 130	

附表 13　SC8 低损 35 kV 电力变压器

型　号	P_0 (W)		P_k (75℃)	U_K	I_0	总质量	电压组合 (kV)		联结组标号
	标准	节能	W	%	%	kg	高压 H.V	低压 L.V	
SC8-50/35	530	450	1 090	6	2.6	650	35 38.5	0.4	D,y_{11} Y,yn_0
SC8-80/35	620	520	1 920		2.2	720			
SC8-100/35	660	550	2 500		2.2	840			
SC8-125/35	770	640	2 650		1.8	1 050			
SC8-160/35	860	710	2 900		1.8	1 100			
SC8-200/35	960	790	3 200		1.8	1 200			
SC8-250/35	1 100	900	3 800		1.8	1 350			
SC8-315/35	1 250	1 030	4 250		1.6	1 600			
SC8-400/35	1 550	1 270	4 800		1.6	1 850			
SC8-500/35	1 850	1 480	5 800		1.6	2 280			
SC8-630/35	2 300	1 840	7 200		1.4	2 600			
SC8-800/35	2 700	2 160	8 560	6	1.4	3 120			
SCB8-1 000/35	3 000	2 400	10 500		1.4	3 800			
SCB8-1 250/35	3 500	2 800	12 200		1.2	4 300			
SCB8-1 600/35	4 000	3 200	15 000		1.2	5 500			
SCB8-2 000/35	4 700	3 760	16 600		1.0	6 200			
SCB8-2 500/35	5 200	4 160	19 200		1.0	6 800			
SC8-800/35	2 750	2 310	8 600	6	1.5	3 200	35 38.5 36 30	11 10.5 6.6 6.3 3.3 3.15	Y,d_{11} Y_n,d_{11}
SC8-1 000/35	3 300	2 770	10 700	6	1.5	3 900			
SC8-1 250/35	3 800	3 200	12 900	6	1.3	4 500			
SC8-1 600/35	4 500	3 780	15 300	6	1.3	5 600			
SC8-2 000/35	5 000	4 200	17 600	7	1.1	6 300			
SC8-2 500/35	5 800	4 870	20 600	7	1.1	6 900			
SC8-3 150/35	7 000	5 880	24 000	8	0.9	9 600			
SC8-4 000/35	8 100	6 800	28 000	8	0.9	11 500			
SC8-5 000/35	9 600	8 060	32 000	8	0.7	13 500			
SC8-6 300/35	11 500	9 660	37 000	8	0.7	16 900			
SC8-8 000/35	13 000	10 900	42 000	9	0.6	22 000			
SCB8-10 000/35	15 000	12 600	47 000	9	0.6	27 650			
SCB8-12 500/35	19 000	16 000	49 000	9	0.6	35 000			
SCB8-16 000/35	23 000	20 000	55 000	9	0.5	40 500			
SCB8-20 000/35	27 000	23 000	64 000	9	0.5	43 000			

附表 14　S9 低损耗 35 kV 电力变压器

型　号	电压组合(kV) 高压 H.V	电压组合(kV) 低压 L.V	损耗(kW) 空载	损耗(kW) 负载	阻抗电压(%)	联结组标号	总质量(kg)	轨距(mm)
S9-50	35	0.4	0.215	1.22	6.5	Y,yn_0	708	660
S9-100			0.295	2.03			950	
S9-125			0.335	2.39			1 100	
S9-160			0.375	2.84			1 252	
S9-200			0.440	3.33			1 535	
S9-250			0.510	3.96			1 600	
S9-315			0.610	4.77			1 663	
S9-400			0.735	5.76			2 170	
S9-500			0.870	6.93			2 543	820
S9-630			1.040	8.28			3 018	
S9-800			1.240	9.90			3 800	
S9-1 000			1.440	12.20			4 025	
S9-1 250			1.760	14.70			4 690	
S9-1 600			2.120	17.60			4 813	
S9-2 000	35	3.15 6.3 10.5	2.60	19.00	6.5	Y,d_{11}	5 300	1 070
S9-2 500			3.10	21.00			6 170	
S9-3 150	35 38.5		3.80	24.50	7		7 100	
S9-4 000			4.60	29.00			8 620	
S9-5 000			5.50	33.00			9 950	
S9-6 300			6.60	37.00	7.5		11 580	
S9-8 000			8.50	42.00		Y_n,d_{11}	14 120	1 470
S9-10 000			10.00	48.30			18 481	
S9-12 500			12.00	57.30	8		18 345	
S9-16 000			14.50	70.00			22 415	

附表 15　10 kV～35 kV 高压断路器技术数据

型　　号	额定电压(kV)	额定电流(A)	断流容量(MV·A)		额定断流量(kA)	极限通过电流(kA)		热稳定电流(kA)		固有分闸时间(s)	合闸时间(s)
			6(kV)	10(kV)		峰　值	有效值	2 s	4 s		
SN10-10Ⅰ/630	10	630	200	300	16	40		16		0.06	0.2
SN10-10Ⅱ/1 000	10	1 000	200	500	31.5	80		31.5		0.06	0.2
SN10-10Ⅲ/1 250	10	1 250		750	40	125			40	0.07	
SN10-10Ⅲ/2 000	10	2 000		750	40	125			40	0.07	0.2
SN10-10Ⅲ/3 000	10	3 000		750	40	125			40	0.07	0.2
ZN28A-10/630	10	630			16	40			16	0.05	0.1
ZN28A-10/1 250	10	1 250			25	63			25	0.05	0.1
ZN28A-10/1 600	10	1 600			31.5	80			31.5	0.05	0.15
ZN28A-10/2 000	10	2 000			31.5	80			31.5	0.06	0.15
ZN28A-10/3 150	10	3150			40	100			40		
LN2-10Ⅰ/1 250	10	1 250			25	63			25	0.06	0.15
LN2-10Ⅱ/1 250	10	1250			31.5	80		31.5		0.06	0.15
LN2-10Ⅱ/1 600	10	1 600			31.5	80		31.5		0.06	0.15
LN2-35/1 600	35	1 600			25	63			25	0.06	0.15
LW_0-35/1 250	35	1 250			25	63			25	0.06	0.15

注　SN—户内少油式；ZN—户内真空式；LN—户内六氟化硫；LW—户外六氟化硫(SF_6)。

附表 16　隔离开关技术数据

型　　号	额定电压(kV)	最大工作电压(kV)	额定电流(A)	动稳定电流(kA)(峰值)	热稳定电流(kA)(有效值)
GN19-10/400-12.5	10	11.5	400	31.5	12.5(2 s)
GN19-10/630-20	10	11.5	630	50	20(2 s)
GN19-10/1 000-31.5	10	11.5	1 000	80	31.5(2 s)
GN19-10/1 250-40	10	11.5	1 250	100	40(2 s)
GN19-10C1/400-12.5	10	11.5	400	31.5	12.5(2 s)
GN19-10C1/630-20	10	11.5	630	50	20(2 s)
GN19-10C1/1 000-31.5	10	11.5	1 000	80	31.5(2 s)
GN19-10C1/1 250-40	10	11.5	1 250	100	40(2 s)
GN2-35T/400-52	35	38.5	400	52	14(5 s)
GN2-35T/600-64	35	38.5	600	64	25(5 s)
GN2-35T/1 000-70	35	38.5	1 000	70	27.5(5 s)
GW5-35G/600-72	35	38.5	600	72	16(4 s)
GW5-35G/1 000-83	35		1 000	83	25(4 s)

注　GN—户内隔离开关；GW—户外隔离开关。

附表17　电压互感器技术数据

型号	额定电压(kV)			副绕组1额定容量(V·A)				副绕组2额定容量(V·A)		最大容量(V·A)
	原绕组	副绕组	辅助绕组	0.2	0.5	1	3	3P	6P	
JDZ1-6	6	0.1			50	80	200			400
JDZ-10	10	0.1			50	80	200			400
JDZJ-6	$6/\sqrt{3}$	$0.1/\sqrt{3}$	0.1/3		50	80	200			400
JDZJ-10	$6/\sqrt{3}$	$0.1/\sqrt{3}$	0.1/3		30	50	120			200
JDZJ1-10	$10/\sqrt{3}$	$0.1/\sqrt{3}$	0.1/3		50	80	200			400
JDJ-6	6	0.1			50	80	200			400
JDJ-10	10	0.1			80	125	320			640
JDJ-35	35	0.1			150	250	600			1 200
JSJW-6	6	0.1	0.1/3		80	150	320			640
JSJW-10	10	0.1	0.1/3		120	200	480			960
JDJJ-35	$35/\sqrt{3}$	$0.1/\sqrt{3}$	0.1/3		150	250	600			1 200
DCF-110WB	$110/\sqrt{3}$	$0.1/\sqrt{3}$	0.1	100	150			400		2 000
YDR-110	$110/\sqrt{3}$	$0.1/\sqrt{3}$	0.1		156	220	440			1 200

注　J—电压互感器(第一字母),油浸式(第三字母),接地保护用(第四字母);Y—电压互感器;D—单相;S—三相;Z—环氧浇注绝缘;W—五柱三绕组(第四字母);R—电容式;F—测量和保护二次绕组分开。

附表18　LDZ1-10型电流互感器技术数据

型号	额定电流比(A)	级次组合	准确等级	二次负荷(Ω)				10%倍数		1 s热稳定倍数	动稳定倍数
				0.5级	1级	3级	D级	二次负荷(Ω)	倍数		
LDZ1-10	600～1 000/5	0.5/3	0.5	0.4	0.6			0.4	2.5～10	50	90
			3			0.6		0.6	≥15		
LDZ1-10	600～1 000/5	1/4	1		0.4			0.4	2.5～10	50	90
			3			0.6		0.6	≥15	50	90
LDZJ1-10	600～1 500/5	0.5/3	0.5	1.2	1.6			1.2	2.5～10	50	90
			3			1.2		1.2	≥15		
LDZJ1-10	600～1 500/5	1/3	1		1.2			1.2	2.5～10	50	90
			3			1.2		1.2	≥15		
LDZJ1-10	600～1 500/5	0.5/D	0.5	1.2	1.6			1.2	2.5～15	50	90
			D				1.6	1.6	≥15		
LDZJ1-10	600～1 500/5	D/D	D				1.6	1.6	≥15	50	90

注:D—单匝贯穿式,Z—浇注绝缘(环氧树脂)。

附表 19 35 kV～110 kV 户外独立式电流互感器技术数据

型号	额定电流比(A)	级次组合	准确等级	二次负荷(Ω)				10%倍数		1s 热稳定倍数	动稳定倍数	质量(kg)	
				0.5 级	1 级	3 级	10 级	二次负荷(Ω)	倍数			油	总质量
LCWDL-35	15～600/5	$\frac{0.5}{D}$	0.5	2						75	135	26	130
			D					2	15				
LCWDL-35	2×20～2×300/5	$\frac{0.5}{D}$	0.5	2						75	135	47	180
			D					2	15				
LCWDL-110 LCWDL-110GY	2×50～2×600/5	$\frac{0.5/D}{D}$	0.5	2						75	135		300
			D					2	15				
LQZ-35	15～600/5	$\frac{D}{0.5}$	0.5	2	4					65 (5 s)	100		
			D		1.2	3		0.8	35				
LQZQD-35	15～600/5	$\frac{D}{0.5}$	D							90	150		
			0.5	1.2	3			0.5	35				
LQZ-110	2×50～2×300/5	$\frac{D/D}{0.5}$	D					2	15	75	135		300
			0.5	2									
L-35	20～1 000/5	$\frac{0.5}{D}$	0.5	2						65	120		157
			D					2	20				

附表 20 常用测量与计量仪表技术数据

项目 代表名称	型号	电流线圈				电压线圈				准确等级
		线圈电流(A)	二次负荷(Ω)	每线圈消耗功率(V·A)	线圈数目	线圈电压(V)	每线圈消耗功率(V·A)	$\cos\varphi$	线圈数目	
电流表	16L1-A，46L1-A			0.35	1					
电压表	16L1-V，46L1-V					100	0.3	1	1	
有功功率表	16D1-W，46D1-W			0.6	2	100	0.6	1	2	
无功功率表	16D1-VAR，46D1-VAR			0.6	2	100	0.5	1	2	
三相三线有功电能表	DS1，DS2，DS3	5	0.02	0.5	2	100	1.5	0.38	2	0.5
三相三线无功电能表	DX1，DX2，DX3	5	0.02	0.5	2	100	1.5	0.38	2	0.5
频率表	16L1-HZ，46L1-HZ					100	1.2		1	

附表 21　熔丝的熔断电流

直　径 (mm)	截　　面 (mm²)	近似英规线号	额定工作电流 (A)	熔断电流 (A)
0.08	0.005	44	0.25	0.5
0.15	0.018	38	0.50	1.0
0.20	0.031	36	0.75	1.5
0.22	0.038	35	0.80	1.6
0.25	0.049	33	0.90	1.8
0.28	0.062	32	1.00	2.0
0.29	0.066	31	1.05	2.1
0.32	0.080	30	1.10	2.2
0.35	0.096	29	1.25	2.5
0.36	0.102	28	1.35	2.7
0.40	0.126	27	1.50	3.0
0.46	0.166	26	1.85	3.7
0.52	0.212	25	2.00	4.0
0.54	0.229	24	2.25	4.5
0.60	0.283	23	2.50	5.0
0.71	0.400	22	3.00	6.0